Manfred Rost

Vakuumelektronik

Weitere empfehlenswerte Titel

Sensorik für Informatiker
M. Rost, S. Wefel, 2016
ISBN 978-3-11-035157-6, e-ISBN 978-3-11-035158-3,
e-ISBN (EPUB) 978-3-11-039753-6

Elektronik für Informatiker
M. Rost, S. Wefel, 2013
ISBN 978-3-486-70692-5, e-ISBN 978-3-486-72015-0

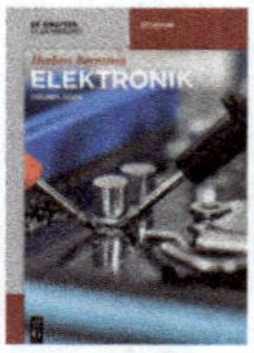

Elektronik
H. Bernstein, 2017
ISBN 978-3-11-046310-1, e-ISBN 978-3-11-058367-0,
e-ISBN (EPUB) 978-3-11-058456-1

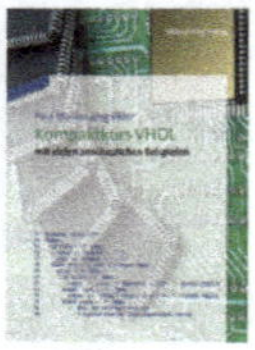

Kompaktkurs VHDL
P. Molitor, J. Ritter, 2013
ISBN 978-3-486-71292-6, e-ISBN 978-3-486-71965-9

Manfred Rost

Vakuumelektronik

Zwischen Elektronenröhre und Ionentriebwerk

DE GRUYTER
OLDENBOURG

Autor
Dr. Manfred Rost
Am Fischerhaus 1
04159 Leipzig
labortechnik.rost@t-online.de

ISBN 978-3-11-054579-1
e-ISBN (PDF) 978-3-11-054797-9
e-ISBN (EPUB) 978-3-11-054599-9

Library of Congress Control Number: 2019934422

Bibliographic information published by the Deutsche Nationalbibliothek
Die Deutsche Nationalbibliothek verzeichnet diese Publikation in der Deutschen Nationalbibliografie; detaillierte bibliografische Daten sind im Internet über http://dnb.dnb.de abrufbar.

Einbandabbildung: Ryan McVay / Stockbyte / Getty Images
Druck und Bindung: CPI books GmbH, Leck

www.degruyter.com

Vorwort

Gegenstand der Vakuumelektronik sind die Bewegung von Elektronen und Ionen im Vakuum bzw. in verdünnten Gasen unter dem Einfluss von elektrischen und magnetischen Feldern und die technische Nutzung der Begleiteffekte.

Das wohl bekannteste vakuumelektronische Bauelement war die Elektronenröhre, die die Entwicklung der Elektronik bis in die 60er Jahre des 20. Jahrhunderts geprägt hat.

Heute bildet die Vakuumelektronik die Basis verschiedener Technologien und Analyseverfahren zur Herstellung moderner Halbleiterbauelemente bzw. zur Untersuchung entsprechender Materialien. Diese Technologien und Analyseverfahren haben die gleichen Wurzeln und ihnen liegen die gleichen Phänomene wie Elektronen- und Gasentladungsröhren zugrunde.

Im vorliegenden Buch werden, ausgehend von physikalischen Experimenten, die Anfänge der Elektronik skizziert und physikalische Grundlagen der Vakuumelektronik rekapituliert. Als vakuumelektronische Bauelemente werden Elektronen- und Ionenröhren sowie ihre Schaltungstechnik und ihre Ausstrahlung auf die moderne Elektronik skizziert. Grundzüge von Elektronen- und Ionenstrahltechnologien sowie spezielle Plasmatechnologien werden im Überblick beschrieben.

Das Buch wendet sich an Interessenten, die sich einen Einblick in die Vakuumelektronik von der Röhrentechnik bis zu modernen Anwendungen verschaffen wollen. Es basiert auf langjährigen Erfahrungen des Autors mit Elektronenröhren, mit Ionen- und Plasmatechnologien sowie mit der Halbleitertechnik in Forschung, Entwicklung und Lehre.

Mein Dank gilt allen Kollegen und Freunden, die mit der Bereitstellung von Materialien und hilfreichen Diskussionen oder mit dem Korrekturlesen zum Gelingen des Buches beigetragen haben. Für die freundliche Bereitstellung von Bildmaterial danke ich folgenden Institutionen

- Deutsches Röntgenmuseum, D-42897 Remscheid
- Förderverein „Sender Königs Wusterhausen“ e.V., 15711 Königs Wusterhausen
- Hüttner Röntgenteste, D-91077 Hetzles
- Petrick GmbH, 07422 Bad Blankenburg
- RECO Medizintechnik, D-01796 Pirna
- VDE-Bezirksverein Leipzig/Halle e.V., 04416 Markkleeberg
- Von Ardenne Corporate Archiv in Von Ardenne GmbH 01328 Dresden.

Dem Verlag danke ich dafür, dass er vielen meiner Wünsche entgegen gekommen ist.
Ganz besonders danke ich meiner Gattin, die viel Verständnis aufgebracht und mich nach Kräften unterstützt hat.

Manfred Rost
Leipzig, im Januar 2019

https://doi.org/10.1515/9783110547979-005

Inhaltsverzeichnis

1. Einleitung

Die Elektronik, wie wir sie heute kennen, hat sich erst im letzten Jahrhundert herausgebildet. Sie hat sich von Beginn an mit der Verfügbarkeit neuer Bauelemente immer wieder gewandelt und mit neuen Bauelementen auch neue Technologien hervorgebracht. Die Entwicklung begann mit der Untersuchung von Gasentladungen in physikalischen Laboratorien in Europa und in den USA.

Etwa seit Mitte des 19. Jahrhunderts wurde die Stromleitung in verdünnten Gasen in vielen Laboratorien untersucht. Die damaligen Arbeiten stützten sich einerseits auf verbesserte Möglichkeiten bei der Erzeugung von Vakua und andererseits auf die Möglichkeit, hohe Spannungen zu erzeugen, und sie profitierten von den handwerklichen Fertigkeiten der Instrumentenbauer und der Glasbläser. Im Mittelpunkt des zunächst rein wissenschaftlichen Interesses standen die unterschiedlichen, von Druck und Gasart abhängigen Leuchterscheinungen in Gasentladungsröhren, die mit Hochspannung betrieben wurden. Viele Erkenntnisse der damaligen Zeit resultierten aus zufälligen Beobachtungen und Entdeckungen bei sorgfältig und wiederholt durchgeführten Experimenten und sind eng mit den Namen einzelner Forscher verbunden.

Die Entdeckungen der **Röntgenstrahlung** Ende des 19. Jahrhunderts und der **Gleichrichterwirkung** und später der **Verstärkerwirkung** von Elektronenröhren Anfang des 20. Jahrhunderts veränderten die Situation. Zu den rein wissenschaftlichen Zielen der Arbeiten gesellten sich kommerzielle Interessen und diese führten bald zur Entwicklung technisch brauchbarer Produkte, wie Röntgenröhren und Verstärkerröhren.

Die Elektronenröhre, deren Entwicklung zuerst von Anforderungen der drahtlosen Telegrafie stimuliert wurde, avancierte mit dem Entstehen des Rundfunks bald zum unverzichtbaren Verstärkerbauelement. Sie leitete die Entwicklung eines neuen Wissenschafts- und Technikgebietes, das Gebiet der **Elektronik**, ein und prägte dieses Gebiet bis Mitte des 20. Jahrhunderts. „Radioröhren" waren neben der Glimmlampe als Anzeigeelement wohl die bekanntesten Vertreter vakuumelektronischer Bauelemente bis sie nach Erfindung des Transistors und später der integrierten Schaltkreise aus ihren angestammten Anwendungsbereichen von Halbleiterbauelementen verdrängt wurden.

Die gleichen grundlegenden Experimente mit Gasentladungen, aus denen das technische Produkt Elektronenröhre hervorging, erlaubten auf der wissenschaftlichen Seite das Studium des Verhaltens freier Ladungsträger und später, nachdem entsprechende Vorrichtungen geschaffen waren, ermöglichten sie die Aufklärung des Atombaus und der Struktur vieler Stoffe. Experimentelle Grundlagen für diese späteren Arbeiten bildeten Elektronen-, Ionen- und Röntgenstrahlen, die in speziellen Elektronen- bzw. Ionenquellen und Röntgenröhren erzeugt wurden.

Aus den letztgenannten Entwicklungen gingen moderne Technologien und Analyseverfahren hervor, die mit Röntgen-, Elektronen- oder Ionenstrahlen bzw. mit Niederdruckgasentladungen arbeiten und die heute einen festen Platz in der Halbleiter- und Mikrotechnologie haben. Von den Röntgenstrahlen abgesehen, blieben diese Entwicklungen, die die Technologie- und

https://doi.org/10.1515/9783110547979-013

Materialwissenschaft betreffen, eine Domäne von Spezialisten; sie verankerten sich nicht wie die Radioröhre im Bewusstsein der Bevölkerung.

Zielstellung, Abgrenzung und Inhalt des Buches

Die Entwicklung der Elektronenröhren als Verstärkerbauelement ist abgeschlossen. Neuere Literatur zu Elektronenröhren ist historisch orientiert oder bedient die Interessen von Liebhabern und Sammlern von historischen elektronischen Gerätschaften.

Elektronenröhren sind als Röntgenröhre, als Messröhre oder als Höchstfrequenzröhre nach wie vor in Gebrauch und werden für diese Zwecke weiter entwickelt. Die erwähnten Vakuumtechnologien und Analyseverfahren sind eine Basis der Halbleitertechnologie, sie erschließen neue Anwendungsgebiete und werden ständig weiter entwickelt.

Ziel dieses Buches ist es, den Zusammenhang zwischen den frühen Experimenten mit Gasentladungen, den entdeckten Phänomenen und Effekten einerseits und deren ganz unterschiedliche Nutzung in Elektronenröhren sowie in elektronen- bzw. ionengestützten Analysegeräten und Technologien der Halbleiterelektronik zu beleuchten. Zur Würdigung der ehemaligen Bedeutung und Dominanz der Elektronenröhre soll auch die Entwicklung der Elektronik im Röhrenzeitalter ein Stück weit mit berücksichtigt werden.

Mit diesem Ansatz wird der Inhalt wie folgt gegliedert:
In Kapitel 2 skizzieren wir das physikalisch-technische Umfeld vor bzw. zum Beginn des Röhrenzeitalters und damit der Elektronik. Das sich parallel herausbildende Begriffssystem und eigene technische Methoden und Prinzipien der Elektronik sind Gegenstand von Kapitel 3. Physikalische Fragen der Vakuumelektronik, die sowohl für die klassischen Elektronenröhren wie auch für moderne plasma-, elektronen- bzw. ionengestützte Vakuumtechnologien von Bedeutung sind, betrachten wir in Kapitel 4.

Die Kapitel 5 bis 10 sind dem Aufbau und der Funktion von Elektronen- und Gasentladungsröhren sowie schaltungstechnischen Fragen von Röhren gewidmet, ausgewählte Anwendungen werden in Kapitel 11 betrachtet.

Zwei Röhrengattungen, die nicht von Halbleitern ersetzt werden konnten, Messröhren und Röntgenröhren, betrachten wir in Kapitel 12 bzw. in Kapitel 13.

Viele unserer modernen elektronischen Geräte sind mit Röhren nicht realisierbar. Die Gründe dafür betrachten wir in Kapitel 14 mit einem Vergleich von Röhren- und Halbleitertechnik. In neueren Arbeiten werden Überlegungen und Experimente vorgestellt, die Funktionsprinzipien von Elektronenröhren und Möglichkeiten der Halbleitertechnologie zu kombinieren versuchen. Darauf gehen wir in Kapitel 15 ein.

Einen Einblick in plasma-, elektronen- bzw. ionengestützte Vakuumtechnologien und Analyseverfahren, die in der Mikroelektroniktechnologie inzwischen unverzichtbar sind, vermitteln schließlich die Kapitel 16 bis 19.

2. Beginn des Elektronikzeitalters

Gasentladungsröhren und Elektronenröhren haben sich Anfang des 20. Jahrhunderts aus physikalischen Experimenten und Erfindungen heraus entwickelt. Etwa ab 1915 bildete die Elektronenröhre als erstes aktives elektronisches Bauelement das Rückgrat der gesamten Elektronikentwicklung in der 1. Hälfte des 20. Jahrhunderts. Sie ermöglichte bald die Übertragung und den Empfang von Rundfunksendungen und später von Fernsehprogrammen und wurde insbesondere durch diese Anwendungen zu einem technischen Massenprodukt. Nach Erfindung des Transistors und später der integrierten Schaltkreise wurde sie aus den meisten ihrer Anwendungsbereiche von Halbleiterbauelementen verdrängt.

In diesem Kapitel skizzieren wir die damalige Situation und den Weg zur Elektronenröhre.

2.1. Das physikalisch-technische Umfeld zu Beginn des Röhrenzeitalters

Der Erfindung der Elektronenröhre gingen zahlreiche Entdeckungen elektrischer Phänomene und deren wissenschaftliche Untersuchung mit den damals verfügbaren technischen Mitteln voraus. Von besonderer Bedeutung waren in diesem Zusammenhang die Erfindung der Glühlampe und Experimente mit Niederdruckgasentladungen. Arbeiten an Glühlampen und Niederdruckgasentladungen wiederum setzten die Verfügbarkeit von Mitteln zur Erzeugung eines Vakuums, die Möglichkeit zur Herstellung von Vakuumgefäßen mit metallischen Durchführungen sowie das Vorhandensein geeigneter elektrischer Spannungsquellen und elektrischer Messgeräte voraus.

Vakuumerzeugung Die technische Erzeugung eines Vakuums geht auf Otto von Guerike[1] zurück. Guerike wurde bekannt und berühmt durch das aufsehenerregende Experiment mit den „Magdeburger Halbkugeln“, mit denen er 1654 die Kraft des Luftdruckes auf evakuierte Gefäße demonstrierte. Er führte seine Experimente mit manuell betätigten Kolbenpumpen durch.

Deutlich bessere und stabile Vakua zu erzeugen gelang erst viel später, im 19. Jahrhundert, als Quecksilber als Pumpmedium für die Vakuumpumpen zur Anwendung kam.

Vakuumgefäße und Glasverarbeitung Um im Vakuum experimentieren zu können, sind geeignete Vakuumgefäße, in denen das Vakuum hinreichend lange erhalten bleibt, eine unerlässliche Voraussetzung. Hier gebührt Geißler[2] das Verdienst, gläserne Vakuumgefäße geschaffen zu haben, die er mittels einer handbedienten Quecksilberpumpe evakuierte. Geißler gelang

[1] Otto von Guerike, deutscher Physiker, 1602–1686
[2] Johann Heinrich Wilhelm Geißler, deutscher Glasbläser und Instrumentenbauer, 1814–1879

https://doi.org/10.1515/9783110547979-015

es auch, metallische Durchführungen für Elektroden in die Wandung der Glasgefäße einzuschmelzen. Mit zwei oder mehr Einschmelzungen für Elektroden wurden diese Vakuumgefäße für Niederdruckgasentladungen genutzt und als „Geißler-Röhren“ weltbekannt [Ger67].

Spannungsquellen Auf Grund archeologischer Funde im Irak wird spekuliert, dass schon die Parther galvanische Elemente gekannt haben könnten. Die Herstellung der ersten chemischen Spannungsquellen verdanken wir Volta[3]. Volta entwickelte 1799 aufbauend auf den Untersuchungen von Galvani[4] einen Vorläufer unserer heutigen Batterien, die nach ihm benannte Voltasche Säule. Das bis heute benutzte Kohle-Zink-Element geht auf Bunsen[5](1841) zurück und nach weiteren Entwicklungen wurde 1887 die erste Akkumulatorenfabrik gegründet [Jä94]. Mit diesen chemischen Spannungsquellen gelang es, zeitlich stabile Ströme fließen zu lassen, wobei die Spannung pro Zelle bekanntermaßen klein ist und nur 1,5 V beträgt.

Zur Zündung von Niederdruckgasentladungen sind viel höhere Spannungen erforderlich. Abhängig von Druck und Gasart im Entladungsgefäß sowie von dessen Geometrie und der Art der Elektroden kann die Zündspannung einige hundert bis einige tausend Volt betragen. Solch hohe Spannungen zu erzeugen, gelang Rühmkorff[6] Mitte des 19. Jahrhunderts mit Funkeninduktoren (siehe Abb. 13.10 auf Seite 188), die als „Rühmkorff-Induktor“ bekannt wurden und weite Verbreitung in den physikalischen Labors fanden [WM04].

Die Glühlampe Die Erfindung der Glühlampe revolutionierte die Beleuchtungstechnik und beflügelte die Elektrifizierung in den entwickelten Ländern. Um 1880 begannen Glühlampen als saubere elektrische Beleuchtung die herkömmlichen Kerzen und die Gasbeleuchtung langsam zu verdrängen.

a) Lampe mit Packung b) Lampe an 150 V c) Lampe am 230 V Netz

Abb. 2.1.: Kohlefadenlampe, technische Daten: 220–230 V, 90 W, 25 cd

[3] Alessandro Giuseppe Antonio Anastasio Graf von Volta, italienischer Physiker, 1745–1827
[4] Luigi Galvani, italienischer Arzt und Physiker, 1737–1798
[5] Robert Wilhelm Bunsen, deutscher Chemiker, 1811–1899
[6] Heinrich Daniel Rühmkorff, deutsch-französischer Mechaniker und Forscher, 1803–1877

Glühlampen sind thermische Lichtquellen. Sie hatten ursprünglich einen Kohlefaden (siehe Abb. 2.1), dessen Temperatur im Betrieb etwa 1900 K erreichte. Moderne Glühlampen mit Wolframwendel arbeiten bei etwa 2700 K oder höherer Temperatur. Damit der Glühfaden bei so hohen Temperaturen nicht sofort oxidiert und verbrennt, muss er sich entweder in einem Vakuum mit hinreichend niedrigem Druck oder in einem Schutzgas befinden. Nach einigen vorausgegangenen Entwicklungen trugen insbesondere die Arbeiten von Edison[7] zum technischen Durchbruch und der Verbreitung von Glühlampen bei [Hol98].

Glühemission (thermische Elektronenemission) Die Entdeckung der Glühemission am Glühfaden einer Glühlampe (Edison, 1880) und das Studium von Niederdruckgasentladungen waren weitere wichtige Schritte auf dem Weg zur Elektronenröhre. Diese frühen Arbeiten wurden zu einer Zeit durchgeführt, als das Elektron als Ladungsträger noch nicht experimentell nachgewiesen war. Der experimentelle Nachweis des geladenen Teilchens, welches später den Namen Elektron erhielt, gelang E. Wiechert[8] und J. J. Thomson[9] etwa gleichzeitig im Jahre 1897 bei der Untersuchung von Katodenstrahlen.

Niederdruckgasentladungen Leuchterscheinungen an Entladungen in evakuierten Glasröhren wurden schon im 17. Jahrhundert beobachtet. Erst mit verbesserten technischen Möglichkeiten gelang es im 19. Jahrhundert elektrische Entladungen im Vakuum genauer zu untersuchen. Dabei wurden mit der Zeit immer niedrigere Drucke erzielt, so dass Veränderungen der Entladungsform und deren Begleiterscheinungen, wie die druckabhängige Schichtung der positiven Säule oder das negative Glimmlicht, beobachtet werden konnten. Plücker[10] entdeckte bei solchen Untersuchungen 1858 die Katodenstrahlen und etwas später (1886) fand Goldstein[11] die Kanalstrahlen [Geh16, See16]. Experimente mit Gasentladungen und Katodenstrahlen führten auch zur Entdeckung der Röntgenstrahlung (vergleiche Kapitel 2.2, [Rö15]). Schließlich wurden Gasentladungsgefäße auch komplett zugeschmolzen, so dass ein Enddruck erhalten blieb. Die Abb. 2.2 zeigt zwei Beispiele solcher Gasentladungsröhren, wie sie zur Untersuchung der Gasentladung selbst und später als Lehrmittel benutzt wurden.

Wechselstromnetze Anfang des 20. Jahrhunderts wurde schrittweise eine kommunale, flächendeckende Stromversorgung über Wechselstromnetze aufgebaut. Wechselstrom wurde bald auch zur Gewinnung von Gleichspannung genutzt, wobei man sich zuerst rotierender Umformer bediente, welche teuer waren und stets Wartung erforderten.

Wegen des besseren Wirkungsgrades wurde bald Gleichrichtern in Verbindung mit Transformatoren der Vorzug gegeben. In einer Übersichtsdarstellung von 1920 [SG21] gliedern die Verfasser die Gleichrichter grob in

---

[7] Thomas Alpha Edison, US-amerikanischer Erfinder, 1847–1931

[8] Emil Wiechert, deutscher Physiker, 1861–1928

[9] Joseph John Thomson, britischer Physiker, 1856–1940, Nobelpreis für Physik 1906

[10] Julius Plücker, deutscher Physiker und Mathematiker, 1801–1868

[11] Eugen Goldstein, deutscher Physiker, 1850–1930

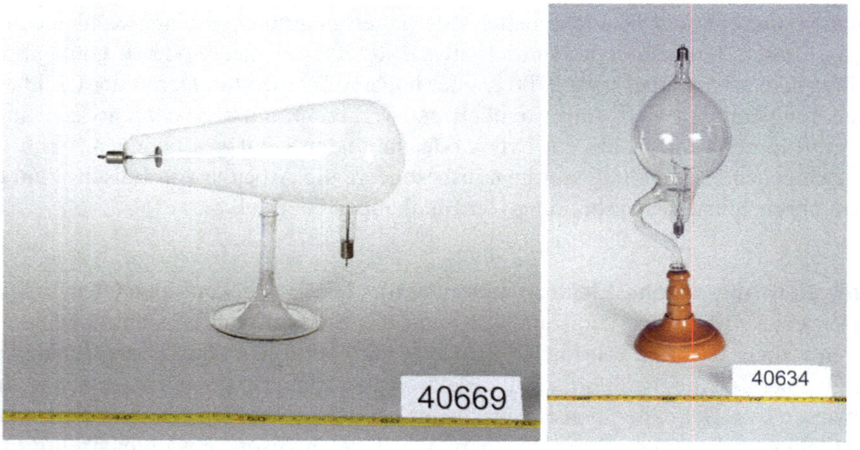

Abb. 2.2.: Zwei Ausführungsbeispiele historischer Gasentladungsröhren (Bildquelle: Deutsches Röntgen-Museum, Remscheid)

- mechanische Gleichrichter und
- Gleichrichter mit elektrischer Ventilwirkung

und verfeinern die Gliederung für elektrische Gleichrichter wie folgt

- elektrolytische Gleichrichter,
- Glimmgleichrichter,
- Lichtbogengleichrichter,
- Gleichrichter mit Glühkatoden.

Zur Gleichrichtung einer Wechselspannung ersann man zuerst mechanische Mittel. Zu solchen mechanischen Gleichrichtern zählten Vorrichtungen, die synchron mit der Netzfrequenz periodisch die Pole beim Nulldurchgang der Wechselspannung vertauschten und dafür entweder schwingende Kontakte oder rotierende Bürsten einsetzten [GS24].

Die Urform des Gleichrichters mit elektrischer Ventilwirkung waren elektrolytische Gleichrichter. Diese nutzten die Oxidbildung an anodischen Aluminiumoberflächen im Elektrolyten und arbeiteten mit Spannungen bis etwa 110 V. Für elektrolytische Gleichrichter wurde in [GS24] schon eine Grätzsche Vierzellenschaltung angegeben, die heute als Graetzbrücke Allgemeingut ist. Schwerwiegende Nachteile waren die Zersetzung der Aluminiumanode und des Wassers, wobei Knallgas entstand [SG21].

Die inzwischen vergessenen Glimmgleichrichter werden in [SG21] noch als „neueste Errungenschaft“ beschrieben.

2.2. Bahnbrechende physikalische Entdeckungen gegen Ende des 19. Jahrhunderts

In das letzte Drittel des 19. Jahrhunderts fallen mehrere bahnbrechende Entdeckungen in der Physik, die ganz neue Entwicklungen in Physik und Technik einleiteten und die auch für die Elektronenröhre, ihre Theorie und ihre Anwendungen grundlegend waren.

So entwickelte sich die drahtlose Telegraphie nachdem Hertz[12] 1886 die Existenz elektromagnetischer Wellen nachgewiesen hatte. Maxwell[13] hatte diese Wellen auf Grund theoretischer Überlegungen schon 1870 vorausgesagt.

Im Zusammenhang mit Gasentladungen stehen die Entdeckung von Katodenstrahlen und von Kanalstrahlen, wie wir schon erwähnt hatten. Von damals zunächst nicht zu übersehender Tragweite waren folgende drei weitere Entdeckungen, von denen zwei ebenfalls in direktem Zusammenhang mit Gasentladungen stehen

- 1895 Röntgen[14] entdeckt seine „X-Strahlen“, die später nach ihm benannten Röntgenstrahlen, bei Experimenten mit Niederdruckgasentladungen,
- 1896 Becquerel[15] entdeckt die natürliche Radioaktivität,
- 1897 J.J.Thomson gelingt der experimentelle Nachweis des Elektrons bei Untersuchungen von Katodenstrahlen, nachdem es als geladenes Teilchen früher schon postuliert wurde.

Die drei letztgenannten Entdeckungen leiteten einen Umbruch im physikalischen Denken ein und waren notwendige Voraussetzungen für die Entwicklung der modernen Physik.

2.3. Elektronenröhren – Lebenszyklus

Die Entwicklung der ersten Elektronenröhren mit Glühkatode stützte sich auf experimentelle Erkenntnisse mit Gasentladungen und auf handwerkliches und experimentelles Geschick weniger Forscher und Erfinder. Theoretische Grundlagen wurden erst später gelegt, etwa ab 1911. Das theoretische Verständnis erlaubte es dann, die Röhreneigenschaften gezielt zu verbessern und schließlich Röhren mit bestimmten Eigenschaften zu konstruieren.

[12] Heinrich Hertz, deutscher Physiker, 1857–1894, nach Hertz ist die Einheit der Frequenz benannt

[13] James Clerk Maxwell, schottischer Physiker, 1831–1879

[14] Wilhelm Conrad Röntgen,deutscher Physiker, 1845–1923, 1901 Nobelpreis für Physik

[15] Antoine-Henri Becquerel, französischer Physiker, 1852–1908, 1903 Nobelpreis für Physik

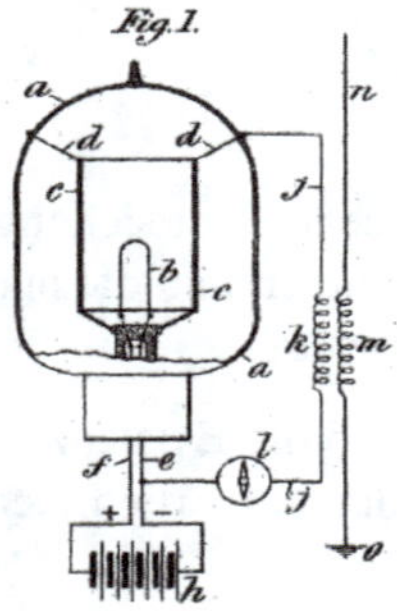

a) Diode nach Fleming (1904, Fig. 1 aus [Fle04])

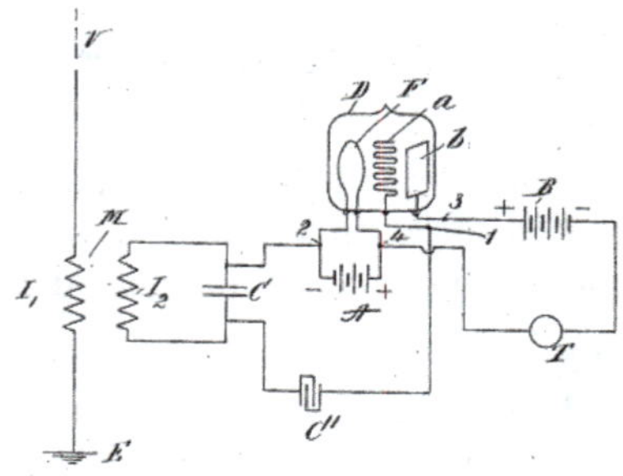

b) Triode nach de Forest (1906, Fig. 1 aus [DF08])

Abb. 2.3.: Abbildungen aus den ersten Patentschriften zu Elektronenröhren

Anfangszeit Die Entwicklung der Gleichrichter- und Verstärkerröhre ist eng mit Anwendungen in der drahtlosen Telegraphie und mit den Namen J. A. Fleming[16], L. De Forest[17] und von Lieben[18] verbunden.

- Fleming beschrieb 1904 in der britischen Patentschrift Nr. 24850 eine direkt geheizte Zweielektrodenröhre mit Kohleheizfäden (Abb. 2.3a) und gab als eine Anwendung die Gleichrichtung von drahtlos empfangenen Telegraphiesignalen an [Fle04].
- De Forest meldete 1907 eine Dreielektrodenröhre als Patent an (Abb. 2.3b) und beschrieb deren Einsatz zur Gleichrichtung hochfrequenter Signale [DF08].
- Von Lieben und Mitarbeiter arbeiteten an Verstärkungskonzepten. In den Patentschriften [Lie06] und [LRS10] schlugen sie vor, die magnetische oder elektrische Auslenkung von Katodenstrahlen zur Verstärkung schwacher Ströme zu nutzen. In [LRS12] wurde schließlich eine Dreielektrodenröhre mit Gittersteuerung beschrieben und das Prinzip eines einstufigen transformatorgekoppelten Verstärkers erläutert. Wegen des hohen Restgasdruckes zeigten diese Röhren im Betrieb gewisse Instabilitäten. Von Lieben-Röhren wurden für Verstärkungszwecke bis Anfang der 1920er Jahre kommerziell produziert.

De Forest und von Lieben gelten als Erfinder der Triode, wobei de Forest vorwiegend in der angelsächsischen Literatur und von Lieben im deutschen Sprachraum genannt wurden [Sko30]. In [Pic06] sind von Lieben's Beiträge und die anderer Pioniere der Röhren- und Verstärkertechnik mit einem Zeitabstand von 100 Jahren historisch gewürdigt.

Die Elektronenröhre wird zum Massenprodukt Mit der Entwicklung der Funktechnik im 1. Weltkrieg, dem Beginn des öffentlichen Rundfunks in den 1920er Jahren und der Verbrei-

[16] John Ambrose Fleming, britischer Physiker und Elektrotechniker, 1849–1945
[17] Lee de Forest, US-amerikanischer Erfinder, 1873–1961
[18] Robert von Lieben, östereichischer Physiker, 1878–1913

tung der Rundfunkempfänger erreichten Elektronenröhren als wesentliches Bauteil der Empfänger in der Folge breite Schichten der Bevölkerung.

In den 1920er Jahren wurden Röhren mit mehreren Systemen in einem Röhrenkolben entwickelt (Mehrfach- oder Verbundröhren). Als ein Beispiel nennen wir die 3-fach-Röhre „3NFW" nach M.v.Ardenne / Loewe (1926). Diese Röhre enthielt sogar schon passive Bauelemente.

In Deutschland wurde der Volksempfängers VE301 am 18. August 1933 für den Verkauf frei gegeben. Der VE301, ein Geradeausempfänger mit 3 Röhren, war ein preisgünstiges Produkt und für alle Kreise der Bevölkerung gedacht. Zahlen über die Produktion und den Absatz dieses Gerätes aus den Jahren 1933 bis 1937, wie in Abb. 2.4 gezeigt, belegen, dass der VE301 schon ein echtes Massenprodukt war [Erv38].

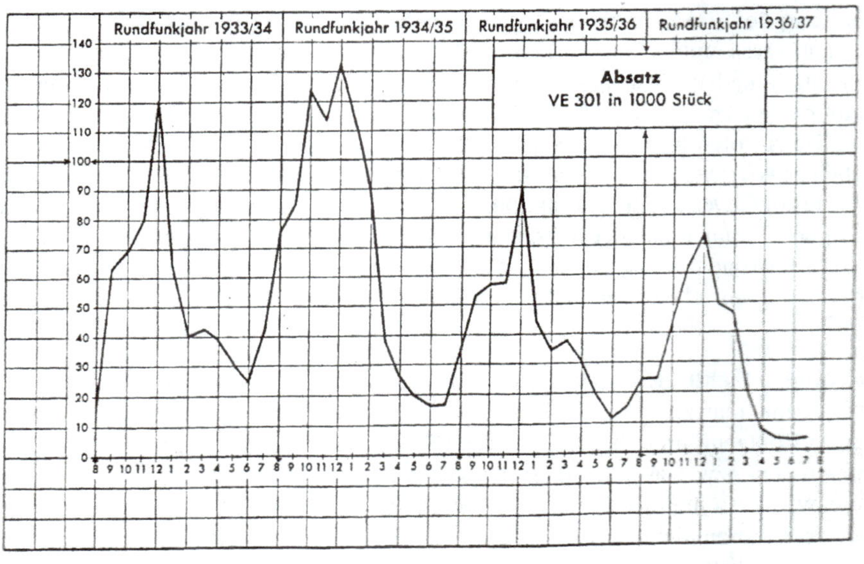

Abb. 2.4.: Absatz des VE301 zwischen 1933 und 1937 (Quelle: [Erv38])

Um Rundfunkempfänger in solchem Umfang zu produzieren und zu verkaufen, mussten entsprechende Produktionsstätten sowie Vertriebs- und Handelsstrukturen sowohl für Röhren wie auch für Geräte aufgebaut werden. Aus schon bestehenden elektrotechnischen Firmen und aus Neugründungen entwickelten sich, gestützt auf die expandierende Rundfunktechnik, renommierte Röhrenhersteller wie Telefunken, Valvo, Siemens oder Philips.

Hoch-Zeit der Röhre In den 1950er Jahren war die Entwicklung der klassischen Elektronenröhre weitgehend abgeschlossen und Elektronenröhren durchdrangen alle Bereiche der drahtlosen Nachrichtentechnik, der Rundfunk- und Fernsehtechnik, der elektronischen Messtechnik sowie der Steuerungs- und Regelungstechnik. Obwohl Röhren auch in großer Zahl in den ersten Digitalrechnern zur Anwendung kamen, hat die Elektronenröhre in der Digitalelektronik keine so große Bedeutung erlangt. Ihre Domäne waren analoge Schaltungen.

Das im Laufe der Jahre angehäufte physikalisch-technische Wissen zu Elektronenröhren und deren Anwendung ist in zahllosen Patenten und Einzelarbeiten sowie in Monographien und Lehrbüchern niedergelegt worden. Als vielleicht bekanntestes deutschsprachiges Werk zur Theorie der Röhren und Röhrenschaltungen seien an dieser Stelle die Barkhausen[19]-Bücher [Bar69a, Bar69b, Bar68] und [Bar65] genannt, die in bis zu 12 Auflagen erschinen. Eine Zusammenstellung technischer Aspekte findet man u.a. in [Rat55] und technologische sowie fertigungstechnische Fragen sind in [Men66] behandelt.

Verdrängung der Elektronenröhre Nachdem Halbleiter als Trockengleichrichter schon länger bekannt waren, entdeckten im Jahre 1948 die drei US-amerikanischen Physiker J. Bardeen, W. Brattain und W. Shockley[20] bei Untersuchungen an Halbleitermaterialien in den Bell-Laboratorien den Transistoreffekt an Germanium . Schon bald wurde das Konzept eines komplett mit Transistoren bestückten Superhet-Empfängers vorgestellt [C.M48]. Es dauerte noch einige Jahre bis Transistoren in den Markt kamen, aber etwa ab Mitte der 1950er Jahre übernahmen sie Signalverarbeitungsfunktionen, die bis dahin die Domäne der Elektronenröhren waren. In den darauf folgenden Jahrzehnten verdrängten Transistoren und integrierte Schaltkreise die Elektronenröhre mehr und mehr. Ehemals renommierte Röhrenhersteller mussten ihre Produktion umstellen oder sind vom Markt verschwunden.

Spezialröhren, Elektronen- und Ionenstrahlgeräte Wenn von Elektronenröhren gesprochen wird, denkt man zunächst an „Radioröhren“, also an Gleichrichter- und Verstärkerröhren, weniger an Röntgenröhren, bestimmte Messröhren oder Höchstfrequenzröhren, die natürlich auch Elektronen- bzw. Gasentladungsröhren sind. Röntgenröhren und Messröhren für niedrige Drucke bzw. Messröhren für ionisierende Strahlung sind vom Niedergang der Gleichrichter- und Verstärkerröhren nicht betroffen, sie haben ihre Position behalten und werden kontinuierlich weiterentwickelt.

Moderne Elektronen- und Ionenstrahlgeräte sowie Plasmatechnologien fußen auf Prinzipien der Elektronen- bzw. Gasentladungsröhren und man kann Elektronen- bzw. Gasentladungsröhren als Urahn dieser modernen Forschungsgeräte und Produktionsanlagen betrachten.

---

[19] Heinrich Georg Barkhausen, deutscher Physiker, 1881–1956

[20] John Bardeen, 1908–1991, Walter Houser Brattain, 1902–1987, und William Bradford Shockley, 1910–1989, erhielten 1956 gemeinsam den Nobelpreis für Physik.

2.4. Über die Herausbildung eines elektrotechnischen Begriffssystems

Für die Beschreibung der oben skizzierten Beobachtungen der neu entdeckten elektrischen Erscheinungen sowie für die Bewertung von Ergebnissen entsprechender Experimente gab es zunächst kein Begriffssystem.

Jeder genaue Vergleich von Beobachtungen erfordert jedoch quantitative Größen, die man mit geeigneten Messgeräten nach definierten Messvorschriften gewinnt, wobei für die einzelnen Größen auch entsprechende Einheiten als Vergleichsbasis und Normale als Referenz benötigt werden. Um mit den gemessenen Werten umzugehen, ist schließlich auch ein entsprechendes Begriffssystem erforderlich. Ein Begriffssystem für elektrische Größen bildete sich erst im 19. Jahrhundert heraus. Die Problematik dieser Entwicklung wird in [Tei74] erörtert.

2.4.1. Elektrische Messgrößen

Die frühen elektrischen Messgeräte nutzten elektrische bzw. magnetische Kraftwirkungen zur mechanischen Anzeige elektrischer Größen in Form eines Zeigerausschlages. Zuerst entwickelte und baute man Elektroskope bzw. Elektrometer. Um 1808 wurde das Nadelgalvanometer von Schweigger[21] erfunden und um 1890 waren empfindliche, industriell gefertigte Galvanometer in verschiedenen Bauformen und von mehreren Herstellern verfügbar [DK14].

Zunächst wurden in den einzelnen Ländern unterschiedliche Einheitensysteme benutzt, so waren z.B. ein englisches und ein deutsches System in Gebrauch. Auf dem 1. Internationalen Elektrizitätskongress 1881 in Paris begann man, ein einheitliches System elektrischer Einheiten zu schaffen und legte das Ohm als Einheit für den Widerstand fest. Man diskutierte auch Einheiten für die elektrische Spannung und für den elektrischen Strom. Jedoch wurden die Einheiten Volt für die Spannung und Ampere für den Strom erst auf dem internationalen Delegiertenkongress 1893 in Chicago beschlossen. Außerdem wurden in Chikago Festlegungen zu Normalen für Widerstand, Strom und Spannung getroffen und beschlossen. Die Festlegungen von diesem Kongress wurden in einigen Ländern zum Gesetz erhoben [Jae32]. Die Definitionen der Einheiten und die Normale erfuhren im Laufe der Zeit mehrfach, dem jeweiligen technischen Stand entsprechend, Verbesserungen und Verfeinerungen. Das heute gültige SI-System wurde 1960 eingeführt und wird kontinuierlich verbessert [PTB07]; so sollen ab 2018 die Normale auf Naturkonstanten zurück geführt werden [SM16].

Um Messungen an realen Systemen interpretieren zu können bzw. um Vorhersagen zum Verhalten realer Systeme unter veränderten Bedingungen zu ermöglichen, nutzt man mathematische Modelle. Ein Modell kann mit den Messwerten für einen untersuchten Vorgang geprüft, verfeinert oder auch erst erstellt werden. Wenn jedoch ein Prozess neu und noch nicht vollständig verstanden ist, kann es zu Fehlschlüssen führen.

[21] Johann Salomo Christoph Schweigger, deutscher Physiker, 1779–1857

Die Problematik wird am Beispiel der Entdeckung des ohmschen Gesetzes im Jahre 1826 sehr deutlich. Ohm[22] fand das nach ihm benannte Gesetz unter Verwendung niederohmiger thermoelektrischer Spannungsquellen. In vorangegangenen Experimenten hatte Ohm mit galvanischen Elementen als Spannungsquelle gearbeitet. Mit den als Widerstand verwendeten niederohmigen Drähten wurden die galvanischen Elemente praktisch im Kurzschluss betrieben, wodurch sich scheinbar ein logarithmischer Zusammenhang zu ergeben schien [DK14].

2.4.2. Nichtelektrische Messgrößen

Elektrische Experimente erfordern oft die Messung und Angabe nichtelektrischer Größen. Der Entwicklungsstand Ende des 19. Jahrhunderts setzte den Forschern hier verschiedene Grenzen, die wir an zwei Beispielen skizzieren.

- Zur vollständigen Beschreibung von Gasentladungsexperimenten gehört die Angabe des Druckes im Entladungsraum. Zur betrachteten Zeit wurden zur Vakuummessung Quecksilber-Kompressionsmanometer angewandt. Die untere Messgrenze dieser Instrumente lag bei etwa 10^{-4} Torr. Erst Jahrzehnte später wurde mittels spezieller elektronischer Messröhren die Messung viel kleinerer Drucke möglich.
- Für den Nachweis der neu entdeckten Röntgenstrahlung gab es zunächst weder Messgeräte noch Maßeinheiten. Das Begriffssystem der Dosimetrie, dosimetrische Einheiten und geeignete Messgeräte (Dosimeter) wurden erst nach und nach entwickelt. Um 1900 waren nur erste Wirkungen der Röntgenstrahlung bekannt, wie die Schwärzung fotografischer Platten und die Entladung von Elektrometern. Diese Wirkungen bildeten später die Grundlage für bestimmte Dosimeter.

[22] Georg Simon Ohm, deutscher Physiker, 1789–1849

3. Konzepte und Prinzipien in der Elektronik

In der modernen Elektronik werden viele Prinzipien und technische Konzepte angewandt, die in der Ära der Elektronen- und Gasentladungsröhren ersonnen und zur technischen Reife gebracht wurden. Zu solchen elektronischen Prinzipien, die mit Röhren entwickelt wurden und die mit Halbleiterbauelementen in gleicher Weise angewandt werden, sind zu zählen

- das Verstärkerprinzip
- das Prinzip der Rückkopplung
- die elektronische Schwingungserzeugung
- die elektronische Regelung
- die Gleichrichtung
- die Modulation und Demodulation.

Diese Liste enthält zunächst nur Prinzipien, die der analogen Elektronik zuzurechnen sind, denn die Digitalelektronik spielte im Zeitalter der Elektronenröhren nur eine untergeordnete Rolle. Dennoch wurden wichtige digitale Grundschaltungen in der Röhrenära erarbeitet, auf die wir in Kapitel 8 eingehen. Für die Verarbeitung digitaler Signale wurden später mit Halbleiterbauelementen zahlreiche Lösungen entwickelt, wovon einige in Tabelle 8.1 analogen Prinzipien gegenübergestellt sind.

Man könnte in obiger Aufzählung noch Signalwandler, wie Mikrophone, Kopfhörer und Lautsprecher ergänzen, die parallel mit den Elektronenröhren und Verstärkern entwickelt wurden. Die akustisch-elektrische und optisch-elektrische Signalwandlung sowie deren Umkehrungen beruhen jedoch meist auf physikalischen Effekten, die nicht röhrenspezifisch sind und die in das Gebiet der Sensorik bzw. Aktorik gehören [RW16]. Wir gehen hier auf Signalwandler nur ein, wenn Röhren direkt eine solche Funktion erfüllen (siehe Kapitel 9 und 12).

Bevor wir uns wichtigen elektronischen Prinzipien aus der Röhrenära zuwenden, betrachten wir rekapitulierend eine Auswahl von Darstellungsformen und Abstraktionsebenen elektronischer Schaltungen und elektrischer Netze, deren Entstehung und Entwicklung ebenfalls mit der Röhrentechnik eng verbunden ist bzw. parallel zu deren Entwicklung verlief.

3.1. Darstellungsformen und Abstraktionsebenen von elektronischen Schaltungen

Parallel zur Entwicklung von Elektronenröhren und von Schaltungen mit Elektronenröhren entstanden Hilfsmittel zur Dokumentation, Darstellung und Berechnung elektronischer Schaltungen. Die im Laufe der Zeit komplexer werdenden elektronischen Schaltungen brachten Darstellungs- und Denkweisen auf unterschiedlichem Abstraktionsniveau hervor, wovon wir

https://doi.org/10.1515/9783110547979-025

nachfolgend eine Auswahl skizzieren. Ausführliche Informationen, insbesondere zur Berechnung von Schaltungen, findet man auf unterschiedlichem Niveau in den zahlreichen Elektroniklehrbüchern.

3.1.1. Schaltzeichen – Schaltplan – Blockschaltbild

Halbgegenständliche Darstellung – Verdrahtungsplan Damit man eine elektronische Schaltung überhaupt aufbauen kann, benötigt man einen entsprechenden Plan. In der Anfangsphase wurden Bauelemente und ihre Verbindung noch quasi gegenständlich dargestellt. Diese Darstellungsart nannte man Verdrahtungsplan. Verdrahtungspläne waren in Bauplänen weit verbreitet. Die Abb. 3.1 zeigt als Beispiel einen Verdrahtungsplan eines Geradeausempfängers aus dem Jahre 1926 (Kondensatoren sind im damals üblichen Gaußschen Einheitensystem angegeben, also in der Einheit cm.).

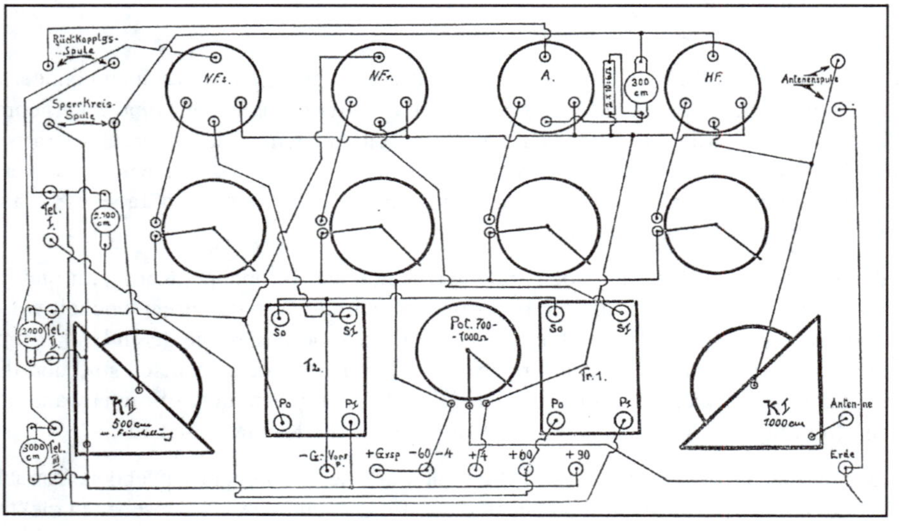

Abb. 3.1.: Verdrahtungsplan eines Geradeausempfängers ([Bac26], nachbearbeitet)

Symbolische Darstellung – Schaltzeichen und Schaltplan Die zunehmende Komplexität der Schaltungen zwang bald zur Abstraktion und zu symbolischen Darstellungen. Die realen Bauelemente wurden durch graphische Symbole, die Schaltzeichen, ersetzt und deren Verbindungen untereinander werden im Schaltplan dargestellt. Ein Schaltplan umfasst alle Bauelemente sowie deren elektrische Werte bzw. im Falle von Elektronenröhren deren Typenbezeichnung. Für gedruckte Schaltungen wird der Schaltplan durch einen sog. Bestückungsplan ergänzt, dem man die Anordnung der Bauelemente auf der Leiterplatte entnehmen kann.

Wie in der Technik üblich, wurden die Darstellungsformen genormt. Die in Deutschland gültigen symbolischen Darstellungsformen von Schaltzeichen sind in DIN-Normen DIN EN 60617 festgelegt, speziell für Elektronenröhren gilt [DIN97a] und für passive Bauelemente [DIN97b]. Abb. 3.2 zeigt eine Auswahl von Schaltzeichen passiver Bauelemente, die wir neben den Röhrensymbolen öfter nutzen.

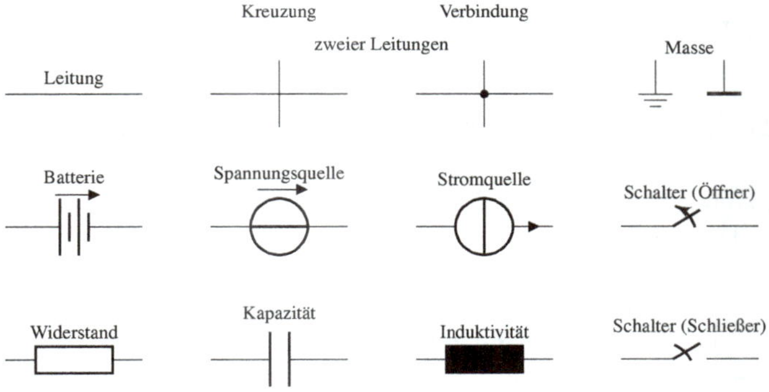

Abb. 3.2.: Schaltzeichen

Übersichtsdarstellung – Blockschaltbild Bei umfangreicheren Schaltungen eines komplexen Gerätes kann der Schaltplan leicht einige Dutzend oder einige Hundert Bauelemente umfassen. Um die Übersicht zu erleichtern, entstand das Konzept des Blockschaltbildes. Dazu wird die Funktion der Gesamtschaltung gedanklich in Funktionsblöcke aufgeteilt, also z.B. in Stromversorgung, Vorverstärker, Endverstärker usw. Jede Funktionsgruppe wird als meist rechteckige Box dargestellt und die einzelnen gleichartigen oder verschiedenen Funktionsblöcke werden zum Blockschaltbild zusammengefügt.

Auf der Ebene eines Blockschaltbildes spielt der innere Aufbau einer Funktionsgruppe zunächst keine Rolle, denn anders als in einem Schaltplan werden nicht die Bauelemente und ihre Verbindungen dargestellt, sondern nur die Verbindung zwischen den Funktionsgruppen. Jeder Funktionsblock ist durch seine Eingangs- und Ausgangssignale bzw. -größen charakterisiert. Wichtig ist, dass die Ausgangs- und Eingangsgrößen einander folgender Stufen aufeinander abgestimmt sind und zueinander passen. Die Funktion selbst wird durch ein Symbol oder eine Beschriftung dargestellt. Der Signalfluss und der Energiefluss zwischen den Funktionsgruppen wird durch Pfeile repräsentiert. Derart separierte Funktionsblöcke können nun unabhängig voneinander beschrieben, berechnet oder analysiert werden, wie das auch von anderen technischen Systemen geläufig ist.

Als Beispiel geben wir in Abb. 3.3 ein Blockschaltbild für einen AM-Geradeausempfänger an, welches den im Verdrahtungsplan in Abb. 3.1 dargestellten Empfänger auf seine Funktionsstufen reduziert darstellt.

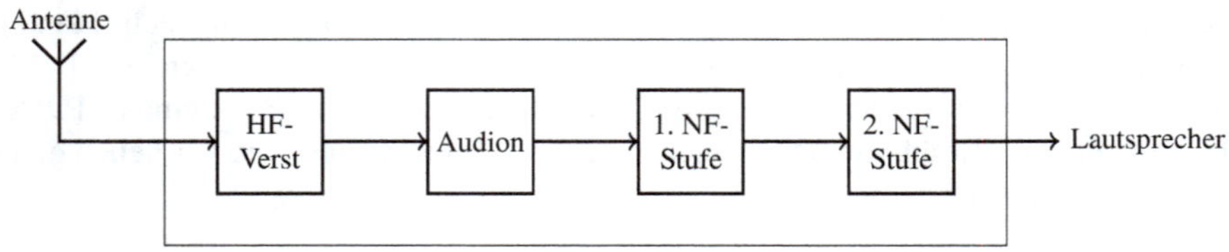

Abb. 3.3.: Beispiel-Blockschaltbild: Geradeaus-Empfänger

3.1.2. Zweipol – Vierpol – Ersatzschaltbild

Beim Schaltplankonzept sind wir davon ausgegangen, dass die Werte der einzelnen Bauelemente bekannt und dem Schaltplan zu entnehmen sind. Wird jedoch eine Schaltung erst entwickelt, dann sind die Werte der Bauelemente noch nicht bekannt. Um diese Werte zu ermitteln, müssen zuerst die Arbeitsbedingungen der Gesamtschaltung (z.B. Eingangs- und Ausgangsgrößen, Frequenz- und Temperaturbereich u.a.) festgelegt werden. Zur Berechnung wird die Gesamtschaltung gedanklich in Teilschaltungen zerlegt. Die Berechnung der Bauelemente und Schaltungseigenschaften erfolgt dann stufenweise für alle Teilschaltungen mit den Mitteln und Regeln, die zur Netzwerkberechnung bekannt sind.

Komplexere elektronische Bauelemente oder Baugruppen haben in der Regel eine Vielzahl von Anschlussklemmen, die man auch Pole nennt. Allgemein ist eine Baugruppe n-polig, minimal hat ein Bauelement bzw. eine Baugruppe zwei Pole. Eine weitere, häufig vorkommende Klasse sind Baugruppen, die neben Anschlüssen zur Stromversorgung über zwei Pole für den Signaleingang und zwei für den Signalausgang verfügen.

Zweipole Eine Baugruppe mit genau zwei Anschlüssen heißt Zweipol. Man unterscheidet aktive und passive Zweipole. Aktive Zweipole sind Stromquellen und Spannungsquellen. Zu den passiven Zweipolen zählen Widerstände, Kondensatoren und Spulen. Sie fungieren oft als Last, können aber auch Teil von Quellen sein. Einen Zweipol kann man über Strom- und Spannungsmessungen an seinen Klemmen vollständig charakterisieren, ohne den inneren Aufbau zu kennen (Black Box).

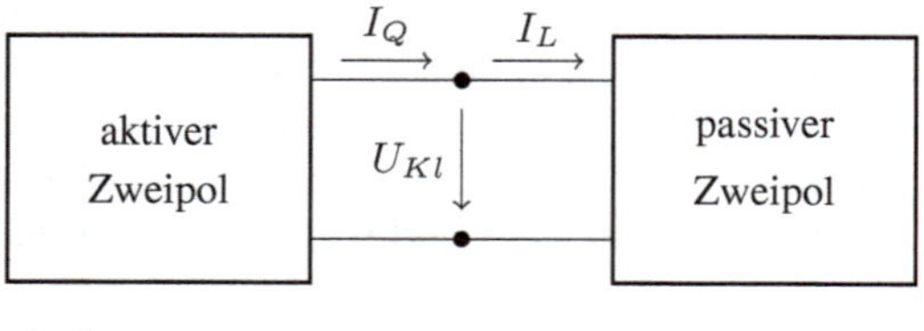

Abb. 3.4.: Zusammenschaltung eines aktiven und eines passiven Zweipols (U_{Kl}: Klemmenspannung, I_Q: Quellstrom, I_L: Laststrom)

Entsprechend Abb. 3.4 kann man einen aktiven Zweipol und einen passiven Zweipol direkt zusammen schalten. Von der Klemmenspannung U_{Kl}, dem Strom aus der Quelle I_Q und dem

Strom in die Last I_L müssen die Richtungen (Zählpfeile) beachtet werden; sie sind in der Abbildung eingetragen.

Komplexe Teilschaltungen, wie beispielsweise ein Kondensator-Widerstands-Netzwerk oder einen Oszillator, kann man immer dann als Zweipol darstellen, wenn diese Einheiten über nur zwei Anschlüsse mit dem Rest der Schaltung verbunden sind. Anschlüsse zur Stromversorgung bleiben dabei unberücksichtigt.

Vierpole Ein Netzwerk mit vier Anschlussklemmen, bei denen je zwei Klemmen als Eingang und zwei Klemmen als Ausgang zusammen gehören, nennt man einen Vierpol. Die zusammengehörigen Eingangs- bzw. Ausgangsklemmen bilden je ein Tor; ein Vierpol wird deshalb auch Zweitor genannt. Vierpole (Zweitore) sind grundlegende Strukturen elektrischer Netze, die ausführlich in der einschlägigen Literatur dargestellt sind, beispielsweise in [Fre84].

Ein Vierpol wird durch vier von außen messbare Größen eindeutig beschrieben, nämlich am Eingang durch den Strom I_1 und die Spannung U_1 und am Ausgang durch den Strom I_2 und die Spannung U_2 (Abb. 3.5). Messtechnisch ermittelte Abhängigkeiten und Zusammenhänge werden unter Beachtung der festgelegten Richtungen von Strom und Spannung in Kennlinienfeldern oder mittels zweier unabhängiger Gleichungen dargestellt. Dazu ist es nicht erforderlich, den inneren Aufbau zu kennen. Man kann den Vierpol analog zum Zweipol als Black Box betrachten. Obwohl dabei innere physikalische Zusammenhänge nicht berücksichtigt werden, genügt diese Form der Beschreibung schaltungstechnischen Erfordernissen.

Abb. 3.5 zeigt die Zusammenschaltung eines Vierpols mit zwei Zweipolen, einer Quelle am Eingang und einer Last am Ausgang.

Abb. 3.5.: Zusammenschaltung eines Vierpols mit zwei Zweipolen

Für die Beschreibung des Vierpols sind den Spannungen und Strömen jeweils Richtungen zugeordnet. Wir verfahren entsprechend der Abb. 3.5, so dass gilt

- die Ausgangsspannung der Quelle U_{Kl} ist gleich der Eingangsspannung des Vierpols U_1 und
- die Ausgangsspannung des Vierpols U_2 ist gleich der Spannung an der Last U_L.

Bezüglich der Stromrichtung vereinbaren wir, dass die Ströme jeweils zum Vierpol hin fließen. Damit gilt:

- der Ausgangsstrom der Quelle I_Q ist bezüglich Betrag und Richtung gleich dem Eingangsstrom des Vierpols I_1,

- der Ausgangsstrom des Vierpols I_2 ist betragsmäßig gleich dem Strom I_L, der in die Last fließt; aber die Zählrichtungen beider Ströme sind entgegengesetzt gerichtet, d.h., $I_2 = -I_L$.

Diese Ströme und Spannungen können sowohl Gleich- als auch Wechselgrößen sein. Es ist deshalb zweckmäßig, die komplexe Schreibweise, wie in Abb. 3.7, zu verwenden.

Ersatzschaltung Der oben beschriebene Schaltplan ist zum Aufbau einer Schaltung und zur Fehlersuche geeignet. Er ist jedoch nicht ausreichend, um alle Eigenschaften einer Schaltung zu beschreiben. Gründe dafür sind, dass im Schaltplan weder die inneren Eigenschaften der realen Bauelemente noch Eigenschaften des Schaltungsaufbaues berücksichtigt sind. Aus dem Aufbau der Schaltung, also aus Leitungsführung und Verdrahtung, resultieren verteilte Kapazitäten (Streukapazitäten), Induktivitäten und Widerstände, die unbeabsichtigt in die Schaltung eingebracht werden. Auch Elektronenröhren bringen in Gestalt der Kapazitäten zwischen den Elektroden Komponenten in die Schaltung ein, die der Schaltplan nicht enthält. Um das reale Verhalten einer Schaltung zu modellieren, bedient man sich einer sog. Ersatzschaltung. Das Konzept der Ersatzschaltung wird von Barkhausen schon in [Bar23] im Zusammenhang mit Röhrenschaltungen benutzt.

Eine Ersatzschaltung wird so entworfen, dass sie im interessierenden Parameterbereich (Frequenz, Leistung, Temperatur u.a.) das messbare Verhalten einer realen Schaltung möglichst genau widerspiegelt. Sie stellt ein Hilfsmittel zur Vereinfachung der Berechnung von Strömen und Spannungen in linearen Netzwerken dar. Bekannte Beispiele sind die Zusammenfassung von in Reihe oder parallel geschalteten Widerständen, Kapazitäten oder Induktivitäten durch nur ein Ersatzbauelement.

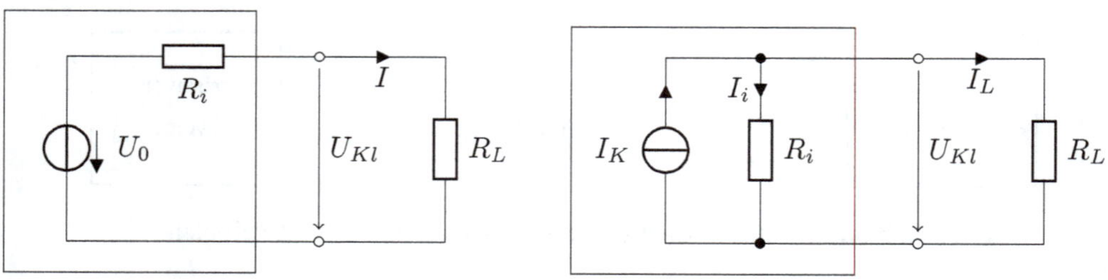

a) Ersatzspannungsquelle a) Ersatzstromquelle

Abb. 3.6.: Ersatzschaltung einer realen Spannungs- bzw. Stromquelle mit Lastwiderstand R_L

Eine Ersatzschaltung muss deshalb nicht alle im Schaltplan angegebenen Komponenten enthalten, z.B. kann ein Widerstandsnetzwerk auf einen Ersatzwiderstand reduziert sein. Andererseits wird die Ersatzschaltung Komponenten enthalten, die es in der Schaltung nicht gibt, die aber messtechnisch gefunden werden, wie der innere Widerstand einer Spannungsquelle (Abb. 3.6a) bzw. einer Stromquelle (Abb. 3.6b). Auch der innere Widerstand einer Triode oder die oben genannten Streukapazitäten sind solche Komponenten.

3.2. Grundlegende elektronische Prinzipien

Wesentliche elektronische Prinzipien wurden Anfang des 20. Jahrhunderts im Zusammenhang mit der Rundfunktechnik entwickelt. Begonnen hatte diese Entwicklung schon mit dem experimentellen Nachweis elektromagnetischer Wellen durch Heinrich Hertz[1] im Jahre 1886 und ein Höhepunkt war die erste Signalübertragung über den Atlantik 1901 durch Marconi[2].

Die weitere Entwicklung führte zu grundlegenden elektronischen Konzepten, welche für die gesamte analoge Elektronik prägend waren und die wir noch heute nutzen. In diesem Kapitel skizzieren wir einige dieser Prinzipien in Form von Blockschaltungen; auf die Ausführung entsprechender Röhrenschaltungen gehen wir in Kapitel 7 ein.

3.2.1. Verstärkung

Allgemein versteht man unter der Verstärkung eines Signals, dass die Amplitude eines (kleinen) Eingangssignals vergrößert wird, ohne die sonstigen Eigenschaften des Signals zu verändern. Baugruppen die das leisten, heißen **Verstärker** und enthalten mindestens ein aktives Bauelement. Verstärker benötigen immer eine separat zugeführte Hilfsenergie, um damit die Signalenergie zu vergrößern.

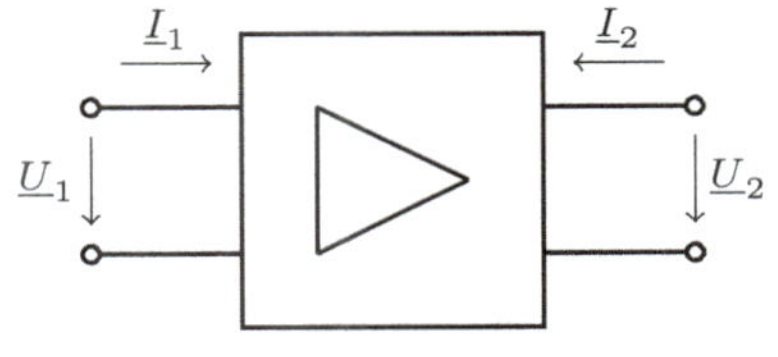

Abb. 3.7.: Verstärker als Vierpol

Verstärker können als Vierpole mit zwei Eingangs- und zwei Ausgangsklemmen dargestellt werden (Abb. 3.7); die Anschlüsse der Hilfsenergie werden dabei nicht berücksichtigt. Ein Verstärker kann mehrere Verstärkerstufen enthalten, z.B. wie in Abb. 3.3 eine 1. und eine 2. NF-Stufe. Indem man Quotienten von Eingangsgrößen und Ausgangsgrößen bildet, können die Eigenschaften des Verstärkers mit Kenngrößen beschrieben werden, wie z.B.

$$\text{Spannungsverstärkung:} \quad \underline{V}_u = \frac{\underline{U}_2}{\underline{U}_1}, \tag{3.1}$$

$$\text{Eingangsimpedanz:} \quad \underline{Z}_1 = \frac{\underline{U}_1}{\underline{I}_1}, \tag{3.2}$$

$$\text{Ausgangsimpedanz:} \quad \underline{Z}_2 = \frac{\underline{U}_2}{\underline{I}_2}. \tag{3.3}$$

[1] Heinrich Rudolf Hertz, deutscher Physiker, 1857–1894

[2] Guglielmo Marconi, italienischer Radiopionier, 1874–1937, Nobelpreis für Physik 1909

Verstärker werden nach technischen und kommerziellen Gesichtspunkten unterschieden. Technische Unterscheidungen erfolgen z.B. nach dem Frequenzbereich (HF- bzw. NF-Verstärker), nach der Bandbreite (Breitband- bzw. Schmalbandverstärker), nach der Leistung (Vor- und Endstufen). Ein weiteres technisches Kriterium ist die Art der Kopplung einzelner Verstärkerstufen. Hier unterscheidet man z.B.

- Transformator-gekoppelte Verstärker,
- RC-gekoppelte Verstärker,
- Gleichspannungs- oder direkt gekoppelte Verstärker (in der Röhrenära eher selten).

3.2.2. Rückkopplung und Selbsterregung

Das Prinzip der Rückkopplung wurde 1913 von A. Meißner[3] erfunden. Es war die Voraussetzung für die Erzeugung von ungedämpften Schwingungen mit Elektronenröhren. Das Rückkopplungsprinzip ist universell und dient heute in Elektronik und Regelungstechnik zur gezielten Beeinflussung von Systemeigenschaften.

Allgemein versteht man unter Rückkopplung die Rückführung eines Teiles des Ausgangssignals eines Systems über ein Rückkopplungsnetzwerk zurück auf einen Summationspunkt am Eingang desselben Systems. Die Abb. 3.8 verdeutlicht das am Blockschaltbild eines Verstärkers. Für die Spannungsverstärkung des rückgekoppelten Systems $\underline{V}_u^R$ erhält man

$$\underline{V}_u^R = \frac{\underline{U}_a}{\underline{U}_e} = \frac{\underline{V}_u}{1 - \underline{k} \cdot \underline{V}_u}. \tag{3.4}$$

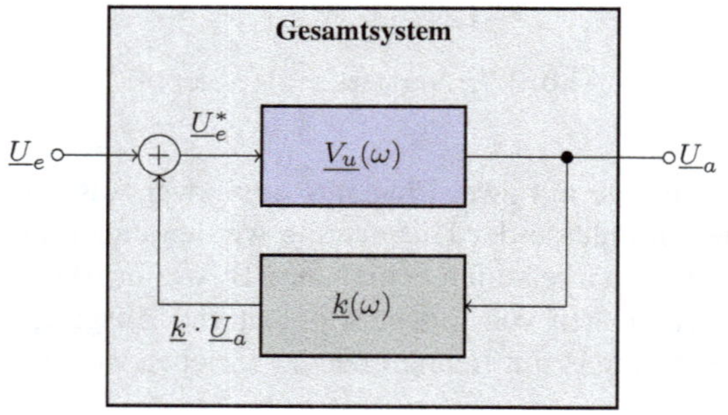

Abb. 3.8.: Rückkopplung: ein allgemeines Prinzip

Wichtig ist die Phasenlage zwischen Eingangssignal $\underline{U}_e$ und zurückgeführtem Signal $\underline{k} \cdot \underline{U}_a$. Sind beide Signale gegenphasig zueinander, so spricht man von **Gegenkopplung**, und wenn sie gleichphasig sind, von **Mitkopplung**. Eine Gegenkopplung verringert die Verstärkung des Systems und macht es stabiler und breitbandiger. Dagegen vergrößert eine Mitkopplung die Verstärkung des Systems und macht es schmalbandiger.

[3] Alexander Meißner, österreichischer Physiker, 1883–1958

Selbsterregung Eine Mitkopplung kann zur Selbsterregung des mitgekoppelten Systems führen und wird gezielt zur Schwingungserzeugung genutzt. Das Prinzip kann man leicht mit einem Gedankenexperiment an Hand von Abb. 3.9 erkennen. Es sei ein Eingangssignal $\underline{U}_e$ angelegt und die Rückkopplungsleitung sei durch den Schalter zunächst aufgetrennt. Am Ausgang des Rückkopplungsnetzwerkes erhält man die Spannung $\underline{k} \cdot \underline{U}_a = \underline{k} \cdot \underline{V}_u \cdot \underline{U}_e$. Nun verändert man das Rückkopplungsnetzwerk $\underline{k}(\omega)$ solange, bis das Signal am Ausgang des Rückkopplungsnetzwerkes $\underline{k} \cdot \underline{U}_a$ gleich dem Eingangssignal $\underline{U}_e$ ist. Dann kann man in Gedanken den Schalter schießen und gleichzeitig das Eingangsignal abschalten. Dabei bleibt das Ausgangssignal erhalten, es liegt Selbsterregung vor und die Schaltung erzeugt selbst Schwingungen, sie arbeitet als Oszillator (Generator).

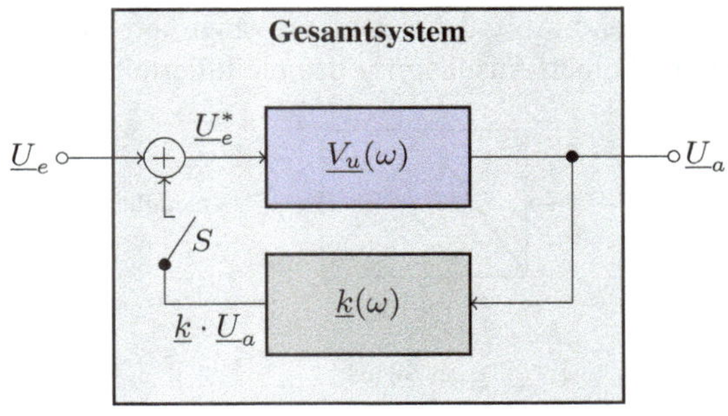

Abb. 3.9.: Zur Erklärung der Selbsterregung

Zum Anschwingen des Oszillators reicht das Rauschen am Eingang der Schaltung beim Einschalten.

Elektronische Regelung Elektronische Regler nutzen ebenfalls das Prinzip der Rückkopplung oder Rückführung. Sie führen einen Vergleich zwischen einem **Istwert** (Ausgangs- oder Regelgröße) und einem **Sollwert** (Eingangs- oder Führungsgröße) durch und halten die Differenz (**Regelabweichung**) möglichst gering. Durch die Regelung wird der Einfluss von Störungen (**Störgrößen**) bis auf eine geringe, vom Reglertyp abhängige Regelabweichung ausgeglichen.
Die Abb. 3.10 veranschaulicht das Konzept eines Reglers und der Rückführung.

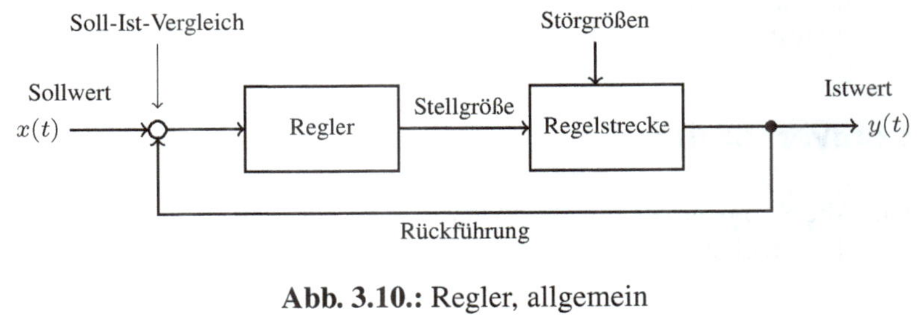

Abb. 3.10.: Regler, allgemein

Wenn der Sollwert zeitlich konstant ist, muss auch der Istwert (weitestgehend) zeitlich konstant bleiben. Spannungsregelschaltungen nutzen dieses Konzept, um Schwankungen der Eingangsspannung oder des Laststromes auszuregeln.

3.2.3. Modulation und Demodulation

Modulation und Demodulation sind Begriffe aus der Nachrichtentechnik. Zur Übertragung einer Nachricht mittels Hochfrequenz muss das zu übertragende niederfrequente Nutzsignal, z.B. Sprache oder Musik, dem hochfrequenten Trägersignal senderseitig aufgeprägt werden. Diesen Vorgang nennt man **Modulation** und die entsprechende Schaltung einen **Modulator**. Ein Modulator hat entsprechend Abb. 3.11 zwei Eingänge, einen für das Trägersignal und einen für das Nutzsignal, und einen Ausgang für das modulierte Signal.

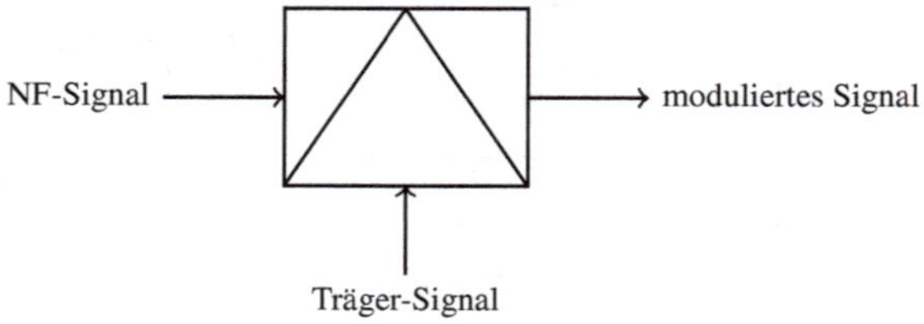

Abb. 3.11.: Modulator

Das Nutzsignal kann verschiedenen Signalparametern des hochfrequenten Trägersignals aufgeprägt werden. Danach unterscheidet man verschiedene Modulationsarten, wie z.B.

- Amplitudenmodulation, dabei ändert das Nutzsignal die Amplitude des Trägersignals,
- Frequenzmodulation, dabei ändert das Nutzsignal die Frequenz des Trägersignals,
- Pulsweitenmodulation, dabei ändert das Nutzsignal die Einschaltdauer des Trägers.

Die Rückgewinnung des Nutzsignals aus dem modulierten Trägersignal erfolgt empfängerseitig und heißt **Demodulation** und eine Schaltung, die das leistet, **Demodulator**. Natürlich erfordert jede Modulationsart eine geeignete Demodulatorschaltung.
Zu den ersten Demodulationsschaltungen für die Rückgewinnung des niederfrequenten Signals von einem amplitudenmodulierten Trägersignal zählen der Gleichrichter nach Fleming und das Audion nach de Forest.

3.2.4. Stromversorgung

Prinzipiell kann die Stromversorgung aus Batterien oder aus dem Wechsel- bzw. Drehstromnetz erfolgen. Wir betrachten nur die Versorgung aus einem Netz.

Anforderungen Schaltungen mit Elektronenröhren erfordern eine bestimmte Heizspannung bzw. einen bestimmten Heizstrom zur Versorgung der Katodenheizung der Röhren sowie als Anoden- und Schirmgitterspannung eine Gleichspannung von der Größenordnung 100–300 V. Für Bildröhren und Senderöhren werden deutlich höhere Gleichspannungen benötigt.

Röntgenröhren und technische Elektronengeräte erfordern noch höhere Gleichspannungen, die im Bereich von 5–100 kV und darüber liegen können.

Für technische Zwecke kann es erforderlich sein, eine Gleichspannung zusätzlich geregelt bzw. stabilisiert bereit zu stellen. Den Anforderungen entsprechend umfasst eine Stromversorgung unterschiedliche Komponenten, wie die Abb. 3.12 zeigt.

Abb. 3.12.: Blockschaltung einer Stromversorgung mit Gleichrichter, Siebschaltung und Spannungsregler

Rundfunk- und Fernsehgeräte gab es als Wechselstromgeräte mit Netztransformator und als sogenannte Allstromgeräte ohne Netztransformator. Technische Geräte wurden in der Regel als Wechselstromgerät ausgeführt.

In Wechselstromgeräten stellte ein Transformator mit mehreren Sekundärwicklungen die erforderlichen niedrigen Spannungen für die Katodenheizung und die höhere Eingangsspannung für die Gleichrichterschaltung bereit. Der Transformator sorgte gleichzeitig für die galvanische Trennung des Gerätes vom Wechselstromnetz.

Gleichrichtung Die Gewinnung der erwähnten hohen Gleichspannungen als Versorgungsspannung aus der Trafoausgangsspannung ist Aufgabe von Gleichrichterschaltungen. Für kleine Leistungen verwendet man einphasige Gleichrichter, die aus dem 50 Hz-Wechselstromnetz versorgt werden. Für größere Leistungen benutzt man mehrphasige Gleichrichter und versorgt diese aus dem Drehstromnetz.

Siebung Eine Gleichrichterschaltung liefert keine ideale Gleichspannung wie eine Batterie. Vielmehr weist die Ausgangsspannung jedes Gleichrichters periodische Schwankungen mit der Netzfrequenz oder einem Vielfachen der Netzfrequenz auf, die sog. Welligkeit. Der unerwünschte Wechselspannungsanteil der Ausgangsspannung des Gleichrichters muss für viele Anwendungen eliminiert werden. Man nutzt dazu einen sog. Ladekondensator direkt nach dem Gleichrichter als Energiespeicher und für die weitere Glättung der Rohgleichspannung eine nachfolgende Siebschaltung, die z.B. ein LC- oder RC-Tiefpass sein kann.

Konstanthaltung von Versorgungsspannungen Die Konstanthaltung von Gleichspannungen als Versorgungsspannung wurde wegen des Aufwandes nur bei erhöhten Anforderungen eingesetzt, wie z.B. für Anwendungen in der Messtechnik. Die Spannungsstabilisierung erfolgte mit Glimmstabilisatoren, die als Parallelregler (Querregler) arbeiteten bzw. mit Röhren, die als Serienregler (Längsregler) geschaltet waren.

4. Vakuumelektronik

4.1. Überblick

Damit ein elektrischer Strom in einem bestimmten Stoff oder Volumen fließen kann, müssen frei bewegliche Ladungsträger im Volumen vorhanden sein. Frei bewegliche Ladungsträger können Elektronen sowie positiv und negativ geladene Ionen sein. Welche Ladungsträger tatsächlich vorkommen, ist vom jeweiligem Medium abhängig und die Mechanismen, wie die Ladungsträger frei gesetzt werden, sind je nach Medium ganz verschieden.

Bekanntermaßen leiten die einzelnen Stoffe den elektrischen Strom unterschiedlich gut. Klassifiziert man die Stoffe nach ihrer elektrischen Leitfähigkeit, dann unterscheidet man:

- elektrische Leiter,
- Halbleiter und
- Nichtleiter oder Isolatoren.

Elektrische Leiter sind alle Metalle und Legierungen, sie leiten den Strom sehr gut. Frei bewegliche Ladungsträger sind hier Elektronen, die als Leitungselektronen (Elektronengas) im Leiter unmittelbar zur Verfügung stehen.
Wässrige Elektrolytlösungen leiten den Strom ebenfalls relativ gut. Man nennt sie Leiter 2. Klasse. Frei bewegliche Ladungsträger sind hier positiv und negativ geladene Ionen, die durch elektrolytische Dissoziation polarer Moleküle entstehen. Der Stromtransport ist dabei mit einem Massetransport verbunden und mit chemischen Reaktionen gekoppelt.

Halbleiter können je nach Vorbehandlung und Umgebungsbedingungen eher gut oder eher schlecht leitend sein. Auch im Halbleiter sind Elektronen die frei beweglichen Ladungsträger.

Nichtleiter sind das Vakuum, alle Gase und natürliche Verbindungen, wie Diamant oder Quarz sowie viele technische Werkstoffe, wie Glas, Keramik und die meisten Kunststoffe.

Obwohl das Vakuum und alle Gase Nichtleiter sind, kann hier ein elektrischer Strom fließen, wenn

- im Volumen freie Ladungsträger durch einen Emissions- oder Ionisierungsprozess bereitgestellt werden,
- Elektroden für den Übergang des elektrischen Stromes vom Festkörper ins Vakuum bzw. ins Gas und umgekehrt vorhanden sind,
- an den Elektroden eine elektrische Spannung anliegt.

Elektronenröhren basieren auf Elektronenströmen im Hochvakuum und deren Steuerung durch elektrische Felder. Manche Anordnungen, z.B. Bildröhren, verwenden zusätzlich magnetische Felder zur Ablenkung oder Fokussierung eines Elektronenstrahls. Die notwendigen freien Ladungsträger, also Elektronen, werden durch einen Emissionsprozess bereitgestellt.

https://doi.org/10.1515/9783110547979-037

Niederdruckgasentladungsröhren[1] nutzen Elektronen- und Ionenströme im Vakuum. Die Ionen und Elektronen werden hier durch Ionisation neutraler Gasatome oder Moleküle bereitgestellt. Das Gemisch aus Neutralteilchen, Elektronen und Ionen heißt **Plasma**. Ein Plasma ist elektrisch leitfähig und als Ganzes elektrisch neutral.

Für das Verständnis der Funktionsweise von Elektronenröhren und von Gasentladungsröhren sind die Stromleitung im Vakuum sowie deren notwendige Bedingungen und Begleitprozesse von grundlegender Bedeutung. Zu den Bedingungen und Begleitprozessen zählen wir dabei

- die Bereitstellung des Vakuums,
- die Elektronenemission aus Festkörpern,
- die Bewegung freier Ladungsträger unter dem Einfluss elektrischer und magnetischer Felder,
- Prozesse an Elektroden und Gefäßwänden sowie
- Ionisations- und Rekombinationsprozesse im Gasraum.

Wir betrachten diese Sachverhalte in diesem Kapitel und beginnen mit einigen Ausführungen zum Vakuum.

Um die Funktionsweise einer Schaltung zu verstehen, ist die Kenntnis der in einer Röhre ablaufenden physikalischen Prozesse meist nicht notwendig. Hierfür ist in der Regel die Beschreibung des Verhaltens einer Röhre an Hand ihrer Kenndaten und Kennlinien geeignet und ausreichend (siehe Kapitel 5).

4.2. Vakuum und Druckbereiche

Für die Entwicklung der Elektronenröhren und ebenso für die der Gasentladungsröhren war die Erzeugung eines Vakuums und dessen Aufrechterhaltung in einem abgeschlossenem Vakuumgefäß eine wesentliche technisch Voraussetzung. Unter einem Vakuum versteht man den Zustand eines Gases oder Dampfes, in dem der Druck und die Teilchendichte geringer sind als bei Atmosphärendruck. Grundlagen und Anwendungen der Vakuumphysik und -technik sind in Standardwerken, wie [Ede98] und [JW06], auf die wir uns in diesem Kapitel beziehen, ausführlich dargestellt.

[1] Wenn wir von Gasentladungsröhren sprechen, sind hier stets Niederdruckgasentladungsröhren gemeint.

4.2.1. Vakuumerzeugung

Je nach dem im Vakuumgefäß herrschenden Druck teilt man technisch erzeugte Vakua in verschiedene Bereiche, wie Grob-, Fein-, Hoch- und schließlich Ultrahochvakuum, ein (siehe Tabelle 4.1). Für die Erzeugung eines Vakuums in einem Vakuumgefäß werden je nach Druckbereich verschiedenartige Vakuumpumpen eingesetzt. Ein Feinvakuum erreicht man schon mit einer zweistufigen Drehschieberpumpe, die direkt gegen den Atmosphärendruck arbeitet. Für den Hochvakuumbereich nutzt man Hochvakuumpumpen, wie Öldiffusionspumpen oder ölfreie Turbomolekularpumpen, die nur gegen ein Feinvakuum arbeiten, d.h. sie benötigen auf der Druckseite schon ein Feinvakuum. Den Ultrahochvakuumbereich erreicht man mit Turbomolekularpumpen und mit Pumpprinzipien, die schon von einem Hochvakuum ausgehen und die das Restgas im Vakuumgefäß binden. Solche Pumpen sind Ionengetterpumpen und Kryopumpen.

Jede Vakuumpumpe hat eine bestimmte, druckabhängige Saugleistung. Um diese Saugleistung zu nutzen und möglichst schnell ein gutes Vakuum zu erhalten, muss die Saugleitung einen Mindestquerschnitt besitzen. Kleinere Saugleitungsquerschnitte reduzieren die effektive Saugleistung und verlängern die Pumpzeit bis zur Erreichung des Endvakuums.
Alle Oberflächen im Inneren des Vakuumgefäßes sind anfangs mit Adsorbatschichten bedeckt. Es ist deshalb vorteilhaft, die inneren Oberflächen klein zu halten und bei niedrigen Drucken, also im Hochvakuumbereich und darunter, die Einbauten auszuheizen. Durch das Ausheizen desorbieren die adsorbierten Gasschichten.
Zu Erreichung des Endvakuums für ein gegebenes Hochvakuumpumpsystem benötigt man relativ lange Zeiten, mindestens in der Größenordnung von Stunden. Das liegt darin begründet, dass das Saugvermögen mit der Annäherung an das Endvakuum drastisch sinkt und schließlich gegen Null geht.
Auf die Messung kleiner Drucke mit speziellen Messröhren, den Gasionisationsdetektoren, gehen wir in Kapitel 12.2.1 ein.

Tabelle 4.1.: Vakuum: Druckbereiche, Parameter und Pumpenart zur Erzeugung

Bezeichnung	Druckbereich in Pa	Teilchen pro cm^3	mittl. freie Weglänge in cm	geeignete Pumpenart
Grobvakuum	$3 \cdot 10^4$–10^2	10^{19}–10^{16}	10^{-5}–10^{-2}	Drehschieberpumpe
Feinvakuum	10^2–10^{-1}	10^{16}–10^{13}	10^{-2}–10^1	Drehschieberpumpe
Hochvakuum (HV)	10^{-1}–10^{-5}	10^{13}–10^9	10^1–10^4	Diffusionspumpe Turbomolekularpumpe
Ultrahochvakuum (UHV)	10^{-5}–10^{-10}	10^9–10^4	10^4–10^9	Turbomolekularpumpe Ionengetterpumpe Kryopumpe

Druckeinheiten Zur Zeit der Elektronen-und Gasentladungsröhren war noch die ältere Druckeinheit **Torr** in Gebrauch. In der Tabelle 4.1 ist der Druck in der heute gültigen SI-Einheit **Pascal** angegeben. Das Torr stützt sich auf die Höhe eines Quecksiberfadens in einem Quecksilbermanometer. Dabei entspricht 1 Torr gleich 1 mm Höhe der Quecksilbersäule. Für die Umrechnung auf die SI-Einheit gilt die folgende Gleichung:

$$1\,\mathrm{Torr} = 1\,\mathrm{mmHg} = 133{,}322\,\mathrm{Pa} \tag{4.1}$$

Im Zusammenhang mit älteren Literaturstellen werden wir auch die ältere Druckeinheit Torr verwenden und gelegentlich auch die Einheit mbar (1 mbar = 100 Pa).

Physikalische Zusammenhänge Wie man Tabelle 4.1 entnehmen kann, ist auch im Vakuum die pro Volumeneinheit vorhandene Anzahl von Gasatomen oder Molekülen noch beachtlich hoch. Die Atome und Moleküle im Gas haben eine endliche Ausdehnung. Für Edelgasatome wird der Durchmesser mit ca. 0,3 nm angegeben [JW06]. Auf Grund ihrer thermischen Bewegung und ihrer endlichen Ausdehnung erleiden die Gasatome fortwährend Stöße untereinander. Der mittlere Abstand zwischen zwei Stößen von Gasatomen bzw. -molekülen miteinander heißt **mittlere freie Weglänge** $\bar{l}$. Als Folge der geringeren Teilchendichte im Vakuum steigt die mittlere freie Weglänge mit sinkendem Druck. $\bar{l}$ ist im Vakuum stets größer als bei Atmosphärendruck und überschreitet bei sinkendem Druck bald die Gefäßdimensionen.

Für unsere Betrachtungen ist der Zusammenhang zwischen Druck und mittlerer freier Weglänge von Interesse (Tabelle 4.1). Der Zusammenhang zwischen Druck und Teilchendichte im Gas ergibt sich für das ideale Gas aus der Gasgleichung 4.2

$$p \cdot V = n \cdot R \cdot T, \tag{4.2}$$

wobei p der Druck, V das Volumen, n die Teilchenzahl, R die universelle Gaskonstante und T die Temperatur bedeuten. Die Berechnung der mittleren freien Weglänge $\bar{l}$ erfolgt nach Gleichung 4.3

$$\bar{l} = \frac{k \cdot T}{\sqrt{2} \cdot \pi \cdot p \cdot d^2}. \tag{4.3}$$

Dabei werden gleiche, kugelförmige Teilchen mit dem Durchmesse d angenommen, k ist die Boltzmann[2]-Konstante.

Die mittlere freie Weglänge von Elektronen in einem Gas ist stets größer als die der Gasatome und beträgt nach [Ard79b]

$$\overline{l_e} = 4 \cdot \sqrt{2} \cdot \bar{l} = 5,66 \cdot \bar{l}, \tag{4.4}$$

wenn $\bar{l}$ die mittlere freie Weglänge der Gasatome ist.

[2] Ludwig Boltzmann, östereichischer Physiker, 1844 –1906

4.2.2. Das Vakuum in Gasentladungs- und Elektronenröhren

Das Vakuumgefäß für Gasentladungs- bzw. Elektronenröhren heißt Röhrenkolben und wurde meist aus Glas, aber auch aus Keramik oder Metall gefertigt. Der Arbeitsdruck im Röhrenkolben von Gasentladungsröhren und Elektronenröhren kann zwischen dem Normaldruck und dem Ultrahochvakuum liegen. Die Grenze zwischen beiden Röhrenarten wurde bei einem Druck von etwa 10^{-3} Torr gezogen, wie Tabelle 4.2 zeigt.

Tabelle 4.2.: Arbeitsdruck im Röhrenkolben von Ionen- und Elektronenröhren ([ZB65])

Röhrenart	Druckbereich in Torr
gasgefüllte Röhren (Ionenröhren)	10^{3}–10^{-3}
Elektronenröhren	10^{-3}–10^{-7}
Elektronenröhren mit besonders langen Laufwegen	10^{-7}–10^{-10}

Der Druck in Gasentladungsröhren Während der Herstellung wurde der Röhrenkolben dieser Röhren zuerst weitgehend evakuiert, anschließend mit dem entsprechenden Entladungsgas bis zum gewünschten Druck befüllt und schließlich hermetisch verschlossen. In Tabelle 6.1 auf Seite 85 sind Füllgase und Fülldruckbereiche verschiedener Entladungsröhren zusammengestellt.

Der Druck in einer Gasentladungsröhre wächst einerseits entsprechend Gleichung 4.2 mit der Temperatur und kann sich andererseits durch betriebsbedingte Zerstäubungsprozesse an der Katode (siehe Kapitel 4.6.3) und einen Getterprozess bei Kondensation des abgestäubten Materials mit der Zeit verringern.

Das Vakuum in Elektronenröhren Das Vakuumgefäß einer Elektronenröhre wurde während der Herstellung der Röhre auf einen Enddruck im Hochvakuumbereich, also einige 10^{-4} Pa, evakuiert. Das ist notwendig, damit die mittlere freie Weglänge der Elektronen $\overline{l_e}$ groß gegen die Gefäßdimension von einigen Zentimetern ist, um Stöße der Elektronen mit Gasatomen im Röhrenkolben weitgehend zu vermeiden. Nach der Evakuierung wird der Röhrenkolben, meist ein Glaskolben, zugeschmolzen und dadurch hermetisch verschlossen.

Um des Vakuum in Elektronenröhren über den mit dem externen Pumpsystem erreichbaren Enddruck hinaus weiter zu verbessern und dauerhaft zu erhalten, war es üblich, röhrenintern einen sog. **Getter** zu verwenden. Unter Getter versteht man ein chemisch aktives Metall, welches nach Verschließen des Röhrenkolbens so verdampft wird, dass es sich innen am Röhrenkolben als dünne Schicht niederschlägt. Diese Schicht bindet freie bzw. frei werdende Gasmoleküle chemisch oder durch Adsorption. Als Gettermaterial kamen z.B. Barium-, Aluminium- oder Magnesiumlegierungen zum Einsatz.

4.3. Emission von Elektronen

Im Röhrenkolben einer Elektronenröhre herrscht Hochvakuum und es existieren zunächst keine freien Ladungsträger. Die für die Funktion der Röhre notwendigen Elektronen müssen erst durch Emission aus einem Metall frei gesetzt und bereit gestellt werden.

Metalle bilden, wie andere Festkörper, ein dreidimensionales Kristallgitter. Die Metallatome besetzen die Gitterpunkte und erzeugen ein dreidimensionales, periodisches Gitterpotential, welches an der Festkörperoberfläche abrupt abbricht. Wie in der Festkörperphysik gezeigt wird, existieren im Kristall auf Grund des periodischen Gitterpotentials und quantenmechanischer Effekte sog. Energiebänder, die von den Elektronen besetzt sind bzw. besetzt werden können. Ein eindimensionales Modell eines solchen Gitters mit der Grenzfläche Metall/Vakuum ist in Abb. 4.1 schematisch dargestellt. In Metallen sind äußere Elektronen (Größenordnung 1 Elektron pro Atom) nicht mehr an einzelne Atome gebunden, sie befinden sich im Leitungsband (LB in Abb. 4.1) und bilden die Menge der Leitungselektronen. Leitungselektronen können sich quasi frei im Kristall bewegen, sind aber trotzdem an das Metall gebunden. Man kann sich das gesamte Metallinnere anschaulich als einen Potentialtopf vorstellen, den Elektronen nur durch eine Zufuhr einer Energie W_A verlassen können. W_A heißt **Austrittsarbeit**. Es ist die Energie, die mindestens aufgewendet werden muss, um Elektronen aus dem Metall ins Vakuum zu überführen, also die Differenz zwischen der Vakuumenergie der Elektronen und der Fermienergie (Abb. 4.1) [Kas05].

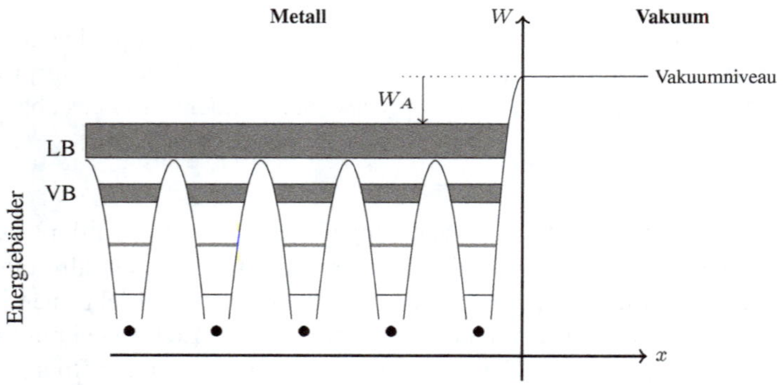

Abb. 4.1.: Lineares Gitter mit Energiebändern an der Grenzfläche Metall/Vakuum

Die Austrittsarbeit wird in der Einheit Elektronenvolt (eV) angegeben. Für reine Metalle beträgt sie etwa 4–5 eV und für oxidbedeckte Oberflächen ca. 1–2 eV.

Die notwendige Energie zur Überwindung der Potentialstufe W_A kann den Elektronen auf verschiedene Weise zugeführt werden, z.B. durch Erwärmung des gesamten Metalls oder durch das Einstrahlen von Licht oder von Teilchen. Auch wenn eine extrem hohe Feldstärke an der Metalloberfläche herrscht, können Elektronen das Metall verlassen. Die Elektronen stehen dann solange als frei bewegliche Ladungsträger für den Leitungsprozess im Hochvakuum oder in einer Gasentladung zur Verfügung, bis sie wieder in einen Festkörper eintreten oder mit einem Ion rekombinieren.

Man nennt einen leitenden Festkörper, der es dem elektrischen Strom ermöglicht, aus dem Leiter in ein anderes Medium bzw. von einem anderen Medium in den Leiter überzutreten, eine **Elektrode**. In unserem Fall tritt der Strom an der Elektrode vom Festkörper ins Vakuum über bzw. in umgekehrter Richtung vom Vakuum in den Festkörper.

Für Elektronenröhren und Elektronenstrahlgeräte sind folgende Elektronenemissionsprozesse von Bedeutung

- die thermische Elektronenemission,
- die Photoelektronenemission,
- die Sekundärelektronenemission und
- die Feldemission.

Eine Elektrode, deren Aufgabe die Emission von Elektronen ist, heißt **Katode**. Zusammenfassende Darstellungen der verschiedenen Emissionsarten findet man in [Ard05] und [Rai06], auf die wir uns nachfolgend auch beziehen.

4.3.1. Thermische Elektronenemission

Wenn man ein Metall erwärmt, wächst auch die mittlere kinetische Energie der freien Elektronen im Metall mit der Temperatur. Sobald die Energie dieser Elektronen die Austrittsarbeit W_A übertrifft, können solche Elektronen aus der Oberfläche des Metalls austreten und bilden um das Metall eine negative Raumladung. Dieser Effekt heißt **glühelektrischer Effekt** und den Prozess nennt man **thermische Elektronenemission**.

Die Sättigungsstromdichte des thermischen Emissionsstromes J kann man mit der Richardson-Gleichung[3] beschreiben. Sie lautet

$$J = A_R T^2 exp\left(\frac{-W_A}{kT}\right), \tag{4.5}$$

wobei J die Sättigungsstromdichte, A_R die Richardson-Konstante, T die absolute Temperatur, W_A die Austrittsarbeit der Elektronen und k die Boltzmann-Konstante bedeuten. In einer geeigneten Anordnung mit mindestens zwei Elektroden, wie eine z.B. in Abb. 4.7 dargestellt ist, kann man aus der Raumladungswolke einen Elektronenstrom ziehen, der mit wachsender Spannung bis zu einem von der Katodentemperatur abhängigen Sättigungsstrom anwächst.

[3] nach Owen Willans Richardson, englischer Physiker, 1879–1959, 1928 Nobelpreis für Physik für die Erklärung der Glühemission

Um akzeptable Stromdichten zu erreichen, müssen reine Metallkatoden aus Wolfram auf eine Temperatur von ca. 2600 K gebracht werden, während für oxidbedeckte Katoden bereits eine Temperatur von ca. 1000 K ausreicht.

Katoden, die den glühelektrischen Effekt nutzen, heißen **Glühkatoden** oder thermische Katoden. Die Katoden in Elektronenröhren sind in den allermeisten Fällen Glühkatoden.

4.3.2. Photoelektronenemission und Photokatoden

Elektronen in einem Metall kann auch durch die Einstrahlung von Photonen, also von Licht, ausreichend Energie zugeführt werden, so dass sie die Austrittsarbeit W_A überwinden und den Festkörper verlassen können. Dieser Effekt heißt **äußerer photoelektrischer Effekt** oder **äußerer lichtelektrischer Effekt** und wird ausführlich in [BSE$^+$13] behandelt.

Damit Photoelektronenemission eintritt, muss die Photonenenergie W_{ph} des einfallenden Lichtes mindestens so groß oder größer als die Austrittsarbeit W_A des bestrahlten Metalls sein. Mit $c = \lambda \cdot \nu$ gilt für die Photonenenergie W_{ph}

$$W_{ph} = h \cdot \nu = h \cdot \frac{c}{\lambda} \tag{4.6}$$

und für das Erreichen und Überwinden der Austrittsarbeit folgt dann

$$h \cdot \nu = h \cdot \frac{c}{\lambda} \geq W_A, \tag{4.7}$$

wobei h das Planksche Wirkungsquantum, c die Vakuumlichtgeschwindigkeit, ν die Frequenz und λ die Wellenlänge des Lichtes sind.

Wenn man das Metall mit Licht verschiedener Frequenz bestrahlt, also Photonen unterschiedlicher Energie nutzt, beobachtet man entsprechend Gleichung 4.7, dass erst ab einer minimalen Frequenz ν_{min} die Emission von Photoelektronen beginnt. Bei ν_{min} reicht die Photonenenergie gerade aus, um die Austrittsarbeit aufzubringen. Die zugehörige Wellenlänge heißt **Grenzwellenlänge** λ_g. Wenn das Licht eine höhere Frequenz hat, also die Photonen eine höhere Energie besitzen, wird ein Teil der Photonenenergie als Anfangsenergie auf die Elektronen übertragen und mit m_e als Elektronenmasse und v als deren Geschwindigkeit ergibt sich folgende Energiebilanz

$$h \cdot \nu = W_A + \frac{1}{2} m_e v^2. \tag{4.8}$$

Die Anfangsenergie der Photoelektronen lässt sich unter Verwendung von Gleichung 4.14 mittels einer Spannung ausdrücken und aus Gleichung 4.8 wird mit e als Ladung des Elektrons

$$h \cdot \nu = W_A + e \cdot U. \tag{4.9}$$

Für ein gegebenes Metall und eine bestimmte Lichtwellenlänge kann man die maximale Anfangsenergie der Photoelektronen bestimmen, indem man die Elektronen gegen eine elektrische Spannung U_G anlaufen lässt. Geeignet dafür ist eine Anordnung mit zwei Elektroden, wie sie in Abb. 4.2a schematisch dargestellt ist. Wenn in einer solchen Anordnung der Photostrom gerade verschwindet, entspricht die angelegte Gegenspannung der höchsten Energie der Photoelektronen.

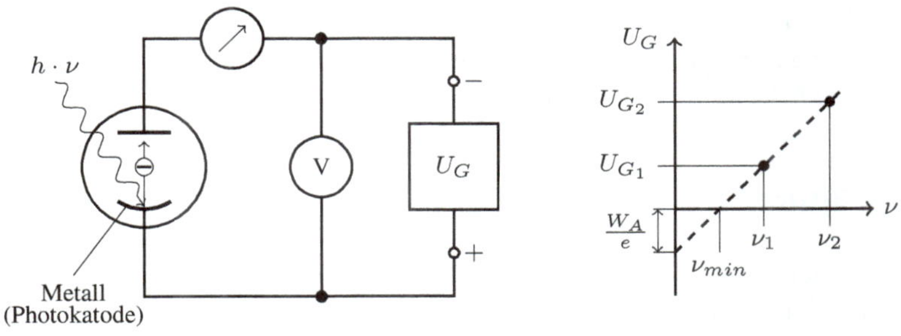

a) Experimentelle Anordnung b) Auswertungsschema

Abb. 4.2.: Äußerer lichtelektrischer Effekt und Gegenfeldmethode

Wiederholt man den Versuch mit dem gleichen Metall aber mit Licht (mindestens) einer anderen Frequenz, schreibt Gleichung 4.9 für beide Fälle auf und subtrahiert beide Gleichungen voneinander, dann erhält man die Gleichung

$$\frac{h}{e} = \frac{U_2 - U_1}{\nu_2 - \nu_1}. \tag{4.10}$$

Damit erlaubt es der äußere photoelektrische Effekt, direkt das Verhältnis zweier Naturkonstanten, nämlich $\frac{h}{e}$, nach Gleichung 4.10 oder als Anstieg der Geraden in Abb. 4.2b experimentell zu bestimmen. Mit Gleichung 4.9 und aus Abb. 4.2b kann man zusätzlich auch die Austrittsarbeit des verwendeten Metalls ermitteln.

Der äußere photoelektrische Effekt spielte aus diesen Gründen in der Entwicklung der modernen Physik eine wichtige Rolle.

Wenn die Bereitstellung der Elektronen in einer Röhre über den photoelektrischen Effekt erfolgt, nennt man die Katode eine **Photokatode**. Photokatoden finden Anwendung in Photozellen und Photomultipliern (siehe dazu Kapitel 12.1.1).

4.3.3. Sekundärelektronenemission

Man spricht von Sekundärelektronenemission, wenn der Einfall von primären Elektronen oder Ionen zur Emission von Elektronen führt. Wenn Elektronen oder Ionen auf einem Festkörper auftreffen, wird der größte Teil der Energie der primär einfallenden Partikel in Wärme (Gitterschwingungen) umgesetzt. Ein Teil der Energie der Primärteilchen kann aber auf Metallelektronen übertragen werden, so dass diese Metallelektronen die Austrittsarbeit überwinden und das Metall verlassen können.

Sekundärelektronen können sich als Störung auswirken, wenn sie einen gewünschten Strom verfälschen. Solche Störeffekte kann man mit geeignet vorgespannten Hilfselektroden, wie einem Bremsgitter in Mehrgitterröhren, unterdrücken (siehe dazu Kapitel 5.1.3). Andererseits nutzt man die Sekundärelektronenemission in Sekundärelektronenvervielfachern (Kapitel 12.1.1) oder bei der Rasterelektronenmikroskopie (Kapitel 18.2) gezielt aus.

4.3.4. Feldemission

Bei sehr hohen elektrischen Feldstärken (Größenordnung $10^9\ \frac{\text{V}}{\text{m}}$) können Elektronen allein auf Grund des elektrischen Feldes das Metall verlassen, man beobachtet dann **Feldemission**. Dem liegt ein quantenmechanischer Effekt, der **Tunneleffekt**, zugrunde. Die notwendige hohe Feldstärke erreicht man praktisch nur an speziell präparierten Spitzen mit extrem kleinem Krümmungsradius.

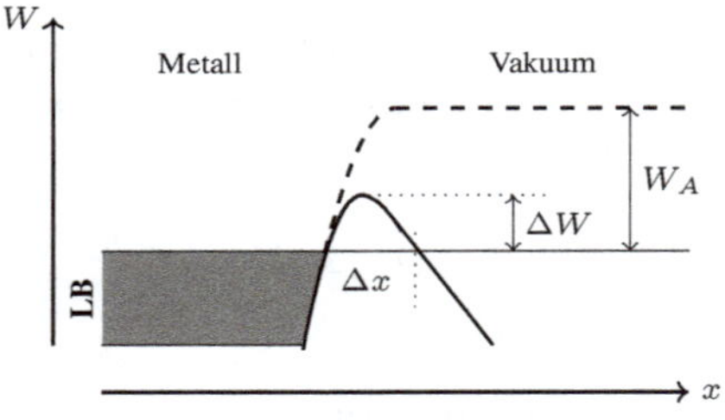

Abb. 4.3.: Potentialverlauf an der Grenzfläche Metall/Vakuum bei Feldemission, schematisch

Bei Feldemission berechnet sich die Emissionsstromdichte $j(E)$ als Funktion der elektrischen Feldstärke E allgemein nach der Fowler-Nordheim-Gleichung

$$j(E) = K_1 \cdot \frac{E^2}{W_A} \cdot exp\left(-K_2 \cdot \frac{W_A^{\frac{3}{2}}}{|E|}\right), \tag{4.11}$$

wobei W_A die Austrittsarbeit und K_1, K_2 materialabhängige Konstanten sind.

Die Feldemission und Feldemissionskatoden spielten in klassischen Elektronenröhren keine Rolle, wohl aber in der Vakuum-Mikroelektronik und in modernen elektronenoptischen Geräten. Wir kommen in Kapitel 15 und 18.1.1 auf die Feldemission zurück.

4.4. Bewegung freier Ladungsträger

Die Vakuumelektronik fußt auf der Bewegung von freien Ladungsträgern, also von Elektronen und Ionen, und nutzt deren Beeinflussung durch elektrische und magnetische Felder. Im feldfreien Hochvakuum bewegen sich die Ladungsträger geradlinig, bis sie mit Teilchen im Restgas oder mit einer Gefäßwand des Vakuumgefäßes einen Stoß erleiden.

Elektrische Felder beschleunigen die Ladungsträger, während magnetische Felder ihre Bahn krümmen. Wir stellen nachfolgend einige Beziehungen und Sachverhalte zur Bewegung freier Ladungsträger in elektrischen und magnetischen Feldern zusammen. Für eine ausführliche Darstellung und Herleitung der Beziehungen verweisen wir auf einschlägige Lehrbücher der Physik, wie z.B. [Rai06]).

4.4.1. Ladungsträger im elektrischen Feld

In einem elektrischen Feld wirkt auf freie Ladungsträger die elektrische Kraft $\vec{F}$

$$\vec{F} = q \cdot \vec{E}, \tag{4.12}$$

wobei q die Ladung und $\vec{E}$ die elektrische Feldstärke sind. Die elektrische Kraft beschleunigt freie Ladungsträger nach dem Grundgesetz der Mechanik, bis sie einen Stoß erleiden. Mit der Masse m des Ladungsträgers und dem Vektor der Beschleunigung $\vec{a}$ lautet die Bewegungsgleichung im elektrischen Feld:

$$m \cdot \vec{a} = q \cdot \vec{E}. \tag{4.13}$$

Gleichung 4.13 beschreibt eine beschleunigte Bewegung. Beim Durchlaufen einer Beschleunigungsstrecke, an der die Spannung U liegt, gewinnt der Ladungsträger die kinetische Energie

$$\frac{m}{2} \cdot v^2 = q \cdot U \tag{4.14}$$

und damit die Geschwindigkeit

$$v = \sqrt{\frac{2 \cdot q \cdot U}{m}}. \tag{4.15}$$

Die Geschwindigkeit eines Ladungsträgers kann nicht beliebig wachsen. Bei hohen Beschleunigungsspannungen ist die Geschwindigkeit relativistisch zu berechnen. Für Elektronen ist schon im niedrigen kV-Bereich Gleichung 4.16, anzuwenden

$$v_{rel} = c \cdot \sqrt{1 - \frac{1}{\left(1 + \frac{U \cdot e}{m_e \cdot c^2}\right)^2}}. \tag{4.16}$$

Wenn keine Raumladungen zu berücksichtigen sind, ist das elektrische Feld durch die Geometrie des Elektrodensystems und durch die angelegte Spannung eindeutig bestimmt. Im einfachsten Fall, beim Plattenkondensator, gilt für die Feldstärke bei einem Plattenabstand d

$$E = \frac{U}{d}. \tag{4.17}$$

Im Randbereich des Plattenkondensators treten Streufelder auf, die Gleichung 4.17 natürlich nicht erfasst.

Ablenkung von Ladungsträgern im elektrischen Feld Ein Ladungsträgerstrahl, der in das homogene elektrische Feld eines Plattenkondensators in v_x-Richtung senkrecht zu dessen Feldlinien eingeschossen wird, erfährt eine Beschleunigung in y-Richtung und damit eine Ablenkung, wie in Abb. 4.4a für eine negative Ladung skizziert. Der Ablenkwinkel α hängt ab von der Spannung U_B, die der Ladungsträgerstrahl zur Beschleunigung durchlaufen hat, der Feldstärke $E_y = \frac{U_y}{d}$ sowie der Plattenlänge l. Es ergibt sich

$$\tan\alpha = \frac{1}{2} \cdot \frac{U_y \cdot l}{d \cdot U_B}. \tag{4.18}$$

Das Konzept der elektrischen Ablenkung von Elektronenstrahlen wird in verschiedenen Elektronenstrahlgeräten, beispielsweise in Oszillographenröhren, genutzt.

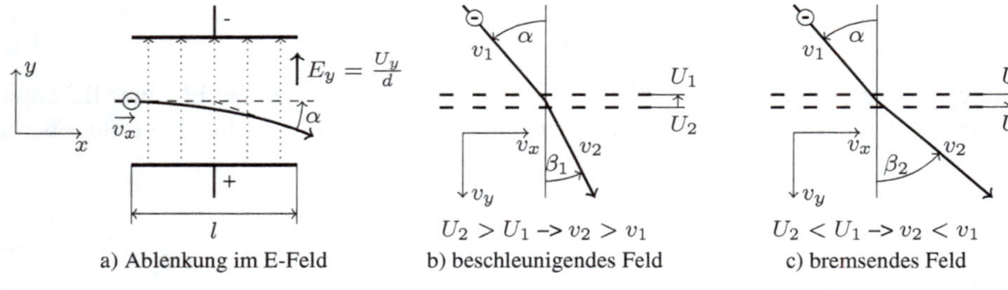

Abb. 4.4.: Strahlablenkung (a) und Brechung (b, c) im elektrischen Feld

Elektronenoptisches Brechungsgesetz Wir betrachten nun einen Ladungsträgerstrahl, der einen Feldstärkesprung schräg durchläuft. In Abb. 4.4b und c wird die sprunghafte Feldstärkeänderung mit zwei hochtransparenten Drahtnetzen geschaffen. Oberhalb des oberen Netzes sei die Spannung U_1 und unterhalb des unteren Netzes U_2. Die negativen Ladungsträger seien Elektronen und der Elektronenstrahl falle unter dem Winkel α, der gegen das Einfallslot gemessen wird, ein.

In Abb. 4.4b wirkt das elektrische Feld der Netzanordnung beschleunigend auf den Elektronenstrahl und vergrößert die Geschwindigkeitskomponente v_y, während v_x konstant bleibt.

Der Elektronenstrahl verlässt deshalb die Anordnung unter einem Winkel β_1, der kleiner ist, als der Einfallswinkel. In Abb. 4.4c ist das elektrische Feld umgekehrt gepolt und wirkt verzögernd auf den Elektronenstrahl; der Austrittswinkel β_2 ist nun größer als der Einfallswinkel. Für den Zusammenhang zwischen den Winkeln und Spannungen gilt

$$\frac{\sin\alpha}{\sin\beta} = \sqrt{\frac{U_2}{U_1}}. \tag{4.19}$$

Wegen der Ähnlichkeit zur Brechung von Lichtstrahlen spricht man von elektronenoptischer Brechung. Dieses elektronenoptische Brechungsgesetz ist Grundlage von elektrostatischen Linsen, die in verschiedenen Strahlsystemen benutzt werden und ein Analogon zu den optischen Linsen sind.

4.4.2. Ladungsträger im Magnetfeld

Ein Magnetfeld übt nur auf bewegte elektrische Ladungen eine Kraft aus, die **Lorentz-Kraft**[4]. Die Lorentz-Kraft $\vec{F_L}$ steht senkrecht auf der von den Vektoren $\vec{v}$ und $\vec{B}$ aufgespannten Fläche (Abb. 4.5a) und ist das Kreuzprodukt vom Geschwindigkeitsvektor $\vec{v}$ der Ladungsträger und dem Vektor der magnetischen Flussdichte $\vec{B}$ multipliziert mit der Ladung q

$$\vec{F_L} = q \cdot \vec{v} \times \vec{B}. \tag{4.20}$$

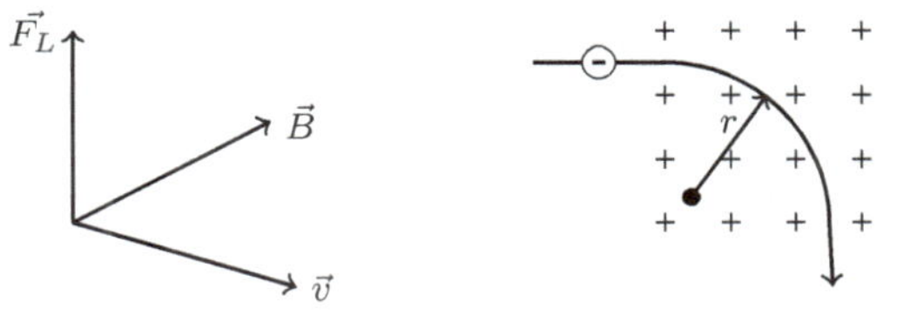

a) Lorentz-Kraft b) Ablenkung im B-Feld

Abb. 4.5.: Lorentz-Kraft und Strahlablenkung im B-Feld

Die Lorentz-Kraft überträgt keine Energie auf den Ladungsträger, jedoch krümmt sie, abhängig von der spezifischen Ladung $\frac{q}{m}$ und Geschwindigkeit der Ladungsträger, deren Bahn (Abb. 4.5b). Für den Bahnradius r der Ladungsträger gilt

$$r = \frac{m \cdot v}{q \cdot B}. \tag{4.21}$$

Das Konzept der magnetischen Ablenkung von Ladungsträgerstrahlen wird in Elektronen- und Ionenstrahlgeräten genutzt; es fand auch bei Fernsehbildröhren Anwendung.

[4] Hendrik Antoon Lorentz, niederländischer Mathematiker und Physiker (1853–1928)

4.4.3. Fokussierung von Ladungsträgerstrahlen

Die Fokusierung eines Ladungsträgerstrahls erfolgt mittels **elektronenoptischer Linsen**. Elektronenoptische Linsen basieren auf der Kraftwirkung, die inhomogene rotationssymmetrische elektrische oder magnetische Felder auf Ladungsträger gleicher Energie, die in Richtung der Rotationsachse in das Feld eintreten, ausüben. Solche Felder wirken auf Ladungsträger ähnlich wie optische Linsen auf Lichtstrahlen und führen von einem Objektpunkt divergent ausgehende Ladungsträger wieder in einem Bildpunkt zusammen, so dass man eine elektronenoptische Abbildung erzeugen kann.

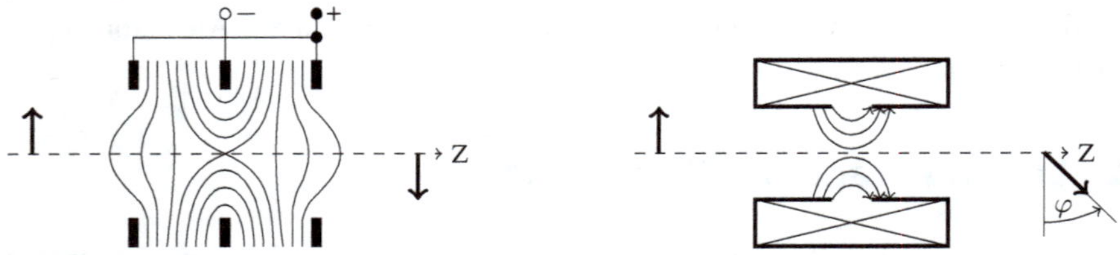

a) elektrische Linse mit Äquipotentiallinien b) magnetische Linse mit Magnetfeldlinien

Abb. 4.6.: Prinzip elektronenoptischer Linsen

Für elektrostatische Elektronenlinsen kann man das Verhalten ausgehend von der oben beschriebenen Brechung (Abb. 4.4b und c) durch Aneinanderreihung dünner brechender Schichten verstehen. Eine elektrostatische Sammellinse besteht im einfachsten Fall entsprechend Abb. 4.6a aus drei konzentrischen Lochblenden mit der elektronenoptischen Achse Z. Von links eintretende Elektronen werden zuerst verzögert und dann wieder beschleunigt. Das Bild aus der Objektebene erscheint umgekehrt in der Bildebene der Linse. Die Brennweite solch einer Linse ist mit der angelegten Spannung variierbar. Die technische Ausführung und Formgebung der Blenden muss die Anwendung von Hochspannung zulassen.

Das für eine magnetischen Linse erforderliche, inhomogene und rotationssymmetrische Feld kann mit einer Zylinderspule erzeugt werden, die von einem Weicheisenmantel umhüllt ist, der nur an einem rotationssymmetrischen Ringspalt die Magnetfeldlinien austreten lässt, wie Abb. 4.6b schematisch zeigt. Das Bild wird durch die Linse umgekehrt und zusätzlich um einen Winkel φ gedreht.

Prinzipiell kann das Verhalten von Elektronenlinsen durch Lösen der Bewegungsgleichungen für die jeweiligen Feldkonfigurationen und Ladungsträger ermittelt werden. Analytisch ist das nur für einfache Fälle möglich. Man bedient sich deshalb der Computersimulation und numerischer Verfahren, wie z.B. der Finite-Elemente-Methode.

4.5. Stromleitung im Vakuum und in Gasen

Historisch gesehen begann die Untersuchung der Stromleitung im Vakuum mit Arbeiten an Niederdruckgasentladungen. Erst nachdem solche Gasentladungen schon längere Zeit Gegenstand der Forschung waren, wandte man sich der Stromleitung im Hochvakuum zu, auch weil die vakuumtechnischen Mittel mit der Zeit deutlich verbessert wurden.
Wir betrachten die Stromleitung im Hochvakuum zuerst, da die hier ablaufenden Prozesse weniger komplex sind und Sachverhalte mit abdecken, die auch bei Niederdruckgasentladungen eine Rolle spielen.

4.5.1. Stromleitung im Hochvakuum

Wie schon erwähnt, bilden Elektronenströme im Hochvakuum und deren Steuerung mittels elektrischer und magnetischer Felder die Basis aller Elektronenröhren und Elektronenstrahlgeräte.

Für Experimente zur Stromleitung im Hochvakuum nutzte man einen Glaskolben als Vakuumgefäß mit eingeschmolzenen Elektroden. Die Abb. 4.7 zeigt eine Prinzipskizze solch eines Vakuumgefäßes mit zwei Elektroden, der Anode und der Katode. In dem Glaskolben herrsche Hochvakuum (p betrage einige 10^{-4} Pa oder weniger), so dass die mittlere freie Weglänge von Elektronen $\overline{l_e}$ viel größer ist als die Gefäßdimension. Im Hochvakuum sind ohne äußeres Zutun keine Ladungsträger vorhanden. Die Elektroden sind durch das Hochvakuum bestens voneinander isoliert und es kann kein Strom fließen.

Damit unter den skizzierten Bedingungen ein Strom fließen kann,

- müssen Ladungsträger in den Raum zwischen den Elektroden eingebracht werden und
- der Stromkreis zwischen Anode und Katode muss geschlossen werden.

Im Hochvakuum sind Elektronen, die aus einer Elektrode, der Katode, durch Emission frei gesetzt werden, die frei beweglichen Ladungsträger. Elektronenröhren nutzen in der Regel die thermische Elektronenemission. Um thermische Elektronenemission zu ermöglichen, wird die Katode elektrisch beheizt. In Abb. 4.7 ist die Katode selbst als Heizfaden ausgebildet (direkte Heizung) und wird mittels eines Versorgungsgerätes mit einer einstellbaren Gleichspannung versorgt. Bei hinreichend hoher Temperatur des Heizfadens beginnt die thermische Elektronenemission und die Katode umgibt sich mit einer Elektronenwolke, die eine negative Raumladung um die Katode bildet.

Wenn man nun an die Anode der Elektronenröhre in Abb. 4.7 eine gegenüber der Katode positive Spannung U_a legt, werden die Elektronen im elektrischen Feld zur Anode hin beschleunigt und es beginnt ein Anodenstrom I_a zu fließen. Der Anodenstrom I_a steigt mit wachsender Anodenspannung U_a an.

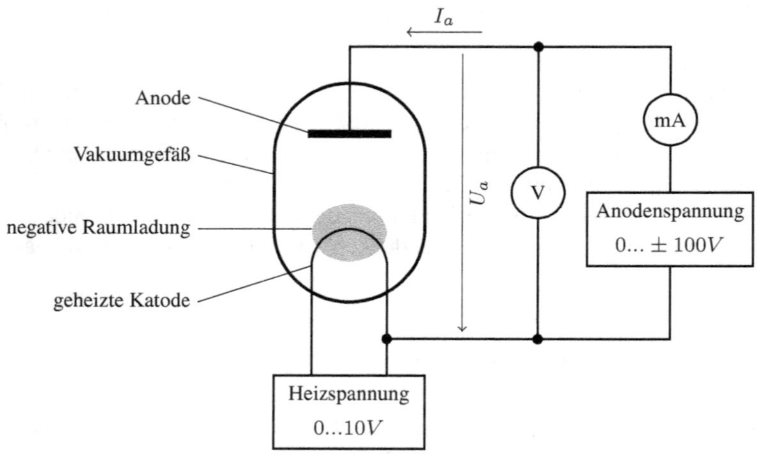

Abb. 4.7.: Elektronenröhre mit direkt geheizter Katode und Anode (Hochvakuumdiode) sowie Spannungsversorgungen und Messgeräten

Bei konstant gehaltener Heizleistung und wachsender Anodenspannung U_a werden schließlich so viele Elektronen pro Zeiteinheit abgesaugt, dass sich die Raumladungswolke zunehmend verkleinert. Der Anodenstrom strebt dabei einem Sättigungswert zu, dem Sättigungsstrom. Dieser Sättigungsstrom wächst mit der Katodentemperatur. Wenn also durch Erhöhung der Heizleistung die Katodentemperatur erhöht wird, steigt der Sättigungsstrom (siehe Gleichung 4.5).

Sobald die Katode Elektronen emittiert, beobachtet man sogar bei leicht negativer Anodenspannung U_a einen sehr kleinen Anodenstrom I_a, den sogenannten Anlaufstrom. Im Anlaufstrombereich erreichen die Elektronen allein auf Grund ihrer Anfangsenergie die Anode. Die höchste vorkommende Anfangsenergie der Elektronen entspricht der Anodenspannung, bei der der Anodenstrom gerade verschwindet.

Wenn die Anode schließlich hinreichend negativ gegen die Katode vorgespannt ist, fließt kein Elektronenstrom zur Anode, die Röhre sperrt.

Der in Abb. 4.7 dargestellte Aufbau erlaubt es, die Kennlinie der Elektronenröhre aufzunehmen, indem man den Anodenstrom als Funktion von Heizspannung und Anodenspannung registriert. Eine solche Kennlinienschar zeigt die Abb. 4.8. Man erkennt die vier eben beschriebenen Bereiche

- den **Sperrbereich**: die Anodenspannung U_a ist hinreichend negativ, so dass keine Elektronen zur Anode gelangen können,
- das **Anlaufstromgebiet**: die Anodenspannung U_a ist ≤ 0 V und die Elektronen gelangen dank ihrer thermischen Energie zur Anode,

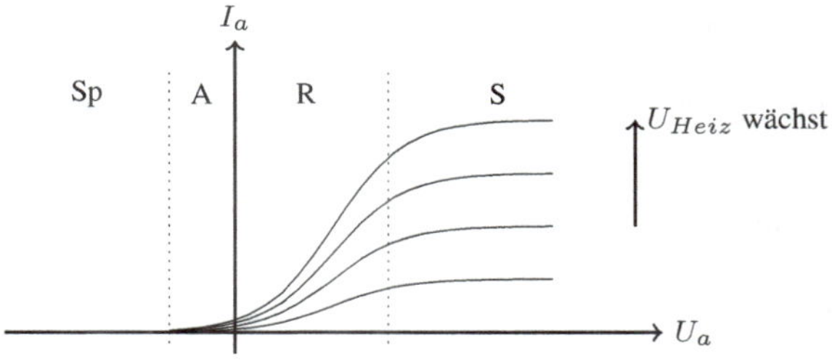

Abb. 4.8.: Kennlinien einer Elektronenröhre mit zwei Elektroden, schematisch (Sp: Sperrbereich, A: Anlaufstrombereich, R: Raumladungsgebiet, S: Sättigungsgebiet)

- das **Raumladungsgebiet**: die Anodenspannung U_a liegt zwischen $0\,\mathrm{V} < U_a < U_{a_{sat}}$, in diesem Bereich existiert eine Raumladungswolke, die den Anodenstrom I_a selbst begrenzt, und es gilt das Raumladungsgesetz

$$I = K' U_a^{\frac{3}{2}} \tag{4.22}$$

  mit K' als Raumladungskonstante,

- das **Sättigungsgebiet**: die Anodenspannung ist $U_a \geq U_{a_{sat}}$, sie ist damit so hoch, dass alle emittierten Elektronen abgesaugt werden.

Die in Abb. 4.7 dargestellte Anordnung entspricht der einfachsten Elektronenröhre, einer Zweipolröhre oder **Diode**, wie sie prinzipiell von Fleming im Jahre 1904 in seinem Patent [Fle04] zuerst angegeben wurde.

4.5.2. Stromleitung in verdünnten Gasen – Gasentladungen

Gase, auch verdünnte Gase, bestehen aus elektrisch neutralen Atomen oder Molekülen. Sie beinhalten zunächst keine freien Ladungsträger und sind deshalb ohne äußere Einflüsse und bei nicht zu hoher elektrischer Feldstärke nichtleitend. Damit ein elektrischer Strom durch ein Gas fließen kann, müssen dessen Atome bzw. Moleküle ionisiert werden. Beim Ionisieren werden neutrale Atome bzw. Moleküle in positive Ionen und freie Elektronen gespalten, die dann kurze Zeit als frei bewegliche Ladungsträger verfügbar sind, bevor sie rekombinieren oder abgesaugt werden. Das partiell ionisierte Gas bleibt elektrisch neutral und ist nun leitfähig, so dass ein elektrischer Strom fließen kann.

Die Ionisierung der Atome bzw. Moleküle eines Gases kann auf verschiedene Weise erfolgen, nämlich

- durch ionisierende Strahlung,
- durch Stoß hinreichend schneller Elektronen oder
- durch hohe Temperatur.

Wenn elektrischer Strom durch ein Gas fließt, spricht man von einer Gasentladung. In einer Gasentladung kann sich die Stromstärke über viele Größenordnungen erstrecken. Dafür ergibt sich eine Strom-Spannungs-Charakteristik, wie sie die Abb. 4.9 halbschematisch zeigt. Man unterscheidet danach drei Hauptformen stationärer Gasentladungen [KOR35], nämlich

- die Dunkelentladung,
- die Glimmentladung und
- die Bogenentladung.

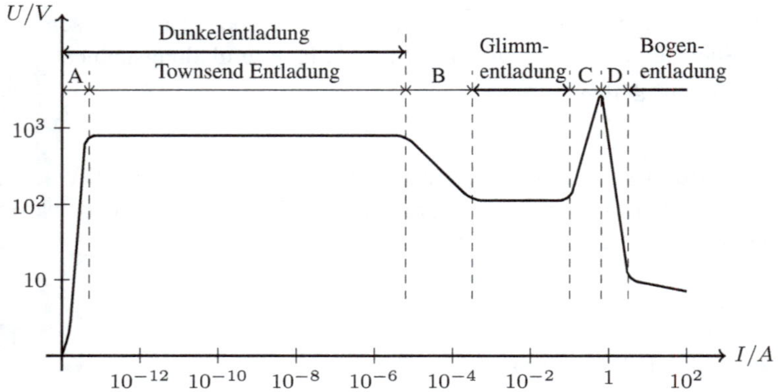

Abb. 4.9.: Charakteristik selbständiger Gasentladungen, halbschematische Übersicht nach [DM45]

Die Strom-Spannungs-Charakteristik nach Abb. 4.9 ist Ausdruck komplexer Wechselwirkungen von Elektronen und Ionen mit den Elektroden, mit den Gefäßwänden und untereinander im Gasraum. Bei Stromfluss erfolgt an den Elektroden der Ladungsaustausch mit dem Gasraum. Dabei leitet die Anode einfallende Elektronen als Elektronenstrom ab, während an der Katode positive Ionen neutralisiert werden, indem sie Elektronen aufnehmen. An der Katode können Elektronen durch Sekundärelektronenemission und durch Photoelektronenemission emittiert werden. Bei hinreichender Intensität der Entladung kann an der Katode thermische Elektronenemission auftreten.

Für die allgemeine Untersuchung von Niederdruckgasentladungen benutzt man eine Anordnung, wie sie in Abb. 4.10 schematisch dargestellt ist. Im Einzelnen muss die Anordnung eine Stromversorgung mit Strombegrenzung, ein Vakuumpumpsystem und Komponenten zur Gasversorgung und Druckmessung umfassen. Dabei dient der Widerstand in Abb. 4.10 zur Strombegrenzung und Stabilisierung der Entladung.

4.5.2.1. Dunkelentladung

Wenn die Spannung U am Entladungsrohr kleiner ist als die Zündspannung U_Z, zeigt die Entladung noch keine Leuchterscheinungen und der Entladungsstrom ist sehr klein. Dieser Bereich

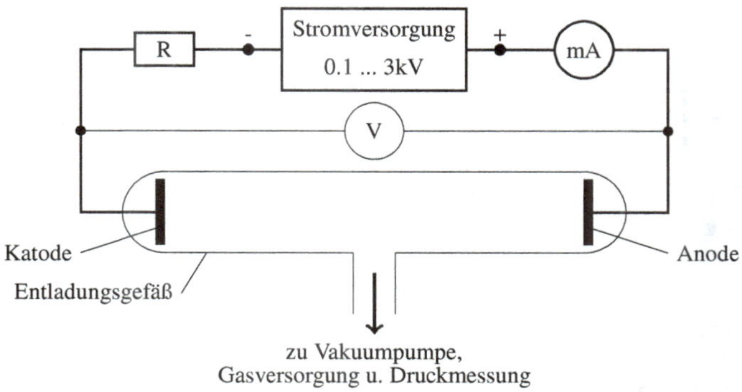

Abb. 4.10.: Gasentladungsrohr mit Stromversorgung zur Aufnahme der Kennlinie, schematisch

heißt **Dunkelentladung** (siehe Abb. 4.9), er wurde früher auch Vorstrom genannt. Nach den wirkenden Ionisationsmechanismen teilt man diesen Bereich nochmal in die unselbständige Entladung und in die selbständige Townsendentladung.

Unselbständige Entladung – Ionisierung durch Strahlung Wir betrachten den Bereich A in Abb. 4.9. Hier ist die Leitfähigkeit des Gases extrem gering und die Ionisierung erfolgt durch ionisierende Strahlen.

Ionisierende Strahlung kann in Form von elektromagnetischer Strahlung (Röntgen- oder γ-Strahlung) oder als Teilchenstrahlung (α-, β- oder kosmische Strahlung) auftreten. Die Energie dieser Strahlungen reicht immer aus, um Atome bzw. Moleküle im Gasvolumen zu ionisieren. In unserer Umwelt ist auf Grund der natürlichen Radioaktivität eine Umgebungsstrahlung mit geringer Intensität stets gegenwärtig. Obwohl die generierten Ladungsträgerpaare nur eine kurze Lebensdauer haben, stellt sich auf Grund der fortwährenden Neubildung eine mittlere Ladungsträgerdichte ein, die von den Umgebungsbedingungen abhängt. Für atmosphärische Luft unter Normaldruck wird in [LC94] eine Ionendichte von 400–500 $\frac{1}{\mathrm{cm}^3}$ angegeben.

In einer Anordnung nach Abb. 4.11a misst man mit einem sehr empfindlichen Strommessgerät auf Grund der durch natürliche Umgebungsstrahlung vorhandenen geringfügigen Ionisation einen sehr kleinen Strom und beobachtet bei konstanter Strahlungsintensität eine I-U-Charakteristik entsprechend Abb. 4.11b. Diese Kurve entspricht einem Ausschnitt des Anfangsgebietes von Abb. 4.9 (Man beachte die Achsen!) und lässt sich folgendermaßen erklären:

- bei einer Spannung $\leq U_1$ wächst der Strom mit der Spannung (ohmscher Bereich), hier werden mit wachsender Spannung immer mehr der erzeugten Ladungsträger abgesaugt,
- im Spannungsbereich U_1 bis U_2, dem Sättigungsbereich, bleibt der Strom konstant, weil praktisch alle erzeugten Ladungstäger abgesaugt werden,

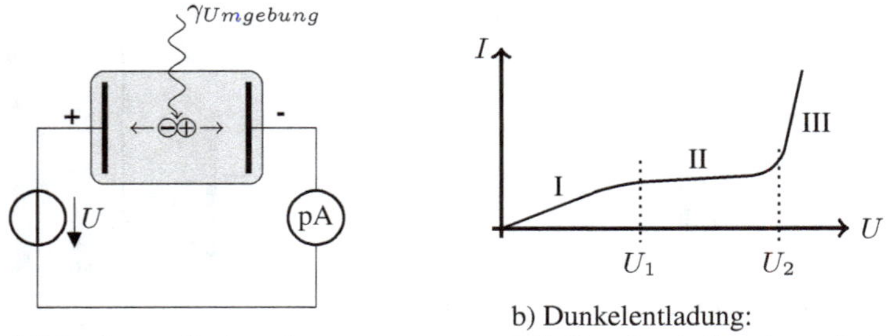

a) Experimentelle Anordnung

b) Dunkelentladung: I-U-Charakteristik, schematisch

Abb. 4.11.: Ionisation durch Strahlung und Dunkelentladung

- oberhalb U_2 erfahren die Elektronen eine solche Beschleunigung, dass sie selbst durch **Stoßionisation** weiter Ladungsträger generieren, Gasverstärkung setzt ein.

Die Entladungsform im Bereich $U \leq U_2$ heißt **unselbständige Entladung**, weil die Trägererzeugung durch externe ionisierende Strahlung erfolgt. Es treten keine sichtbaren Leuchterscheinungen auf, deshalb ist es zugleich eine **Dunkelentladung**. Das Verhalten im Sättigungsbereich ist für die Kernstrahlungsmessung wichtig, da hier die Stromstärke mit der Intensität der Strahlung wächst, aber weitgehend spannungsunabhängig ist (siehe Kapitel 12.2.1). Der Entladungsstrom in einer Dunkelentladung ist auch eine Funktion des Druckes, er nimmt mit sinkendem Druck stark ab (siehe Kapitel 12.2.2).

Stoßionisation und Townsendentladung Die Ionisierung eines Atoms oder Moleküls erfordert stets die Zufuhr von Energie, der sog. **Ionisierungsenergie**. Dabei ist die erste Ionisierungsenergie die Energie, die notwendig ist, um von einem Atom, welches sich im Grundzustand befindet, ein Elektron abzutrennen. Die Ionisierungsenergie wird in Elektronenvolt (eV) gemessen und zeigt einen Gang mit der Ordnungszahl der Elemente. Sie ist für Edelgase, die bevorzugt in Gasentladungsröhren benutzt werden, in der jeweiligen Hauptgruppe am höchsten. Die Werte sind in Tabelle 4.3 aufgelistet. Während ionisierende Strahlung viel mehr Energie mitbringt, als zur Bildung eines Ladungsträgerpaares benötigt wird, müssen bei Stoßionisation die Elektronen mindestens die erste Ionisierungsenergie aufbringen.

Wenn die angelegte Spannung hinreichend groß ist ($U > U_2$ in Abb. 4.11b), setzt eine fortlaufende Ionisierung von Gasatomen durch Elektronenstoß ein. Dies führt zu einer Kettenreaktion, die der Townsend[5]-Mechanismus beschreibt. Townsend ging von folgenden Annahmen aus:

- mindestens ein freies (Start-)Elektron steht durch Umwelteinflüsse (Strahlung) zur Verfügung,
- das Startelektron nimmt im elektrischen Feld zwischen Katode und Anode so viel Energie auf, dass es mindestens ein Gasatom ionisiert und damit ein weiteres Elektron freisetzt,

[5] John Sealy Edward Townsend, britischer Physiker, 1868–1957

Tabelle 4.3.: Edelgase, atomare Daten

Gas	Ordnungszahl	rel. Atommasse	Atomradius in pm	erste Ionisierungsenergie in eV
Helium	2	4	128	24,587
Neon	10	20,18	k.A.	21,564
Argon	18	39,95	174	15,759
Krypton	36	83,8	k.A.	13,999
Xenon	54	131,29	218	12,130
Radon	86	222,02	k.A.	10,75

- das freigesetzte Elektron nimmt wiederum so viel Energie auf, das es ionisieren kann,
- ein Gasion löst an der Katode mindestens ein Sekundärelektron aus und
- es bildet sich so eine exponentiell anwachsende Ladungsträgerlawine aus.

Für das Anwachsen der Ladungsträgeranzahl durch Stoßionisation in einem homogenen elektrischen Feld erhält man mit dem Townsend-Koeffizienten α, der anfänglichen Trägerzahl N_0 und der Ortskoordinate x

$$N = N_0 e^{\alpha \cdot x}, \tag{4.23}$$

für $N > N_0$ liegt **Gasverstärkung** vor.

Man spricht von einer **selbständigen Gasentladung**, wenn die zur Aufrechterhaltung der Entladung notwendigen Ladungsträger in der Entladung selbst entstehen, hier durch Stoßionisation (siehe Tonwsendentladung in Abb. 4.9). Damit eine Entladung selbständig wird, müssen die Gasverstärkung $M = \frac{N}{N_0}$ und der Sekundärelektronenemissionskoeffizient γ hinreichend groß sein und die Bedingung

$$\gamma \cdot M > 1 \tag{4.24}$$

muss erfüllt sein. Diese Bedingung führt zu einer exponentiell anwachsenden Trägerdichte im Entladungsraum. Bei einer bestimmten, von Gasart, Gefäßgeometrie und anderen Bedingungen abhängigen Spannung, der **Zündspannung** U_Z, beginnt die Entladung zu leuchten und geht damit in eine andere Entladungsform, die **Glimmentladung**, über.

4.5.2.2. Glimmentladung

Die Glimmentladung bildete die Grundlage zahlreicher gasgefüllter Röhren und war deshalb von besonderer technischer Bedeutung (siehe Kapitel 6). Sie verdankt ihren Namen den mannigfaltigen Leuchterscheinungen, die von zahlreichen Parametern sowie der Elektroden- und Gefäßgeometrie abhängen. Die Eigenschaften einer Gleichspannungs-Glimmentladung kann man mit der Anordnung nach Abb. 4.10 untersuchen und gleichzeitig die Kennlinie unter verschiedenen Bedingungen aufnehmen.

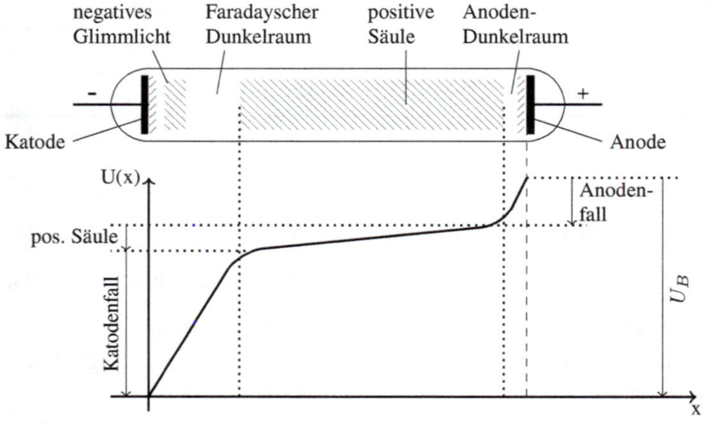

Abb. 4.12.: Glimmentladung: Leuchterscheinungen (oben) und Spannungsverlauf (unten), schematisch

Zünden der Glimmentladung Solange die anliegende Spannung kleiner ist als die Zündspannung U_Z, liegt eine Dunkelentladung vor. Beim Überschreiten der Zündspannung U_Z zündet eine Glimmentladung. Dabei sinkt die Spannung am Entladungsrohr auf die **Brennspannung**, wobei der zwingend erforderliche Vorwiderstand R in Abb. 4.10 den Strom begrenzt. Die Glimmentladung verlischt wieder, sobald die minimale Brennspanung, die **Löschspannung**, unterschritten wird. Die in der Entladung durch Rekombination erzeugte Lichtstrahlung kann an der Katode zusätzliche Photoelektronen auslösen.

Die am Entladungsrohr insgesamt anliegende Betriebsspannung U_B teilt sich in der Entladung in drei charakteristische Spannungsabfälle auf,

- den **Katodenfall**, hier tritt der größte Spannungsabfall in der Entladung auf, die Ionen werden zur Katode und Sekundärelektronen in Richtung Anode beschleunigt, insgesamt liegt eine positive Raumladung vor;
- den **Anodenfall**, der Spannungsabfall ist kleiner und beschleunigt die Elektronen zur Anode, die Raumladung ist negativ;

- die **positive Säule**, hier ist der Spannungsabfall gering, die Raumladungen kompensieren sich, die Ladungsträger bewegen sich weitgehend auf Grund der Diffusion und infolge Rekombination tritt das charakteristische Leuchten auf.

Leuchterscheinungen Visuell beobachtet man abhängig vom Druck verschiedene, strukturierte Leuchterscheinungen, wie die positive Säule, das negative Glimmlicht oder Katodenglimmlicht und Glimmsäume in unmittelbarer Elektrodennähe (Abb. 4.12 oben). Zwischen dem katodenseitigem Ende der positiven Säule und Katode liegt der Katodendunkelraum oder Katodenfall. Vor der Anode bildet sich der Anodendunkelraum. Die positive Säule kann in Längsrichtung mehrfach geschichtet sein. Wegen der attraktiven Leuchterscheinungen ist die Glimmentladung bis heute ein beliebtes Demonstrationsexperiment in Physikvorlesungen.

Strom-Spannungs-Charakteristik einer Glimmentladung In Abb. 4.9 kennzeichnet der Abschnitt B den Übergang von der Townsend- zur Glimmentladung, dieser Bereich heißt subnormale Glimmentladung. Bei einer Glimmentladung nimmt, beginnend mit der Zündspannung, zunächst nur ein Teil der Katodenfläche an der Entladung teil. Dies ist der Bereich des **normalen Katodenfalls**. Die Spannung am Entladungsrohr ist hier weitgehend unabhängig vom Strom und mit einem Anwachsen des Stromes werden weitere Teile der Katodenoberfläche in die Entladung einbezogen. Dieses Verhalten wurde zur Spannungsstabilisierung genutzt (siehe Kapitel 6.1.2).

Wenn die gesamte Katodenoberfläche an der Entladung teilnimmt und die angelegte Spannung weiter erhöht wird, steigt die Stromdichte und mit dieser der Spannungsabfall vor der Katode, man nennt diesen Bereich den **anomalen Katodenfall** und die Entladung eine **anormale Glimmentladung** (Bereich C in Abb. 4.9). Die anormale Glimmentladung wird in Form des Plasmaputterns für Ionenätz- und Beschichtungsprozesse großtechnisch angewandt. Dabei erfolgt im anomalen Katodenfall die Beschleunigung der Ionen auf einige 100 eV.

Betrieb mit Wechselspannung Wenn eine Glimmentladung mit Wechselspannung betrieben wird, zündet die Entladung in jeder Halbwelle, sobald die Zündspannung überschritten wird und verlischt wieder, wenn die Löschspannung unterschritten wird. Dabei wechseln die Elektroden in jeder Halbwelle ihre Funktion, sie arbeiten im Wechsel als Katode bzw. Anode. Sofern beide Elektroden identisch sind, sind Katodenfall und Anodenfall in jeder Halbwelle gleich. Dann verursacht die Entladungsstrecke in jeder Halbwelle bei gezündeter Entladung einen bestimmten Spannungsabfall, während bei verloschener Entladung der Stromfluss unterbrochen ist.

Die Verhältnisse ändern sich jedoch, wenn beide Elektroden unterschiedlich groß sind, so dass die Symmetrie gestört ist. Für das Gesamtverhalten in einer Halbwelle ist dann jeweils die Elektrode entscheidend, die gerade als Katode fungiert. Wenn die Elektrode mit der kleineren Fläche als Katode arbeitet, erreicht sie bei einem kleineren Strom den Bereich des annomalen Katodenfalls (Bereich C in Abb, 4.9) als die größere Elektrode. Dies wirkt sich elektrisch aus, denn zu einer bestimmten Spannung stellt sich dann in jeder Richtung ein anderer Strom ein.

Dieser Effekt wurde beim Kaltkatoden-Glimmgleichrichter zum Gleichrichten kleiner Ströme technisch genutzt (siehe Kapitel 6.2).

4.5.2.3. Bogenentladung

Mit zunehmender Intensität der Entladung und weiterem Anstieg der Stromdichte erwärmen sich die Elektroden immer mehr, so dass an der Katode neben der Sekundärelektronenemission zusätzlich thermische Elektronenemission einsetzt. Das ist der Übergang zur Bogenentladung, deren Kennzeichen die thermische Emission an der Katode ist (Bereich D in Abb. 4.9).

Die Bogenentladung selbst ist durch einen hohen Strom bei geringem Spannungsabfall gekennzeichnet. Wenn der Strom nicht begrenzt wird, kann eine Bogenentladung die Elektroden oder das Entladungsgefäß zerstören. Bogenentladungen sind deshalb bei Gasentladungsröhren zu vermeiden. Im Quecksilberdampfgleichrichter wurde diese Entladungsform genutzt.

4.6. Prozesse an Elektroden und Gefäßwänden

Beim Betrieb einer Elektronen- oder Gasentladungsröhre wird den Elektroden durch elektrische Beheizung, durch Teilchenbeschuss sowie durch Licht- und Wärmestrahlung Energie zugeführt. Diese Energiezufuhr löst an den Elektroden verschiedene Prozesse aus, von denen einige für die Funktion der Röhren von entscheidender Bedeutung sind. Eine Gruppe solcher Prozesse, die Elektronenemission, haben wir schon in Kapitel 4.3 dargestellt. Wir betrachten nachfolgend Prozesse, die durch Teilchenbeschuss der Elektroden ausgelöst werden.

Das Auftreffen von Ladungsträgern auf die Elektroden aus dem Vakuumraum ist primär begleitet von

- dem Übergang von Ladung an der Elektrode (Stromfluss) und
- der Absorption der kinetischen Energie der Ladungsträger.

Die auftretenden sekundären Effekte hängen von der Masse und der Energie der einfallenden Teilchen ab, bei Ionen zusätzlich von deren chemischen Eigenschaften.

In Elektronenröhren unterliegen nur die Anode und andere positiv vorgespannte Elektroden dem Einfall von Teilchen, nämlich von Elektronen. Dagegen ist in Gasentladungsröhren die Katode massiv dem Beschuss von positiven Ionen ausgesetzt, während auf die Anode Elektronen und, falls vorhanden, negativ geladene Ionen einfallen.

Beim Einfall von Ionen kann neben dem Transport von Ladung und Energie auch der Transport von Masse eine Rolle spielen. Letzteres ist bei Elektronen nicht möglich, denn einerseits kann es nicht zu einer Akkumulation von Elektronen kommen (geschlossener Stromkreis) und andererseits ist die Masse von Elektronen mit $m_e = 9{,}109 \cdot 10^{-31}$ kg um mehrere Größenordnungen kleiner als die Masse der leichtesten Ionen.

Unabhängig von ihrer Masse verursachen die bei Stromfluss auf eine Elektrode auftreffenden Ladungsträger eine Erwärmung der Elektrode, die wir zunächst betrachten wollen.

4.6.1. Erwärmung durch Teilchenbeschuss und Strahlung

Jeder Ladungsträger, der auf eine Elektrode auftrifft, bringt eine Energie W mit, die sich aus der durchlaufenen Potentialdifferenz ΔU und seiner Ladung ergibt. Elektronen und einfach geladene Ionen tragen eine Elementarladung q, sie liefern damit pro Teilchen einen Energiebeitrag W_q von

$$W_q = q \cdot \Delta U. \tag{4.25}$$

Der zur Elektrode fließende Strom I ergibt im Zeitintervall Δt den Energiebeitrag

$$W_{el} = I \cdot \Delta U \cdot \Delta t. \tag{4.26}$$

Der größte Teil dieser Energie wird in Wärme umgesetzt und heizt die Elektrode auf. Nach einer Einlaufzeit, die von der Wärmekapazität der Elektrode und den zu- und abfließenden Wärmeströmen abhängt, stellt sich an der Elektrode eine Gleichgewichtstemperatur ϑ_{Gl} ein. Abfließen kann Wärme bekanntermaßen durch

- Wärmeleitung (Wärmestrom I_{W_l}),
- Wärmestrahlung (Wärmestrom $I_{W_{st}}$) oder durch
- Konvektion bei zwangsgekühlten Elektroden (Wärmestrom I_{W_k}).

Ohne den Aufbau einer Elektrode und die Kühlmaßnahmen zu kennen, kann man allgemein sagen, dass abhängig von den Betriebsbedingungen nach einer Einlaufzeit, wenn sich die Gleichgewichtstemperatur ϑ_{Gl} eingestellt hat, die zu- und die abfließenden Wärmeströme gleich groß sind, es gilt dann

$$I_{W_{el}} = I_{W_l} + I_{W_{st}} + I_{W_k} \tag{4.27}$$

Die Wärmeabfuhr durch Strahlung erreicht erst bei höheren Temperaturen, wenn die Elektrode glüht, einen merklichen Beitrag.

Auch jeder Röhrenkolben erwärmt sich im Betrieb. Das rührt her von der Wärme, die im Betrieb von heißen Elektroden einer Elektronenröhre oder vom Plasma in einer Gasentladungsröhre ausgeht.

4.6.2. Prozesse an der Anode

Die Anode sei gegenüber der Katode positiv vorgespannt. Auf Grund dieser Vorspannung saugt die Anode negative Ladungsträger, also Elektronen, aus dem Vakuumraum ab, was zur eben diskutierten Erwärmung der Anode führt. Daneben kann man die Emission von Strahlung im optischen $(h \cdot \nu_{vis})$ und im Röntgenbereich ($h \cdot \nu_{Roe}$) beobachten (siehe Abb. 4.13). Effekte negativer Ionen, die durch Elektronenanlagerung entstehen können, betrachten wir hier nicht näher.

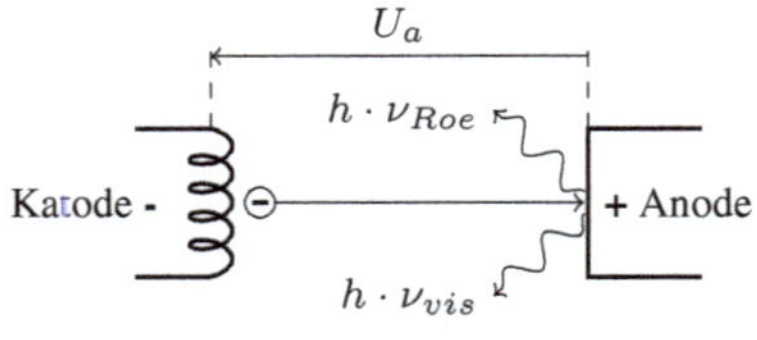

Abb. 4.13.: Prozesse an der Anode

4.6.2.1. Emission von Licht im sichtbaren Bereich – Kathodolumineszenz

Bestimmte Materialien, sog. Leuchtstoffe, senden bei Beschuss mit Elektronen spontan Lichtquanten aus, wobei die Lichtintensität mit dem Strom wächst. Dieser Effekt heißt Kathodolumineszenz und wurde von Crookes[6] 1879 bei Experimenten mit Niederdruckgasentladungen entdeckt und von Lenard[7] et al. detailliert untersucht [LST28].

Schon lange bekannte Leuchtstoffe sind Zinksulfid (ZnS), Kalziumwolframat ($CaWO_4$), Kadmiumsulfid (CdS) und Kadmiumwolframat ($CdWO_4$) [AK33]. Durch Dotierung mit Metallen kann die Leuchtfarbe bestimmt werden. So erhält man beispielsweise für Cu-dotiertes ZnS:Cu grün, für Ag-dotiertes ZnS:Ag blau und für Ag-dotiertes CdS:Ag rot als Leuchtfarbe [Rai06]. Kathodolumineszenz liegt den Leuchterscheinungen in Abstimmanzeigeröhren (magischen Augen) und Braunschen Röhren (Oszillographen- und Fernsehbildröhren) zu Grunde. Lumineszenzerscheinungen werden in [Kas05] ausführlicher dargestellt.

4.6.2.2. Emission von Röntgenstrahlung

Wenn die Energie der einfallenden Elektronen hinreichend groß ist und zwischen etwa 5 keV und einigen 100 keV liegt, wird beim Abbremsen der Elektronen in der Anode eine sehr kurzwellige elektromagnetische Strahlung, die **Röntgenstrahlung**, erzeugt. Röntgenstrahlung überdeckt etwa den Wellenlängenbereich von $5\,\text{pm} \leq \lambda \leq 250\,\text{pm}$. Die Energie oder Härte der erzeugten Röntgenstrahlung und damit ihr Durchdringungsvermögen steigt mit der Energie der Elektronen.

[6] William Crookes, britischer Physiker und Chemiker, 1832–1919

[7] Philip Lenard, deutscher Physiker, 1862–1947, Nobelpreis für Physik 1905 für Arbeiten über Kathodenstrahlen

Das Spektrum der Röntgenstrahlung umfasst zwei Anteile, die unterschiedliche Entstehungsursachen haben (siehe Abb. 4.14). Diese Anteile sind

- die **Röntgenbremsstrahlung** und
- die **charakteristische Röntgenstrahlung**.

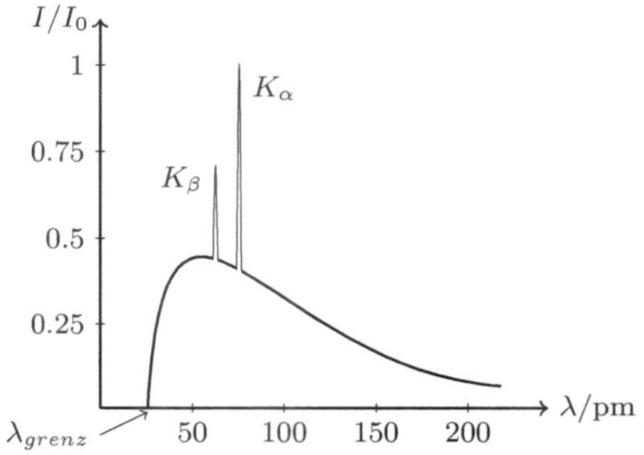

Abb. 4.14.: Röntgenspektrum mit charakteristischer Strahlung und Bremsstrahlung

Röntgenbremsstrahlung Die Bremsstrahlung entsteht, indem einfallende Elektronen in mehreren Bremsvorgängen schrittweise im Anodenmaterial abgebremst werden, wobei ein kleiner Teil (Größenordnung 1%) der kinetischen Energie der Elektronen in elektromagnetische Strahlungsenergie umgewandelt wird.

Die Bremsstrahlung besitzt deshalb ein kontinuierliches Spektrum mit einer maximalen Quantenenergie. Die maximale Energie erhält ein Röntgenquant genau dann, wenn die Abbremsung in nur einem Schritt erfolgt und die gesamte kinetische Energie auf einmal umgesetzt wird. Dafür gilt mit ν_{max} als maximale Frequenz

$$\nu_{max} \cdot h = e \cdot U_a. \tag{4.28}$$

wobei h das Plancksche Wirkungsquantum, e die Elementarladung und U_a die Spannung zwischen Anode und Katode bedeuten. Diese maximale Energie entspricht der kurzwelligen Grenze der Röntgenbremsstrahlung, der Grenzwellenlänge λ_{grenz}

$$\lambda_{grenz} = \frac{c \cdot h}{e \cdot U_a}. \tag{4.29}$$

Das Spektrum der Röntgenbremsstrahlung ist nur von der Energie der einfallenden Elektronen abhängig.

Die Energiebilanz für die Erzeugung von Röntgenstrahlen ist schlecht. Der größte Teil der Elektronenenergie (ca. 99%) wird in Wärme umgesetzt. Wenn man den Quotienten

$$\eta = \frac{\text{abgegebene Röntgenstrahlenergie}}{\text{zugeführte Katodenstrahlenergie}} \tag{4.30}$$

als Wirkungsgrad für die Entstehung der Röntgenstrahlung einführt, gilt mit Z als Ordnungszahl des Anodenmaterials und U_a als Beschleunigungsspannung in V nach [Sch57]

$$\eta = C_R \cdot Z \cdot U_a \tag{4.31}$$

wobei C_R eine Konstante von der Größenordnung $1 \cdot 10^{-9}$ bis $1{,}5 \cdot 10^{-9}$ ist. Der Wirkungsgrad ist nicht von der Stromstärke abhängig.

Charakteristische Röntgenstrahlung Anders als die Bremsstrahlung, besitzt die charakteristische Strahlung ein Linienspektrum (K_α, K_β in Abb. 4.14) mit genau definierte Wellenlängen. Die Theorie zur Emission der charakteristischen Strahlung korrespondiert mit den Vorstellungen zum Bau der Atome, wie sie von N.Bohr[8] entwickelt wurden [Boh25].

Danach ist die Anregung von Elektronen innerer Schalen der Atome des Anodenmaterials Ursache der Spektrallinien. Die bei der Anregung entstehenden Lücken werden augenblicklich von Elektronen von weiter außen liegenden Schalen desselben Atoms besetzt und die diskrete Energiedifferenz zwischen den Energieniveaus wird in Form von Strahlung abgegeben. Aus der Bezeichnung der Röntgenlinien (K_α, K_β usw.) erkennt man die innere Schale auf welche das Elektron übergegangen ist, hier K, und die Differenz zur Hauptquantenzahl n der äußeren Schale, aus der das Elektron kam, hier $\alpha = 1, \beta = 2$ (zu Einzelheiten siehe z.B. [Rai03]). Die charakteristische Strahlung ist damit durch das jeweils verwendete Anodenmaterial festgelegt. Der Energieanteil der charakteristischen Strahlung ist gering.

Wenn Elektronenröhren mit einer hinreichend hohen Anodenspannung betrieben werden, entsteht ungewollt immer auch Röntgenstrahlung. Um Röntgenstrahlung technisch zu nutzen, erzeugt man sie in speziellen Röhren, den **Röntgenröhren** (siehe dazu Kapitel 13).

4.6.3. Prozesse an der Katode

Der Ionenbeschuss verursacht, wie schon beschrieben, immer auch eine Erwärmung der Katode. Je nach Energie der Ionen, ihrem Einfallswinkel und ihrer chemischen Natur (reaktiv oder nichtreaktiv) werden verschiedene Teilchenströme, die von der Katode kommen, und weitere Prozesse beobachtet. Die wichtigsten sekundären Teilchenströme und Prozesse sind in Abb. 4.15 schematisch erfasst.

Sekundäre Teilchenströme, die von der Katode ausgehen, können sein

[8] Niels Henrik David Bohr, dänischer Physiker, 1885-1962, Nobelreis für Physik 1922 für seine Arbeiten zum Atombau

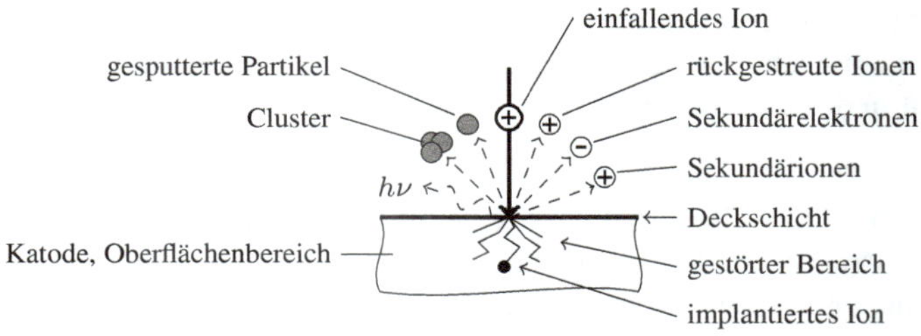

Abb. 4.15.: Ioneneinfall an der Katode einer Gasentladung und Folgeprozesse

- Sekundärelektronen (siehe Kapitel 4.3.3),
- Atome, Ionen oder Cluster des Katodenmaterials als Folge des Sputterprozesses (siehe unten),
- rückgestreute primäre Ionen.

Veränderungen, die oberhalb einer Schwellenergie der Ionen an der Katodenoberfläche auftreten können, sind

- Störung des Kristallgefüges an der Oberfläche (Amorphisierung),
- Abtrag der Oberfläche durch Sputterprozess,
- Deckschichtbildung oder verstärkter Abbau bei reaktiven Ionen,
- Einlagerung einfallender Teilchen (Ionenimplantation).

Diese Prozesse sind von technologischer Bedeutung, im Zusammenhang mit Elektronen- und Gasentladungsröhren jedoch störend. So bildet sich mit zunehmender Benutzungsdauer im Glaskolben von Glimmlampen als Folge des Sputtereffektes ein Metallbelag, der die Glimmlampe schließlich unbrauchbar werden lässt.

Sputtering (Katodenzerstäubung) Ionen, die mit hinreichender Energie auf einen Festkörper auftreffen, übertragen einen Impuls und Energie auf die oberflächennahen Atomschichten im Festkörper. Dadurch können sie einzelne Atome oder Cluster aus dem Festkörper lösen, die etwa einer Cosinus-Verteilung folgend, den Festkörper verlassen und sich im Gasraum fort bewegen. Diesen Effekt nennt man **Sputtering**, **Katodenzerstäubung** oder auch **Ionenzerstäubung**. Zur theoretischen Erklärung der experimentellen Befunde von Sputterprozessen werden einmal ausgezeichnete Stoßfolgen im Festkörper (Impulstheorie) und zum anderen eine punktuelle Erwärmung (Verdampfungstheorie) herangezogen. In [BE07] sind umfangreiche experimentelle Daten, theoretische Erklärungen und Computersimulationen zu Sputterprozessen zusammenfassend dargestellt.

Die durch den Sputterprozess frei gesetzten Partikel können sich im Gasraum frei bewegen und an anderer Stelle kondensieren. Sie bilden dann dort eine dünne Schicht aus dem Katodenmaterial oder aus dem Katodenmaterial und Komponenten der Gasphase. Man spricht dabei von

Sputterbeschichtung. Die Sputterbeschichtung hat breite Anwendungsfelder in der Technik gefunden und sie ist ein wichtiger Beschichtungsprozess in der Halbleitertechnologie [WMF00]. Wir gehen darauf in den Kapiteln 17.2 und 19.3 ein.

Ionenimplantation Ein weiterer Effekt, der beim Beschuss einer Festkörperoberfläche (Katode) mit Ionen auftritt, ist die Ionenimplantation. Man versteht darunter, dass mit hoher Energie im Bereich von einigen keV bis zu einigen MeV auf die Katode auftreffenden Ionen in den Festkörper eindringen, dabei oberflächlich die Kristallstruktur stören (Strahlenschäden) und sich im Kristallgitter einlagern. Die Eindringtiefe der Ionen ist von der Kristallorientierung abhängig und um so größer, je größer ihre Energie ist. Die eingeschossenen Ionen verändern im Oberflächenbereich des Festkörpers lokal dessen Eigenschaften, wie Leitfähigkeit oder Ätzverhalten. Je nach vorliegendem Targetmaterial, Ionenart und -energie kann die Eindringtiefe bei 0,1–1 µm liegen. Die Ionenimplantation ist ein wichtiger Prozess zur Dotierung von Halbleitern [CGW81] (siehe Kapitel 19.4).

4.6.4. Gefäßwand und Wandpotential einer Gasentladung

Die Gefäßwand jeder Elektronen- und Gasentladungsröhre erwärmt sich im Betrieb durch Wärmestrahlung und den Zustrom von Ladungsträgern mehr oder weniger stark.

Aufgrund der Diffusion treffen Ladungsträger mit beiderlei Vorzeichen auch auf die isolierte Wand eines Entladungsgefäßes. Von einer isolierten Wand kann die Ladung nicht abfließen. Als Folge dieses Ladungsträgerzustromes entstehen Oberflächenladungen und es baut sich an der Wandoberfläche ein Potential auf, das sog. **Wandpotential**. Das Wandpotential kann man aus Plasmaparametern, wie Elektronen- und Ionentemperatur, berechnen. Elektronen- und Ionentemperatur wiederum können mit Hilfe von Sondenmessungen ermittelt werden. Ohne auf diese komplexen Sachverhalte hier näher einzugehen, sei festgestellt, dass sich an isolierenden Gefäßwänden ein negatives Wandpotential einstellt, dessen Betrag von der Art der Entladung abhängt und 15–20 V betragen kann [Kap55].

4.7. Elektronische Schwankungserscheinungen

Elektronische Schwankungserscheinungen machen sich im Bereich der Hörfrequenzen als **Rauschen** bemerkbar. Der Begriff Rauschen wird darüber hinaus auch für Schwankungserscheinungen außerhalb des Hörbereichs gebraucht. Seitdem es empfindliche Röhrenverstärker gibt, ist Rauschen Gegenstand zahlreicher Untersuchungen. Nach den frühen Arbeiten von Schottky (1918) wurde Röhrenrauschen u.a. in [Oll61], [Pfe62] und [BS71] ausführlich dargestellt. In [Vog11] wird eine Auswahl rauscharmer Trioden und Pentoden präsentiert.

Während im Makroskopischen der elektrische Strom als ein kontinuierlicher Vorgang erscheint, hat das Rauschen seine Ursache in Erscheinungen und Prozessen auf atomarer Ebene. Auf der Ebene der klassischen Elementarteilchen stellt der Strom sich als Mittelwert über eine Vielzahl von Elementarladungen dar, die zu einem Zeitpunkt den Querschnitt eines Leitungskanals, also eines Leiters bzw. einer Elektronen- oder Gasentladungsröhre, passieren. Mit dem Näherungswert $q = 1{,}602 \cdot 10^{-19}$ A s für die Elementarladung erhält man für einen Strom von $I = 1$ mA für die Anzahl der Elementarladungen n etwa

$$n = \frac{I}{q} \approx 6,25 * 10^{15}. \tag{4.32}$$

Physikalischer Grund des elektronischen Rauschens sind damit letztlich die Elementarladung als kleinste diskrete Ladungseinheit und statistische Schwankungen der Anzahl von Elementarladungen, die zu einem momentan registrierten Strom beitragen. Diesen Strom kann man in einen Gleich- oder Signalanteil und einen Rauschanteil zerlegen

$$i = i_{signal} + i_{rausch}, \tag{4.33}$$

wobei der zeitliche Mittelwert des Rauschanteils verschwindet $\overline{i_{rausch}}^T = 0$. Die statistischen Stromschwankungen haben unterschiedliche Ursachen; danach unterscheidet man verschiedene Rauschprozesse.

Schrotrauschen Das Schrotrauschen (auch Schottky-Rauschen) ist ein Rauscheffekt, der durch Stromfluss über eine Potentialbarriere entsteht. Es ist übersichtlich an einer Diode im Sättigungsgebiet zu beschreiben. Dazu stellt man den Strom als Summe von statistisch unabhängigen Ladungspulsen dar, wobei jeder einzelne Ladungspuls gerade einer Elementarladung entspricht. Für den quadratischen Mittelwert des Rauschanteils $\overline{i^2_{R_{eff}}}$ erhält man

$$\overline{i^2_{R_{eff}}} = 2 \cdot e \cdot I \cdot \Delta f, \tag{4.34}$$

wobei e die Elementarladung, I den Strom und Δf die Bandbreite des Messkanals bedeuten. Das Schrotrauschen ist temperaturunabhängig und wird benutzt, um für Messzwecke Rauschquellen zu realisieren (siehe Kapitel 5.3.1).

Funkelrauschen Ein weiterer Rauscheffekt ist das Funkelrauschen (auch Flickerrauschen). Es wird wegen seiner charakteristischen Frequenzabhängigkeit auch $\frac{1}{f}$-Rauschen genannt und tritt bei Frequenzen $f < 10\,\text{kHz}$ auf. Es überwiegt bei niedrigen Frequenzen das Schrotrauschen. Funkelrauschen tritt verstärkt bei Oxidkatoden auf und nimmt mit der Alterung stark zu. Zusammen mit diesem Rauschphänomen wurden optisch Veränderungen an Katoden beobachtet. Es wird angenommen, dass das Funkelrauschen mit Difussionsprozessen oder Restgasmolekülen an der Katode zusammenhängt.

Experimentelle Hinweise auf Veränderungen an der Katodenoberfläche beim Funkelrauschen gibt Kleint [Kle61]. Er konnte zeigen, dass Funkelrauschen auch an Wolframspitzen, die als Feldemissionskatode im UHV verwendet werden, auftritt. Die Adsorption und Desorption von

Fremdatomen und deren Wanderung auf der Oberfläche (Platzwechselvorgänge) sind statistische Prozesse, die die Austrittsarbeit lokal verändern und so ein Rauschen verursachen, welches die typische $\frac{1}{f}$-Charakteristik besitzt.

Stromverteilungsrauschen Dieses Rauschphänomen tritt bei Röhren mit mehreren positiven Elektroden, also z.B. mit einem Schirmgitter, auf. Es liegt darin begründet, dass für die Elektronen eine gewisse Wahrscheinlichkeit dafür besteht, entweder einen Beitrag zum Anodenstrom oder zum Gitterstrom zu liefern. Momentane Schwankungen von Anoden- und Gitterstrom haben bei konstant vorausgesetztem Gesamtstrom unterschiedliche Vorzeichen und sind nicht unabhängig voneinander. Trioden haben ein geringeres Stromverteilungsrauschen als Pentoden, weshalb für rauscharme Röhrenverstärker Trioden bevorzugt wurden.

Weitere Rauschbeiträge können Sekundärelektronen und ionisierte Restgasmoleküle liefern. Diese Effekte betrachten wir hier nicht weiter.

Schwankungserscheinungen in Gasentladungen In einer Gasentladung nehmen Elektronen und Ionen am Stromtransport teil. Schon die Erzeugung der Ladungsträger durch Ionisierung von Gasatomen oder Molekülen sowie auch die Emission von Sekundärelektronen sind statistische Prozesse. In der Entladung erleiden die Ladungsträger auf Ihrem Weg zu den Elektroden fortwährend Stöße mit neutralen Molekülen im Gasraum, sie können ionisieren oder rekombinieren. All diese Prozesse sind von den Gefäßdimensionen, vom Druck, von der Gasart und der angelegten Spannung abhängig. Gasentladungen sind daher in wenig übersichtlicher Weise mit Schwankungserscheinungen behaftet. Das Rauschen in Gasentladungen wurde in [Pfe62] betrachtet. Für die positive Säule und sehr spezielle Bedingungen sind Schwankungserscheinungen in [Sag68] untersucht und beschrieben worden.

5. Elektronenröhren

Elektronenröhren zählten zu den ersten Produkten, in denen Erkenntnisse aus der Gasentladungsphysik technisch genutzt wurden. Eine Elektronenröhre verlagert den elektrischen Strom in Form freier Elektronen ins Hochvakuum und stellt Möglichkeiten bereit, den Elektronenstrom dort mittels elektrischer Felder zu steuern und zu lenken. Bestimmte Röhrenarten nutzen zusätzlich magnetische Felder zur Fokussierung oder Ablenkung der Elektronen.

Elektronenröhren wurden nach unterschiedlichen, sich überlappenden Gesichtspunkten eingeteilt. Beispielsweise unterschied man Röhren nach der Anzahl der Elektroden (siehe unten) oder nach ihrem Anwendungszweck, z.B. in Empfänger- und Verstärkerröhren, in Senderöhren usw. Eine weitere, physikalische Unterscheidung erfolgt nach der Art der Steuerung. Dabei unterscheidet man die Dichtesteuerung und die Laufzeitsteuerung. Bei der klassischen Dichtesteuerung folgt der Strom in der Röhre praktisch unmittelbar den steuernden Spannungen. Mit wachsender Frequenz fällt die Laufzeit der Elektronen in der Röhre zunehmend ins Gewicht, denn sie verursacht eine Phasenverschiebung zwischen Eingangs- und Ausgangssignal. Man verwendet deshalb bei Höchstfrequenzröhren ein anderes Steuerungskonzept, die Laufzeitsteuerung.

In diesem Kapitel betrachten wir Empfänger- und Verstärkerröhren, wie sie in der Rundfunkempfangstechnik üblich waren, danach Senderöhren, wie sie für AM-Sender und Industriegeneratoren verwendet wurden, und schließlich Höchstfrequenzröhren, die auch heute noch verwendet werden. Mit Ausnahme der Anzeigeröhren (Kapitel 5.1.4), haben alle diese Röhren ein oder zwei elektrische Eingangssignale und ein elektrisches Ausgangssignal.

Zu Elektronenröhren existiert umfangreiche Standardliteratur, wie z.B. [Bar69a] und [Rat55] zu Empfängerröhren, [Kum89] zu Höchstfrequenzröhren und [Men66] für technologische Fragen, auf die wir uns nachfolgend auch beziehen.

5.1. Empfänger- und Verstärkerröhren

Nach der Anzahl der in einem Röhrensystem enthaltenen Elektroden unterscheidet man

- Dioden (Röhrensysteme mit 2 Elektroden),
- Trioden (Röhrensysteme mit 3 Elektroden) und
- Mehrgitterröhren, wie
  - Tetroden (4 Elektroden),
  - Pentoden (5 Elektroden),
  - Hexoden (6 Elektroden),
  - Heptoden (7 Elektroden),
  - Oktoden (8 Elektroden).

https://doi.org/10.1515/9783110547979-069

Um Raum und Kosten zu sparen, wurden oft mehrere Röhrensysteme in einem Röhrenkolben untergebracht. Solche Röhren heißen Verbundröhren. Die Röhrensysteme innerhalb einer Verbundröhre besaßen oft eine gemeinsame Katode.

Zur Kennzeichnung der vielen unterschiedlichen Röhren wurden herstellerunabhängige, systematische Typenbezeichnungen (Schlüssel) schon in den 1930er Jahren eingeführt. Diese Typenbezeichnungen ermöglichten es, den Röhrentyp, bevorzugte Anwendungen, die Heizungsart und die Sockelbauform zu erkennen (siehe Anhang A.3).

Die technische Charakterisierung der Röhren erfolgt durch Betriebs- und Grenzwerte sowie durch Kennlinien, die den jeweiligen Datenblättern entnommen werden können. Wir verzichten auf typspezifische Kennlinien und geben hier schematisierte Kurven an, die jeweils das Wesentliche der Röhrentypen erkennen lassen.

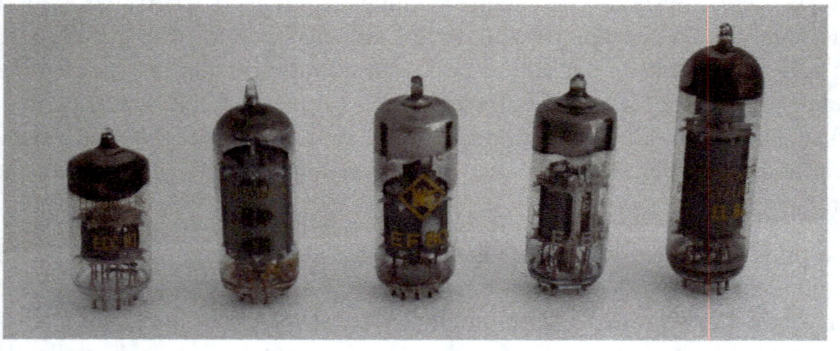

ECC81 ECH81 EF80 EABC80 EL84

Abb. 5.1.: Satz Rundfunkempfängerröhren aus den 1950er Jahren

Die Abb. 5.1 zeigt eine Auswahl von Empfängerröhren, wie sie in den 1950er Jahren in Rundfunkgeräten als Röhrensatz anzutreffen waren.

5.1.1. Hochvakuumdioden

Die einfachste Elektronenröhre ist die Hochvakuumdiode. Eine Hochvakuumdiode beinhaltet im Röhrenkolben, dem Hochvakuumgefäß, eine Glühkatode und eine Anode. Eine Diode ist eine technisch verwendbare Ausführung der in Abb. 4.7 dargestellten grundlegenden Anordnung. Wie in Abb. 4.8 skizziert, ergeben sich bei unterschiedlichen Heizleistungen verschiedene Katodentemperaturen und damit eine Kennlinienschar anstelle einer definierten Kennlinie. Um für die technische Anwendung eine definierte Kennlinie zu erhalten, sind für technische Röhren die Heizdaten festgelegt und müssen innerhalb gewisser Toleranzen eingehalten werden. Vom Hersteller wird bei Parallelschaltung der Heizdrähte die Heizspannung bzw. bei Serienschaltung der Heizstrom vorgegeben.

Der Abb. 4.8 ist zu entnehmen, dass Dioden eine Ventilwirkung besitzen, die mit der Polarität der Anodenspannung gesteuert wird. Auf Grund dieser Ventilwirkung sind Dioden zur Gleichrichtung von Wechselstrom geeignet. Wichtige Anwendungsfelder waren

- die Gleichrichtung von Transformatorspannungen zur Gewinnung von Betriebsgleichspannungen,
- die Gewinnung der Hochspannung in Fernsehgeräten,
- die Demodulation von AM- und FM-Signalen und Erzeugung einer Regelspannung,
- die Gleichrichtung von HF- oder NF-Signalen für Messzwecke.

Eine als Gleichrichter arbeitende Diode wird dabei nicht bis ins Sättigungsgebiet ausgesteuert. Dadurch ist der fließende Elektronenstrom nur von der Anodenspannung abhängig.

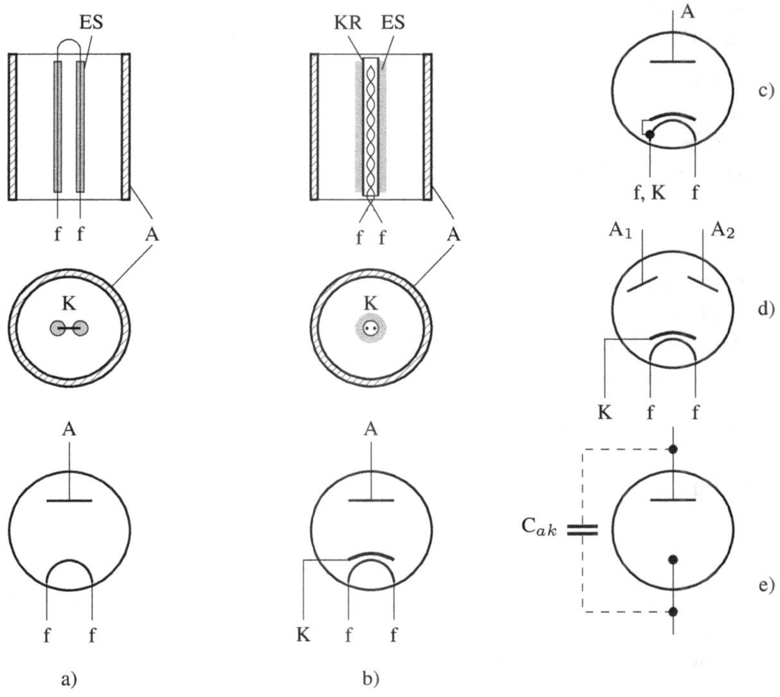

Abb. 5.2.: Aufbau und Heizungsarten von Dioden (schematisch) mit Schaltzeichen (A: Anode, K: Katode, f: Heizung, KR: Röhrchen, ES: Emissionsschicht)
a) Diode mit direkt geheizter Katode mit Schaltzeichen (unten),
b) Diode mit indirekt geheizter Katode mit Schaltzeichen (unten),
c) Diode mit halbindirekt geheizter Katode,
d) Doppeldiode mit gemeinsamer Katode,
e) Diode mit nicht spezifizierter Katode und Kapazität C_{ak}

In einer Hochvakuumdiode umschließt die Anode (A) zylinder- oder kastenförmig die zentrale, lang gestreckte Katode (K), wie in Abb. 5.2a und b skizziert. Die Art der Katode und deren Heizung ist ein besonderes Merkmal aller Elektronenröhren. Man unterscheidet Röhren mit folgenden Katoden- und Heizungsarten

- direkte Heizung (Abb. 5.2a)
  Bei dieser Lösung ist der Heizfaden (ff) ein Wolframdraht und zugleich Katode. Der Wolframdraht kann in den emittierenden Bereichen mit einer Emissionsschicht (ES) versehen sein, was eine niedrigere Katodentemperatur erlaubt als bei reinem Wolfram. Nachteile dieser Lösung sind, dass der Heizkreis und der Stromkreis durch die Röhre galvanisch verbunden sind und dass sich das Katodenpotential längs des Heizfadens verändert, verursacht durch den Heizstrom. Wenn eine direkt geheizte Röhre der Signalverarbeitung dient, muss sie mit Batteriegleichstrom geheizt werden, denn eine Wechselstromheizung hätte eine starke Brummeinstreuung zur Folge.
- indirekte Heizung (Abb. 5.2b)
  Bei indirekter Heizung befindet sich der Heizfaden (ff) isoliert in einem Nickel- oder Kupferröhrchen (KR), auf welches die eigentliche Emissionsfläche der Katode als Schicht (ES) aufgetragen ist. Bei dieser Lösung sind Heizkreis und Röhrenstromkreis galvanisch getrennt und die Nachteile der direkten Heizung werden vermieden. Nach der Anfangszeit setzte sich die indirekte Heizung durch.
- halbindirekte Heizung (Abb. 5.2c)
  Bei dieser Heizungsart wird die Katode indirekt geheizt, aber in der Röhre sind Katode und Heizfaden galvanisch verbunden. Mit dieser Lösung verliert man die galvanische Trennung, spart aber eine Durchführung für die Katodenleitung.

Für die Zweiweggleichrichtung wurden vielfach direkt oder indirekt geheizte Doppeldioden mit gemeinsamer Katode eingesetzt. Die Abb. 5.2d zeigt das Schaltsymbol solch einer indirekt geheizten Doppeldiode.

Ein weiteres genormtes Schaltzeichen für Dioden spezifiziert die Katode nicht, sondern stellt die Katode als dicken Punkt dar, wie in Abb. 5.2e gezeigt. Die Kapazität C_{ak} in Abb. 5.2e zwischen Anode und Katode ist durch die Elektrodenanordnung und Leitungsführung in der Röhre bedingt und vom Aufbau abhängig. Solche baubedingten Kapazitäten zwischen Elektroden, deren Werte bei einigen pF oder Bruchteilen davon liegen, existieren in jeder Röhre und beeinflussen deren Verhalten, insbesondere bei hohen Frequenzen.

Je nach dem vorgesehenem Anwendungszweck unterscheiden sich Dioden im Aufbau, in den Abmessungen sowie in den Betriebs- und Grenzwerten erheblich. Zu den charakteristischen Kenngrößen einer Diode zählen die maximal zulässige Anodenspannung $U_{a_{max}}$, der maximale mittlere Strom $\overline{I}_{a_{max}}$, die interne Kapazität (C_{ak}), die extern maximal zulässige Kapazität ($C_{L_{max}}$) und weitere, einsatzspezifische Größen. Wie und welche Daten angegeben wurden, hängt vom Einsatzzweck ab, z.B. ist die Angabe einer maximalen Trafospannung $U_{Tr_{max}}$ nur für Gleichrichter von Interesse. In Tabelle 5.1.1 sind ausgewählte Daten einiger Dioden für verschiedene Anwendungsbereiche gegenübergestellt.

Tabelle 5.1.: Vergleich verschiedener Dioden (nach [1] [ano61] und [2] [Wil06])

Typ	EAA91 [1]	EZ81 [1]	DY86 [1]	V-300 [2]
Verwendung	Demodulator	Zweiweg-gleichrichter	Hochspann.-gleichrichter	Röntgen-ventil
U_a bzw. U_{Tr}	150 V	400 V	18 kV	300 kV
$\overline{I_a}$	9 mA	150 mA	0,15 mA	500 mA
$C_{L_{max}}$	8 µF	50 µF	2,5 nF	k.A.
C_{ak}	3,5 pF	–	1,7 pF	k.A.

Besonders augenfällig werden die Unterschiede, wenn man die Kennlinien zwei verschiedener Diodentypen in einem Diagramm gegenüberstellt. In Abb. 5.3 sind die Kennlinie der Zweiweggleichrichterröhre EZ81 und der Hochspannungsgleichrichterröhre DY86 eingetragen. Man erkennt, dass der Hochspannungsgleichrichter DY86 deutlich hochohmiger ist als der Netzgleichrichter EZ81.

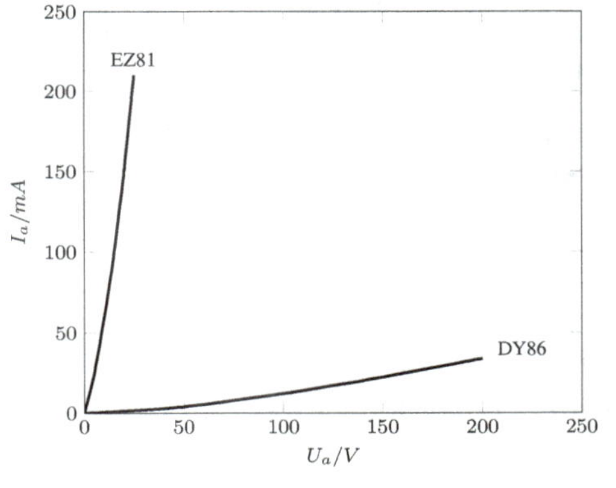

Abb. 5.3.: Kennlinien zweier Dioden (Erklärung im Text)

Grundschaltungen von Hochvakuumdioden Eine Röhrendiode ist ein Zweipol. Damit ergeben sich in einem einfachen Stromkreis, bestehend aus einem Generator, der die Spannung U_G liefert und den Innenwiderstand R_i besitzt, und einem Lastwiderstand R_L, zwei prinzipielle Möglichkeiten: die Diode kann entweder in Reihe oder parallel zu Generator und Lastwiderstand geschaltet werden, wie in Abb. 5.4 dargestellt.

Die Diode hat die Charakteristik eines spannungsgesteuerten Schalters, der bei positiver Anodenspannung geschlossen und bei negativer Anodenspannung geöffnet ist. Daraus ergeben sich die beiden unterschiedlichen Ausgangsspannungen der Schaltungen in Abb. 5.4 wie folgt

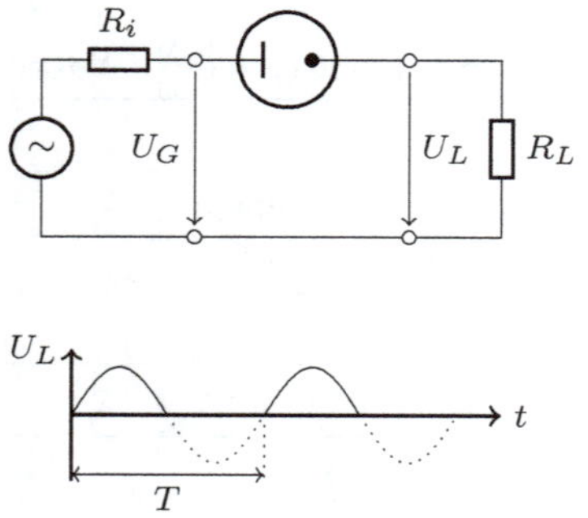

a) in Serie zum Lastwiderstand

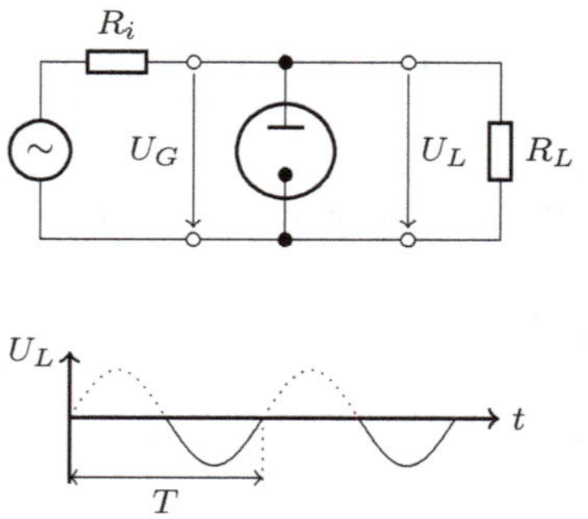

b) parallel zum Lastwiderstand

Abb. 5.4.: Grundschaltungen einer Diode

- **Serienschaltung:** die positive Halbwelle passiert die Diode (Schalter geschlossen), die negative Halbwelle wird gesperrt (Schalter geöffnet), der Generator wird nur in der positiven Halbwelle mit R_L belastet ;
- **Parallelschaltung:** die positive Halbwelle wird kurzgeschlossen, die negative Halbwelle erscheint am Ausgang; der Generator wird durch den Kurzschlussstrom in der positiven Halbwelle stärker belastet.

Während für Leistungsgleichrichter nur die Serienschaltung von Interesse ist, kommen zur Signalgleichrichtung beide Grundschaltungen zur Anwendung (siehe Kapitel 7.3.2).

5.1.2. Trioden

Um die Intensität des Anodenstromes mit einer von der Anodenspannung unabhängigen Spannung steuern zu können, wird zwischen Katode und Anode eine weitere Elektrode, das Steuergitter, verkürzt auch Gitter genannt, angeordnet. Damit entsteht eine Dreielektrodenröhre oder Triode. Das Steuergitter kann als Wendel aber tatsächlich auch als Gitter ausgebildet sein.

In Abb. 5.5a ist der Aufbau einer klassischen Triode schematisch dargestellt. Die zylindrische Anode (A) und das Steuergitter (G_1) umschließen die in der Zylinderachse angeordnete Katode (K). Auch Trioden gibt es mit allen bei der Diode beschriebenen Heizungsarten der Katode, speziell in der Anfangszeit wurden Trioden mit direkter Heizung gebaut (z.B. RE034, RE134). In der Abbildung ist eine indirekt geheizte Triode dargestellt und das entsprechende Schaltsymbol zeigt die Abb. 5.5b.

Die internen Kapazitäten einer Triode sind am Schaltsymbol in Abb. 5.5c eingetragen. Sie werden durch die Elektroden, deren Geometrie und Abstände verursacht und beeinflussen die Funktion der Triode, insbesondere bei hohen Frequenzen.

Würde man Gitter und Anode miteinander verbinden, ergäbe sich das Verhalten einer Diode und man hätte keine extra Steuermöglichkeit für den Anodenstrom. Bei positiver Spannung an

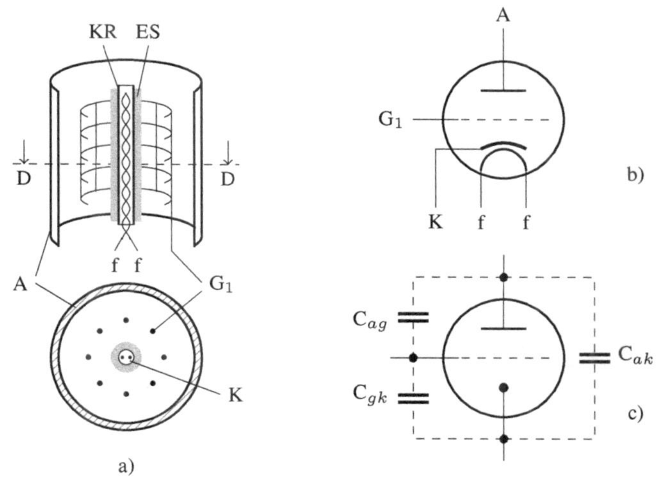

Abb. 5.5.: Indirekt geheizte Triode, a) Aufbau, schematisch, b) Schaltzeichen, c) Triode mit nicht spezifizierter Katode und internen Kapazitäten (A: Anode, K: Katode, G_1: Steuergitter, f: Heizung)

Gitter und Anode würde sich der Katodenstrom in einen Gitterstromanteil und einen Anodenstromanteil aufteilen.

Damit der Anodenstrom I_a praktisch leistungslos mit der Gitterspannung U_g gesteuert werden kann, darf kein Gitterstrom I_g fließen. Dazu muss die Gitterspannung hinreichend negativ sein. Außerdem ist der Anodenstrom wie bei der Diode von der Anodenspannung U_a abhängig. Die Abhängigkeit des Anodenstromes von der Gitterspannung und von der Anodenspannung wird in einem Kennlinienfeld mit zwei Quadranten dargestellt. Die Quadranten enthalten folgende Informationen

- 1. Quadrant, Ausgangskennlinienfeld $I_a = f(U_a)$ mit U_g als Parameter und
- 2. Quadrant, Übertragungskennlinien $I_a = f(U_g)$ mit U_a als Parameter,

wie die Abb. 5.6 schematisch zeigt.

Für eine negative, veränderliche Gitterspannung ergeben sich Kennlinien mit der Anodenspannung U_a als Parameter, wie sie im 2. Quadranten dargestellt sind. Der Anstieg dieser Kennlinien ist vom Abstand des Gitters zur Katode abhängig, während der Abstand der Gitterdrähte zueinander (die Steigung) die mitsteuernde Wirkung der Anode und die Krümmung der Kennlinie beeinflusst. Bei den sog. Regelröhren wurden Gitter mit unterschiedlicher Steigung verwendet. Dadurch lieferte die Katode mit negativer werdender Gittervorspannung im engmaschigen Bereich des Gitters keinen Beitrag mehr zum Anodenstrom.

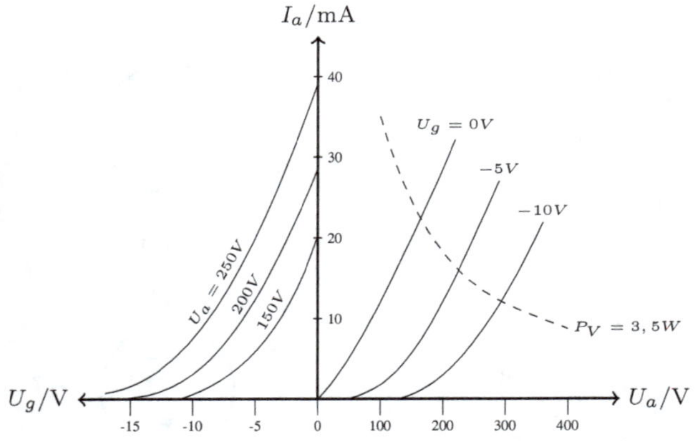

Abb. 5.6.: Kennlinienfeld einer Triode, schematisch

Kenngrößen Die Eigenschaften einer Triode lassen sich für kleine Aussteuerung linear approximieren und mit drei Kenngrößen beschreiben, die man dem Kennlinienfeld entnehmen kann. Diese Kenngrößen sind

- die Steilheit S,
- der Durchgriff D und
- der innere Widerstand R_i.

Die Steilheit S charakterisiert die Steuerwirkung des Gitters, sie entspricht dem Anstieg der $I_a - U_g$–Kennlinie bei konstanter Anodenspannung

$$S = \left[\frac{\partial I_a}{\partial U_g}\right]_{U_a=const} \approx \frac{\Delta I_a}{\Delta U_g} \tag{5.1}$$

und wird in $\frac{\text{mA}}{\text{V}}$ angegeben.

Der Durchgriff D ist eine dimensionslose Größe, die die Rückwirkung der Anodenwechselspannung auf das Gitter charakterisiert

$$D = \left[\frac{\partial U_g}{\partial U_a}\right]_{I_a=const} \approx \frac{\Delta U_g}{\Delta U_a} \tag{5.2}$$

Das Verhältnis von Anodenspannungsänderung ΔU_a zur Anodenstromänderung ΔI_a hat die Dimension eines Widerstandes und heißt innerer Widerstand R_i

$$R_i = \left[\frac{\partial U_a}{\partial I_a}\right]_{U_g=const} \approx \frac{\Delta U_a}{\Delta I_a}. \tag{5.3}$$

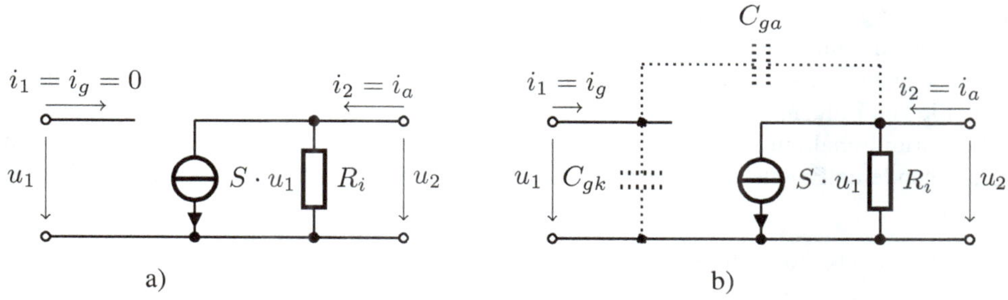

Abb. 5.7.: Vierpol-Ersatzschaltbild einer Triode: a) ohne und b) mit inneren Kapazitäten

Zwischen diesen drei Größen besteht der folgende Zusammenhang

$$S \cdot D \cdot R_i = 1, \tag{5.4}$$

der als Barkhausensche[1] Röhrenformel bekannt ist.

Diese Kenngrößen erlauben nun, ein Ersatzschaltbild für Kleinsignalaussteuerung entsprechend Abb. 5.7a anzugeben, in dem die Eingangsspannung u_1 eine innere Stromquelle steuert, welche einen Strom $S \cdot u_1$ über den inneren Widerstand R_i antreibt und die Spannung u_2 generiert. Bei höherer Frequenz sind zusätzlich die inneren Kapazitäten mit zu berücksichtigen (Abb. 5.7b).

Es sei erwähnt, dass die auf die Anode einfallenden Elektronen natürlich Sekundärelektronen auslösen. Da die Anode das positivste Potential in der Röhre hat, fallen alle Sekundärelektronen zurück zur Anode.

Umgesetzte Leistung An der Anode der Triode wird die elektrische Leistung

$$P_V = I_a \cdot U_a \tag{5.5}$$

in Wärme umgesetzt, die abgeführt werden muss. Jede Röhre ist für eine maximale Verlustleitung ausgelegt, die von der Bauform und den Kühlmöglichkeiten der Röhre abhängt. Trägt man I_a als Funktion von U_a auf, so erhält man eine Hyperbel, die Verlustleistungshyperbel

$$I_a = \frac{P_V}{U_a}, \tag{5.6}$$

die im Kennlinienfeld schraffiert für 3,5 W eingetragen ist.

[1] Heinrich Barkhausen, deutscher Physiker, 1881–1956

Grundschaltungen von Trioden Wenn man von der Darstellung einer Triode als Vierpol in Abb. 5.7 ausgeht, muss eine der Elektroden gleichzeitig dem Eingangskreis (steuernder Kreis) und dem Ausgangskreis (gesteuerter Kreis) angehören. Eine Schaltung wird nach der Elektrode benannt, die von Eingangs- und Ausgangskreis gemeinsam benutzt wird. Danach unterscheidet man drei Grundschaltungen, die in Abb. 5.8 dargestellt sind. Jede dieser Grundschaltungen hat ihre besonderen Eigenschaften, woraus sich bestimmte Hauptanwendungsgebiete ergeben. Man kennt

- die Katodenbasisschaltung, wenn die Katode dem Eingangs- und dem Ausgangskreis angehört. Die Katodenbasisschaltung war die am häufigsten eingesetzte Schaltung. Die Spannungsverstärkung V_u ist größer als 1.
- die Anodenbasisschaltung, wenn die Anode dem Eingangs- und dem Ausgangskreis angehört. Die Anodenbasisschaltung wird auch Katodenfolger genannt. Sie hat die Funktion eines Impedanzwandlers und besitzt einen hohen Eingangs- und niedrigen Ausgangswiderstand.
- die Gitterbasisschaltung, wenn das Steuergitter dem Eingangs- und dem Ausgangskreis angehört. Die Gitterbasisschaltung hat einen kleinen Eingangswiderstand, aber die Verkopplung zwischen Eingangskreis und Ausgangskreis über die Gitter-Anoden-Kapazität ist am geringsten. Diese Schaltung wurde zur Verstärkung hoher Frequenzen bevorzugt.

Diese Unterscheidung wurde später auf Transistoren übertragen, dort unterscheidet man analog zwischen Emitter-, Basis- und Kollektorschaltung.

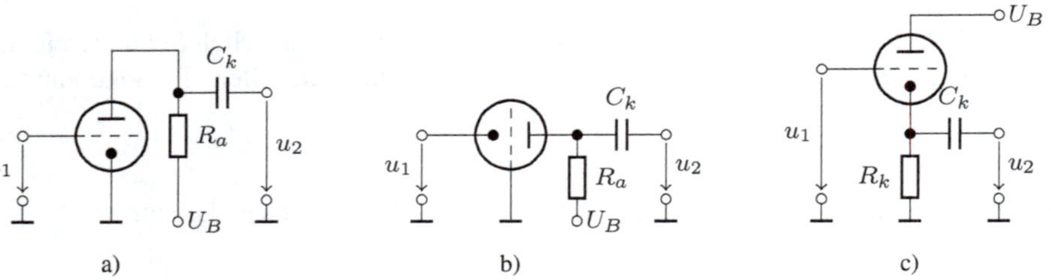

Abb. 5.8.: Grundschaltungen einer Triode

Trioden in Verbundröhren Trioden wurden oft mit anderen Röhrensystemen, mit Dioden, einer zweiten Triode oder einer Mehrgitterröhre, in einem Röhrenkolben zu einer Verbundröhre vereinigt. Die Wahl der Röhrensysteme erfolgte so, dass zusammen genutzte Signalverarbeitungsfunktionen in einer Röhre kombiniert waren. Beispiele solcher Verbundröhren sind

- Triode-Dreifachdiode als AM/FM-Demodulator und NF-Verstärker (EABC80),
- Doppeltriode als Oszillator- und Mischstufe im UKW-Tuner(ECC85),
- Triode-Endpentode als NF-Vor- und Endverstärker (ECL81),
- Triode-Pentode als Mischstufe und ZF-Verstärker (ECF82),
- Triode-Heptode als Oszillator und AM-Mischstufe (ECH81).

Einige dieser Verbundröhren zeigt die Abb. 5.1.

5.1.3. Mehrgitterröhren

Weitere Einflussmöglichkeiten auf den Anodenstrom erhält man, wenn zwischen dem für jede Verstärkerröhre notwendigen Steuergitter und der Anode weitere Gitter einbaut sind. Außer dem Steuergitter wurden in ein Röhrensystem bis zu 6 weitere Hilfsgitter eingebaut, die man nach ihrer Funktion als Schirmgitter, Bremsgitter oder 2. Steuergitter bezeichnet. Mit diesen Hilfsgittern gelang es, nachteilige Eigenschaften von Trioden, wie großer Durchgriff, geringer Innenwiderstand und große Anoden-Gitter-Kapazität, zu verbessern und die Steuerung des Anodenstromes mit einem zweiten Signal zu ermöglichen.

5.1.3.1. Tetroden – Röhren mit zwei Gittern

Bei einer Tetrode ist ein Hilfsgitter zwischen Steuergitter und Anode angeordnet, das Schirmgitter. Das Schirmgitter, G_2 in Abb. 5.9a, wird, wie die Anode, auf eine gegenüber der Katode positive Gleichspannung gelegt, so dass ein Schirmgitterstrom fließt. Durch das Schirmgitter wird die Rückwirkung der Anodenspannung und deren Änderung auf das Steuergitter verkleinert (abgeschirmt), also der Durchgriff verringert.

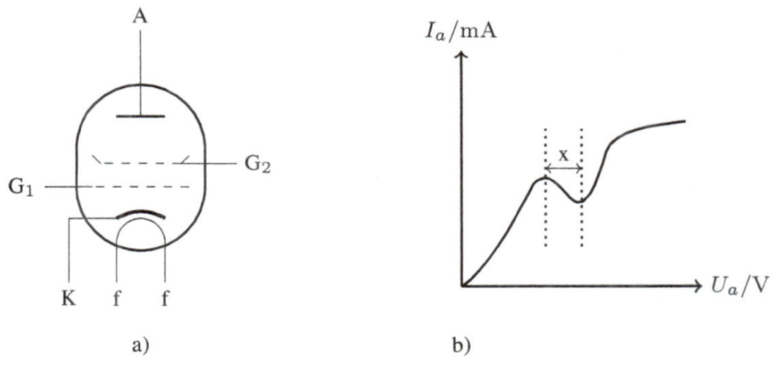

Abb. 5.9.: Tetrode a) Schaltzeichen, b) Ausgangskennlinie mit Einsattelung, schematisch

Das Schirmgitter beeinflusst nun auch den Anodenstrom, indem es an der Anode ausgelöste Sekundärelektronen absaugt, wenn die Schirmgitterspannung größer als die Anodenspannung ist. Der Stromanteil der Sekundärelektronen, der die Anode verlässt, reduziert den Anodenstrom. Natürlich werden auch am Schirmgitter Sekundärelektronen ausgelöst, die die Anode absaugt, sobald die Anodenspannung größer als die Schirmgitterspannung ist. Die Folge dieses Wechselspiels ist eine Einsattelung der U_a/I_a-Kennlinie (Abb. 5.9b). Im Bereich der fallenden Kennlinie, der in der Abbildung mit x gekennzeichnet ist, nimmt der innere Widerstand einen negativen Wert an.

Obwohl unvermeidbar, ist der Schirmgitterstrom nicht erwünscht. Er benötigt Leistung aus der Stromversorgung, generiert einen Rauschanteil durch Stromverteilungsrauschen und belastet das Schirmgitter thermisch.

5.1.3.2. Pentoden – Röhren mit drei Gittern

Um den unerwünschten wechselseitigen Austausch von Sekundärelektronen zwischen den beiden positiven Elektroden Schirmgitter und Anode zu unterbinden, wurde zwischen Schirmgitter und Anode ein weiteres Gitter, das Bremsgitter (G_3), angeordnet. Mit dem 3. Gitter entsteht eine Pentode (Abb. 5.10a). Das Bremsgitter wird in der Regel auf Katodenpotential gelegt. Es verhindert so, dass Sekundärelektronen von der Anode zurück auf das Schirmgitter oder umgekehrt vom Schirmgitter zur Anode fließen können. Im Ergebnis tritt im Ausgangskennlinienfeld der Pentode keine Einsattelung mehr auf, vielmehr wird bei nicht zu kleiner Anodenspannung eine flache Kennlinie und damit ein hoher Innenwiderstand beobachtet (5.10b). Wegen dieses hohen Innenwiderstandes und des geringen Durchgriffs war die Pentode für viele Anwendungen die bevorzugte Elektronenröhre.

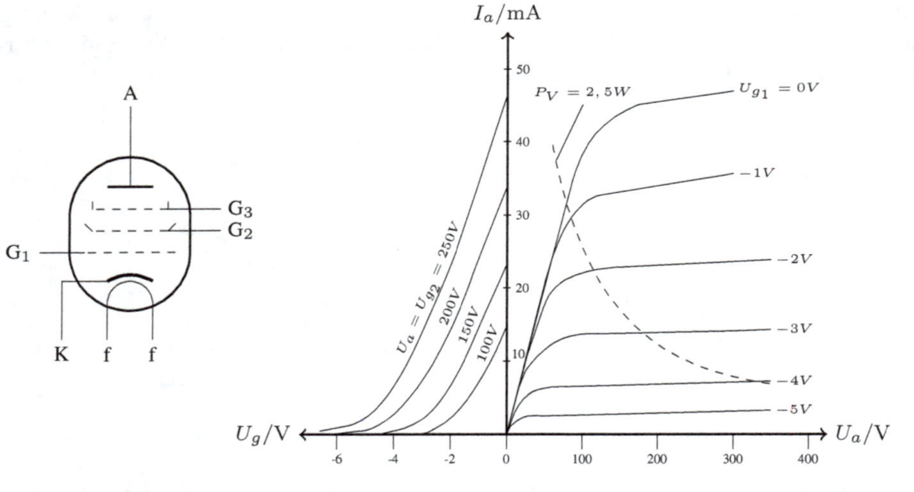

Abb. 5.10.: Pentode, Schaltzeichen und Kennlinienfeld, schematisch

Im Kennlinienfeld müssen neben Gitter- und Anodenspannung zusätzlich die Spannung des Schirmgitters U_{G_2} und des Bremsgitters U_{G_3} als Parameter angegeben werden.

Auf das das Schirmgitter fließt ein Strom, der ca. 10% des Anodenstromes betragen kann und von der Gitterspannung in ähnlicher Weise abhängt wie der Anodenstrom. So gesehen, kann man sich das Schirmgitter als transparente Anode vorstellen, deren Potential konstant gehalten wird.

5.1.3.3. Hexode, Heptode und Oktode

Die Röhren dieser Gruppe wurden bevorzugt als Mischröhren in AM-Überlagerungsempfängern für den Lang-, Mittel- und Kurzwellenbereich eingesetzt. Dabei war es ihre Aufgabe, aus dem Empfangssignal, also einer variablen Eingangsfrequenz, und einer ebenfalls variablen Oszillatorfrequenz eine feste Zwischenfrequenz (ZF) von z.B. 468 kHz zu bilden. Einige Typen kamen im Amplitudensieb von Fernsehempfängern zur Anwendung.

Hexode Eine Hexode verfügt über 4 Gitter. Das 3. Gitter (G_3) arbeitet als 2. Steuergitter, während das 2. Gitter (G_2) und 4. Gitter (G_4) auf konstantem positiven Potential liegen und als Schirmgitter arbeiten (Abb. 5.11a).

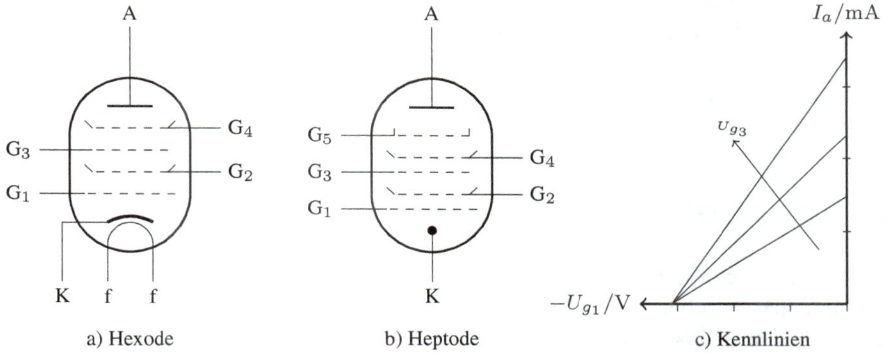

Abb. 5.11.: Hexode und Heptode, Schaltzeichen und I_a-U_{g_1}-Kennlinien, schematisch

Heptode Die Heptode geht aus der Hexode hervor, indem man zwischen das 2. Schirmgitter und der Anode ein Bremsgitter (G_5) einfügt (Abb. 5.11b). Damit wird wie bei der Pentode der unerwünschte Austausch von Sekundärelektronen zwischen benachbarten positiven Elektroden unterbunden.

Bei Hexode und Heptode kann das 2. Steuergitter (G_3) nicht mehr den Katodenstrom beeinflussen, wie das 1. Gitter (G_1). Aber das 2. Steuergitter erlaubt, die Stromverteilung zwischen der Anode (A) und dem 1. Schirmgitter (G_2) gezielt zu beeinflussen. Bezogen auf den Anodenstrom verändert es die wirksame Steilheit des 1. Steuergitters und ermöglicht so, den Anodenstrom durch zwei unabhängige Signale zu steuern (Abb. 5.11c). Da die Steilheit, also ein Faktor, verändert wird, spricht man bei einer Anwendung als Mischröhre von multiplikativer Mischung.

Für die Mischung wird neben dem Empfangssignal ein Oszillatorsignal benötigt. Als Oszillatorröhre kam meist eine Triode zur Anwendung, die oft mit der Mischhexode in einem Röhrenkolben untergebracht wurde. Als Beispiel für solche Verbundröhren seien die ACH1, die ECH11 und ECH81 genannt.

Oktode Die Oktode enthält in einem Röhrensystem zusammen Mischröhre und Oszillator. Dazu wurden nach dem 1. Steuergitter zwei Stege eingefügt. Solch eine Anordnung erlaubt es, im gleichen Röhrensystem zugleich eine Schwingung zu erzeugen und den Mischvorgang durchzuführen. Diese Lösung wurde zugunsten von Hexode-Triode-Verbundröhren wieder verlassen.

Nonode oder Enode Schließlich sei noch das exotische Röhrensystem der Nonode oder Enode mit 7 Gittern erwähnt, wie es in den Röhren EQ80 und EQ40 realisiert ist. Diese Röhren wurden nur in wenigen Geräten zur Demodulation frequenzmodulierter Signale genutzt [Hoo17].

Fazit Ein Grund, Röhren mehr als 4 Gittern zu entwickeln, waren möglicherweise Patentfragen. Ein Grund, Röhren mit mehr als 4 Gittern nicht weiter zu bauen, bestand wohl darin, dass mit zunehmender Anzahl der Elektroden die Fertigung immer komplizierter wurde [Men52]. Der einfachere und kostengünstigere Weg war, getrennte Röhrensysteme mit weniger Gittern zu verwenden.

5.1.4. Anzeigeröhren

Anzeigeröhren nutzen die Kathodolumineszenz, um optische Signale zu generieren. Dazu besitzt die Anzeigeröhre einen Leuchtschirm oder mehrere, separat ansteuerbare Leuchtsegmente. Der Leuchtschirm bzw. die Leuchtsegmente sind mit einem Leuchtstoff beschichtet und werden im Betrieb als Anode geschaltet. Bei Elektronenbeschuss des Leuchtstoffs beobachtet man infolge Kathodolumineszenz ein für den Leuchtstoff charakteristisches Leuchten, wie in Kapitel 4.6.2.1 beschrieben. Anzeigeröhren sind somit selbstleuchtend.

Es gibt zwei prinzipiell verschiedene Arten, nämlich

- analoge Anzeigeröhren zur Abstimmanzeige und
- digitale Anzeigeröhren zur Zeichenanzeige.

Abstimmanzeigeröhren In Rundfunkempfängern wurde eine Abstimmanzeige notwendig, nachdem die Schwundregelung eingeführt worden war. Empfänger ohne Schwundregelung konnte man anhand der größten Empfangslautstärke genau auf einen Sender abstimmen. Bei einem Empfänger mit Schwundregelung verändert eine Regelschaltung intern die Verstärkung so, dass ein Lautstärkeabfall bei Fehlabstimmung partiell ausgeglichen wird [Pit60]. Abstimmanzeigeröhren fanden auch zur Anzeige der Aussteuerung von Verstärkern Anwendung, speziell in Tonbandgeräten.

Die ersten Abstimmanzeigeröhren kamen Mitte der 1930er Jahre auf den Markt und hatten einen kreisförmigen Leuchtschirm, der am oberen Ende des Röhrenkolbens angeordnet war und von oben betrachtet wurde. Wegen der eigentümlichen Form und Änderung der leuchtenden Fläche sind diese Röhren unter dem Namen „magisches Auge“ bekannt geworden. Später wurden auch andere Leuchtflächengeometrien entwickelt, die als magischer Fächer und magisches Band bekannt sind.

Die Abb. 5.12 zeigt das Schaltsymbol einer Doppelbereichsanzeigeröhre vom Typ EM11 sowie die Abstimmanzeigeröhre selbst. Die EM11 wurde bei Telefunken seit 1938 gefertigt.

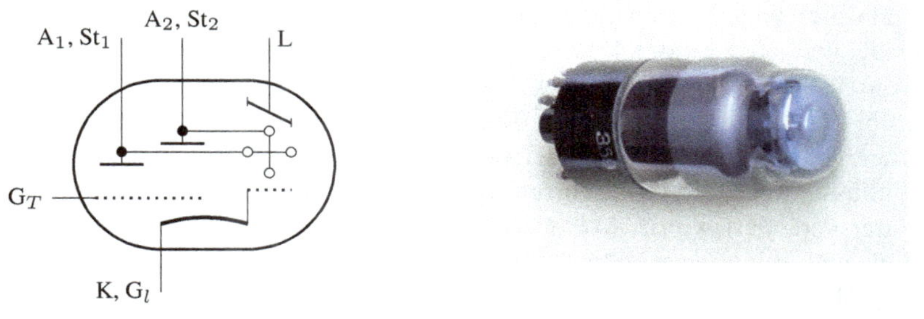

Abb. 5.12.: Doppelbereichsanzeigeröhre EM11

Abstimmanzeigeröhren wurden bis auf wenige Ausnahmen als Verbundröhren ausgeführt. Sie beinhalten das Anzeigesystem mit Leuchtschirm und meist ein Triodensystem zur Verstärkung der kleinen Regelspannung. Anzeigesystem und Triodensystem nutzen die gleiche Katode. Das Gitter des Anzeigesystems ist mit der Katode verbunden und der Leuchtschirm liegt auf der positiven Betriebsspannung von z.B. 250 V. Zur Steuerung des Leuchteffektes, also zur Ausleuchtung des Leuchtschirmes, dienen Steuerstege. Die Steuerstege sind intern mit der Anode des Triodensystems verbunden, an dessen Gitter die zu verstärkende Regelspannung liegt. Doppelbereichsanzeigeröhren besitzen neben dem Anzeigesystem für jeden Bereich ein Verstärkersystem, welches mit den Steuerstegen des jeweiligen Bereiches intern verbunden ist, wie die Abb. 5.12 am Beispiel der EM11 zeigt.

Digitale Anzeigeröhren Als Anforderung der aufkommenden Digitaltechnik wurden parallel zu den analog ansteuerbaren Abstimmanzeigeröhren digital ansteuerbare Anzeigeröhren entwickelt. Diese Röhren dienen der Anzeige von Zeichen und beinhalteten teilweise auch eine Zählfunktion. Digitale Anzeigeröhren und Displays betrachten wir in Kapitel 10.2.

5.1.5. Interessante Entwicklungen aus der Anfangszeit

Im Verlaufe der Röhrenentwicklung wurden auf Grund bestimmter Ziele und Vorstellungen Wege beschritten, die man später wieder verließ. Manchmal erwies sich eine Entwicklung als Fehlschlag, wie die Außensteuerröhren, oder aus technischen Gründen wurde eine technische Lösung nicht mehr benötigt, wie das Raumladegitter in Raumladegitterröhren.

5.1.5.1. Raumladegitterröhren

Wenn man von einer Triode ausgeht, kann man ein zusätzliches Hilfsgitter, außer wie bisher zugrunde gelegt zwischen Steuergitter und Anode, auch zwischen Katode und Steuergitter anordnen.

In der Anfangszeit waren viele Röhren mit einem Hilfsgitter zwischen Katode und Steuergitter, dem sog. Raumladegitter, ausgestattet. Dieses Gitter wurde auf ein gegenüber der Katode positives Potential von 10–20 V gelegt. Dank dieser Vorspannung saugte dieses Gitter Elektronen von der Katode ab von denen nur ein kleiner Teil als Raumladegitterstrom abfloss, während der größte Teil durch das Gitter hindurch in Richtung Anode beschleunigt wurde [Pit59]. Das Steuergitter beeinflusste nun den Anodenstrom, indem die Stromverteilung zwischen Anode und Raumladegitter verändert wurde. Vorteil der Raumladegitterröhren war, dass sie schon bei geringer Anodenspannung von nur 15–20 V arbeiteten. Sie wurden daher als Batterieröhren eingesetzt. Als Nachteile sind ein hoher Durchgriff sowie die Leistungsverluste über das Raumladegitter, aber auch die hohe Anoden-Gitter-Kapazität zu nennen. Als Beispiel sei die Röhre RE074d erwähnt.

5.1.5.2. Loewe-Mehrfachröhren

Anfang der 1920er Jahre war die Kopplung der Verstärkerstufen über einen Transformator die gängigste Lösung. Um die Transformatoren zu umgehen, wurden sog. Widerstandsverstärker entwickelt, die u.a. M. von Ardenne ausführlich untersuchte [AH25]. Zusammen mit der Fa. Loewe entwickelte von Ardenne die Loewe-Mehrfachröhren. Diese Röhren enthielten die für einen RC-gekoppelten Verstärker notwendigen Widerstände und Kondensatoren im Röhrenkolben. Solche Röhren gab es als zweistufigen aperiodischen HF-Verstärker, in welchem die Röhren ein Raumladegitter besaßen, und als dreistufige NF-Vertärker-Röhre 3NFB [Sch26].

Der Loewe Ortsempfänger OE-333 aus dem Jahre 1926, der retrospektiv in [Ste98] ausführlich beschrieben ist, arbeitete allein mit der NF-Verstärkerröhre 3NFB.

5.1.5.3. Außensteuerröhren

Parallel zu den beschriebenen Röhren wurde bis in die 1930er Jahre mit Röhren experimentiert, die anstelle eines Gitters zwischen Anode und Katode eine außerhalb des Glaskobens liegende Steuerelektrode besaßen. Solche Außensteuerröhren ließen sich einerseits klein bauen, erlaubten aber infolge der Einkopplung externer Störungen kein stabiles Arbeiten, weshalb dieses Steuerungskonzept wieder verlassen wurde. Telefunken-Röhren mit außen liegender Steuerelektrode wurden unter dem Namen „Arcotron“bekannt. In [Eis12] werden Außensteuerröhren umfassend behandelt.

5.2. Senderöhren

Senderöhren wurden als Trioden, als Tetroden und als Pentoden gebaut. Sie unterscheiden sich von Empfängerröhren durch die umgesetzte elektrische Leistung, die von einigen Watt bis zu einigen 100 kW reichte. Äußerlich manifestierte sich das in Bauformen, Volumen und Gewicht der Röhre. Abb. 5.13 zeigt einige Beispiele.

Senderöhren fanden in den Leistungs- und Endstufen von Rundfunksendern, in Industriegeneratoren für kapazitive und induktive Hochfrequenzerwärmung, in Teilchenbeschleunigern sowie zur Erzeugung von Hochfrequenzplasmen (siehe Kapitel 17.2.4) Anwendung. Industrieröhren waren dabei härteren Bedingungen ausgesetzt als Röhren im Rundfunksender, denn während die Endstufe eines Rundfunksenders an eine weitgehend konstante Last, die Antenne, angepasst ist, kann sich bei industriellen Prozessen die Last schnell und stark ändern, z.B. beim Zünden eines Plasmas. Industrieröhren mussten deshalb unempfindlich gegen Fehlanpassung und Überlastung sein.

Im Aufbau unterscheiden sich Senderöhren von anderen Röhren dadurch, dass die Anschlüsse, die Durchführungen und die Elektroden ausgelegt sind für

- den benötigten hohen Strom,
- die benötigte hohe Spannung,
- die umgesetzte elektrische Leistung und
- die Abfuhr der erzeugten Wärme.

Im Verlaufe der Entwicklung wurden Senderöhren mit immer größerer Leistung gebaut, wobei neue Technologien und Werkstoffe vorteilhaft zum Einsatz kamen. Die Entwicklung lässt sich am besten mit einigen Zahlen veranschaulichen.

Leistung klassischer Senderöhren Bei den ersten Rundfunkübertragungen betrug die Sendeleistung lediglich 1,5 kW. Für Großsender standen schon 1930 Senderöhren mit einer Leistung von 20 kW zur Verfügung [Kat30]. Mit der wassergekühlten Sendetriode SRW357 für den Mittelwellenbereich wurde 1939 die Leistung von 100 kW erreicht. In den 1980er Jahren waren Senderöhren für Industrieanwendungen und für Rundfunksender in Metall-Keramik-Ausführung für den Leistungsbereich von 5–500 kW verfügbar, bis 40 kW wurden weiterhin auch Glasröhren gefertigt [Eul83].

Ströme in der Senderöhre Für die wassergekühlte 520 kW-Tetrode YL1660 betrug der Anodenstrom 35 A. Um diesen Anodenstrom bereitstellen zu können, wurde eine direkt geheizte Katode aus thorierten Wolfram-Draht in Maschenbauweise eingesetzt. Diese Katode benötigte bei einer Heizspannung von 23 V einen Heizstrom von 500 A, was einer Heizleistung von 11,5 kW entspricht. Für den Einschaltstrom werden 2500 A angegeben [Eul83].

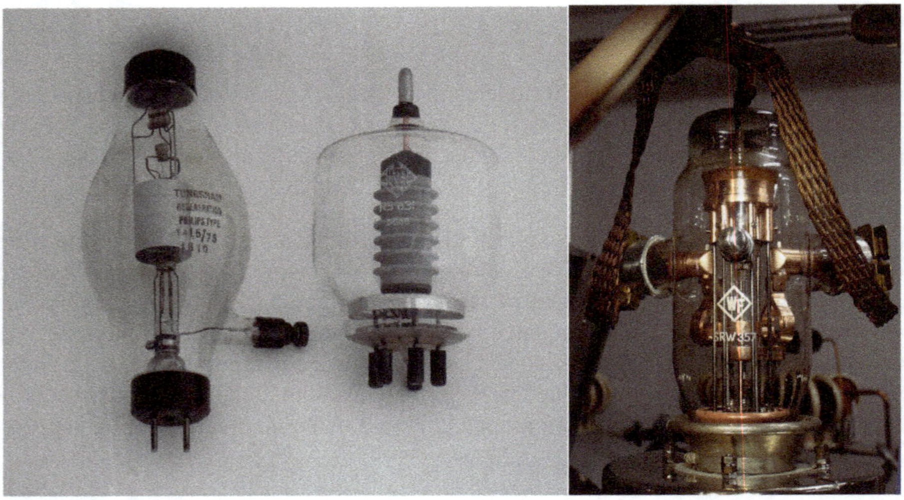

Strahlungsgekühlte Senderöhren
links TA1,5/75 und rechts RS631

Wassergekühlte Senderöhre SRW357*)
Teilansicht mit Anschlussbändern

Abb. 5.13.: Senderöhren verschiedener Bauformen und Leistung
(*) Bildquelle: Sender- und Funktechnikmuseum Königs Wusterhausen)

Thermische Gitteremission und Gitterstrom Das Gitter befindet sich in unmittelbarer Nachbarschaft der Katode und wird durch Wärmestrahlung von der Katode mit geheizt. Die Temperatur des Gitters muss trotzdem so niedrig bleiben, dass keine thermische Gitteremission auftritt. Bei der YL 1660 betrug die Gitter-Betriebstemperatur ca. 1500 K. Um trotzdem thermische Gitteremission zu vermeiden, verwendete man ein Drahtgitter aus Molybdän, welches mit Zirkonkarbid und Platin beschichtet war oder Gitter aus pyrolitischem Graphit [Eul83].

Spannungen an der Röhre Um die gewünschte Leistung zu erzeugen, arbeiten Senderöhren mit hohen Anodenspannungen im kV-Bereich. Die Elektroden und alle Spannungszuführungen innerhalb und außerhalb der Röhre mussten entsprechend spannungsfest ausgelegt sein. Beispielsweise arbeitete die YL 1660 mit einer Anodenspannung von 12 kV, während für die in Abb. 5.13 gezeigten strahlungsgekühlten Sendetrioden die Anodenspannung kleiner war. Sie betrug für die TA1,5/75 1,5 kV und für die RS 631 4 kV.

Kühlung Die an der Anode einer Senderöhre umgesetzte Verlustleistung muss mit einem geeigneten Kühlverfahren abgeführt werden. Als Kühlverfahren wurden für kleine Leistungen, das sind einige kW, die Strahlungskühlung, und für größere Leistung die Zwangskühlung mit Luft oder Wasser oder die Verdampfungskühlung (Siedekühlung) eingesetzt. Bei Strahlungskühlung ergeben sich hohe Anodentemperaturen. Deshalb verwendete man als Anodenmaterial für solche Röhren Molybdän oder Graphit. Röhren mit Zwangskühlung verwenden eine Außenanode, die bei Luftkühlung mit Kühlrippen versehen war. Bei Flüssigkeitskühlung waren in die Anode Kanäle zur Führung der Kühlflüssigkeit eingelassen, die z.B. durch wendelförmige Nuten mit einem darüber liegendem Zylinder realisiert waren. Die Verdampfungskühlung ist dabei das effektivste Kühlverfahren, weil an der Anode die Verdampfungswärme aufgebracht werden muss. Als Richtwerte für die maximale Belastung der inneren Anodenoberfläche werden in [MGL92] angegeben

- für Kontaktkühlung $10\ \frac{\mathrm{W}}{\mathrm{cm}^2}$,
- für Luftkühlung $50\ \frac{\mathrm{W}}{\mathrm{cm}^2}$,
- für Wasserkühlung $150\ \frac{\mathrm{W}}{\mathrm{cm}^2}$,
- für Verdampfungskühlung über $500\ \frac{\mathrm{W}}{\mathrm{cm}^2}$.

5.3. Spezialröhren für Messzwecke

Für Messzwecke wurden verschiedene Spezialröhren geschaffen, solche mit elektrischen Eingang und solche mit nichtelektrischem Eingang. Messröhren mit nichtelektrischem Eingang sind Gegenstand von Kapitel 12; hier betrachten wir Rauschdioden und Elektrometerröhren.

5.3.1. Rauschdioden

Rauschdioden sind direkt geheizte Vakuumdioden mit Wolframkatode, die im Sättigungsbereich betrieben wurden. Die Anode umschloss die Katode so, dass keine Elektronen auf die Innenwand der Röhre gelangen konnten.

Das Rauschen solch einer Röhre ist im Sättigungsbereich dem Anodenstrom proportional und fußt auf dem Schroteffekt [rin53]. Zur Bestimmung des Rauschstromes kann man Gleichung 4.34 verwenden und dort für I den Anodenstrom I_a einsetzen (siehe Kapitel 4.7). Der Anodenstrom und damit der Rauschpegel lässt sich mit dem Heizstrom einstellen.

Rauschdioden dienten der Erzeugung eines breitbandigen Rauschsignals in speziellen Rauschgeneratoren (siehe Kapitel 11.3.3). Rauschgeneratoren wurden u.a. verwendet, um die Empfindlichkeit von UKW-Empfängern zu bestimmen und mit der Rauschzahl (kT-Zahl) zu charakterisieren [Pit59].

5.3.1.1. Elektrometerröhren

Elektrometerröhren wurden für Messaufgaben entwickelt, bei denen das Messobjekt praktisch nicht elektrisch belastet werden darf und die Steuerung des Anodenstromes tatsächlich leistungslos erfolgt. Als Beispiel für solche Anforderungen sei die Messung von Kernstrahlung mit Ionisationskammern (siehe Kapitel 12.2.1) oder des pH-Wertes mit Glaselektroden genannt. Elektrometerröhren dienten ausschließlich als Eingangsröhre in entsprechenden Messgeräten.

Gitterstrom Voraussetzung für die leistungslose Steuerung des Anodenstromes ist, dass kein Gitterstrom fließt. Bei genauer Betrachtung zeigt sich, dass ein - wenn auch sehr kleiner - Gitterstrom auf Grund folgender Phänomene fließen kann [Sch43]

- Anlaufstrom: Der Anlaufstrom resultiert aus der thermischen Energie der Elektronen; er kann vermieden werden, indem das Gitter hinreichend negativ vorgespannt wird.
- photoelektriche Gitteremission: Licht, welches auf das Gitter eingestrahlt wird, kann dort Photoelektronen auslösen.
- thermische Gitteremission: Das Gitter erfährt durch die benachbarte Katode eine Beheizung durch Strahlung, die unter ungünstigen Umständen bis zur thermischen Gitteremission führen kann.
- Ionenstrom durch Restgasionisation: Abhängig vom Druck (Vakuum) und der Länge des Weges der Elektronen in der Röhre kann Stoßionisation mit Restgasmolekülen auftreten, so dass positive Ionen entstehen, die zum Gitter fließen (dieser Effekt wird zur Druckmessung genutzt, siehe Kapitel 12.2.2).

Elektrometerröhren Zielstellung bei Elektrometerröhren war deshalb, die oben genannten Effekte, die zu einem Gitterstrom führen können, durch spezielle Betriebsbedingungen und durch konstruktive Maßnahmen weitestgehend zu reduzieren bzw. zu vermeiden.

Zu den konstruktiven Maßnahmen zählten die Verlängerung von Kriechstrecken, beispielsweise durch einen Gitteranschluss über eine Anschlusskappe, und die Verwendung von thorierten Wolframkatoden, um Abdampfen von Katodenmaterial, welches auf dem Gitter kondensieren und dessen Emissionsfähigkeit erhöhen könnte, zu vermeiden.

Zu den speziellen Betriebsbedingungen zählte die Arbeit mit so kleinen Anodenspannungen, dass keine Stoßionisation von Restgasmolekülen stattfinden kann.

5.4. Höchstfrequenzröhren

Höchstfrequenzröhren wurden entwickelt, um Anforderungen auf Gebieten wie

- Radartechnik,
- Richtfunk, technische Funkdienste und Satellitenkommunikation,
- technische Mikrowellenanwendung (Erwärmung, Plasmaerzeugung)

abzudecken.

Im Bereich der Mikrowellen (300 MHz ... 300 GHz) treten an die Stelle konzentrierter Bauelemente, wie Spule und Kondensator, verteilte Schaltelemente und herkömmliche Schwingkreise mutieren zu Resonatoren. Mit wachsender Frequenz versagen auch die klassischen Röhren. Gründe dafür sind die Elektronenlaufzeit in der Röhre, wenn die Laufzeit nicht mehr klein gegen die Schwingungsdauer ist, sowie der Einfluss von Gitter-Anoden-Kapazität und von Zuleitungsinduktivitäten [Kum89]. Technische Lösungen für Röhren, die im Mikrowellenbereich arbeiten, sind Scheibentrioden und Röhren mit Laufzeitsteuerung.

5.4.1. Scheibentrioden

Eine Scheibentriode verfügt wie eine herkömmliche Triode über Katode, Steuergitter und Anode und arbeitet mit Dichtesteuerung. Allerdings sind die Elektroden nicht wie gewöhnlich konzentrisch angeordnet, sondern scheibenförmig mit geringem Abstand hintereinander. Die Anschlüsse werden nicht über einen Röhrensockel, sondern induktionsarm über konzentrische Metallringe herausgeführt, so dass diese Röhren direkt in koaxiale Leitungskreise eingebaut werden können. Scheibentrioden wurden meist in Gitterbasisschaltung betrieben und bis etwa 3 GHz, in Richtfunkstrecken auch darüber, eingesetzt [BK60].

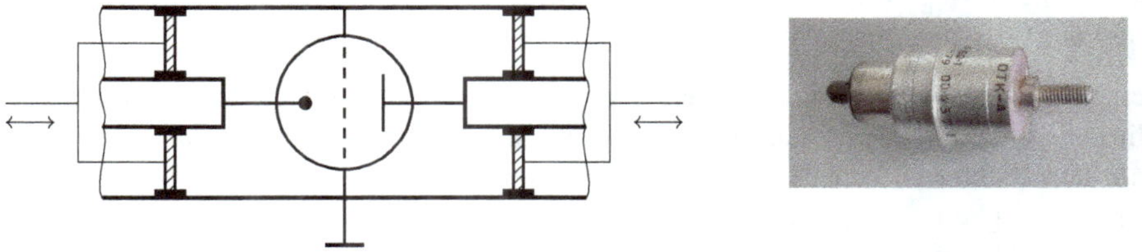

a) Scheibentriode in Gitterbasisschaltung mit Anoden- und Katodenresonanzkreis

b) russische Scheibentriode GI150-1 80 W, 4,2 GHz

Abb. 5.14.: Scheibentriode

Die Abb. 5.14 zeigt schematisch eine Scheibentriode in Gitterbasisschaltung mit Anoden- und Katodentopfkreis (nach [Kum89]) sowie eine Scheibentriode vom Typ GI150-1.

5.4.2. Laufzeitröhren

Laufzeitröhren verwenden anstelle der herkömmlichen Dichtesteuerung des Elektronenstromes die Laufzeitsteuerung. Dabei beschleunigt oder verzögert, je nach Phasenlage, die elektrische Feldkomponente einer zu verstärkenden Höchstfrequenzschwingung Elektronen eines Elektronenstrahls und moduliert damit deren Geschwindigkeit. Als Folge der unterschiedlichen Geschwindigkeit der Elektronen entwickeln sich nach einer gewissen Laufzeit Elektronenpakete und aus der Geschwindigkeitsmodulation entsteht so eine Dichtemodulation des Elektronenstrahls.

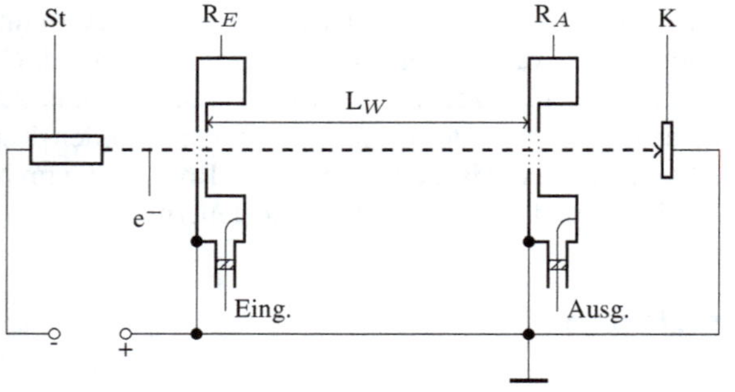

Abb. 5.15.: Aufbau eines Zweikammerklystrons, schematisch

Klystrons Dieses Konzept der Laufzeitsteuerung wird an Hand der schematischen Darstellung eines Zweikammerklystrons in Abb. 5.15 genauer erläutert. Von dem Elektronenstrahler (St) wird ein fokussierter Elektronenstrahl (e^-) erzeugt und auf einen Kollektor (K) geschossen. Auf seinem Weg passiert der Elektronenstrahl zwei Resonatoren, den Steuerresonator (R_E) und den Ausgangsresonator (R_A).

Über eine Koppelschleife wird das zu verstärkende Signal in den Steuerresonator eingekoppelt. Am Gitterspalt des Steuerresonators wirkt das elektrische Feld der zu verstärkenden Schwingung auf den Elektronenstrahl und verändert die Geschwindigkeit der Elektronen. Auf Grund der Geschwindigkeitsunterschiede der Elektronen bilden sich nach einem definierten Laufweg (L_W) Elektronenpakete. Wenn Beschleunigungsspannung und Laufweg so abgestimmt sind, dass die Elektronenpakete den Gitterspalt des Ausgangsresonators phasenrichtig passieren, verstärken sie dort die Schwingungen. Über eine Koppelschleife wird das verstärkte Signal aus dem Ausgangsresonator ausgekoppelt. Der Kollektor setzt die restliche Energie in Wärme und zu einem geringen Teil in Röntgenstrahlung um.

Eine höhere Verstärkung und eine höhere Ausgangsleistung erreicht man mit Mehrkammerklystrons, bei denen in den Weg des Elektronenstrahls weitere Resonatoren eingebaut sind [Ung94].

Wanderfeldröhren Bei Wanderfeldröhren läuft das zu verstärkende Signal über einer Verzögerungsleitung und wechselwirkt dabei permanent mit einem auf der Achse der Verzögerungsleitung eingeschossenem Elektronenstrahl.

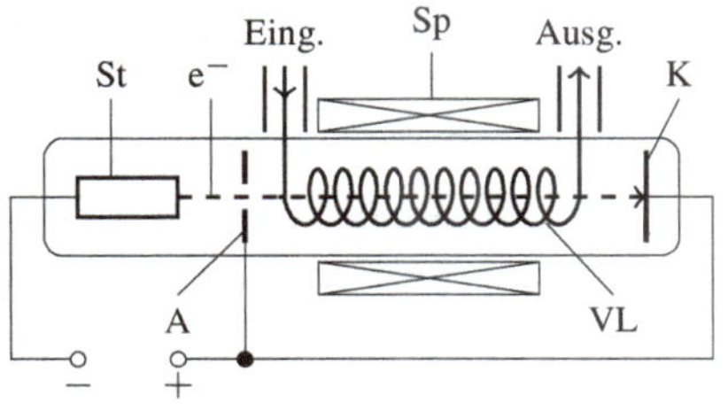

a) Aufbau, schematisch

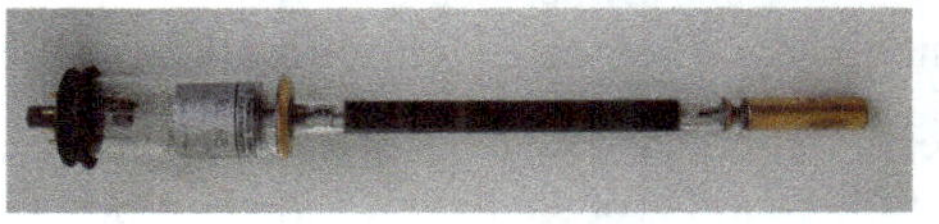

b) Wanderfeldröhre RW42 (3,6–4,2 GHz/16 W

Abb. 5.16.: Wanderfeldröhre

In Abb. 5.16a ist der Aufbau einer Wanderfeldröhre skizziert. Der Elektronenstrahl (e^-) wird im Strahler (St) erzeugt und durch die an der Anode (A) anliegende Hochspannung beschleunigt. Das von der langen Magnetspule (Sp) generierte homogene magnetische Längsfeld bündelt den Elektronenstrahl und führt ihn innerhalb der wendelförmigen Verzögerungsleitung (VL), bis er schließlich auf den auf Anodenpotential liegenden Kollektor (K) trifft. Das zu verstärkende Signal wird am Eingang (Eing.) auf die wendelförmige Verzögerungsleitung eingekoppelt und am Ausgang (Ausg.) ausgekoppelt.

Die Wendel verlängert den Weg der Welle. Dadurch ist die resultierende, auf die Richtung des Elektronenstrahls projizierte Geschwindigkeit der Welle v geringer als die Lichtgeschwindigkeit c. Es gilt näherungsweise

$$v = \frac{c \cdot a}{\pi \cdot d} \tag{5.7}$$

wobei a die Steigung und d der Durchmesser der Wendel sind.

Die Anodenspannung wird so gewählt, dass der Elektronenstrahl etwas schneller ist als die Welle auf der Verzögerungsleitung. Infolge der Wechselwirkung zwischen Welle und Strahl wird der Elektronenstrahl gebremst, wobei er kinetische Energie auf die Welle überträgt. Die verstärkten Schwingungen werden am Ende der Verzögerungsleitung ausgekoppelt [Kum89]. In [KP58] findet man eine umfassende Darstellung dieser und weiterer Lauffeldröhren.

5.5. Werkstoffe und Technologien für Elektronenröhren

Während sich zahllose Veröffentlichungen mit der für den Anwender wichtigen Schaltungstechnik von Elektronenröhren und auch mit physikalischen Vorgängen in der Röhre beschäftigten, wurde zur Technologie der Elektronenröhre, die haupsächlich für die Röhrenhersteller von Interesse war, in der Literatur seltener und nicht geschlossen berichtet. Viele Detailfragen werden verstreut in der Literatur zu Werkstoffen, zur Glasverarbeitung, zur Vakuumtechnik, in Handbüchern der Physik oder in Tabellenwerken wie [Ard79b] behandelt. Eine Ausnahme bildet [Men66]. Der Autor beschreibt Einzelheiten des Fertigungsprozesses, gut dokumentiert durch zahlreiche Bilder aus der Röhrenfertigung bei Telefunken. In ähnlicher Weise ist die Herstellung von schwarz-weiß Bildröhren in [RBL56] beschrieben.

Es sei erwähnt, dass in neuerer Zeit vereinzelt in geeignet ausgestatteten Werkstätten historische Röhren mit großem handwerklichen Geschick erfolgreich nachgebaut worden sind [Wal].

5.5.1. Überblick zur Technologie

Elektronenröhren eines Typs mussten austauschbar sein, einerseits um in verschiedenen Geräten gleich präzise zu arbeiten und andererseits, um bei Reparaturen problemlos ersetzt werden zu können. Das erforderte hohe Präzision bei der Herstellung, wobei sich die Hersteller in den frühen Jahren Erfahrungen aus der Glühlampenproduktion zu nutze machen konnten.

Die Herstellung von Elektronenröhren ist ein komplexer Prozess, der nach [Men66] folgende Teilprozesse umfasst:

- Herstellung der einzelnen Bestandteile (Glaskolben in einer Glashütte, Katode und Elektroden in einer mechanischen Abteilung beim Röhrenproduzenten)
- Prüfung der Systemteile auf Maßhaltigkeit
- Zusammensetzung der Röhrensysteme
- mechanische und optische Prüfung der montierten Röhrensysteme
- Verschmelzung des Kolbens mit Fuß
- Evakuieren des Kolbens
- Einbrennen der Röhren unter Betriebsbedingungen
- elektrische Prüfung
- Typenaufdruck und Verpackung.

5.5.2. Das Elektrodensystem

Das Elektrodensystem umfasst die Elektroden und deren Halterungen. Die Halterungen fixieren die Elektroden in einer exakten Position zueinander und unterbinden Lageveränderungen bei Erschütterungen. Alle im Inneren der Röhre verwendeten Materialien müssen vakuumtauglich sein und hohe Betriebstemperaturen vertragen. Sie dürfen während der gesamten Lebensdauer der Röhre keinerlei Gas abgeben.

Das Problem, geeignete Materialien für die Elektroden zu finden, wird in der vakuumtechnischen Literatur behandelt. So nennt Goetz [Goe22] 1922 als geeignete Materialien Wolfram für die Heizwendel, Tantal und Molybdän für die Elektroden, verkupferte Stahldrähte für Elektrodenhalterungen und Platin für Glaseinschmelzungen. Er beschreibt diverse Arbeitmethoden, behandelt die Entgasung der Metallteile und die Wahl der Glasart. Als Kontrollverfahren für den Druck des Restgases im Kolbeninneren schlägt er vor, die direkt geheizte Katode als Zweig einer Messbrücke zu schalten und über Widerstandsänderungen der Katode auf den Restgasdruck zurück zu schließen.

5.5.2.1. Katoden und Katodenmaterialien

In ihrer ursprünglichen Bauart war die Katode direkt geheizt und aus einem reinen Metall. Erst später wurde eher zufällig die leichtere Emission von oxidischen Oberflächen durch Wehnelt[2] gefunden [HW50] und es wurde die indirekte Heizung entwickelt, um Nachteile der direkten Heizung zu vermeiden.

Direkt geheizte Katoden Bei direkter Heizung bildet der Heizfaden selbst die Katode und ist in einer Ebene ausgespannt. Das ursprünglich verwendete Material Wolfram erfordert eine sehr hohe Temperatur im Bereich 2000–2300 K, um eine akzeptable Emissionsstromdichte zu erhalten. Eine höhere Emissionsstromdichte erreichte man mit thoriertem Wolfram oder indem man den Heizdraht mit einem Material mit geringer Austrittsarbeit beschichtete. Umfangreiche experimentelle Untersuchungen zum thermischen Emissionsverhalten verschiedener Materialien sind schon in den zwanziger Jahren in [Geh27] zusammengestellt worden.

Vorteile einer direkt geheizten Katode sind ihr einfacher Aufbau und ihre geringe Wärmeträgheit. Dadurch sind solche Röhren schnell betriebsbereit.

Diesen Vorteilen stehen einige wesentliche Nachteile gegenüber. Bei der direkten Heizung fällt über die Länge der Katode die Heizspannung von einigen Volt ab. Dadurch ist die Spannung zwischen Gitter und Katode vom Ort über der Katode abhängig, was die Steuerwirkung des Gitters beeinträchtigt. Wird eine direkte Heizung mit Wechselspannung betrieben, so ist der Wechselspannungsabfall über der Katode anteilig als Steuerspannung wirksam und führt zu einer Brummeinkopplung mit der Netzfrequenz. Bei dünnen Heizdrähten ändert sich außerdem die Temperatur des Heizfadens mit der doppelten Netzfrequenz. Eine solche periodische Temperaturänderung beeinflusst das Emissionsverhalten der Katode und damit die Steilheit der Röhre, was sich als Störsignal mit der doppelten Netzfrequenz auswirkt.

Direkt geheizte Röhren sind wegen dieser Probleme vorwiegend für Batteriebetrieb, als sog. Batterieröhren, und als Gleichrichterröhren verwendet worden.

Indirekt geheizte Katoden Bei indirekt geheizten Röhren liegt der Heizfaden isoliert in einem Röhrchen, dessen metallische Oberfläche die Emissionsfläche bildet, Katode und Heizfaden sind so galvanisch getrennt. Um eine gute Emissionseffektivität zu erreichen, wird die emittierende Oberfläche mit einem Material mit geringer Austrittsarbeit, wie Bariumoxid (BaO),

[2] Arthur Rudolph Berthold Wehnelt, deutscher Physiker, 1871–1944

beschichtet. Das Röhrchen selbst ist thermisch träge, so dass eine Einkopplung der Netzfrequenz über die Heizung vermieden wird. Eine weitere Verbesserung und Reduzierung von Störeinflüssen ergab sich durch die Einführung der bifilar gewickelten Heizdrähte. Diese Technik wurde 1932 von Valvo eingeführt [Spr36]. Indirekt geheizte Katoden sind auf Grund des verwendeten Röhrchens rund.

Bei halbindirekter Heizung wird im Röhreninneren die Katode mit dem Heizfaden galvanisch verbunden. Daurch behält man bis auf die galvanische Trennung die Vorteile der indirekten Heizung und spart eine Duchführung.

5.5.2.2. Gitter und Anode

Das Steuergitter ist um die Katode herum angeordnet und seine Form ist der Katode angepasst. In der Ebene senkrecht zur Katode ist es bei direkter Heizung rechteckig und bei indirekt geheizten Katoden kreisrund oder elliptisch. Der Abstand des Steuergitters zur Katode ist gering (z.B. 0,1 mm) und als Material wurden Drähte aus Wolfram, Molybdän, Eisen oder Nickel verwendet.

Weitere Gitter werden nach dem Muster des Steuergitters, aber natürlich in größerem Abstand zur Katode aufgebaut.

Die Anode wird entsprechend der Form der Gitter als äußerste Elektrode angeordnet. Sie besteht aus Blech oder Gaze und das Material dafür ist wiederum Nickel oder Molybdän [Str40].

Spanngitter-Technik Mit dem Ziel, die Arbeitsfrequenz und die Steilheit der Röhren zu erhöhen, wurden systeminterne Abmessungen und Abstände herabgesetzt. Das hatte zur Folge, dass die Genauigkeit der Teile und der Montage angepasst, d.h. erhöht, werden musste. Es wurden Elektrodenabstände von einigen 0,1 mm erreicht.

Konventionelle Gitter bestehen aus Draht mit einem Durchmesser im Bereich 0,03–0,08 mm. Sie werden durch Wickeln des Drahtes um einen Wickeldorn, in den die Haltestreben eingelegt sind, hergestellt. Für Spanngitter verwendete man einen stabilen Gitterrahmen und Drahtdurchmesser im Bereich von 0,006–0,01 mm. Der Draht wurde mit genau definierter Steigung und konstanter mechanischer Drahtspannung um den Rahmen gewickelt und die Gitter wurden samt Rahmen in die Röhre eingebaut [Lie73].

Isolierende Halterungen Außer den Elektroden erfordert das Röhrensystem Halterungen, die die Elektroden in der genauen Position zueinander fixieren und Lageveränderungen bei Erschütterungen unterbinden. Das dafür verwendete Material muss isolierend, vakuumtauglich und wärmebeständig sein. Verwendet wurden Keramik in Form von Stäben und Glimmer (Muskovit) als dünne Scheiben.

5.5.3. Röhrenkolben und Röhrensockel

Der Röhrenkolben bildet das Vakuumgefäß für das Elektrodensystem der Röhre, während der Röhrensockel außerhalb der Röhre die Elektrodenanschlüsse als Steckkontakt bereitstellt. In bestimmten Fällen wurden Elektroden nicht über den Röhrensockel sondern über separate Anschlüsse heraus geführt, beispielsweise aus Gründen der Isolation oder um Kapazitäten klein zu halten.

Röhrenkolben wurden aus Glas, aus Stahlblech und auch aus Keramik gefertigt. Während der Fertigung wurden im zunächst separaten Röhrenboden vakuumdichte Durchführungen für die Elektrodenanschlüsse eingelassen, die bei Glasröhren zugleich als Halterung für das Elektrodensystem dienten und außerhalb mit dem Röhrensockel verbunden waren.

Glas-Metall-Einschmelzungen für Durchführungen bzw. Sockelkontakte Alle Elektroden im Inneren einer Röhre benötigen eine elektrische Verbindung zu den äußeren Kontakten. Dazu müssen die Anschlüsse der Elektroden vakuumdicht nach außen geführt werden. Dafür nutzt man sog. Glas-Metall-Einschmelzungen, das sind vakuumdichte Verbindungen zwischen Glas und Metall.

Damit eine Glas-Metall-Einschmelzung vakuumdicht bleibt, müssen das Glas und das Metall über einen weiten Temperaturbereich den gleichen thermischen Ausdehnungskoeffizienten besitzen. Für Glas-Metall-Einschmelzungen wurden deshalb spezielle Glasarten und Metalllegierungen entwickelt. Für Einschmelzungen wurden reine Metalle, wie Wolfram und Molybdän, sowie Eisen-Nickel-Cobalt-Legierungen benutzt. Die Legierungen waren unter Handelsnamen, wie Kovar, bekannt. Kovar ist eine Eisen-Nickel-Cobalt-Legierung, die aus 54% Fe, 28% Ni und 18% Co besteht.

Ausheizen und Evakuieren Nach dem Einbau des vorgefertigten Elektrodensystems in den ebenfalls vorgefertigten Röhrenkolben wurde das System bei einer Temperatur von etwa 350 °C ausgeheizt, um im Inneren anhaftende Feuchtigkeit und adsorbierte Gase zu entfernen. Gleichzeitig wurde der Röhrenkolben evakuiert und nach dem Evakuieren vakuumdicht verschlossen.

Für das Evakuieren der Röhrenkolben wurden Pumpstände mit Drehschieberpumpe als Vorvakuumpumpe und Diffusionspumpe als Hochvakuumpumpe verwendet. Mit solchen Pumpständen erreichte man nach langer Pumpzeit Enddrucke p_∞ von etwa $2 \cdot 10^{-4}$ Pa. Da der Pumpprozess relativ zeitaufwändig ist, wurden über eine Verteilerstation eine Vielzahl von Röhrenkolben parallel an das Pumpsystem angeschlossen und gleichzeitig evakuiert bzw. es wurde mit einem Karussellpumpstand gearbeitet. Als Teil der Saugleitung wirkte sich der enge Saugstutzen an der Röhre ungünstig auf die Pumpleistung für die einzelne Röhre aus.

Der Innendruck der evakuierten Röhren lag bei etwa $p_i \leq 10^{-2}$ Pa. Er war damit hinreichend klein und die mittlere freie Weglänge hinreichend groß, so dass Ionisationsprozesse durch Elektronenstoß keine Rolle spielten.

In den 1980er Jahren wurden für die Evakuierung großer Farbbildröhren Pumpstände eingesetzt, die nur eine Bildröhre evakuierten. Ein solcher für die Arbeit in einer Fertigungsstraße konzipierter Pumpstand ist in [Str85] beschrieben. Dieser Pumpstand arbeitete ohne Vakuumventile mit einer 2 m^3- Vorpumpe und einer Öldiffusionspumpe.

Die Evakuierung moderner Röntgenröhren erfolgt mit Turbomolekularpumpen, also öl- und quecksilberfrei.

Gettertechnik Um das Vakuum im Röhrenkolben nach dem hermetischen Verschluss zu verbessern und dauerhaft zu erhalten, wurde die Gettertechnik eingesetzt. Unter Gettern versteht man das physikalische und chemische Binden von Restgasmolekülen im Gettermaterial. Das Gettermaterial übt damit eine Pumpfunktion aus und senkt den Innendruck in der Röhre um bis zu 3 Größenordnungen. Als Gettermaterialien verwendete man leicht oxidierbare Legierungen von Barium, Aluminium, Magnesium oder anderen Metallen, die als Pille zusammen mit dem Röhrensystem in den Röhrenkolben eingebaut wurden. In der evakuierten und hermetisch verschlossenen Röhre wurde das Gettermateial so verdampft, dass es sich als dünne Schicht großflächig auf der Innenseite des Röhrenkolbens niederschlug, ohne die Funktion des Röhrensystems zu beeinträchtigen. Das Gettermaterial bildete den sog. Getterspiegel, aus dessen Aussehen man auf den Vakuumzustand der Röhre schließen kann. Wenn ein Getterspiegel weiß geworden ist, hat die Röhre Luft gezogen und ist unbrauchbar.

Der Röhrensockel Der Röhrensockel ist ein steckerartiges Kontaktbauelement, welches erlaubt, die Elektroden und die Heizung in der Röhre mit der äußeren Schaltung zu verbinden. Zum jeweiligen Röhrensockel gibt es eine passende steckdosenartige Sockelfassung, in welche die Röhre gesteckt werden kann. Sockel und Sockelfassung erlauben die Röhre lösbar mit der externen Schaltung zu verbinden, wobei eine asymmetrische Anordnung der Kontakte oder zusätzliche Zapfen ein richtiges Einstecken erzwingen.

6. Gasgefüllte Röhren

Gasgefüllte Röhren fußen auf den in Kapitel 4.5.2 beschriebenen Eigenschaften von Gasentladungen. An den Leitungsvorgängen in einer gasgefüllten Röhre sind Elektronen und Ionen gleichermaßen beteiligt, wobei freie Elektronen das Ionisieren der Gasmoleküle übernehmen und damit für das Zünden einer Entladung primär notwendig sind. Im Schaltzeichen wurde die Gasfüllung zuerst durch Schraffur und später durch einen Punkt deutlich gemacht (Abb. 6.1a).

Gasgefüllte Röhren dienten ganz verschiedenen Zwecken und unterschieden sich dementsprechend im Aufbau zum Teil erheblich. Sie arbeiteten bei verschiedenen Gasdrucken und mit verschiedenen Füllgasen, meist mit Edelgasen, um chemische Reaktionen in der Röhre zu vermeiden. Die Tabelle 6.1 enthält einige Beispiele für Füllgase und Arbeitsdrucke in gasgefüllten Röhren (Auszug aus [Ard79b]).

Tabelle 6.1.: Füllgase und Arbeitsdruck verschiedener Gasentladungsröhren (Auswahl aus [Ard79b])

Röhrenart	Füllgase	Druckbereich in Torr
Glimmlampe	Ne(75%) & He (25%) mit 2% Ar	15
Glimmstabilisatoren	Ar	5
gasgefüllte Gleichrichter	Hg	$5 \cdot 10^{-3}$–10^{-2}
Stromtore Thyratrons mit Glühkatode	Ar oder Xe	0,2–0,5
Kanalstrahlrohr	H_2	$2 \cdot 10^{-2}$–$2 \cdot 10^{-1}$
Ionisationskammer (für Röntgenstrahlung)	Luft	760
Proportionalzählrohr (für Röntgenstrahlung)	Xe oder Kr (jeweils 90%) mit Löschgas (10%)	100–200
Auslösezählrohr	Ar (70%) und C_2H_6O (30%)	75
gasgefüllte Photozelle	Ar	0,5–1
gasgefüllte Röntgenröhre (Ionenröhre)	Ar, N_2 Luft	ca. 10^{-3}

Hochfrequenz-Gasentladungen benötigen keine Innenelektroden, sie können induktiv oder kapazitiv angeregt werden. Wir betrachten nachfolgend klassische Gasentladungsröhren mit zwei oder mehr Innenelektroden, jedoch keine elektrodenlosen Entladungsanordnungen.

https://doi.org/10.1515/9783110547979-097

6.1. Glimmröhren und Glimmstabilisatoren

6.1.1. Glimmröhren

Eine klassische Glimmröhre oder Glimmlampe besitzt zwei Innenelektroden, aber keine geheizte Katode. Sie kann mit Gleichspannung oder mit Wechselspannung betrieben werden. Bei Betrieb an Wechselspannung übernehmen beide Elektroden im Wechsel die Funktion von Anode bzw. Katode und die Entladung verlischt, sobald der Momentanwert der anliegenden Spannung die Löschspannung unterschreitet. Damit die Entladung zündet, muss die angelegte Spannung zumindest zeitweise höher als die Zündspannung sein. Bei Glimmröhren mit Eisenelektroden lag die Zündspannung etwa bei 160–180 V. Durch eine Beschichtung mit Bariumoxid konnte die Zündspannung unter 100 V gesenkt werden, was für früher noch verwendete 110 V-Netze erforderlich war. Die Elektrodenform der Glimmröhren wurde den jeweiligen Anwendungen angepasst [NGR39].

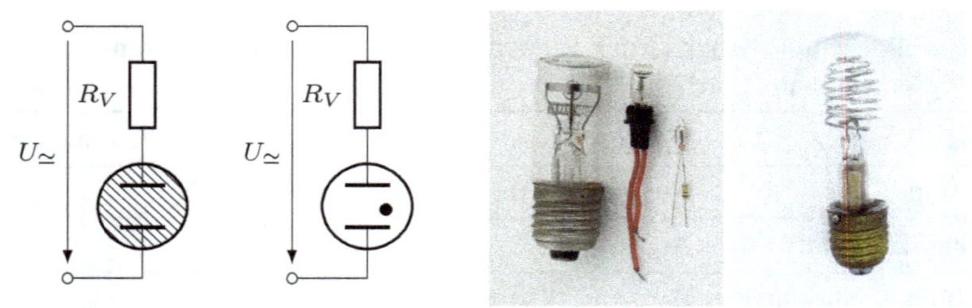

a) b) c)

Abb. 6.1.: Zur Glimmlampe: a) Schaltzeichen, jeweils mit Vorwiderstand R_V, b) verschiedene Bauformen, c) „Bienenkorblampe"

Die Glimmlampe muss wegen ihrer Strom-Spannungs-Charakteristik stets mit einem Vorwiderstand betrieben werden, um den Entladungsstrom zu begrenzen. Der notwendige Vorwiderstand war oft im Lampensockel integriert. Ein Betrieb ohne Vorwiderstand führt zur Zerstörung der Glimmlampe, es sei denn, die Spannungsquelle hätte einen so hohen Innenwiderstand (einige kΩ), dass die Spannung zusammenbricht. Ferner dürfen Glimmlampen nicht parallel geschaltet werden, da sich nach dem Zünden der ersten Glimmröhre deren Brennspannung einstellt, die kleiner ist, als die Zündspannung gleicher Röhren.

Einsatz für Signal- und Beleuchtungszwecke Obwohl die Lichtintensität einer Glimmentladung nicht sehr hoch ist, wurde die Lichtemission dieser Entladungsform für unterschiedliche Anzeige- und auch für Beleuchtungszwecke genutzt. Glimmlampen verschiedenster Bauformen ((Abb. 6.1b)) waren als Betriebsanzeige in vielen Geräten und Anlagen weit verbreitet, bevor sie durch Leuchtdioden verdrängt wurden. In Lichtschaltern werden sie als Anzeigeelement heute noch verwendet. Glimmlampen dienten auch als Anzeigeelement in einfachen Prüfgeräten, wie im Phasenprüfer zur Erkennung von Netzspannung führenden Leitungen.

Für Beleuchtungszwecke wurden größere Lampen eingesetzt, z.B. die sogenannte „Bienenkorblampe“ (Abb. 6.1c) . Bei Bienenkorblampen waren die beiden Elektroden im Abstand doppelhelix-artig gewunden, so dass der Eindruck eines leuchtenden Volumens entstand.

Nach sehr langer Betriebszeit beobachtet man an der Innenseite des Glaskolbens einer Glimmlampe einen Metallbelag, der die Glimmlampe schließlich unbrauchbar macht, weil er den Lichtaustritt behindert. Das Material des Metallbelages stammt von der Katode der Röhre und ist eine Folge von Sputtereffekten.

Einsatz für Messzwecke Glimmröhren wurden auf Grund der Modulierbarkeit der Leuchterscheinungen auch für Prüf- und Messzwecke eingesetzt.

- Gegenüber Glühlampen mit ihrer thermisch trägen Glühwendel haben Glimmröhren den Vorteil, dass die Intensität ihres Lichtes mit einigen kHz moduliert werden kann. Diese Möglichkeit der Helligkeitsmodulation wurde für Geschwindigkeitsmessungen mittels Stroboskop genutzt [NGR39]. Helligkeitsmodulierte Glimmlampen wurden auch in Lichtschranken eingesetzt, weil das Signal empfängerseitig leicht auswertbar ist. Auf diesem optischem Wege wurde unter Nutzung von Transmission bzw. Reflexion sogar das Aufwachsen von dünnen Schichten im Vakuum verfolgt und die Homogenität von Schichtdickenverteilungen mittels sog. Trans-Flex-Meter gemessen.
- Das negative Glimmlicht nimmt die Form der Katode an und die Bedeckung der Katode mit dem Glimmlicht ist im normalen Katodenfall zur Stromstärke proportional. Dieses Verhalten wurde mittels der sogenannten Bedeckungsmodulation zur Amplitudenkontrolle eingesetzt. Außerdem konnte man mit solchen Röhren in Verbindung mit einem rotierenden Spiegel oszillographische Beobachtungen durchführen. Für derartige Anwendungen wurden sogenannte „Amplitudenröhren“ bzw. „Oszillographenröhren“ mit langgestreckter Katode geschaffen [NGR39].

Erzeugung von Kippschwingungen Die Zündspannung U_Z einer Glimmröhre ist stets höher als ihre Löschspannung U_L. Diese Eigenschaft erlaubt es, die Glimmröhre als spannungsgesteuerten Schalter zu nutzen, um in Verbindung mit RC-Zeitgliedern Kippschwingungen zu erzeugen.

Die Abb. 6.2 zeigt einen Kippgenerator mit zur Glimmlampe parallel geschaltetem Kondensator C. Für die Ladung des Kondensators C ist der Vorwiderstand R_V zuständig, für die Entladung der zur Glimmlampe in Serie liegende Widerstand R_S. R_S beinhaltet den Innenwiderstand der Glimmlampe, den Widerstand der Verdrahtung und eventuell einen zusätzlich eingebauten Widerstand. Wenn die Betriebsgleichspannung U_0, die größer als die Zündspannung U_Z sein muss, zugeschaltet wird, ist die Glimmlampe nicht gezündet und der Kondensator wird nach einer e-Funktion, bestimmt durch die Zeitkonstante $\tau_1 = R_V \cdot C$ bis zur Zündspannung U_Z geladen. Mit Erreichen von U_Z zündet die Glimmentladung und entlädt den Kondensator über R_S mit der Zeitkonstante $\tau_2 = R_S \cdot C$, bis bei Erreichen der Löschspannung U_L die Entladung verlischt und der Ladevorgang erneut beginnt. Die Amplitude der Kippschwingungen

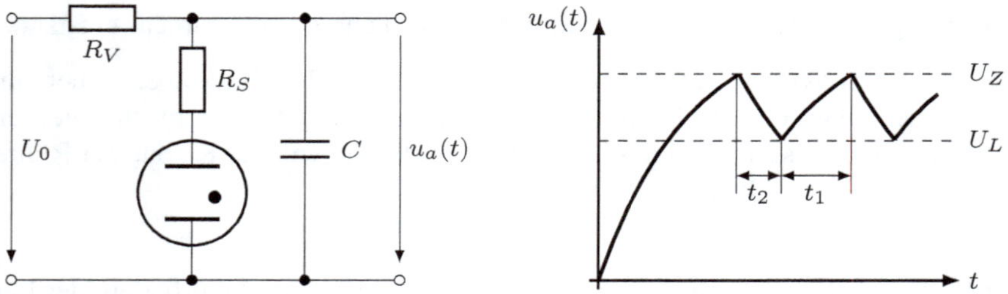

a) Schaltung eines Kippgenerators b) Kippspannung $u_a(t)$

Abb. 6.2.: Kippschwingungserzeugung mit einer Glimmlampe

ist gleich der Differenz $U_Z - U_L$; die Frequenz hängt von der Zeitkonstanten τ_1 und τ_2 sowie der Differenz $U_Z - U_L$ ab. Für die Zeiten t_1 und t_2 erhält man

$$t_1 = R_V \cdot C \ln \frac{U_0 - U_L}{U_0 - U_Z} \qquad t_2 = R_S \cdot C \ln \frac{U_Z}{U_L} \tag{6.1}$$

6.1.2. Glimmstabilisatoren

Glimmstabilisatoren dienen der Stabilisierung einer Gleichspannung und besitzen ebenfalls keine geheizte Katode. Sie nutzen die Eigenschaft einer Glimmentladung, dass im Bereich des normalen Katodenfalls, also bei nur partiell von der Entladung bedeckter Katode, die Brennspannung weitgehend unabhängig vom Strom ist (siehe Kapitel 4.5.2.2).

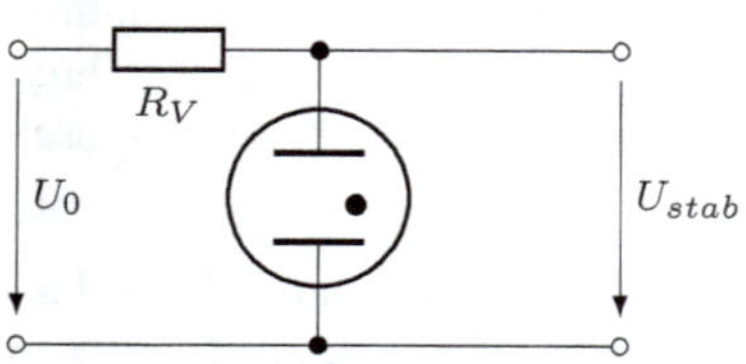

Schaltung zur Spannungsstabilisierung

rechts: Glimmstabilisator STR150/30

Abb. 6.3.: Glimmstabilisator

Ein Glimmstabilisator erforderte ebenfalls einen Vorwiderstand R_V und parallel zur Stabilisatorröhre wurde die stabilisierte Spannung abgegriffen (Parallelregler), wie die Abb. 6.3 zeigt. Die stabilisierte Spannung ist folglich gleich der Brennspannung der Stabilisatorröhre. Je nach Stabilisatortyp lag die stabilisierte Spannung U_{stab} zwischen 78 V beim Glimmstabilisator Typ

StR75/60 und 150 V beim Typ StR150/30 [ano72]. Die dem Schrägstrich nachgestellte Zahl entspricht dem maximalen Querstrom in mA, der minimale Querstrom der Röhren lag je nach Typ bei etwa 1–5 mA.

Um den Spannungsabfall über den Vorwiderstand R_V kleiner machen zu können, besaßen manche Stabilisatorröhren eine zusätzliche Zündelektrode. Wenn eine besonders gute Stabilisierung erforderlich war, wurde die Stabilisatorröhre in einem Thermostaten betrieben, dessen Arbeitstemperatur oberhalb der Zimmertemperatur lag.

Sogenannte Glimmspannungsteiler besaßen in der Glimmröhre mehrere hintereinander geschaltete Glimmstrecken und erlaubten damit, mehrere stabilisierte Spannungen unterschiedlicher Höhe zu entnehmen.

6.2. Gasgefüllte Gleichrichterröhren

Gasgefüllte Gleichrichter gab es mit kalter Katode und mit Glühkatode. Während gasgefüllte Gleichrichter mit kalter Katode nur geringe Bedeutung erlangten, erlaubten solche mit Glühkatode hohe Stromstärken und waren deshalb für Industrieanwendungen von großem Interesse. Beide Arten zeigen jedoch ein ganz anderes Verhalten als Hochvakuumgleichrichterröhren.

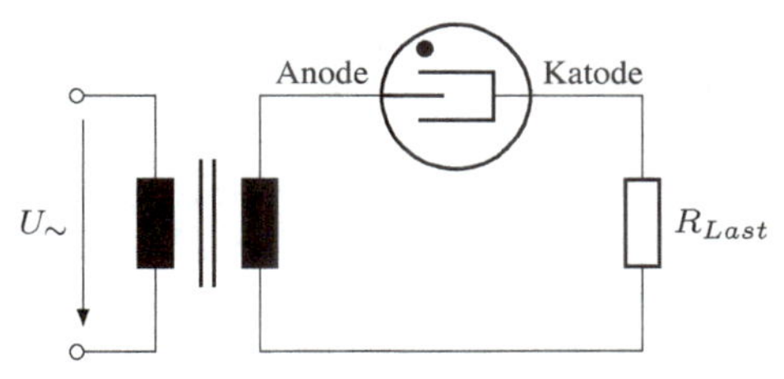

a) Schaltung, Röhrendarstellung nach [NGR39]

b) Zweiweg-Kaltkatodengleichrichter, Typ OZ4A (Raytheon)

Abb. 6.4.: Kaltkatoden-Glimmgleichrichter

Kaltkatoden-Glimmgleichrichter Wenn eine Gasentladungsröhre elektrisch wirksame Unsymmetrien aufweist, werden bei Betrieb mit Wechselstrom die Ströme in der positiven und in der negativen Halbwelle unterschiedlich groß. Dadurch entsteht ein von der Unsymmetrie abhängiger, mehr oder weniger ausgeprägter Gleichrichtereffekt, den man bei Kaltkatoden-Glimmgleichrichtern nutzte. Am leichtesten ist eine Unsymmetrie mit unterschiedlich großen Elektroden zu realisieren (siehe Kapitel 4.5.2.2). In einem Kaltkatoden-Glimmgleichrichter

wurde deshalb eine Elektrode als großflächiger Zylinder ausgebildet, während die zweite Elektrode klein, stabförmig und im Inneren des Zylinders angeordnet war. Mit solch einer geometrischen Unsymmetrie, die auch im Symbol ausgedrückt wurde (vergl. Abb. 6.4a), konnten die Stromverhältnisse in beiden Halbwellen 1:100 betragen, wobei die Ströme im mA-Bereich lagen. In solchen Röhren übernimmt die großflächigere Elektrode in Flussrichtung die Funktion der Katode [NGR39].
Nach [SG21] betrug bei Röhren, die mit Argon als Füllgas bei einem Druck von 1 Torr und Eisenelektroden arbeiteten, der Anodenfall 12 V und der Katodenfall ca. 130 V. Wenn Kalium als Katode eingesetzt wurde, reduzierte sich der Katodenfall auf ca. 80 V. Der Anodenfall konnte sogar auf ca. 4 V gesenkt werden, wenn mit so hoher Stromdichte gearbeitet wurde, dass Kalium verdampfte. Eine Hauptanwendung solcher einfachen Gleichrichter war die Dauerladung kleiner Akkumulatorenbatterien mit Strömen bis etwa 150 mA.

Als Vorteil der Kaltkatoden-Glimmgleichrichter galt das Fehlen einer Glühkatode. Es gab diese Röhren als Einweg- und als Zweiweggleichrichter (Abb. 6.4b), wobei Zweiweggleichrichter schon 1939 nicht mehr hergestellt wurden. Als Nachteil wurde schon 1924 der geringe Wirkungsgrad festgestellt, weshalb diese Gleichrichter nur für kleine Ströme bis etwa 0,2 A gebaut wurden [GS24].

Gasgefüllte Gleichrichter mit Glühkatode Eine viel effektivere Methode bestand darin, gasgefüllte Gleichrichter mit einer direkt oder indirekt geheizten Katode und einer oder mehreren Anoden auszurüsten. Wenn in einer solchen Röhre die geheizte Katode Elektronen emittiert und eine von Null aus ansteigende positive Anodenspannung angelegt wird, fließt zuerst nur ein kleiner raumladungsbegrenzter Elektronenstrom. Die Stromstärke wird schlagartig größer, sobald die sogenannte Bogenspannung erreicht wird und eine Entladung zündet. Bei gezündeter Entladung wird die Raumladung der Elektronen von Ionen kompensiert und es tragen Ionen und Elektronen zum Strom bei. Die Bogenspannung war von der Gasfüllung und der Temperatur abhängig und lag bei etwa 8–32 V. Oberhalb der Bogenspannung ist der Innenwiderstand gasgefüllter Gleichrichter sehr niedrig, der Strom wird dann nur durch den Widerstand im Anodenkreis und die Anodenspannung begrenzt. Die Entladung verlischt wieder, wenn die Bogenspannung unterschritten wird. Anders als beim Kaltkatoden-Gleichrichter fließt in der Rückwärtsrichtung praktisch kein Strom.

Gleichrichterschaltungen mit gasgefüllten Gleichrichtern wurden wegen des geringen Innenwiderstandes mit Drosseleingang betrieben. Für einen Ladekondensator war eine Ladestrombegrenzung zwingend erforderlich. Ansonsten unterschied sich die Schaltung nicht von Schaltungen mit Elektronenröhren (Abb. 6.5) [Kre54].

Als Füllgase für solche Gleichrichterröhren kamen Edelgase (Argon, Xenon oder Helium) und Quecksilber zum Einsatz. Direkt beheizte Katoden waren Wolframwendeln, die eine Emissionsschicht trugen. Indirekt beheizte Katoden bestanden aus einem Nickelblechkörper mit Emissionsschicht. Als Anodenwerkstoff wurde ein Material mit hoher Austrittsarbeit gewählt, z.B. Graphit oder Nickelblech, welches mit Kohlenstoff beschichtet war [Sto53].

Quecksilberdampfgleichrichter mussten senkrecht eingebaut werden, damit sich das Quecksilber am Boden sammeln konnte. Ferner war ein Vorheizen erforderlich, damit das Quecksilber

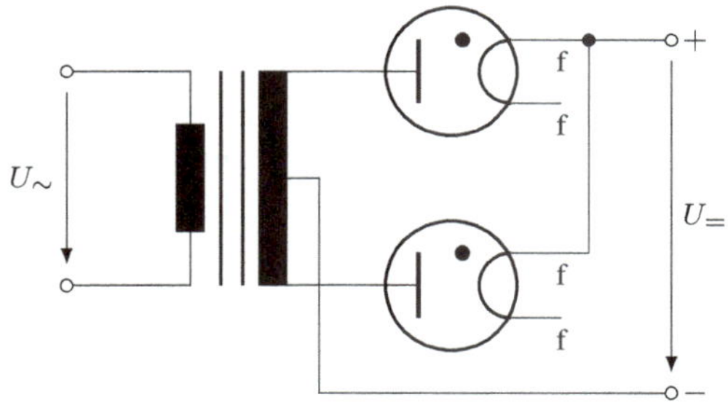

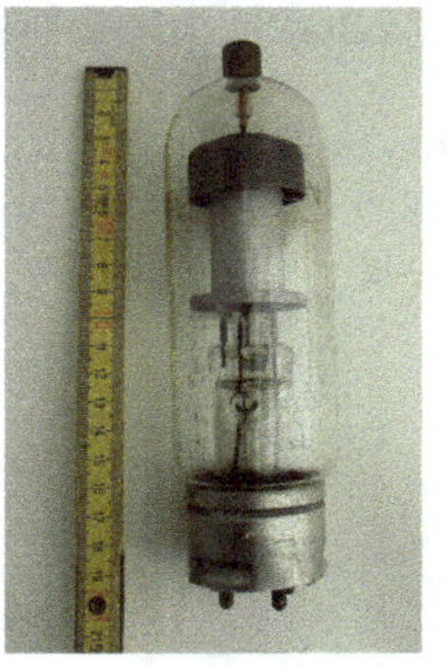

oben: a) Zweiweggleichrichter-Schaltung

rechts: b) Quecksilberdampfgleichrichter Typ G10/1d, direkt geheizt

Abb. 6.5.: Gasgefüllte Gleichrichter mit Glühkatode

verdampfen und sich der Arbeitsdruck einstellen konnte [Kre54]. Da der Hg-Dampfdruck im Röhrenkolben von der Temperatur abhängig ist, mussten diese Gleichrichter in einem für Röhren engen Temperaturintervall von 10–35 °C betrieben werden. Bei zu niedriger Temperatur zündeten sie schlecht und bei zu hoher Temperatur konnte es zu Rückzündungen kommen. Quecksilberdampfgleichrichter wurden für hohe Spannungen hergestellt, z.B. der G10/4d mit einer Anode für einen Spitzenwert bis 10 kV [Sto53].
Quecksilberdampfgleichrichter gab es auch für mehrere Phasen und für Ströme von einigen 100 A (siehe Abb. 11.5).

Edelgasgefüllte Gleichrichter wurden für Niederspannung und hohe Ströme hergestellt. Für diese Röhren spielte die Umgebungstemperatur keine Rolle. Beispielsweise erlaubte der zweianodige Typ N28020 eine Spannung von 2 x 280 V und einen Strom bis 20 A. Edelgasgefüllte Gleichrichter wurden trotzdem schon in den 1950er Jahren durch Selengleichrichter verdrängt [Sto53] und hatten schon vorher Konkurrenz durch Kupferoxydulgleichrichter.

6.3. Thyratrons

Thyratrons sind steuerbare Gasentladungsröhren. Es gab sie in zwei Formen

- als steuerbare Gleichrichter mit Glühkatode für höhere Leistung und
- als schnelle Schalter für kleine Ströme mit kalter Katode.

Beide Formen können über eine Hilfselektrode gezündet werden. Sie verlöschen aber erst, wenn die Spannung zwischen Anode und Katode unter die Brennspannung sinkt.

6.3.1. Glühkatoden-Thyratrons

Ein Glühkatoden-Thyratron, auch Stromtor genannt, verfügt als steuerbarer, gasgefüllter Gleichrichter über drei Elektroden, eine geheizte Katode, eine Anode und ein Gitter (Abb. 6.6a). Als Gasfüllung wurden Edelgase und Quecksilber verwendet.

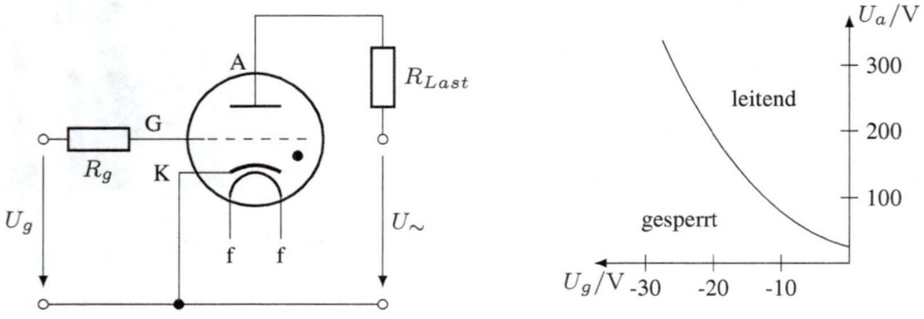

a) Beschaltung b) Zündkennlinie

Abb. 6.6.: Thyratron

Die Steuerung erfolgt über das Gitter, welches zwischen Katode und Anode so angeordnet ist, dass es Katoden- und Anodenraum trennt. Das Gitter erlaubt es, mit einer gegenüber der Katode negativen Vorspannung, die Zündung der Entladung zu verhindern bzw. die Höhe der Zündspannung zu beeinflussen. In der Zündkennlinie wurde die Gitterspannung, die den Sperrbereich vom leitenden Bereich trennt, gegen die Anodenspannung aufgetragen (Abb. 6.6b). Wie ein gasgefüllter Gleichrichter, ist ein gezündetes Thyratron im gezündeten Zustand sehr niederohmig. Es kann im gezündeten Zustand nicht mehr mit der Gitterspannung beeinflusst werden und verlischt erst wieder bei einem Nulldurchgang der Anodenspannung. Bei gezündeter Entladung zieht das Gitter einen Gitterstrom, der mit einem Widerstand R_g begrenzt werden muss [Sto53].

Thyratrons erlauben mittels Phasenanschnittssteuerung die Leistung in einem Laststromkreis, der sowohl ein Gleichstrom- oder auch ein Wechselstromkreis sein kann, zu steuern [Sto53]. Ein weiteres Anwendungsgebiet war die Erzeugung von Kippschwingungen, beispielsweise zur Ablenkung von Elektronenstrahlen in Oszillographen [Cze59].

6.3.2. Kaltkatoden-Thyratrons

Kaltkatoden-Thyratrons besitzen neben Anode und kalter Katode noch mindestens eine Zündelektrode (Starter). Ein Schaltsymbol mit zwei Zündelektroden zeigt die Abb. 6.7a. Die Zündelektrode ist nahe der Katode so angeordnet, dass sich die Entladung mit einer Spannung oder einem Impuls an dieser Zündelektrode zünden lässt, der viel kleiner ist, als die Zündspannung der Hauptentladung. Die Zündspannung der Hilfsentladung beträgt bei Reinmetallkatoden 100–160 V. Zum Löschen der Hauptentladung muss die Spannung unter die Löschspannung sinken. Selbstlöschende Schaltungen erlauben es, Kaltkatoden-Thyratron in einem

Gleichspannungskreis unmittelbar nach dem Zünden wieder zu löschen. Ein Beispiel einer selbstlöschenden Schaltung zeigt die Abb. 6.7b. Diese Schaltung enthält im Anodenkreis einen Kondensator, der im Moment des Zündens entladen wird, so dass die Brennspannung unterschritten wird und die Entladung verlischt. Über dem Widerstand R kann ein negativer Impuls abgegriffen werden. Eine neue Entladung zündet erst wieder mit einem nächsten Zündimpuls an der Zündelektrode.

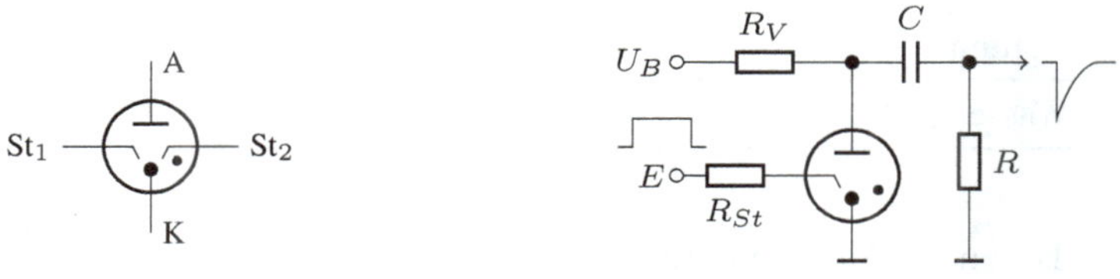

a) Symbol mit 2 Steuerelektroden b) selbstlöschende Schaltung nach [Dur65]

Abb. 6.7.: Zum Kaltkatoden-Thyratron

Kaltkatoden-Thyratrons benötigen nach einem Startimpuls eine Reaktionszeit (Ionisationszeit) von der Größenordnung 10 µs und nach dem Verlöschen eine Entionisations- oder Erholzeit bis das Gas wieder seinen neutralen Anfangszustand erreicht hat. Diese Zeiten begrenzten die mögliche Impulshäufigkeit auf einige tausend Impuse pro Sekunde.
Kaltkatoden-Thyratrons wurden in Zeitgeberschaltungen und in logischen Schaltungen verwendet [Dur65].

6.4. Zur Bezeichnung gasgefüllter Gleichrichter

Für gasgefüllte Röhren, die bis in die 1970er Jahre in der ehemaligen DDR hergestellt wurden, fand folgende Symbolik Verwendung [ano59]

- G, gefolgt von einer Ziffernfolge: gasgefüllter Gleichrichter
- S, gefolgt von einer Ziffernfolge: steuerbarer gasgefüllter Gleichrichter (Thyratron)

Die eingesetzte Gasfüllung wurde für Gleichrichter und Thyratrons durch eine nachgestellte römische Zahl bzw. ein Symbol entsprechend folgender Tabelle angegeben.

Tabelle 6.2.: Schlüssel gasgefüllter Gleichrichterröhren und Thyratrons aus der ehemaligen DDR ([ano59]

Symbol	Füllgas	Symbol	Füllgas
ohne	Quecksilber	IV	Krypton
I	Argon	V	Xenon
II	Helium	VI	Neon
III	Wasserstoff	M	Mischgas (Edelgas + Quecksilber)

Später hinzugekommene Anzeigeröhren (siehe Kapitel 10) wurden mit Z und einer Zahlenfolge gekennzeichnet, sie hatten wohl ausschließlich eine Mischgasfüllung, die nicht explizit ausgewiesen wurde [ano72].

7. Analoge Schaltungen mit Elektronenröhren

Elektronenröhren waren die ersten elektronischen Bauelemente, die es ermöglichten, schwache elektrische Signale zu verstärken und zu manipulieren. Sie erlaubten auch, hochfrequente elektrische Schwingungen zu erzeugen, zu verstärken und mit großer Leistung als elektromagnetische Welle abzustrahlen.

Dank dieser Möglichkeiten dienten die ersten Schaltungen mit Elektronenröhren nachrichtentechnischen Entwicklungen und Anwendungen. Elektronenröhren lösten Knallfunken- bzw. Löschfunkensender ab, die Anfang des 20. Jahrhunderts für drahtlose Nachrichtenübertragung mittels Telegraphie eingesetzt wurden, und ermöglichten schließlich die Entwicklung der Rundfunk- und später der Fernsehtechnik.

Diese Verbindung mit der (Rund-) Funktechnik schlägt sich auch bei der Auswahl der Schaltungsbeispiele der im Folgenden skizzerten Baugruppen nieder, deren Einsatz und Zusammenwirken aus den Blockschaltbildern Abb. 11.1 und 11.3 auf den Seiten 139 bzw. 141 ersichtlich ist. Aus der Vielfalt bekannter Schaltungen, die z.B. in [Pit60] oder [Con60] besprochen werden, wird hier nur ein ganz kleiner Teil so aus gewählt, dass alle Funktionsgruppen eines AM-Überlagerungsempfängers berücksichtigt sind. Daneben werden einige Prinzipschaltungen aus der analogen Messtechnik skizziert und deren grundsätzliche Funktionsweisen werden erörtert. Die zentrale Funktionsgruppe ist dabei der Verstärker.

7.1. Verstärker

Ein Verstärker besteht meist aus mehreren Verstärkerstufen, die auf unterschiedliche Weise miteinander gekoppelt sein können. Wir betrachten zuerst eine Verstärkerstufe mit einer Triode und ziehen zu deren Beschreibung schematische Kennlinien, wie in Abb. 5.6 dargestellt, heran. Das Superpositionsprinzip erlaubt es, das Gleichstromverhalten (Verhalten ohne Signal) und das Wechselstromverhalten (Verhalten mit Signal) der Verstärkerstufe getrennt zu betrachten. Wir nutzen diesen Weg.

7.1.1. Gleichstromverhalten

Das grundlegende Schaltungsprinzip eines Verstärkers geht aus Abb. 7.1a hervor. Die Röhre als spannungsgesteuerte Stromquelle mit dem Innenwiderstand R_i ist mit dem Arbeitswiderstand R_a gleichstrommäßig in Reihe geschaltet, so dass sich die Betriebsspannung U_B in einen Spannungsabfall U_{R_a} über den Arbeitswiderstand R_a und einen Spannungsabfall U_a über die Anoden-Katoden-Strecke aufteilt. Aus Abb. 7.1a kann man folgende Beziehung ablesen

https://doi.org/10.1515/9783110547979-107

$$U_B = U_a + I_a \cdot R_a. \tag{7.1}$$

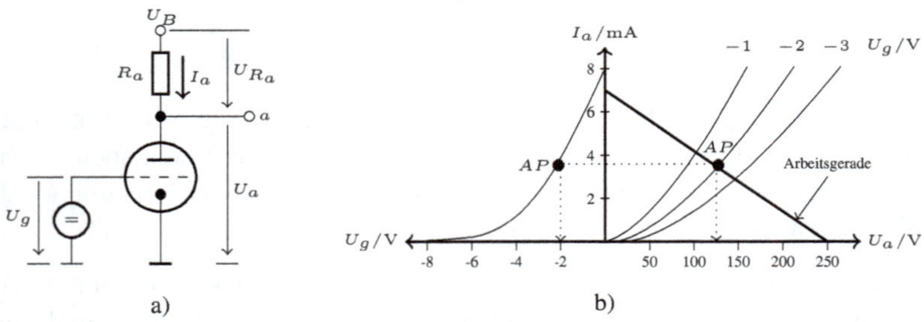

Abb. 7.1.: Verstärker mit Triode, Gleichspannungspfad und Arbeitspunkt

Arbeitspunkt und Gittervorspannung Für die Verstärkerstufe ist ein Ruhezustand ohne angelegtes Signal festzulegen. Der Ruhezustand oder Arbeitspunkt der Schaltung wird so gewählt, dass ein später anzulegendes Signal sowohl größere als auch kleinere Anodenströme generieren kann als im Ruhezustand. Um in der positiven und in der negativen Halbwelle der Steuerspannung etwa gleich aussteuern zu können, setzt man den Spannungsabfall über R_a auf $0,5 \cdot U_B$. Wenn Betriebsspannung U_B und Anodenstrom gegeben sind, erhält man daraus den Anodenwiderstand

$$R_a = \frac{U_B}{2 \cdot I_a}. \tag{7.2}$$

Die zu einem Arbeitspunkt (AP in Abb. 7.1b) gehörige Gitterspannung kann man im Eingangskennlinienfeld ablesen. Bei der beschriebenen Wahl des Arbeitspunktes spricht man vom A-Betrieb des Verstärkers.

Arbeitsgerade Mit Gleichung 7.1 kann man für den ermittelten Arbeitswiderstand im Ausgangskennlinienfeld eine Widerstandsgerade, die Arbeitsgerade, konstruieren. Dazu nutzt man die Achsenschnittpunkte bei $U_a = 0$ bzw. $I_a = 0$. Für $U_a = 0$ schneidet die Arbeitsgerade die I_a-Achse bei $I_a = \frac{U_B}{R_a}$ und für $I_a = 0$ wird die U_a-Achse bei $U_a = U_B$ geschnitten (Abb. 7.1b). Beim Variieren der Gitterspannung ändern sich der Anodenstrom und die Anodenspannung längs der Arbeitsgeraden.

Erzeugung der Gittervorspannung Die gewünschte Gittervorspannung kann auf folgenden Wegen eingestellt werden:

- Gittervorspannung durch externe Spannungsquelle (Abb. 7.2a). Dieser Weg wurde insbesondere in der Anfangszeit beschritten.

- Gittervorspannung durch Gitteranlaufstrom (Abb. 7.2b). Analog zum Anlaufstrom in einer Diode (vergl. Abb. 4.8) fließt über ein auf Masse liegendes Gitter ein Gitteranlaufstrom. Über einen hinreichend großen Gitterableitwiderstand kann dieser Anlaufstrom zur Erzeugung der gewünschten negativen Gittervorspannung dienen.
- Gittervorspannung durch Katodenwiderstand (Abb. 7.2c). Der Anodenstrom fließt über den Katodenwiderstand R_k und erzeugt dort einen Spannungsabfall

$$U_{R_k} = I_a \cdot R_k \tag{7.3}$$

mit dem positiven Pol an der Katode. Der Spannungsabfall über den Katodenwiderstand bewirkt zugleich eine Gegenkopplung (siehe Kapitel 7.2).

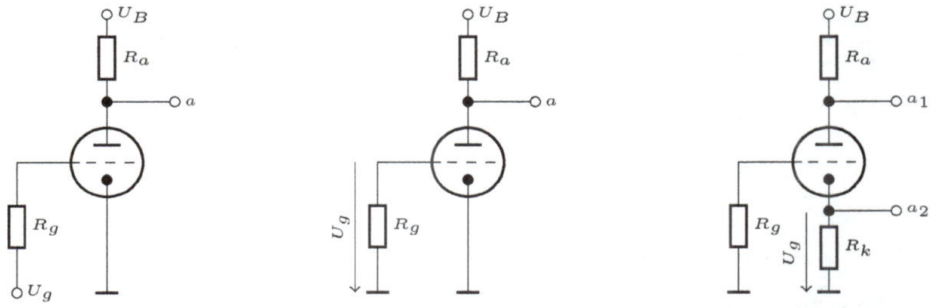

a) separate Spannungsquelle b) Gitteranlaufstrom c) automatische Erzeugung

Abb. 7.2.: Möglichkeiten zur Bereitstellung der Gittervorspannung

7.1.2. Wechselstromverhalten und Verstärkung

Zwischen Gitter und Masse wird die zu verstärkende Spannung u_1 angelegt und zwischen Anode und Masse die verstärkte Spannung u_2 abgegriffen. Um Gleich- und Wechselspannungspfad zu trennen, sind in der Gitterleitung ein Kondensator C_1 und im Ausgangskreis ein Kondensator C_2 vorgesehen (Abb. 7.3a). Die Kondensatoren sind so groß dimensioniert, dass sie das Verhalten im betrachteten Frequenzbereich nicht beeinflussen.

Überlagert man nun der Gittervorspannung eine sinusförmige Wechselspannung u_1, dann ändert sich der Anodenstrom sinusförmig und phasengleich. Die Spannung u_2 ist verstärkt und um 180° phasenverschoben (Abb. 7.3b, man beachte die verschiedenen Spannungsskalen).

Zur Beschreibung des Wechselstromverhaltens dient das vereinfachte Ersatzschaltbild ohne frequenzabhängige Elemente in Abb. 7.3c. Mit den im Arbeitspunkt geltenden differentiellen Röhrenparametern S, R_i und D und dem Arbeitswiderstand R_a kann man dann die Verstärkung berechnen und erhält für die Spannungsverstärkung V_u

$$V_u = \frac{u_2}{u_1} = S \cdot \frac{R_i \cdot R_a}{R_i + R_a}. \tag{7.4}$$

Für den Grenzübergang $R_a \longrightarrow \infty$ stellt man Gleichung 7.4 um und erhält mit

$$\lim_{R_a \to \infty} \left(S \cdot \frac{R_i}{\frac{R_i}{R_a} + 1} \right) = S \cdot R_i = \frac{1}{D} \tag{7.5}$$

die Leerlaufverstärkung. Die Leerlaufverstärkung ist also größer, je kleiner der Durchgriff ist. Pentoden, die einen kleineren Durchgriff als Trioden haben, liefern eine höhere Leerlaufverstärkung.

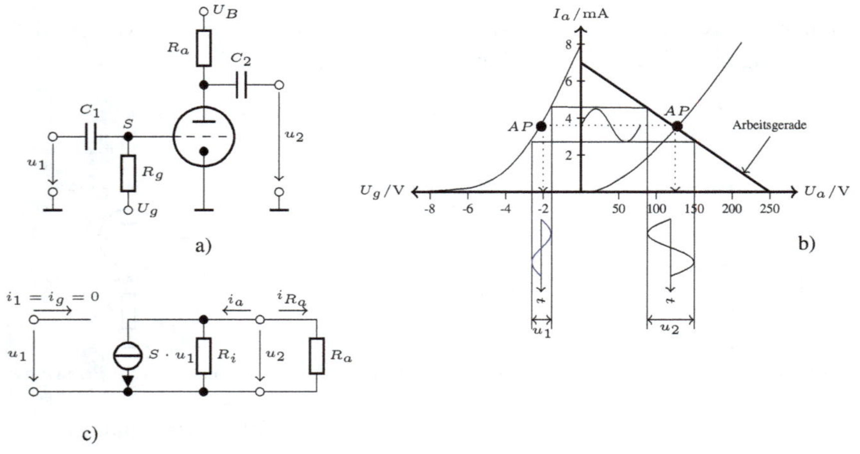

Abb. 7.3.: Verstärker mit Triode, Wechselspannungspfad

Damit ein Verstärker linear, d.h. verzerrungsfrei, arbeitet, darf die Amplitude des Eingangssignals nur so groß sein, dass der ausgesteuerte Kennlinienabschnitt linear approximiert werden kann, etwa wie in Abb. 7.1.2 dargestellt (A-Betrieb). In Endverstärkern, insbesondere in Senderendstufen, steht dagegen die abgegebene Leistung im Vordergrund. Man benutzt dann Gegentaktschaltungen und verlegt den Arbeitspunkt zu negativeren Gittervorspannungen. Nach Lage des Arbeitspunktes unterscheidet man zwischen A-, AB-, B- und C-Betrieb.

7.1.3. Kopplung von Verstärkerstufen

Eine gewünschte Signalverstärkung kann oft nicht in einer Verstärkerstufe erreicht werden. Man schaltet deshalb mehrere Verstärkerstufen hintereinander. Bei der Ankopplung des Ausgangs einer ersten Verstärkerstufe an den Eingang einer folgenden, zweiten Stufe soll die erreichte Verstärkung nicht verloren gehen und der Arbeitspunkt der zweiten Stufe soll nicht beeinflusst werden. Zusätzlich kann die Forderung bestehen, dass das Signal entweder nicht verändert wird, dass es gefiltert wird oder dass es gezielt verändert wird, beispielsweise durch ein Klangregelnetzwerk. Die Kopplung kann unter Berücksichtigung der Signaleigenschaften, insbesondere des Frequenzbereichs, erfolgen durch

- direkte Kopplung bei extrem niedrigen Frequenzen,

- induktive Kopplung im NF- und HF-Bereich,
- RC-Kopplung im NF-Bereich.

Direkte Kopplung Die direkte Kopplung erlaubt, niedrigste Frequenzen bis hin zur Gleichspannung zu übertragen, wie das für Messzwecke, beispielsweise bei der pH-Messung, notwendig ist. Diese Art der Kopplung hat den Nachteil, dass Gleichspannungspegel von Stufe zu Stufe mit übertragen werden müssen. Die dabei entstehenden Probleme sind in Abb. 7.4a zu erkennen. Hier beträgt die Anodenspannung der ersten Stufe im Arbeitspunkt $\frac{U_B}{2}$ und das Gitter der zweiten Stufe liegt auf dem gleichen Potential. Das hat die Konsequenz, dass ein großer Katodenwiderstand R_k erforderlich ist, und dass in der zweite Stufen kaum noch ausreichende Spannungsreserven zur Verfügung stehen.

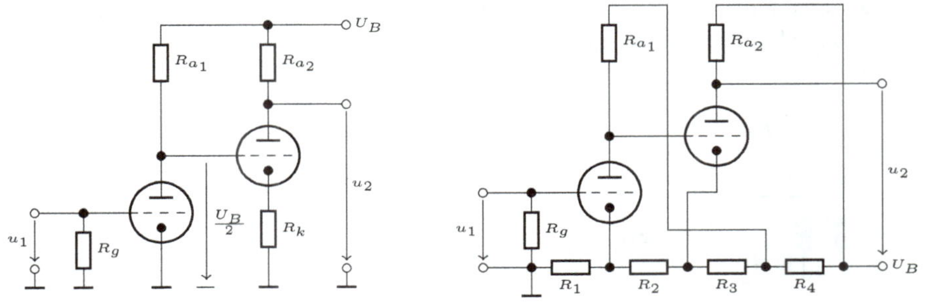

a) Veranschaulichung des Problems   b) Loftin-White-Verstärker

Abb. 7.4.: Direkte Kopplung aufeinander folgender Verstärkerstufen

In der Schaltung nach Abb. 7.4b werden über den Spannungsteiler $R_1 \dots R_4$ abgestuft Spannungen so bereitgestellt, dass auch in der zweiten Stufe eine ausreichende Anodenspannung zur Verfügung steht. Damit die Teilspannungen stabil sind, muss der Querstrom durch den Spannungsteiler groß gegen den Strom durch die Röhren sein.

Ein generelles Problem direkt gekoppelter Verstärker besteht darin, dass neben dem Rauschen alle unerwünschten Schwankungen in der Eingangsstufe, unabhängig von ihrer Frequenz, mit verstärkt werden. Diese Schwankungen sind „signaläquivalente“ Störungen und werden verursacht durch Änderungen der Emissionsfähigkeit der Katode (Funkeleffekt), von Kontaktpotentialen oder von Thermospannungen und machen sich als Nullpunktabweichungen bemerkbar [Kes44].

Eine Lösung zur Verstärkung kleiner Gleichspannungen, die das Problem direkt gekoppelter Verstärker umging, waren Zerhacker-Verstärker (Chopper-Verstärker) und Schwingkondensatoranordnungen. Diese Verstärker setzen das Messsignal in eine Wechselspannung mit einer durch den Zerhacker bestimmten Frequenz um, verstärkten diese Wechselspannung selektiv und rekonstruierten das verstärkte Messsignal durch Synchrongleichrichtung [Nü52].

In der Halbleiterelektronik wird die direkte Kopplung von Verstärkerstufen elegant durch Verwendung komplementärer Transistoren gelöst [TSG16]. Der Anwender moderner Operationsverstärker ist von dem oben genannten Problem weitgehend entbunden; er muss dennoch beim Aufbau der Schaltung vor dem Verstärkereingang auf Kontaktpotentiale, Thermospannungen u.a. achten.

Induktive Kopplung Die induktive Kopplung erlaubt die Verstärkerstufen galvanisch zu trennen. Sie erfordert andererseits, dass das Signal eine Wechselspannung in einem bestimmten Frequenzbereich ist.

In den Anfangsjahren war für NF-Verstärker die Transformatorkopplung verbreitet (Abb. 7.5a). NF-Übertrager waren relativ teure und wegen des Eisenkerns auch schwere Bauteile. Sie erlaubten die Anpassung einer Last vorzunehmen und wurden als Ausgangsübertrager zur Anpassung eines niederohmigen Lautsprechers an den Endverstärker verwendet, auch noch in der Transistorära.

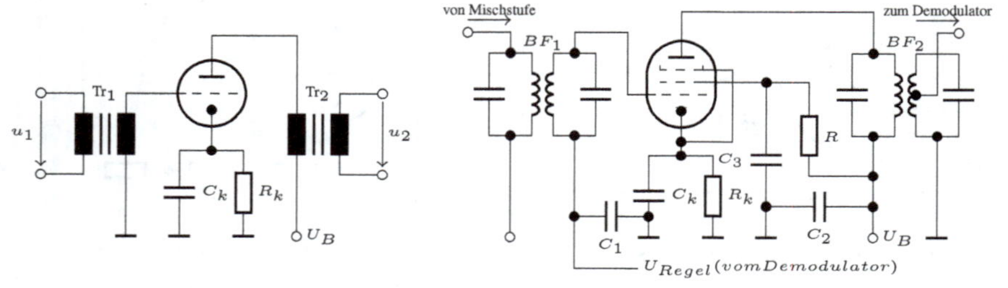

a) NF-Verstärker mit Transformatorkopplung b) ZF-Verstärkerstufe mit Bandfilterkopplung

Abb. 7.5.: Induktive Kopplung aufeinander folgender Verstärkerstufen

In einem selektiven HF-Verstärker für Kurz-, Mittel- oder Langwelle diente ein Parallelschwingkreis als Arbeitswiderstand und zur Frequenzselektion.

Im ZF-Verstärker eines Überlagerungsempfängers fanden zur Kopplung aufeinander folgender Verstärkerstufen Bandfilter in Form zweier induktiv gekoppelter Parallelschwingkreise gleicher Resonanzfrequenz Anwendung (Abb. 7.5b). Durch die induktive Kopplung waren die beiden Stufen gleichspannungsmäßig getrennt und mit einer Anzapfung der Spule des sekundären Resonanzkreises konnte die 2. Verstärkerstufe oder eine Demodulatorschaltung entsprechend Abb. 7.10 angepasst werden.

RC-Kopplung NF-Verstärker mit RC-Kopplung nannte man früher auch Widerstandsverstärker. Bei der RC-Kopplung dient als Arbeitswiderstand der vorausgehenden Verstärkerstufe ein ohmscher Widerstand und die galvanische Trennung zur folgenden Stufe übernimmt ein Koppelkondensator. Die Abb. 7.6a zeigt eine RC-gekoppelte Verstärkerstufe mit einer Pentode und automatischer Erzeugung der Gittervorspannung über R_k. Über R_{g_2} wird das Schirmgitter mit Spannung versorgt und C_2 sorgt für den Kurzschluss der Wechselspannung am Schirmgitter. Eingangsseitig bilden der Koppelkondensator C_1 und der Gitterableitwiderstand R_g die frequenzabhängige Koppelkombination. Diese R-C-Kombination ist ein Hochpass mit einer unteren Grenzfrequenz f_u

$$f_u = \frac{1}{2 \cdot \Pi \cdot R_g \cdot C_1}. \tag{7.6}$$

Ausgangsseitig bildet der Koppelkondensator C_4 zusammen mit dem Eingangswiderstand der folgenden Stufe ebenfalls einen Hochpass. Die unteren Grenzfrequenzen bestimmen den Frequenzgang des Verstärkers bei niedrigen Frequenzen.

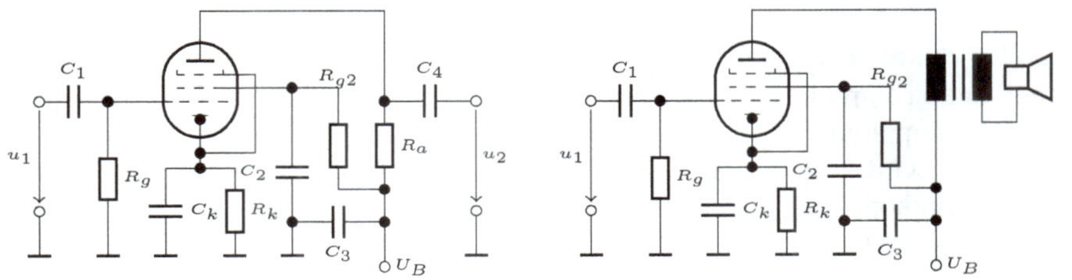

b) RC-Kopplung (Widerstandsverstärker) b) Endstufe mit Ausgangsübertrager

Abb. 7.6.: NF-Verstärker, RC- und gemischte RC- /induktive Kopplung

7.2. Rückkopplung und Selbsterregung

Das allgemeine Prinzip der Rückkopplung ist in Kapitel 3.2.2 beschrieben. Hier geht es darum zu zeigen, wie diese Prinzipien schaltungstechnisch umgesetzt wurden.

Bei Rückkopplung eines Röhrenverstärkers wird eines der im vorausgehenden Kapitel beschriebenen Koppelprinzips genutzt, um einen Teil des verstärkten Signals aus dem Ausgangskreis des Verstärkers in seinen Eingangskreis zurück zu führen. Das Rückkopplungssignal kann dem Ausgangsstrom oder der Ausgangsspannung proportional sein und es kann parallel oder in Serie zum Eingangssignal eingekoppelt werden. Dementsprechend unterscheidet man verschiedene Formen der Rückkopplung. Wir betrachten einige Beispiele.

Gegenkopplung am Katodenwiderstand (Abb. 7.7a) Der Strom durch die Röhre erzeugt am Katodenwiderstand R_k einen Spannungsabfall u_{a_2} der phasengleich zur steuernden Gitterwechselspannung u_e ist, aber auf Grund seiner Polarität dieser entgegen wirkt. Als Steuerspannung ist nur die Differenz $u_e - u_{a_2}$ wirksam. Durch Überbrückung mit einem Kondensator, C_k in Abb. 7.5 und 7.6, kann man erreichen, dass die Gegenkopplung nur für Gleichstrom wirksam ist.

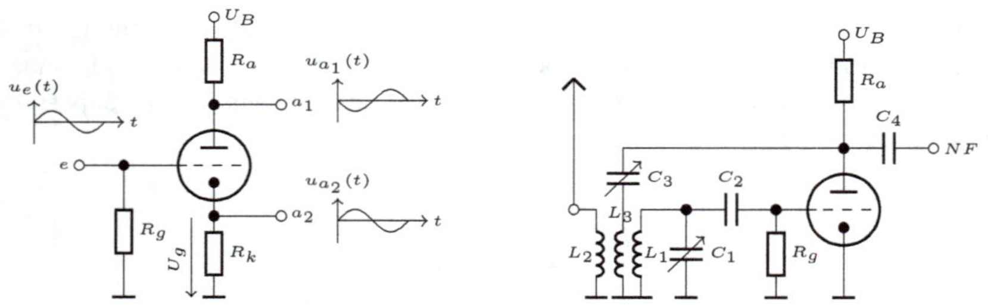

a) Phasenlage am Katodenwiderstand b) Audion mit Rückkopplung

Abb. 7.7.: Rückkopplung und Gegenkopplung

Audion mit induktiver Rückkopplung (Abb. 7.7b) Das Audion diente als Gittergleichrichter zur Demodulation amplitudenmodulierter Signale und gleichzeitig zur NF-Verstärkung. Durch induktive Rückkopplung über L_3 kann der Eingangskreis L_1/C_1 entdämpft werden, so dass er schmalbandiger wird. Das System neigt dann zu unerwünschter Selbsterregung, jedoch kann über C_3 der Rückkopplungsgrad eingestellt werden.

Selbsterregung und Oszillatoren Wenn ein Verstärker hinreichend stark positiv rückgekoppelt wird, tritt Selbsterregung ein und der Verstärker wird zu einem Oszillator (in Gleichung 3.4 verschwindet dann der Nenner).

In einem Sinusoszillator können RC-Glieder, ein Schwingkreis oder ein Schwingquarz frequenzbestimmende Elemente sein. RC-Glieder fanden vorwiegend im NF-Bereich Anwendung; in Rundfunkempfängern wurden Schwingkreise und in Steuersendern Schwingquarze eingesetzt.

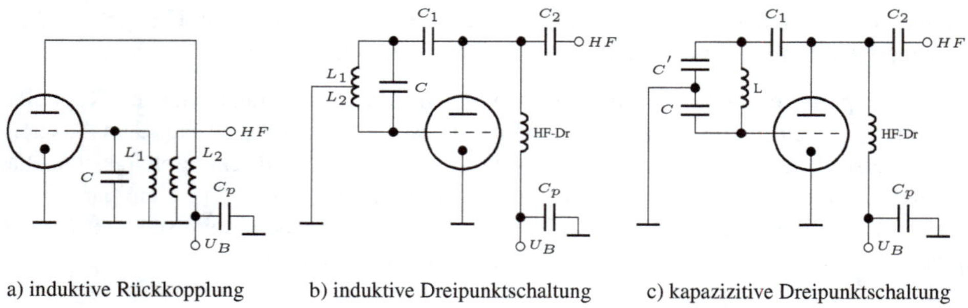

a) induktive Rückkopplung b) induktive Dreipunktschaltung c) kapazizitive Dreipunktschaltung

Abb. 7.8.: Oszillatorschaltungen mit einer Triode

Abb. 7.8 zeigt drei Schaltungsprinzipien mit einer Triode und einem Schwingkreis. Das Oszillatorsignal kann induktiv (a), kapazitiv (b, c) oder auch direkt ausgekoppelt werden. Zur Änderung der Resonanzfrequenz wurden meist Drehkondensatoren, seltener Variometer eingesetzt.

7.3. Mischstufen und Demodulationsschaltungen

Die Mischstufe erzeugte im Überlagerungsempfänger aus dem durchstimmbaren hochfrequenten Empfangssignal und einem ebenfalls durchstimmbaren Oszillatorsignal eine feste Zwischenfrequenz (ZF), die für AM-Emfpfänger um 450 kHz und im FM-Empfänger bei 10,7 MHz lag. Dieses Konzept erlaubte, die wesentliche HF-Verstärkung bei einer festen Frequenz. Aufgabe der Demodulationsschaltung ist die Rückgewinnung des NF-Signals aus dem frequenz- oder amplitudenmodulierten ZF-Signal. Wir beschränken uns hier auf Schaltungsvarianten aus dem AM-Bereich, d.h. auf Empfänger für Lang-, Mittel- und Kurzwelle. Ein solcher Empfänger deckte den Frequenzbereich von etwa 150 kHz (Langwelle) bis 30 MHz (Kurzwelle) ab.

7.3.1. AM-Mischstufen

Im AM-Emfänger wurde die multiplikative Mischung genutzt. Eine multiplikative Mischstufe arbeitete mit einer Hexode oder Heptode als Mischröhre und einer Triode als Oszillatorröhre. Beide Röhrensysteme waren in einer Verbundröhre untergebracht und besaßen eine gemeinsame Katode. Als Beispiele solcher Mischröhren seien die ECH11 und die ECH81 genannt.

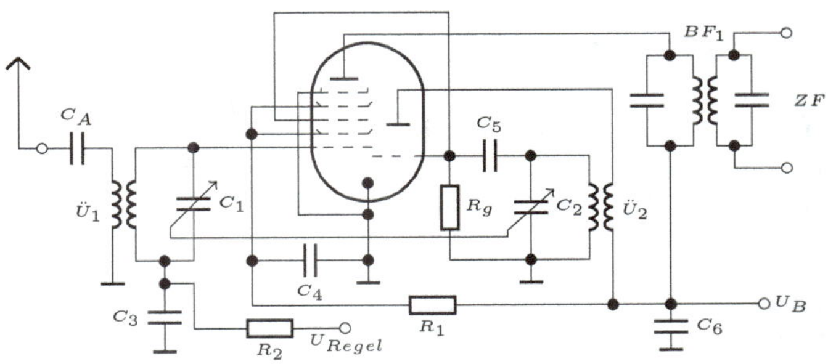

Abb. 7.9.: Mischstufe mit Triode/Heptode

Die Abb. 7.9 zeigt eine Mischstufe mit Triode und Heptode. Der Einkangskreis und der Oszillatorkreis sind mittels eines Doppeldrehkondensators $C_1/C2$ abstimmbar, Umschaltungen für verschiedene Frequenzbereiche sind nicht dargestellt.

Das Eingangssignal ist das Antennensignal. Es wird induktiv in den Eingangsschwingkreis $Ü_1/C_1$ eingekoppelt. Der Eingangsschwingkreis selektiert den Sender und das ausgewählte Signal liegt dann am 1. Steuergitter der Heptode und steuert in bekannter Weise deren Strom. Das Oszillatorsignal wird in der Triode mittels des Oszillatorschwingkreises $Ü_2/C_2$ mit induktiver Rückkopplung erzeugt und liegt am 2. Steuergitter der Heptode. Es verändert die Steilheit der Heptode im Takt der Oszillatorfrequenz (multiplikative Mischung) und sorgt so dafür, dass im Anodenkreis außer den Einzelfrequenzen auch deren Summe und Differenz auftritt. Das ZF-Bandfilter BF_1 im Anodenkreis der Mischröhre filtert aus dem in der Mischröhre entstandenem Frequenzgemisch die Zwischenfrequenz heraus. Es stellt zugleich das Koppelglied zur

1. ZF-Verstärkerstufe dar und ist identisch mit dem Bandfilter BF_1 in Abb. 7.5b. Die beiden Schirmgitter werden über R_1 mit Spannung versorgt, C_3 schließt Wechselspannungsanteile kurz. Die Gittervorspannung der Heptode kommt als Regelspannung aus dem Demodulator (siehe Abb. 7.10a).

7.3.2. AM-Demodulationsschaltungen

Die Demodulation eines amplitudenmodulierten Signals erfolgte durch Spitzenwertgleichrichtung des ZF-Signals nach dessen Verstärkung.

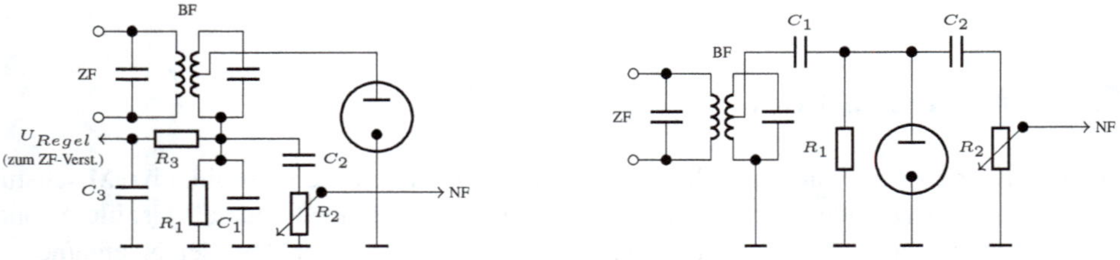

a) Serienschaltung der Diode b) Parallelschaltung der Diode

Abb. 7.10.: AM-Dioden-Demodulationsschaltungen

Dafür eignen sich Schaltungen mit Dioden, wie sie in Abb. 7.10 dargestellt sind. Das gleichzurichtende Signal wird dem Sekundärkreis des ZF-Bandfilters BF_2 an einer Anzapfung der Spule entnommen, um den Schwingkreis nicht zu stark zu bedämpfen. Das ZF-Bandfilter BF_2 ist identisch mit BF_2 in Abb. 7.5b.

In Abb. 7.10a sind die Bandfilterwicklung, die Diode und der Arbeitswiderstand R_1 in Serie geschaltet. Dadurch wird das Bandfilter weniger bedämpft als bei Parallelschaltung in Abb. 7.10a. In beiden Schaltungen wird das NF-Signal über C_2 ausgekoppelt und mittels R_2 kann die Lautstärke eingestellt werden.

Der Gleichspannungsanteil ist der mittleren ZF-Amplitude proportional und wird in Abb. 7.10a als Regelspannung für die Mischstufe und den ZF-Verstärker über R_3 abgegriffen und mit C_3 geglättet.

7.4. Kippschaltungen

Für viele Aufgaben, wie z.B. die Ablenkung eines Elektronenstrahles in Oszillographen- oder Fernsehbildröhren bzw. eines Ionenstrahles in Ionengeräten werden sägezahnförmige Spannungen oder Ströme benötigt. Zur Erzeugung von sägezahn- oder rechteckförmigen Spannungen dienen astabile Kippschaltungen. Wir skizzieren zwei Beispiele an Hand von Abb. 7.11.

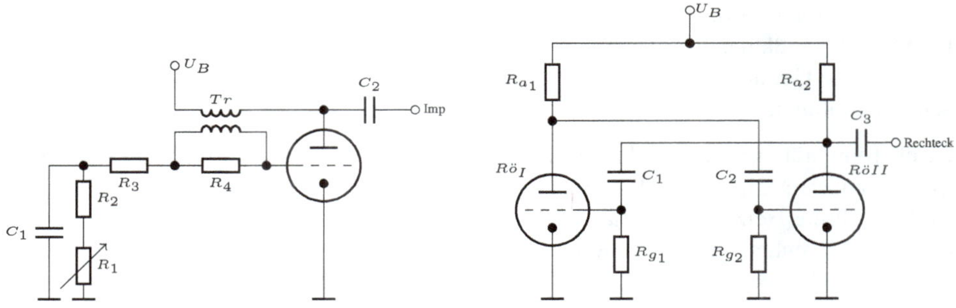

a) Sperrschwinger b) Multivibrator

Abb. 7.11.: Kippschaltungen

Sperrschwinger (Abb. 7.11a) Die Frequenz des Sperrschwingers wird durch die RC-Kombination C_1 und R_1, R_2 bestimmt. C_1 sei stark negativ aufgeladen, so dass die Röhre sperrt. C_1 entläd sich über R_1, R_2 bis die Röhre leitend wird. Durch Rückkopplung über den Transformator Tr wird die Röhre bis in den Gitterstrombereich ausgesteuert, wodurch sich C_1 wieder stark negativ aufläd und die Röhre wieder sperrt. R_3 dient der Begrenzung des Gitterstromes und R_4 bedämpft den Transformator. Sperrschwinger lassen sich durch Fremdimpulse leicht synchronisieren und wurden in Fernsehgeräten als Bildablenkgenerator eingesetzt.

Multivibrator (Abb. 7.11b) Ein Multivibrator ist ein zweistufiger RC-gekoppelter Verstärker mit einer Rückkopplung über eine Kapazität. Bedingt durch die wechselseitige Rückkopplung ist in einer Halbperiode jeweils nur eine Röhre leitend, während die andere sperrt. Die Dauer einer Periode wird durch die Zeitkonstanten $\tau_1 = R_{g_1} \cdot C_1$ und $\tau_2 = R_{g_2} \cdot C_2$ und die Betriebsspannung bestimmt. Bei symmetrischem Aufbau erzeugt der Multivibrator symmetrische Rechteckschwingungen, die an der Anode einer Röhre oder um 180° phasenverschoben an der anderen Röhre abgegriffen werden können.

7.5. Stromversorgung

In der Anfangszeit erfolgte die Stromversorgung der Röhrengeräte über Batterien. Nachdem öffentliche Stromnetze zur Verfügung standen, ging man dazu über, die notwendigen Versorgungsspannungen aus dem Stromnetz zu gewinnen. Dabei existierten öffentliche Stromnetze zunächst nur als örtliche Insellösungen, die Gleichspannung bzw. 50 Hz-Wechselspannung mit 110 V, 125 V oder 220 V bereit stellten. Rundfunkgeräte wurden dementsprechend als Allstromgeräte für Gleich- und Wechselstromnetze und als Wechselstromgeräte nur für Wechselstromnetze angeboten.

Allstromgeräte arbeiteten generell ohne Netztransformator und die Heizfäden aller Röhren wurden zusammen mit einem Heißleiter in Reihe geschaltet (Serienheizung). Die Röhren waren daher für einen bestimmten Strom ausgelegt (z.B. U-Röhren für 100 mA, P-Röhren für 300 mA). Der Heißleiter begrenzte den Einschaltstromstoß bei kalten Heizfäden und verursachte, dass die Geräte eine deutlich längere Zeit als Wechselstromgeräte bis zur Betriebsbereitschaft benötigten.

Wechselstromgeräte sind durch das Vorhandensein eines Netztransformators gekennzeichnet, der primär auf verschiedene Netzspannungen umschaltbar war und sekundär Wicklungen für eine oder mehrere Heizspannungen und die Anodenspannung besaß. In Wechselstromgeräten wurden die Röhrenheizungen parallel geschaltet. Die Röhren waren für eine bestimmte Heizspannung ausgelegt sein; diese betrug z.B. 4 V bei A-Röhren bzw. 6,3 V bei E-Röhren.

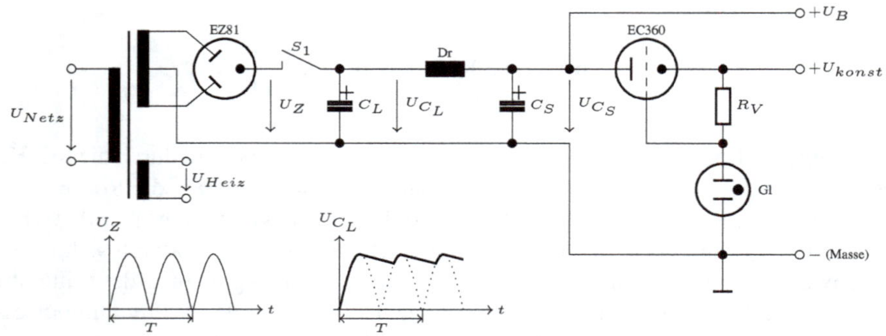

Abb. 7.12.: Komponenten zur Stromversorgung

Netzgleichrichter und Siebschaltung Allstrom- und Wechselstromgeräte verfügten jeweils über eine Gleichrichterschaltung zur Gewinnung der Anodenspannung. In einem Wechselstromgerät wurden meist Zweiweggleichrichter mit einer Doppeldiode und einem Transformator mit Mittelanzapfung der Anodenspannungswicklung eingesetzt, wie in Abb. 7.12 dargestellt. Zur Gleichrichterschaltung gehört der Ladekondensator C_L, ohne den die Spannung U_Z bis auf 0 V zusammenbrechen würde (Testkontakt S_1 geöffnet). Die Spannung am Ladekondensator U_{C_L} ist von einer belastungsabhängigen Restbrummspannung überlagert. Diese Brummspannung hat bei Zweiweggleichrichtern die doppelte Netzfrequenz und wird vom nachgeschalteten Siebglied, bestehend aus Siebdrossel Dr und Siebkondensator C_s, herausgefiltert. Am Siebkondensator C_s steht die Betriebsspannung U_B von der Größenordnung 250–350 V bereit.

Spannungsstabilisierung mit Längsregler Bei hohen Ansprüchen an die Konstanz der Betriebsspannung, wie sie in der Messtechnik auftreten, wurde die Anodenspannung für empfindliche Teile der Schaltung stabilisiert. Dazu dienten bei nicht so hohen Ansprüchen und Strömen Glimmstabilisatoren als Parallelregler, wie schon in Kapitel 6.1.2 dargestellt. Bei hohen Ansprüchen diente ein Glimmstabilisator (Gl in Abb. 7.12) als Spannungsreferenz für eine Regelröhre als Längsregler. Im Bedarfsfall wurde der Glimmstabilisator thermostatisiert betrieben, bei z.B. 70 °C, um in Laborräumen ohne Kühlung auszukommen.

8. Digitaltechnik mit Röhren

In der modernen Halbleiterelektronik dominiert die Digitaltechnik, die mit zeit- und wertdiskreten Signalen arbeitet. Üblicherweise wird die Binärelektronik genutzt, die nur zwei Signalpegelbereiche, „Low“ und „High“, verwendet. Diese Signalpegel (Spannungswerte) werden als logische Werte 0 und 1 interpretiert und mittels der Booleschen[1] Algebra verarbeitet. Den theoretischen Weg dazu hat Shannon [2] wesentlich mit erschlossen.

Schaltungen zur Verarbeitung von binären Signalen sind dadurch gekennzeichnet, dass logische Grundfunktionen und Speicherelemente parallel und hintereinander angeordnet sind, um binäre Operationen mit einer bestimmten Datenwortbreite realisieren zu können. Nach der Schaltalgebra benötigt man Lösungen für die logischen Grundoperationen

- Negation (NOT, NICHT),
- Konjunktion (AND, UND) sowie
- Disjunktion (OR, ODER),

um komplexe logische Funktionen aufzubauen. Ferner sind binäre Speicher notwendig.

In früherer Zeit, als für logische Schaltungen Ralais, Gasentladungsröhren oder Elektronenröhren zum Einsatz kamen, setzten der Energiebedarf, das Volumen, die Zuverlässigkeit, die Schaltgeschwindigkeit u.a. dem Umfang der Schaltung und der Anzahl der aktiven Bauelemente Grenzen. Die Anzahl von aktiven Bauelementestrukturen spielt in heutigen integrierten Schaltkreisen (IC) kaum noch eine Rolle und geht in die Millionen.

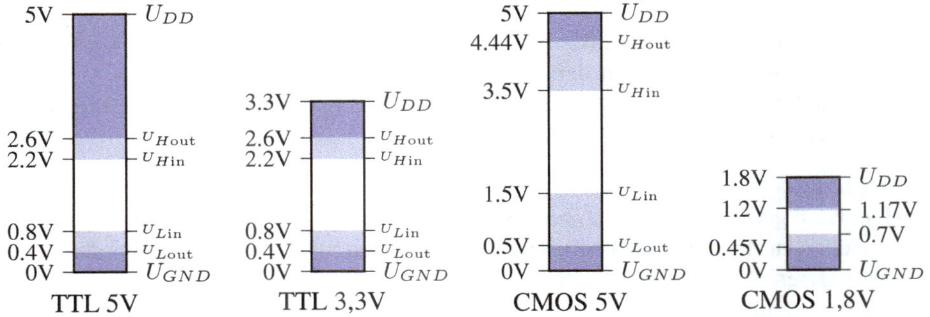

Abb. 8.1.: Signalpegel und Toleranzwerte in der Digitaltechnik (Quelle: Texas Instruments, entnommen aus [RW13])

Moderne Digitalschaltungen arbeiten oft mit nur einer Batteriezelle. Die Schaltung muss dann mit einer Betriebsspannung von nur 1–3 V auskommen. Entsprechend niedrig und eng toleriert

[1] George Boole, englischer Mathematiker, 1815–1864

[2] Claude E. Shannon, US-amerikanischer Mathematiker und Elektrotechniker, 1916–2001

https://doi.org/10.1515/9783110547979-119

sind die Signalpegel. Die Abb. 8.1 zeigt, wie sich die Signalpegel und die zulässigen Toleranzen integrierter Logikschaltungen in den letzten Jahrzehnten entwickelt haben.

In Tabelle 8.1 sind einige typische Operationen zur Verarbeitung digitaler Signale analogen Verfahren gegenüber gestellt.

Tabelle 8.1.: Signaloperationen in Analog- und Digitaltechnik

Analogtechnik	beide Techniken	Digitaltechnik
Verstärkung		Zählung
Dämpfung		De- /Inkrementierung
Gleichrichtung		Speicherung
analoge Operationen		logische / numerische Operationen
Modulation/Demodulation		Kodierung / Dekodierung
	Signalerzeugung	
	Signalfilterung	
	A/D- und D/A-Wandlung	

8.1. Wege zur Digitaltechnik

Wofür benötigte man Digitaltechnik, nachdem der Rundfunk, das aufkommende Fernsehen und technische Anwendungen mit den vorhandenen, analogen Lösungen schon gut funktionierten bzw. sich gut entwickelten? Es gab verschiedene Zugänge und Gründe für die Digitaltechnik, von denen wir nachfolgend einige nennen.

- Telegrafie
  Historisch gesehen findet man bereits im 19. Jahrhundert mit der Einführung von Morsezeichen zur Informationsübertragung mittels Telegrafie eine Form der Digitalisierung. Das Morsealphabet bildet die diskrete Menge der Zahlen und Buchstaben auf nur drei Zeichen, nämlich „kurz", „lang" und „Pause", ab. Diese Zeichen konnten leicht auf elektrischem Wege übertragen und mechanisch oder akustisch wiedergegeben werden. Dazu wurde auf der Seite des Senders ein Signal konstanter Amplitude getastet, d.h. einfach ein- und ausgeschaltet.

- Telefon und Vermittlungstechnik
  Zur Herausbildung der Digitaltechnik hat auch das Telefon beigetragen. Mit der Entwicklung der Telefonnetze ergab sich von selbst die Aufgabe des korrekten Verbindens von Leitungen für ein Gespräch und des Trennens der Verbindungen nach Beenden des

Gesprächs. Das Durchschalten der Leitungen erfolgte zuerst manuell durch „das Fräulein vom Amt“ aber schon Ende des 19. Jahrhunderts wurde an Automatisierungen gearbeitet. Später wurde der Wählbetrieb mit Hilfe elektromechanischer Bauelemente, wie Telefonrelais und Schrittschaltwerken (Hebdrehwähler), automatisiert. Das Auswählen und Durchschalten einer gewählten Verbindung umfasst das wiederholte Multiplexen der Leitung auf verschiedenen Ebenen. Dieser Vorgang beansprucht mit mechanischen Komponenten erhebliche Zeit und die mechanisch beanspruchten Teile und Kontakte unterliegen einem Verschleiß und erfordern regelmäßige Wartung [Rum61].

- Digitalrechner
  Die digitale Verarbeitung von Zahlen und Zeichen auf elektrischem Weg wurde durch die Entwicklung des ersten programmierbaren elektromechanischen Digitalrechners Z3 durch Konrad Zuse[3] eingeleitet. Der Z3 wurde 1941 fertig gestellt, nutzte das Binärsystem mit gleitendem Komma. Er arbeitete mit 600 Ralais im Rechenwerk und 1400 Relais im Speicherwerk. Die Wortlänge betrug 22 Bit und die Speicherkapazität 64 Worte. Multiplikation, Division und das Ziehen einer Quadratwurzel dauerten etwa 3 s [Zus70]. Zuse erkannte, dass elektronische Lösungen für die logischen Grundoperationen und ein Speicherelement reichen würden, um einen elektronischen Rechner zu bauen [Zus70].
- Nachrichtenverschlüsselung
  Im 2. Weltkrieg wurden Texte verschlüsselt übertragen, um die Botschaft für den Gegner unlesbar zu machen. Umgekehrt musste der Adressat eine verschlüsselte Nachricht wieder decodieren können. Die Decodierung verschlüsselter Botschaften erforderte großen Aufwand, was alsbald zu umfangreichen Entwicklungen von Geräten zur Verschlüsselung und Entschlüsselung führte. In Rahmen solcher Entwicklungen entstand der Digitalrechner Colossus, der 1943 in England gebaut wurde und mit Elektronenröhren arbeitete [Pro06].
- Messtechnik
  Darüber hinaus gab es viele, in der Öffentlichkeit weniger beachtete Entwicklungen, die der Digitaltechnik zuzurechnen sind. Als Beispiel auf dem Sektor der Messtechnik nennen wir Zählschaltungen für die Messung radioaktiver Strahlung. Für das Zählen wurden sogar ganz spezielle Zählröhren entwickelt, die Ereigniszählung und Anzeige des Zählerstandes zugleich ermöglichten (siehe dazu Kapitel 10.1.1 und 10.2.1).

Wir hatten schon erwähnt, dass zur Realisierung logischer Schaltungen im Verlaufe der Entwicklung Relais, Gasentladungsröhren oder Elektronenröhren verwendet wurden und skizzieren nachfolgend frühe Lösungen mit diesen Bauelementen.

8.1.1. Logik mit Relais

Der Urtyp zur Erzeugung eines binären Signals ist der ideale mechanische Schalter oder Taster, denn ein solcher Schalter hat genau zwei Zustände,

[3] Konrad Zuse, deutscher Ingenieur, 1910–1995

- er unterbricht den Stromkreis mit unendlich hoher Impedanz oder
- er schließt den Stromkreis mit einem Kontaktwiderstand von 0 Ω.

Entsprechendes gilt für Relais mit idealen Kontakten, wobei ein Relais mehrere Arbeits- und Ruhekontakte haben kann. Gesteuert wird das Relais über den Strom durch die Spule (steuernder Eingang), die galvanisch von den Schaltkontakten getrennt ist. In Abb. 8.2 ist die Realisierung einfacher logischer Funktionen mit Hilfe von Relais dargestellt.

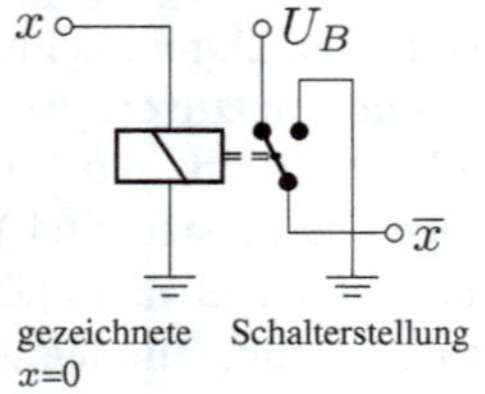

(a) Negation (NOT)

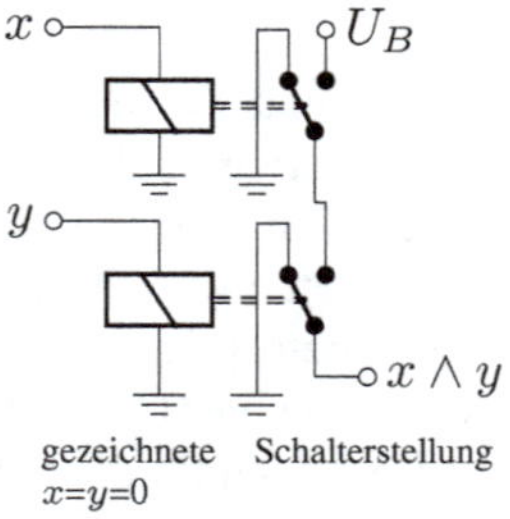

(b) logisches UND (AND)

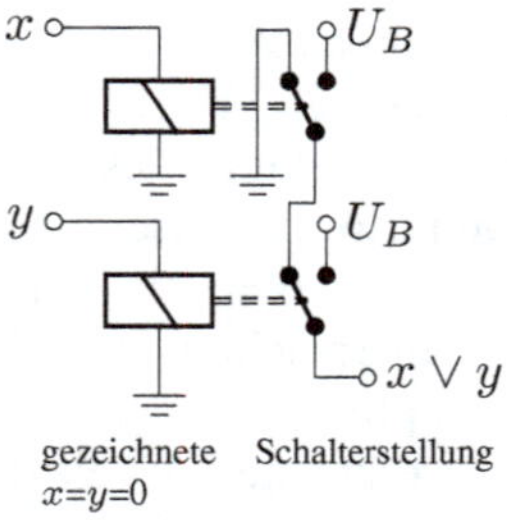

(c) logisches ODER (OR)

Abb. 8.2.: Relais-Schaltungen für die digitalen Basis-Operationen NOT, AND und OR (entnommen aus [RW13])

Ein Relais bewegt beim Schalten die Ankermasse und die federnden Kontakte. Auf Grund der Trägheit der bewegten Massen und der Induktivität der Spule war die Arbeitsfrequenz klassischer (Telegrafen-) Relais auf etwa 20 Hz oder weniger begrenzt [Sch41].

8.1.2. Röhren als Schalter

Mit dem Ziel deutlich schneller zu schalten, als es Relais erlaubten, stellte sich die Frage, ob und wie sich die beiden Zustände eines Relais mit Gasentladungsröhren bzw. den praktisch trägheitslos arbeitenden Elektronenröhren nachbilden lassen, denn weder Gasentladungsröhren noch Elektronenröhren verhalten sich wie ein Schalter.

- Gasentladungsröhren verfügen mit Zündspannung und Löschspannung über zwei Schwellwerte, an denen die Röhre in den gezündeten Zustand (entspricht geschlossenem Kontakt) bzw. in den gelöschten Zustand (entspricht geöffnetem Kontakt) kippt. Im stromführenden Zustand fällt über der Röhre die Brennspannung ab, die Röhre hat so einen endlichen Innenwiderstand.

- Elektronenröhren besitzen keine definierten Schwellen. Vielmehr ändert sich der Strom kontinuierlich mit anliegenden Spannungen und im leitenden Fall ist ein endlicher Innenwiderstand wirksam.

Um Röhren trotzdem als logischen Schalter zu nutzen, müssen analog zu Abb. 8.1 bestimmte Spannungsbereiche als Low- bzw. High-Pegel definiert und eingehalten werden. Spannungen im definierten Bereich müssen am Eingang einer Logikbaugruppe als Low- bzw. als High-Pegel erkannt werden und von derselben Baugruppe auch als Ausgangspegel wieder geliefert werden können.

8.1.2.1. Logik mit Kaltkatoden-Thyratrons

Kaltkatoden-Thyratrons haben, wie ein Relais, genau zwei Zustände. Jedoch besteht bei logischen Verknüpfungen mit Kaltkatoden-Thyratrons das Problem, dass die Röhre zwar mit einem Steuerimpuls gezündet aber nicht wieder gelöscht werden kann. Zum Löschen muss die Spannung zwischen Anode und Katode unter die Brennspannung abgesenkt werden. Die Realisierung logischer Funktionen erfolgte deshalb mit selbstlöschenden Schaltungen, die als Ergebnis einen transienten Impuls erzeugen [Dur65].

Zur Selbstlöschung wurde der Widerstand in der Anoden- oder Katodenleitung (R_1, R_2) geteilt und ein Teil mit einem Kondensator (C_1) überbrückt. Im Moment des Zündens ist der Kondensator entladen und läd sich bei gezündeter Entladung auf, so dass die Brennspannung wieder unterschritten wird.

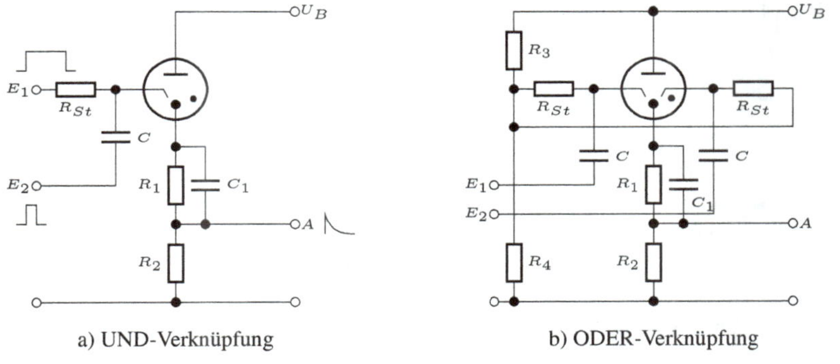

Abb. 8.3.: Logische Verknüpfungen mit Kaltkatoden-Thyratrons nach [Dur65]

Eine UND-Schaltung nach Abb. 8.3a verknüpft zwei einlaufende Rechteckimpulse und generiert am Ausgang einen Impuls, wenn die Signale gleichzeitig anliegen bzw. sich zeitlich überlappen.

Für eine Oder-Schaltung eignet sich nach Abb. 8.3b ein Kaltkatoden-Thyratron mit zwei Zündelektroden. Beide Zündelektroden werden durch den Teiler (R_3/R_4) vorgespannt. Das Thyratron zündet dann, wenn über eine der Zündelektroden oder über beide ein Impuls einläuft. Die selbstlöschende Schaltung generiert einen Ausgangsimpuls und das Thyratron verlischt bei Unterschreiten der Brennspannung wieder [Dur65].

8.1.2.2. Röhrenrelais nach Schreyer

In einer Arbeit, die im Zusammenhang mit der Entwicklung der ersten Digitalrechner durch Zuse steht, entwickelte Zuses Mitarbeiter Schreyer Anfang der 1940er Jahre ein digitales Schaltungskonzept mit Röhren. Die Aufgabe bestand darin, die beiden diskreten Zustände eines Relais mit Röhren nachzubilden [Sch41].

Zur Lösung der Aufgabe schaltete Schreyer eine Elektronenröhre, in der sich der Strom bekanntermaßen kontinuierlich ändert, und eine Glimmlampe, die mit Zünd- und Löschspannung zwei ausgezeichnete diskrete Zustände besitzt (siehe Kapitel 4.5.2), entsprechend Abb. 8.4a zusammen. Er nannte diese Schaltung „Röhrenrelais" und verglich in seiner Arbeit die Funktion der Röhre mit dem Magnet eines Relais und Funktion der Glimmlampe mit den Relaiskontakten.

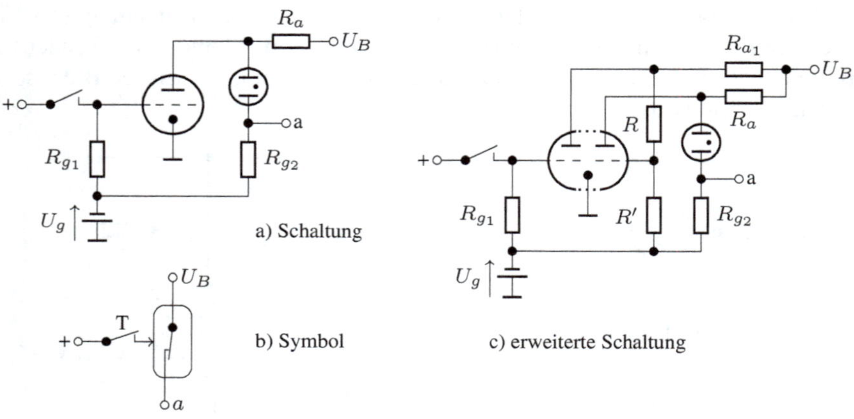

Abb. 8.4.: Röhrenrelais nach [Sch41] (Erklärung im Text)

In Abb. 8.4a liegt bei geöffneter Taste eine Spannung von ca. -20 V am Gitter und die Röhre sperrt, so dass die Entladung in der Glimmlampe zündet und brennt. Bei geschlossener Taste zieht die Triode einen mehrfach größeren Strom als die Glimmlampe und der Spannungsabfall über R_a wächst so an, dass die Löschspannung der Glimmlampe unterschritten wird. Durch geeignete Dimensionierung von R_a gelang es, vom Ausgang a mit der Spannung über R_{g_2} ein nächstes Röhrenrelais zu schalten. R_{g_2} bildet dann gleich den Gitterwiderstand des folgenden Systems.

Um die logische Funktion der Schaltung zu invertieren, wurde mittels einer zweiten Triode die Phase des (Tasten-) Signals vor der Relaisstufe invertiert (Abb. 8.4c). Außerdem konnten mehrere Glimmröhrenstrecken mit Vorwiderstand im Anodenkreis parallel geschaltet werden, so dass das Röhrenrelais mehrere Ausgänge a_i erhielt, so wie ein Relais mehrere Kontaktsätze besitzen kann.

Toleranzen, Alterung und unterschiedliche Betriebsbedingungen, auch hohe Frequenzen, können Abweichungen der Spannungswerte zur Folge haben. Um dies aufzufangen, kalkulierte Schreyer Sicherheitsgrenzen ein (Zündspannung der Glimmlampe: 200 V, Löschspannung 120 V) und sah Schutzwiderstände vor. Die „Logikpegel", die der Spannung am Ausgang a entsprechen, betragen dann bei stromloser Glimmröhre -20 V und bei stromführender Glimmröhre etwa 5 V.

Um die Darstellung einer Zusammenschaltung solcher Stufen zu vereinfachen, wurde in [Sch41] auch eine Symbolik entwickelt, die nur die Schaltfunktion, nicht aber alle Schaltungsdetails darstellt. Ein einfaches Beispiel zeigt die Abb. 8.4b.

8.2. Logische Grundfunktionen mit Röhren

Wir betrachten im Folgenden die Realisierung der logischen Funktionen NICHT-, UND- und ODER mit Röhren. Diese logischen Funktionen bilden ein vollständiges Logiksystem, d.h. aus diesen Funktionen lassen sich alle anderen logischen Funktionen gewinnen.

Damit aufeinanderfolgende Stufen direkt gekoppelt werden können, müssen sie so ausgelegt sein, dass die Low- bzw. High-Signalpegel im Eingangs- und im Ausgangskreis in den gleichen Spannungsbereichen liegen und in das gegebene Toleranzschema einer Logikfamilie passen (vergl. Abb. 8.1). Die nachfolgend skizzierten Prinzipschaltungen arbeiten nicht in den gleichen Pegelbereichen und können daher nicht direkt gekoppelt werden.

NICHT-Schaltung (Inverter) Bestimmte Verstärkerstufen, die mit Röhren oder mit Transistoren arbeiten können, erzeugen zwischen dem steuernden Eingangssignal und dem gesteuerten Ausgangssignal eine Phasendrehung von 180°. In der Digitaltechnik wird diese Phasendrehung als Negation genutzt.

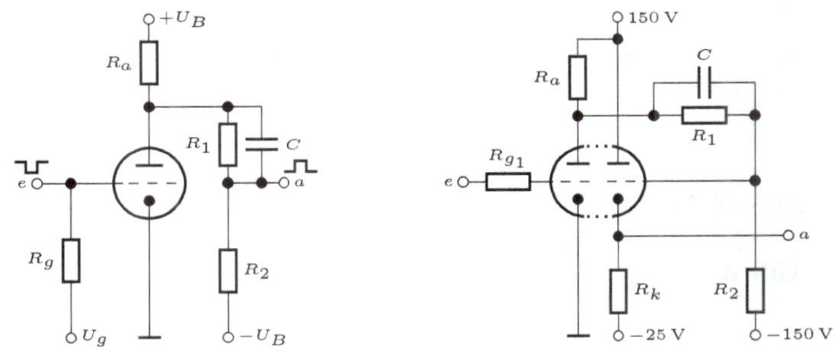

a) einfache NOT-Schaltung (Umkehrschaltung) b) NOT mit Treiberstufe

Abb. 8.5.: Grundschaltungen für das logische NICHT (NOT) [Haa61]

Ohne Signal bzw. bei L-Pegel am Eingang liegt am Gitter eine negative Spannung, die die Röhre sperrt. Über den Spannungsteiler R_1/R_2 im Anodenkreis wird am Ausgang eine Spannung von 0 V erzeugt, die hier dem H-Pegel entspricht. Die Spannung am Gitter werde nun auf 0 V angehoben, so dass ein Anodenstrom fließt und die Röhre durchgesteuert wird. Als Folge sinkt die Anodenspannung und damit auch die Spannung am Ausgang. Eine direkt angekoppelte nächste gleichartige Stufe erhält so nacheinander H- bzw. L-Pegel.

Um den Ausgang niederohmig zu machen, kann der NOT-Stufe eine Treiberstufe nachgeschaltet werden. Die Abb 8.5b zeigt eine solche Schaltung, die nach [Haa61] im IBM-Rechner NORC Verwendung fand. Im Gitterkreis der ersten Röhre ist außerdem ein Widerstand zur Begrenzung des Gitterstromes vorgesehen.

ODER-Schaltung mit 2 Eingängen Die ODER-Schaltung in Abb. 8.6a arbeitet mit zwei Trioden, die ohne Eingangssignal bzw. bei L-Pegel am Eingang gesperrt sind, so dass der Ausgang über R_k auf Masse liegt. Die Schaltung ist symmetrisch und so dimensioniert, dass bei H-Pegel am linken oder am rechten Eingang oder an beiden Eingängen Strom durch eine oder beide Röhren fließt und über R_k eine Spannung abgegriffen werden kann, die dem H-Pegel entspricht.

Das Signal kann in der gleichen Stufe negiert werden, so dass eine NOR-Funktion entsteht. Dazu wird anstelle des gemeinsamen Widerstandes in der Katodenleitung beider Röhren ein gemeinsamer Anodenwiderstand verwendet und das Signal wird über diesem abgegiffen, wie Abb. 8.6b zeigt. Analog zum Inverter müssen durch zusätzliche Schaltelemente die Pegel in den gewünschten Bereich verschoben werden.

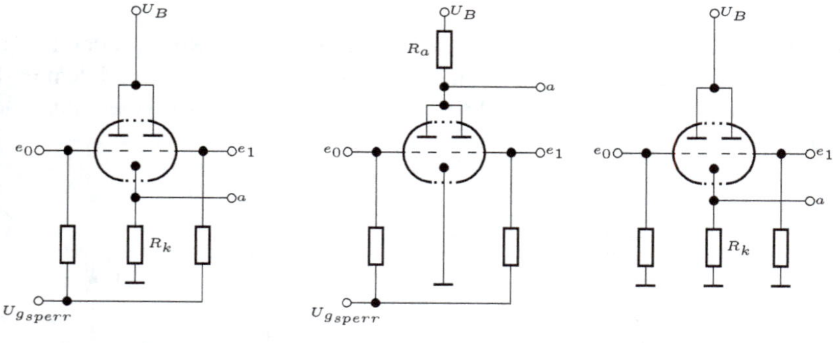

a) ODER mit 2 Eingängen b) negiertes ODER (NOR) c) UND mit 2 Eingängen

Abb. 8.6.: Grundschaltungen für ODER, NOR, sowie UND [Haa61]

UND-Schaltung mit 2 Eingängen Die UND-Schaltung in Abb. 8.6c ist der ODER-Schaltung ähnlich, jedoch sind Ruhe- und Arbeitszustand vertauscht. Ohne Eingangssignal bzw. bei H-Pegel an beiden Eingängen führen beide Trioden Strom und über R_K steht eine Spannung zur Verfügung, die erst verschwindet, wenn beide Trioden komplett sperren.

Logische UND-Verknüpfungen und auch ODER-Verknüpfungen mit zwei Eingängen lassen sich auch mit Hexoden bzw. Heptoden realisieren. Dazu werden die Eingangssignale an die beiden Steuergitter gelegt.

8.3. Eccles-Jordan-Schaltung und Speicherglieder

Etliche Jahre bevor Schreyer sein Röhrenrelays entwickelte, nämlich am 18. Juni 1918 reichten Eccles und Jordan in England eine Patentschrift mit dem Titel „Improvement of Ionic Relais" ein, die die Nummer 148,582 erhielt und 1920 veröffentlicht wurde [EJ20].

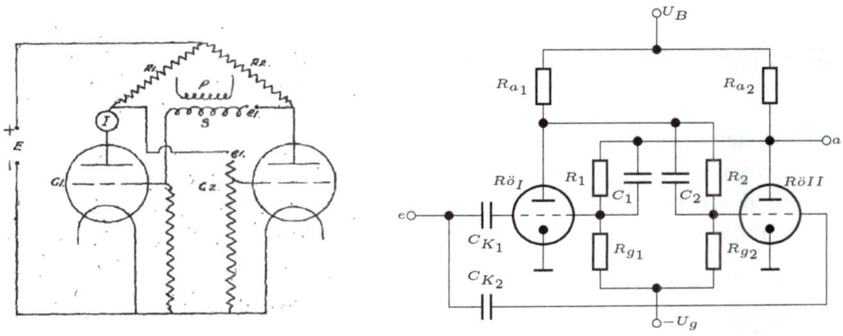

a) Fig. 2 aus der Patentschrift [EJ20] b) Flip-Flop-Beispielschaltung

Abb. 8.7.: Eccles-Jordan-Schaltung
a) Originalabbildung aus der englischen Patentschrift Nr. 148,582
b) Flip-Flop Beispiel

Eine in dieser Patentschrift publizierte Schaltung ist in Abb. 8.7a original wiedergegeben. Diese Schaltung wurde Eccles-Jordan-Schaltung und später auch bistabiler Multivibrator genannt, sie ist heute besser bekannt als Flip-Flop.

Eine Eccles-Jordan-Schaltung enthält zwei Trioden, die wechselseitig gleichstrommäßig so rückgekoppelt sind, dass nur eine Triode leitend ist, während die andere gesperrt ist. Die Schaltung hat genau zwei stabile Zustände und die Umschaltung von einem in den anderen Zustand erfolgt durch einen äußeren Impuls. Am empfindlichsten reagiert die leitende Röhre auf einen negativen Impuls an ihrem Gitter, da sie in einem Gebiet mit hoher Verstärkung arbeitet.

Die Abb. 8.7b zeigt ein symmetrisch aufgebautes Flip-Flop mit symmetrischer Tastung. Man spricht von symmetrischer Tastung, wenn, wie Abb. 8.7b, der Impuls, über Kondensatoren (C_{K_1}, C_{K_2}) entkoppelt, zugleich an beiden Gittern anliegt. Energiespeicher (C_1, C_2) bestimmen auf Grund Ihres Ladungszustandes die Richtung, in der die Schaltung kippt. Eine Tastung kann auch im Anodenkreis erfolgen, wobei dann höhere Impulsamplituden erforderlich sind [Spe63]. Damit die Schaltung in den Ausgangszustand zurück kippt, benötigt sie einen zweiten Impuls. Die Schaltung kann damit als Speicherglied oder als Binärteiler eingesetzt werden. Anwendungsgebiete waren elektronische Teiler- und Zählerschaltungen, die z.B. in [Kre54] analysiert werden. Und weitere Anwendungen waren natürlich elektronische Rechenmaschinen [DK57].

Aus dem ursprünglichen (Basis-) Flip-Flop sind vielfältige Weiterentwicklungen, wie RS-, D-, JK-Flip-Flops hervorgegangen. Die verschiedenen Flip-Flop-Arten sind heute, in ICs eingebettet, unverzichtbare Bestandteile komplexer Logikfunktionen und integrierter Logikschaltungen.

Parallel zu digitalen Schaltungen mit Elektronenröhren wurden bis in die 1950er Jahre auch digitale Schaltungen mit Gasentladungsröhren weiterentwickelt. Auch bistabile Speicherzellen mit Glimmröhren wurden vorgeschlagen und geschützt [Sch55].

8.4. Rechner mit Elektronenröhren

Die aufwendigsten digital arbeitenden Großgeräte mit Elektronenröhren in den 1940er und 50er Jahren waren elektronische Rechner. Die ersten Röhrenrechner wurden während des 2. Weltkrieges in den USA und England mit militärischen Zielstellungen entwickelt. Sie arbeiteten mit mehreren tausend Röhren und waren daher störanfällig.

Zu den ersten bekannten Röhrenrechnern, die auch einen eigenen Namen erhielten, zählten

- Colossus (England 1943, 1600 Röhren)
- ENIAC (USA, 1945, ca. 18 000 Röhren)
- IBM NORC (USA December 1954, 9800 Röhren, 10 000 Kristalldioden)

Für den ENIAC (Electronic Numerical Integrator And Computer) sind einige weitere Daten in der folgenden Tabelle 8.2 angegeben.

Tabelle 8.2.: Einige Daten des ENIAC nach [Bur47]

Anzahl der Röhren	ca. 18 000
Anzahl der Widerstände	ca. 70 000
Anzahl der Kondensatoren	ca. 10 000
Anzahl der Schalter	ca. 6 000
Leistungsaufnahme	
Katodenheizung	ca. 80 kW
Gleichspannungsleistung	ca. 40 kW
Lüftungssystem	ca. 80 kW

Viele weitere Informationen über frühere Röhrenrechner kann man dem Buch [Bru15]) entnehmen.

9. Katodenstrahlröhren und Bildaufnahmeröhren

Die hier behandelten Röhren sind elektrisch-optische bzw. optisch-elektrische Wandler. Für Katodenstrahlröhren sind Katodenstrahlen, die man heute Elektronenstrahlen nennt, von essentieller Bedeutung. Wie schon erwähnt, gelang 1859 Plücker die Entdeckung der Katodenstrahlen; wichtige Eigenschaften dieser Strahlen wurden von Hittorf und Crookes gefunden, untersucht und publiziert. Zu den frühen, grundlegenden Arbeiten mit Katodenstrahlen zählt auch die Bestimmung der spezifischen Ladung $\frac{e}{m}$ des Elektrons unter Einbeziehung magnetischer Felder.

Katodenstrahlröhren unterteilen wir zweckmäßig in Oszillographenröhren, Bildröhren und Bildaufnahmeröhren.

- **Oszillographenröhren** dienten der Wandlung eines elektrischen Signals in ein visuell beobachtbares, optisches Signal. Oszillographenröhren sind selbstleuchtend und die dargestellte Information liegt in Weg und Geschwindigkeit des Leuchtpunktes auf dem Bildschirm, also in einem beobachtbaren Kurvenzug, dem Oszillogramm. Anwendungsgebiet von Oszillographenröhren waren Messgeräte mit analoger Anzeige von Kurvenzügen.
- **Bildröhren** dienten der Darstellung von flächenhaft über den gesamten Bildschirm verteilten Helligkeitswerten (Grauwerten) oder Farbwerten als Bildinhalt von Fernsehbildern oder Rastergrafiken. Bildröhren sind ebenfalls selbstleuchtend und waren in Fernsehgeräten, Rechnermonitoren sowie in Bank- und Kassenterminals weit verbreitet. Etwa ab dem Jahr 2000 sind Bildröhren durch neue, digital ansteuerbare Displaytechniken zunehmend verdrängt worden, die auf anderen physikalisch-technischen Lösungen beruhen.
- **Bildaufnahmeröhren** nutzen einen Elektronenstrahl, um optische Bildinhalte in elektrische Signale umzusetzen. Man würde sie heute als Bildsensoren bezeichnen. Bildaufnahmeröhren wurden durch moderne Halbleiterbildsensoren verdrängt. Letztere besitzen eine große Zahl matrixartig angeordneter Pixel, die nach dem Prinzip ladungsgekoppelter Bauelemente (CCD-Sensoren) digital ausgelesen werden [RW16].

9.1. Die ursprüngliche Braunsche Röhre

Im Jahre 1897 veröffentlichte F. Braun[1] seine Arbeit „Ueber ein Verfahren zur Demonstration und zum Studium des zeitlichen Verlaufs variabler Ströme“. In dieser Arbeit zeigte er erstmals, wie Wechselstrom mittels einer speziell präparierten Kathodenstrahlröhre sichtbar gemacht

[1] Ferdinand Braun, deutscher Physiker und Elektrotechniker, 1850–1918, Nobelpreis für Physik 1909

https://doi.org/10.1515/9783110547979-129

werden kann [Bra97]. Braun hatte zu dieser Zeit eine Professur in Straßburg und um diese Zeit (1895) war in Straßburg einer der ersten Wechselstromgeneratoren (120 V) in Europa installiert worden, so dass es nahe lag, nach Darstellungsmöglichkeiten für Wechselstrom zu suchen.

Das ursprünglich von Braun benutzte Kathodenstrahlrohr war eine langgestreckte Gasentladungsröhre. Diese bestand, wie in Abb. 9.1 dargestellt, aus dem Röhrenkolben (G), einer kalten Katode (K), an welcher die Elektronen durch Ionenbeschuss ausgelöst wurden, einer Anode (A), einer Lochblende (LB) mit einem 2 mm Loch und einem Glimmerschirm (S), der mit fluoreszierender Farbe bestrichen war. Die Entladung wurde von einer Influenzmaschine oder von einem Induktionsapparat gespeist und Braun beschreibt die daraus folgende „Intermittenz" der Katodenstrahlen als Nachteil. Die Vertikalablenkung erfolgte magnetisch mit einem Spulenpaar etwa in Höhe der Blende. Die Horizontal- bzw. Zeitablenkung erfolgte nicht in der Röhre sondern außerhalb mechanisch-optisch mit einem Drehspiegel. Neben Wechselstrom der „Centrale" untersuchte Braun auch Ströme an Induktoren und stellte Lissajous'sche Kurven dar. Dazu erfolgte die horizontale Strahlablenkung mit einem unter der Röhre rotierendem Stabmagneten oder durch ein zweites Spulenpaar, welches senkrecht zum ersten angeordnet war. Die erhaltenen Kurven wurden nach der Beobachtung von Hand aufgezeichnet.

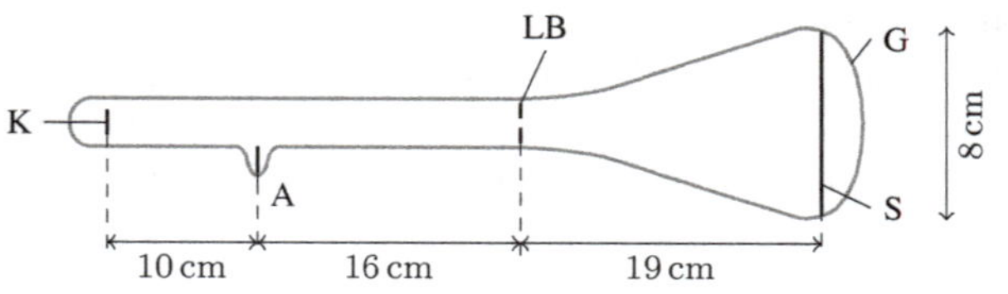

Abb. 9.1.: Katodenstrahlröhre nach der Originalarbeit von F. Braun [Bra97]

M. v. Ardenne[2] [AK33] gibt 1933 eine umfassende Darstellung der Entwicklung der Katodenstrahlröhre und ihrer Anwendungen.

Danach war die Weiterentwicklung der Braunschen Röhren gekennzeichnet durch

- die Absenkung des Druckes bis in den Hochvakuumbereich,
- die Einführung einer geheizten Katode und Absenkung der Betriebsspannung,
- die Einführung eines Wehneltzylinders zur Steuerung der Strahlintensität,
- die Verwendung unterschiedlicher Leuchtstoffe,
- die Fokussierung des Elektronenstrahls zur Erreichung kleinster Leuchtflecke,
- die elektrische oder magnetische Ablenkung in zwei orthogonalen Richtungen u.a.

9.2. Oszillographenröhren

Jede neuere Oszillographenröhre oder Katodenstrahlröhre besitzt ein Elektronenstrahlsystem, technische Mittel zur Fokusierung und Ablenkung des Elektronenstrahls sowie einen Bild-

[2] Manfred Baron von Ardenne, deutscher Physiker, 1907 - 1997

schirm. Durch Einstellung oder Modulation des Strahlstromes kann die Helligkeit des Leuchtpunktes auf dem Bildschirm eingestellt bzw. moduliert werden. Ablenkung und Fokussierung des Elektronenstrahls können prinzipiell elektrisch oder magnetisch erfolgen. Zur Scharfstellung (Fokussierung) des Leuchtpunktes auf dem Bildschirm nutzten Katodenstrahlröhren Elektronenlinsen, die den Elektronenstrahl bündeln (siehe Kapitel 4.4).

Bei oszillographischen Anwendungen besteht die Aufgabe, Signale ganz unterschiedlicher Frequenz, Kurvenform und Amplitude zu visualisieren. Deshalb muss die Strahlablenkung in x- und y-Richtung sehr flexibel sein und weite Frequenzbereiche (z.B. 10^{-1}–10^{7} Hz oder mehr) überdecken. Oszillographenröhren verwenden typischerweise die elektrische Strahlablenkung.

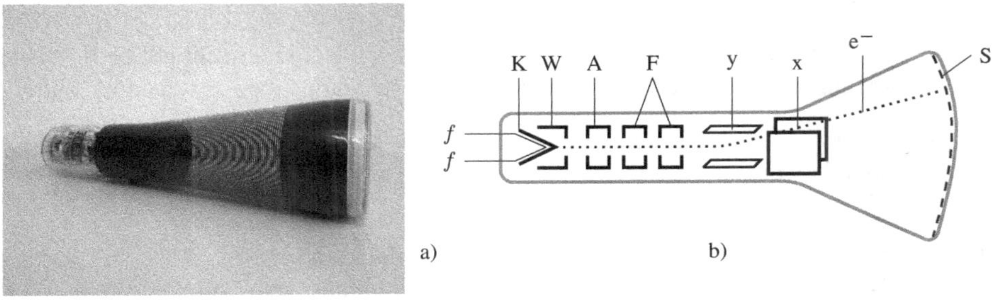

Abb. 9.2.: a) Einstrahl-Oszillographenröhre B7S4-01 (Länge 25 cm),
b) Schema einer Oszillographenröhre

Die Abb. 9.2a zeigt eine Einstrahl-Oszillographenröhre mit Planschirm vom Typ B7S4-01 aus den 1970er Jahren (Hersteller: Funkwerk Erfurt), die für kleine Messoszillographen entwickelt wurde. Die Röhre verfügt über eine Nachbeschleunigungselektrode und arbeitet mit einer maximalen Gesamtbeschleunigungsspannung von 1,2 kV. Sie liefert eine hohe Punktschärfe und Helligkeit; die Grenzfrequenz, begrenzt durch die Kapazität der Ablenkplatten, beträgt ca. 300 MHz [ano72]. Anhand von Abb. 9.2b erläutern wir allgemein Aufbau und Funktion einer Oszillographenröhre.

- Das Elektronenstrahlsystem umfasst eine indirekt geheizte Katode (K), den Wehneltzylinder (W), die Anode (A) sowie die Fokusierelektroden (F). Der Wehneltzylinder hat eine zentrale Bohrung und dient der Intensitätssteuerung des Elektronenstrahls; er übernimmt die Funktion eines Steuergitters und wird auf ein negatives Potential gegenüber der Katode gelegt. Die Anode hat eine hohe positive Spannung (einige 100–1000 V) zur Beschleunigung der Elektronen. Die Fokusierelektroden (F) bilden im Zusammenwirken mit der Anode gewölbte Potentialflächen aus, die als Elektronenlinse (Sammellinse) wirken, so dass bei geeignet gewählten Spannungen ein scharfer Leuchtfleck auf dem Bildschirm entsteht.

- Die Ablenkung des Elektronenstrahls erfolgt mittels elektrischer Felder, indem an die beiden zueinander orthogonal angeordneten Plattenpaare (x, y) die Ablenkspannungen angelegt werden.
- Der Bildschirm (S) ist auf der Innenseite mit einer dünnen Schicht eines Leuchtstoffes beschichtet, der am Auftreffort des Elektronenstrahls fluoresziert. Zur Ableitung des Elektronenstromes muss eine gewisse Leitfähigkeit garantiert sein. Beispielsweise kann man die Fluoreszenzschicht mit einer auf Anodenpotential liegenden dünnen Aluminiumschicht versehen, die zugleich die Helligkeit verbessert. Als Leuchtstoffe wurden verschiedene Substanzen verwendet, die folgende Leuchterscheinungen lieferten
  - grün, ohne Nachleuchten (meist verwendet),
  - blau und nachleuchtend sowie
  - orange und lange nachleuchtend.

  Die Wahl der Leuchteffekte hing u.a. davon ab, ob die Röhre ausschließlich für visuelle Beobachtung oder auch für photographische Registrierung eingesetzt werden sollte.

Oszillographenröhren wurden seitens der Hersteller auf verschiedene Weise an spezielle Anforderungen und Anwendungen angepasst und unterschieden sich beispielsweise

- im Durchmesser des Bildschirms (4–16 cm),
- in Farbe des Fluoreszenzlichtes (grün, blaugrün, blau, orange),
- in der Nachleuchtdauer des Bildschirms (kurz, mittel,lang, sehr lang),
- Nachbeschleunigung des Elektronenstrahls (ja nein),
- Einstrahl- oder Zweistrahl-Röhren.

Zweistrahlröhren enthalten zwei voneinander unabhängige Strahlsysteme und erlauben, zwei verschiedene Signale bei gleicher Zeitablenkung darzustellen.
Schließlich seien noch Radarbildschirme erwähnt, bei denen die Ablenkung des Elektronenstrahls zirkular erfolgte.

9.3. Bildaufnahmeröhren und Fernsehbildröhren

9.3.1. Vorbemerkungen

Bei einer Katodenstrahlröhre, die als Oszillographenröhre arbeitet, ist das Ausgangssignal ein Leuchtpunkt mit konstanter Helligkeit. Der Leuchtpunkt wird in x- und y-Richtung ausgelenkt und in diesen Auslenkungen ist die darzustellende Information codiert.

Das mehrdimensionale Ausgangssignal einer Fernsehbildröhre, also eine Folge bewegter Fernsehbilder, ist komplexer und soll beim Betrachter einen möglichst natürlichen Seheindruck hervorrufen. Deshalb muss bei der Wiedergabe von Fernsehbildern die Art und Weise der optisch-physiologischen Wahrnehmung des Menschen beim Sehen berücksichtigt werden. Daraus ergibt sich, dass Fragen, wie die Folgenden, bei der Bildwiedergabe zu beachten sind.

- Welchen Spektralbereich muss das emittierte Licht umfassen?
- Welche Anzahl und Größe von Bildpunkten sind erforderlich?
- Welche Helligkeit und welcher Kontrast werden benötigt?
- Wie viele Bildwechsel pro Zeiteinheit sind erforderlich?

Dem stehen technische Möglichkeiten bei der Aufnahme und der Übertragung und die Frage, wie man die erforderlichen Bedingungen realisiert, gegenüber. Als Beispiel sei die erreichbare Auflösung und die dafür erforderliche Übertragungsbandbreite genannt.

Schon zu Beginn der Entwicklung des elektronischen Fernsehens wurde erkannt, dass ein Bild nicht als ganzes übertragen werden kann, sondern für die elektronische Übertragung aufbereitet werden muss. Dazu wird das Bild, wie auch auf der Netzhaut im Auge, auf der Senderseite in Bildpunkte zerlegt. Die Bildpunkte entstehen, indem das Gesamtbild auf der Senderseite zeilenweise abgetastet wird, die lokalen Helligkeitswerte zeitlich nacheinander auf eine Spannung abgebildet werden und dieses Spannungssignal übertragen wird. Auf der Empfängerseite erfolgt eine Rekonstruktion des Bildes aus den Spannungssignalen der Bildpunkte.

Damit aufgenommene Fernsehbilder korrekt übertragen, empfangen und wiedergegeben werden können, bedarf es einer Synchronisation der Abläufe bei Bildaufnahme und Bildrekostruktion. Deshalb werden neben dem Bildinhalt (Helligkeitssignal) auf der Senderseite zusätzliche Synchronisationssignale erzeugt und übertragen. Auf der Empfängerseite werden diese Signale ausgewertet und zur Synchronisation bei der Wiedergabe des Bildes genutzt.

Wie viele Zeilen ein Fernsehbild hat, wie viele Bildwechsel pro Sekunde erfolgen, die Art und Weise, wie die notwendigen Synchronisationsignale sowie Bild- und Tonsignale codiert und übertragen werden, welche Frequenzen genutzt werden und vieles mehr regeln die unterschiedlichen Fernsehnormen. Solche Normen haben sich parallel mit den technischen Möglichkeiten, Gerätschaften und Röhren etwa ab den 1930er Jahren entwickelt. Die beschlossenen Normen sind in den verschiedenen Ländern leider nicht einheitlich und sie entwickeln sich weiter, um neuen technischen Möglichkeiten gerecht zu werden (z.B. HDTV).

In der Röhrenära waren Bildaufnahmeröhren auf der Senderseite und Fernsehbildröhren auf der Empfängerseite wesentliche Grundpfeiler des Fernsehens.

9.3.2. Frühe Lösungen und Vorrichtungen

Frühe Vorrichtungen zur Bildaufnahme nutzten zur Wandlung des Lichtsignals in elektrische Signale eine Fotozelle mit vorgeschaltetem Objektiv und die Abtastung und Zerlegung des Bildes erfolgte zuerst mit mechanischen Komponenten, wie der Nipkow[3]-Scheibe [Sch32].

Das Konzept der Bildabtastung mit einer Nipkow-Scheibe ist in Abb. 9.3 skizziert. Eine Nipkow-Scheibe besitzt so viele Löcher, wie das abgetastete Bild Zeilen haben soll. Die Löcher sind als ein Spiralgang angeordnet und fungieren als Blende für den abtastenden Lichtstrahl (Abb. 9.3a). Das für die Abtastung benötigte Licht wird von einer Lampe erzeugt, mit einem Objektiv zu einem parallelen Lichtbündel geformt und auf den Abtastbereich der Nipkow-Scheibe gerichtet.

[3] Paul Julius Gottlieb Nipkow, 1860–1940, deutscher Techniker

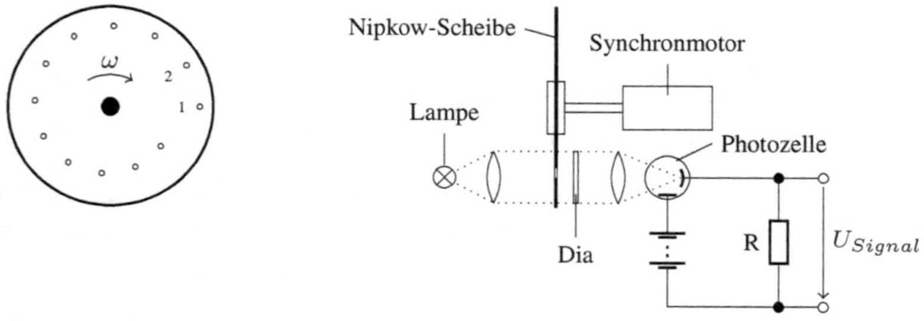

a) Nipkowscheibe b) Abtastanordnung mit Nipkowscheibe

Abb. 9.3.: Nipkow-Scheibe und Abtastanordnung

Hinter der Nipkow-Scheibe trifft der nicht ausgeblendete Lichtstrahl zuerst auf eine abzutastende, durchstrahlbare Vorlage, z.B. ein Dia, und wird danach auf eine Photozelle fokussiert (Abb. 9.3b). Wenn die von einem Synchronmotor angetriebene Scheibe rotiert, fällt das parallele Lichtbündel zuerst durch das 1. Loch und erzeugt die 1. Zeile, dann durch das 2. Loch für die 2. Zeile und so weiter. Am Widerstand R kann ein Spannungssignal abgenommen werden, welches den Helligkeitsverlauf längs der Zeile widerspiegelt.

Die mechanische Bildabtastung mit der Nipkow-Scheibe erlaubte keine hohe Zeilenzahl und dominierte noch 1934, obwohl die elektronische Bildabtastung schon bekannt war [Thu34].

Das erste vollelektronische Verfahren zur Bildabtastung wurde von M. von Ardenne vorgestellt. Er entwickelte den sog. Leuchtfleck-Abtaster (flying spot scanner). Dieses Gerät erzeugte entsprechend Abb. 9.4 mittels einer Braunschen Röhre (BR1) einen hellen Leuchtfleck, der von einem Objektiv (O1) verkleinert und auf einen Kinofilm (F) fokussiert wurde. Ein zweites Objektiv (O2) hinter dem Film fokusierte das Licht auf eine Photozelle (PZ), die die Helligkeitsmodulation durch den Film in ein elektrisches Signal wandelte und dieses dem Photoverstärker (PV) zuführte.

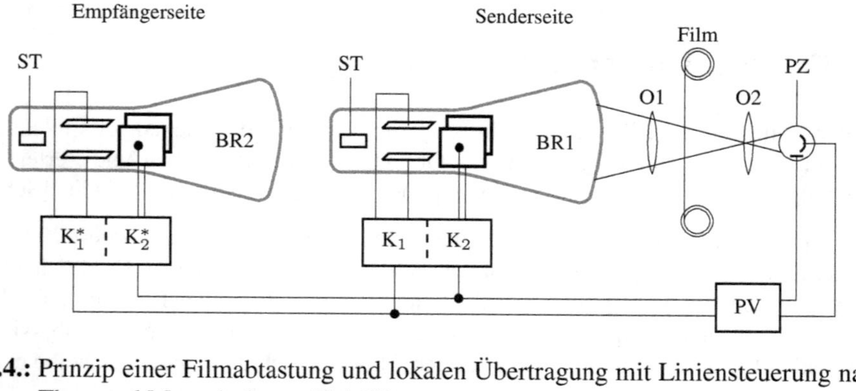

Abb. 9.4.: Prinzip einer Filmabtastung und lokalen Übertragung mit Liniensteuerung nach R. Thun und M. v: Ardenne [Sch32]

Zur Helligkeitssteuerung wurde bei der Lösung nach Abb. 9.4 die sog. Liniensteuerung nach Thun [Thu34] verwendet. Bei dieser Methode wird das Helligkeitssignal benutzt, um die Vorschubgeschwindigkeit des abtastenden und in gleicher Weise des schreibenden Strahls in der zur Wiedergabe bestimmten zweiten Braunschen Röhre (BR2) zu beeinflussen. Aufnahme- und Wiedergabesystem wurden für die lokale Übertragung drahtgebunden betrieben, so dass die Synchronisation der Kippgeräte (K_1), (K_2) auf der Senderseite mit den Kippgeräten (K_1^*), (K_2^*) auf der Empfängerseite keine Probleme bereitete [Sch32].

9.3.3. Bildaufnahmeröhren

In einer Bildaufnahmeröhre erfolgte die Bildaufnahme vollelektronisch, indem ein Elektronenstrahl eine dem Bild entsprechende flächenhafte Ladungsverteilung (Ladungsbild) zeilenweise abtastete und dabei ein elektrisches Signal erzeugte. Je nach verwendetem Photoeffekt und der Energie des abtastenden Elektronenstrahls entstanden unterschiedliche Bildaufnahmeröhren. Ein Überblick über die verschiedenen Bildaufnahmeröhren wird in [HH78] gegeben. Zuerst nutzten Bildaufnahmeröhren, wie das Ikonoskop oder das Orthikon, den äußeren lichtelektrischen Effekt und schnelle Elektronen zur Abtastung. Spätere Röhren fußten auf dem inneren lichtelektrischen Effekt und der Photoleitung; sie verwendeten für die Abtastung langsame Elektronen. Ein Beispiel dafür ist das vergleichsweise einfach aufgebaute Vidicon (Endicon), dessen Aufbau und Funktion nachfolgend an Hand von Abb. 9.5 erläutert wird.

Ein Vidicon verfügt über einen lang gestreckten Röhrenkolben (RK), der auf der Lichteintrittsseite durch ein planes optisches Fenster (OF) abgeschlossen ist. Das Strahlerzeugungssystem (ST) generiert einen feinen Elektronenstrahl (e^-), der sich in einem hohlen Anodenzylinder (AZ) ausbreitet und über eine außen liegende Spule (L3) justiert und eine weitere Spule (L1) fokussiert wird. Die Ablenkung des Elektronenstrahls in x- und in y-Richtung erfolgt mit dem Spulensystem (L2). Der Anodenzylinder ist durch ein feinmaschiges hochtransparentes Metallnetz (MN) abgeschlossen, durch welches der Elektronenstrahl hindurch tritt.

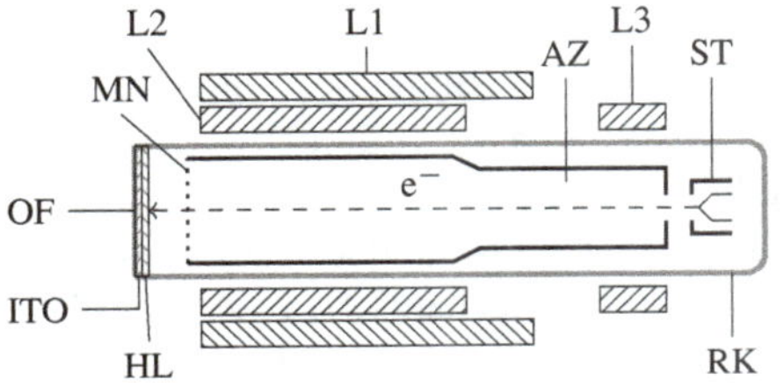

Aufbau eines Vidicons, schematisch

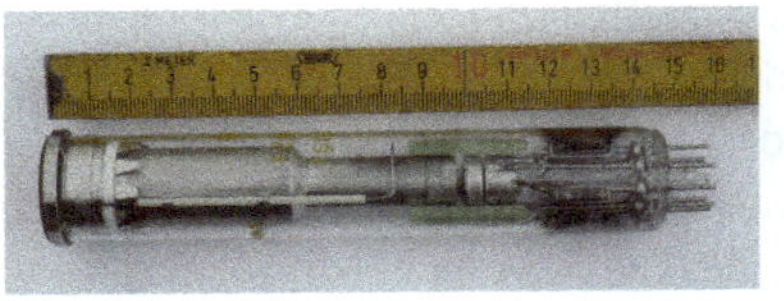

Endicon, Hersteller: WF Berlin

Abb. 9.5.: Vidicon, Erklärung im Text

Das optische Fenster (OF) ist auf der Innenseite mit einem photoelektrisch aktivem Schichtsystem beschichtet. Dieses Schichtsystem besteht aus einer transparenten leitfähigen Schicht (ITO), die direkt auf dem Fenster aufgetragen ist, und einer darüber liegenden photoelektrisch aktiven Halbleiterschicht (HL). Die transparente leitfähige Schicht besteht aus Indium-

oder Zinnoxid (ITO steht für indium tin oxide) und die Halbleiterschicht z.B. aus Selen oder Antimon(III)-sulfid (Sb_2S_3). Unbelichtet ist die Halbleiterschicht hochohmig und verringert bei Belichtung infolge Photoleitung lokal ihren Widerstand. Der Abstand zwischen dem Metallnetz und dem optischen Eintrittsfenster beträgt etwa 1–2 mm.

Die ITO-Schicht wird auf ein Potential nahe dem Katodenpotential des Strahlerzeugungssystems gelegt, so dass die durch das Gitter hindurch tretenden Elektronen deutlich abgebremst werden. Die nun langsamen Elektronen laden die innen liegende Oberfläche des Photoleiters etwa auf Katodenpotential auf. Ohne Belichtung fließt nur ein kleiner Dunkelstrom zur ITO-Schicht ab. Bei punktueller Belichtung der ITO-Schicht vergrößert sich lokal deren Photoleitfähigkeit, es fließt mehr Ladung ab. Wenn der Elektronenstrahl diese Stelle überstreicht, fließt ein größerer Ladestrom, der als lokales Helligkeitssignal ausgewertet wird. Dieses Helligkeitssignal wird über einem Widerstand in der Zuleitung zur ITO-Schicht abgegriffen.

Bildaufnahmeröhren arbeiteten beim Abtasten in Zeilenrichtung mit konstanter Vorschubgeschwindigkeit und schnellem Rücklauf. Diese Form der Strahlablenkung wurde mit sägezahnförmigen Impulsen realisiert. In der Anfangszeit wurde auch mit sinusförmiger Strahlablenkung experimentiert, was wegen der unterschiedlichen Verweildauer des Strahls zu helleren Bildrändern führte. Die oben erwähnte Liniensteuerung nutzte gerade die unterschiedliche Verweildauer des Strahls an einzelnen Punkten zur Helligkeitssteuerung.

Wie Abb. 9.5 zu entnehmen ist, hatten Bildaufnahmeröhren eine erhebliche Einbaulänge. Sie sind aus den meisten Anwendungen seit Jahren von optoelektronischen Halbleiterbauelementen, von CCD- und CMOS-Bildsensoren, abgelöst worden. Halbleiter-Bildsensoren zeichnen sich durch einen flachen Aufbau und geringe Energieaufnahme aus; sie sind farbfähig und finden heute massenhaft in Digitalkameras und in Mobilephones Anwendung.

9.3.4. Fernsehbildröhren

In der Anfangszeit wurden, wie bei der Abtastung eines Bildes auf der Senderseite, auch bei der Rekonstruktion des Bildes auf der Empfängerseite mechanische Komponenten, wie eine Nipkow-Scheibe oder ein Spiegelrad, zur Adressierung der Bildpunkte eingesetzt. Als Lichtquelle dienten mit dem Helligkeitssignal gesteuerte flächenhafte Glimmlampen bzw. ein Lichtstrahl, dessen Intensität mittels Kerrzelle moduliert wurde [Sch32].
In Gestalt der Mikrospiegeltechnik sind heute mechanische Komponenten für die Bildwiedergabe wieder in Gebrauch. Mikrospiegelarrays sind mikromechanische Systeme (MEMS); sie erlauben mittels digitaler Lichtverarbeitung (DLP) die Wiedergabe von Fernsehbildern.

Schwarz-weiß Bildröhren Die Information eines schwarz-weiß Bildes wird von den Helligkeitswerten aller auf der Bildfläche verteilten Bildpunkte repräsentiert. Dementsprechend muss der Elektronenstrahl in einer Katodenstrahlröhre, die zur Wiedergabe eines Bildes verwendet wird, den gesamten Bildschirm abrastern. Um für jeden Bildpunkt den korrekten Helligkeitswert zu generieren, verwendet man feste Ablenkfrequenzen und steuert die Helligkeit über den Strahlstrom. Während des Zeilen- und Bildrücklaufs wird der Strahl dunkel getastet. Andere

Verfahren, wie die oben erwähnte Liniensteuerung, haben sich nicht durchgesetzt. Bildröhren arbeiteten mit magnetischer Strahlablenkung. Das entsprechende Spulensystem heißt Ablenkeinheit. Es wird außen auf den Bildröhrenhals gesteckt und sorgt für die zeitlineare Bewegung des Elektronenstrahls.

Die Nutzung der Braunschen Röhre zur Wiedergabe von Fernsehbildern begann um 1930; die Entwicklungen dieser Zeit sind in [AK33] zeitnah dargestellt. So erreichte von Ardenne 1930 etwa 9000 Bildpunkte und auf der Funkausstellung 1932 wurden Bilder mit etwa 10 000 Bildpunkten vorgeführt. Die damaligen Röhren arbeiteten noch mit elektrischer Ablenkung, die Bildgröße lag bei 9 cm x 10 cm und der Fluoreszenzfleck hatte einen Durchmesser von 0,5–1 mm. Es wurden Bildschirme mit geringem Nachleuchten verwendet. Mit Bild- und Zeilenfrequenzen wurde experimentiert und man erkannte, dass eine Bildfrequenz von minimal 24 Hz für ein flimmerfreies Bild gerade ausreicht.

Im Jahre 1939 erschien der „Einheits-Fernseh-Empfänger E1“, der von mehreren deutschen Firmen entwickelt worden war. Das Gerät besaß bereits ein Bildformat von 19,5 cm x 22,5 cm und die Bildröhre (Typ RFB/T2) arbeitete mit magnetischer Strahlablenkung [Die40].

Das Elektrodensystem einer Bildröhre umfasst, wie bei einer Oszillographenröhre (Abb. 9.2), eine indirekt geheizte Katode, einen Wehneltzylinder zur Intensitätssteuerung sowie Elektroden zur Beschleunigung und Fokussierung des Strahls. Es besitzt jedoch keine Ablenkplatten, da bei Fernsehbildröhren die Ablenkung magnetisch erfolgt (Abb. 9.6).

Der Bildschirm wurde mit einem wenig nachleuchtendem Leuchtstoff beschichtet und seit Anfang der 1950er Jahre zusätzlich mit einer dünnen Aluminiumschicht hinterlegt, um lichtstärkere Bilder zu erhalten und um den sog. Ionenfleck zu vermeiden. Um Aufladungen vorzubeugen ist der pyramidenstumpfförmige Teil des Röhrenkolbens innen mit colloidem Kohlenstoff („Aquadag“) beschichtet. Die leitfähige Schicht liegt im Betrieb auf Hochpannung (15–18 kV) und, abhängig von der Helligkeit, fließt ein Strahlstrom bis etwa 1 mA [RBL56].

Bei einer Schwarz-Weiß-Bildröhre soll der Bildschirm bei Elektronenbeschuss weißes Licht emittieren. Leuchtstoffe emittieren jedoch nur Licht in einem schmalen Spektralbereich, wie in Kapitel 4.6.2.1 (Seite50) dargestellt. Um weißes Licht zu erhalten, mischt man zwei oder drei Leuchtstoffe und erhält bei einem geeigneten Mischungsverhältnis durch additive Farbmischung weißes Licht. Nach [RBL56] nutzte man in Deutschland in den 1950er Jahren Zinksulfid und Zink-Cadmiumsulfid mit Silber oder Kupfer als Aktivator.

Die Entwicklung führte von den ursprünglich kleinen Bildschirmdiagonalen mit rundem Bildschirm zu viel größeren, fast rechteckigen Bildschirmen bis zu einer Diagonale von ca. 102 cm (Loewe Aconda 93102 ZW). Um die Baulänge der Bildröhre zu verkürzen, wurde stufenweise der Ablenkwinkel des Strahls von ursprünglich etwa 30° bis auf 110° vergrößert. Für große Ablenkwinkel war die magnetische Strahlablenkung, mit der schon in den 1930er Jahren gearbeitet wurde, unerlässlich.

Farbbildröhren Beim Farbfernsehen wird jeder Bildpunkt weiter in die drei Grundfarben Rot, Grün und Blau zerlegt, mit denen durch additive Farbmischung die natürlichen Farben und Weiß wiedergegeben werden können. Für alle drei Farben wird senderseitig ein eigenes

Helligkeitssignal erzeugt. Für die Aufnahme von Farbbildern wurden dazu drei Bildaufnahmeröhren verwendet, wobei jeder Bildaufnahmeröhre über einen Strahlenteiler das gleiche optische Bild zugeführt wurde. Jeder Bildaufnahmeröhre war ein Farbfilter, ein Rot-, ein Grün- bzw. ein Blaufilter, vorgeschaltet, so dass eine solche Farbbildkamera für jede der Farben ein entsprechendes Helligkeitssignal lieferte.

In der Farbbbildröhre besteht analog jeder Bildpunkt aus drei getrennten Fluoreszenzpunkten mit Leuchtstoffen für die Farben Rot, Grün bzw. Blau. Damit bei Wiedergabe eines Bildes durch additive Farbmischung die natürlichen Farben oder auch Weiß entstehen, müssen die Fluoreszenzpunkte der drei Farben einzeln mit einem Elektronenstrahl mit der vom Bildpunkt abhängigen Intensität beschossen werden.

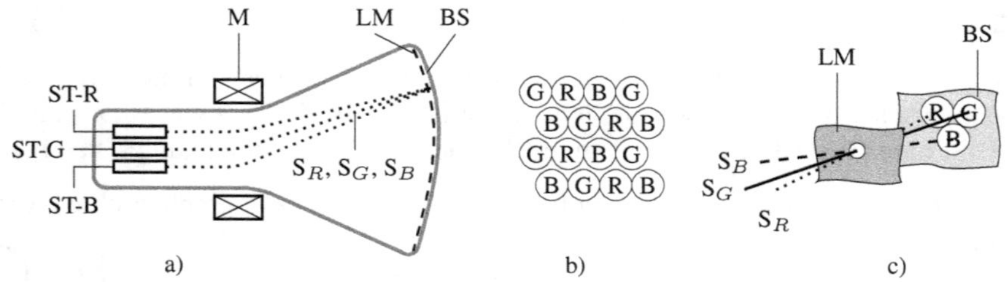

Abb. 9.6.: Lochmaskenröhre, schematisch; Erklärung im Text

Eine verbreitete technische Lösung war die Lochmaskenbildröhre, deren Aufbau die Abb. 9.6a schematisch zeigt. Eine Lochmaskenbildröhre besitzt für jede der drei Farben einen eigenen Elektronenstrahler (ST_R, ST_G, ST_B). Auf der Innenseite des Bildschirms (BS) sind die Fluoreszenzpunkte für jede Farbe regelmäßig angeordnet. Die Anordnung der Fluoreszenzpunkte (R), (G) und (B) ist in Abb. 9.6b wiedergegeben. Wenige Millimeter vor dem Bildschirm befindet sich die Lochmaske (LM). Die Lochmaske ist in Bezug auf die Fluoreszenzpunkte und die Elektronenstrahler genau ausgerichtet, so dass die fokussierten Elektronenstrahlen (S_R, S_G, S_B), jeweils die zugeordneten Fluoreszenzpunkte treffen. Dieses Zusammenspiel ist für einen Bildpunkt in Abb. 9.6c schematisch dargestellt. Die Ablenkeinheit (M) sorgt für die korrekte magnetische Ablenkung aller drei Elektronenstrahlen (S_R, S_G, S_B).

Für die Auswahl der Leuchtstoffe war u.a. die erzielbare Lichtausbeute ein Kriterium; in [Gmb89] werden folgende Angaben für die einzelnen Farben gemacht

- für Rot: seltene Erden mit Europium aktiviert und pigmentiert,
- für Grün: Sulfide,
- für Blau: Sulfide, pigmentiert.

Farbbildröhren wurden mit Anodenspannung von etwa 25 kV betrieben, also mit höherer Spannung als schwarz-weiß Bildröhren. Weiche Röntgenbremsstrahlung, die bei dieser Beschleunigungsspannung natürlich entsteht, wird durch das verwendete, dicke Glas weitgehend geschwächt. Trotzdem wurden aus Gründen des Strahlenschutzes Beschleunigungsspannung und Strahlstrom begrenzt.

10. Digitale Anzeigeröhren und Displays

Im Verlaufe der Entwicklung der Digitaltechnik entstand mit digital ansteuerbaren Anzeigeröhren eine neue Gruppe von Röhren. Die Anzeigeröhren waren selbstleuchtend. Es gab sie sowohl als Gasentladungsröhren und auch als Elektronenröhren.

Die verschiedenen Arten von Anzeigeröhren erlaubten es, Ziffern, zumeist 0 bis 9 bzw. Zeichen, anzuzeigen. Einige dieser Röhren adressierten das anzuzeigende Zeichen direkt, andere wurden mit Impulsfolgen angesteuert und durchliefen die Ziffer bzw. Anzeigeposition nacheinander. Manche Anzeigeröhren verfügten zusätzlich über eine Zählfunktion.

Grafikfähige Displays erlaubten schließlich, Bildinhalte pixelweise frei darzustellen. Dabei ist es gewöhnungsbedürftig und man muss sich mit der Funktion auseinander setzen, um die flachen, großflächigen Displays als „Röhren“ zu verstehen.

10.1. Gasentladungsanzeigeröhren

Zu dieser Gruppe digitaler gasgefüllter Anzeigeröhren zählen die Kaltkatodenzählröhren und die Zeichenanzeigeröhren. Beide Röhrentypen nutzten Leuchterscheinungen der Glimmentladung zur Anzeige. Als Vorteil galt, dass sie sofort betriebsbereit waren und wenig Leistung verbrauchten, da sie keine geheizte Katode hatten.

Plasmadisplays zählen vom Funktionsprinzip her auch zur Gruppe digitaler gasgefüllter Anzeigeröhren, wobei ihr Leistungsbedarf erheblich ist. Wir betrachten diese Displays am Ende dieses Kapitels.

10.1.1. Gasgefüllte Kaltkatodenzählröhren

Gasgefüllte Kaltkatodenzählröhren waren unter dem Namen „Dekatron“ oder auch als Polykatodenröhren bekannt. Sie wurden als Anzeige in kernphysikalischen Zählgeräten und in frühen Rechnern, wie dem Harwell-Dekatron-Rechner [Bru15], eingesetzt.

Diese Röhren besaßen eine Anode in der Form einer Kreisscheibe oder eines Zylinders. Die Anode war in geringem Abstand von mehreren kalten, stabförmigen Katoden umgeben. Bei einem Zählumfang von 0 bis 9 waren 30 Katoden erforderlich, davon 10 als sogenannte Hauptkatoden und 20 als Hilfskatoden. Auf den Hauptkatoden konnte die Entladung beliebig lange verweilen und so einen Zählerstand als Leuchtpunkt anzeigen. Die Zuordnung des Leuchtpunktortes zum Zählerstand und das Ablesen dieses Wertes erfolgte über eine außerhalb der Röhre angeordnete Kreisskala mit Blick von oben auf die Röhre.

https://doi.org/10.1515/9783110547979-139

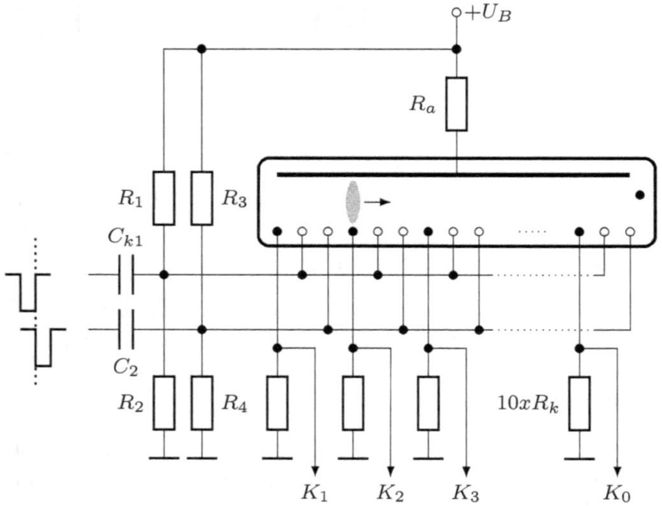

Abb. 10.1.: Kaltkatodenzählröhre, Funktionsschema und Beschaltung nach [Ape67]

Aufgabe der Hilfskatoden war es, die Entladung von der gerade aktiven Hauptkatode zur nächsten benachbarten Hauptkatode umzuschalten, abhängig von der Zählrichtung zur Linken oder zur Rechten. Das Weiterschalten der Entladung von einer Hauptkatode zur nächsten erfordert einen definierten Zeitablauf des Potentials der Hilfskatoden.

Zur Erklärung betrachten wir Abb. 10.1. Wegen der besseren Übersicht ist die im Realen kreisrunde Geometrie in Gedanken aufgetrennt und gestreckt dargestellt. In Ruhestellung liegen die Hilfskatoden auf einem positiven Potential, welches für die linken Hilfskatoden über den Spannungsteiler R_1/R_2 und für die rechten über R_3/R_4 eingestellt ist. Die Entladungsstrecke der 2. Katode K_2 sei gezündet. Dadurch fällt über den Anodenwiderstand R_a so viel Spannung ab, dass zwischen der 2. Katode und der Anode gerade die Brennspannung herrscht, die unter der Zündspannung für alle anderen Hauptkatoden liegt, so dass an keiner anderen Katode eine Entladung zünden kann.

Zum Vorwärtszählen muss das Glimmlicht in Pfeilrichtung weiter geschaltet werden. Dazu wird das Potential der Hilfskatode rechts neben der 2. Katode mittels eines Impulses über C_{k1} so abgesenkt, dass die Entladung zu dieser Hilfskatode wechselt. Mit geringem Zeitversatz erhält danach die 2. Hilfskatode über C_{k2} ebenfalls einen negativen Impuls, wodurch die Entladung auf diese Hilfskatode übergeht. Wenn der 2. Impuls abklingt und das Potential der Hilfskatode wieder positiv wird, wechselt die Entladung auf die räumlich nächste Hauptkatode und der Zählschritt ist vollzogen. Durch Vertauschen der Reihenfolge der Impulse konnte vorwärts bzw. rückwärts gezählt werden. Die Hilfskatoden waren zu Gruppen zusammengefasst, wobei die jeweils rechts stehenden und die jeweils links stehenden je eine Gruppe bildeten. Für die Hauptkatoden gab es zwei Lösungen. Mit einzeln herausgeführten Hauptkatoden, wie in der Abbildung dargestellt, war es möglich, die Zählröhre über die Katodenanschüsse $K_1 \ldots K_0$

elektronisch auszulesen bzw. voreinzustellen. Wenn nur die Zählfunktion benötigt wurde, fasste man die ungeradzahligen Hauptkatoden zu einer und die geradzahligen zu einer zweiten Gruppe zusammen, was Metall-Glas-Durchführungen und Sockelstifte sparte [Ape67]. (Anmerkung: In modernen CCD-Bauelementen erfolgt der Transport von Ladungspaketen durch vergleichbare, zeitlich gestaffelte Änderungen des Potentials [RW16].)

Die Art der Ansteuerung der Dekatrons erlaubte nur Zählfrequenzen von 4 kHz bzw. bei einigen Typen bis zu 20 kHz. Es gelang jedoch mit einem neueren Zählröhrentyp, der EZ10, mit schräg gestellten Katoden die Ansteuerung zu vereinfachen, so dass nur noch Einzelimpulse für das Weiterschalten der Entladung benötigt wurden. Dadurch konnte die Zählfrequenz auf 0,1–1 MHz gesteigert werden. Das Rückwärtszählen war mit diesen Röhren nicht möglich.

10.1.2. Gasgefüllte Zeichenanzeigeröhren

Eine verbesserte Ablesung erlaubten gasgefüllte Zeichenanzeigeröhren, die auch unter dem Namen **Nixie-Röhren** bekannt geworden sind. Solche Anzeigeröhren wurden in den 1960er und 70er Jahren in großem Umfang als Anzeigen für Messgeräte und Tischrechner verwendet.

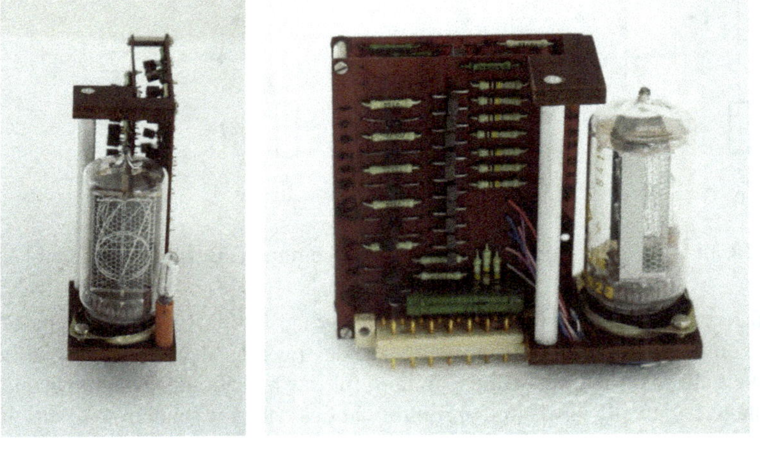

Abb. 10.2.: Zähldekade mit Nixie-Röhre aus einem Polydigit-Demonstrationsmessgerät, Vorderansicht und Seitenansicht

Nixie-Röhren erlaubten es, mehrere Zeichen anzuzeigen, wobei jeweils nur ein Zeichen angesteuert wurde und leuchtete. Meist verwendete Zeichen waren die Ziffern 0 bis 9 aber auch Symbole, wie V, A, Ω u.a. standen in speziellen Röhren zur Verfügung. Der Dezimalpunkt wurde mittels entsprechend angeordneter, separater Glimmlampen realisiert. Solche Anzeigeröhren bildeten die Basis für Zähldekaden, die oft als steckbare Module ausgeführt wurden. Die Abb. 10.2 zeigt solch eine Zähldekade, von denen je nach Zählumfang eine entsprechende Anzahl gleichartiger Module in Zählern eingesetzt wurden. Die separate Glimmlampe für den Dezimalpunkt ist gut erkennbar.

Eine Zeichenanzeigeröhre besitzt eine Anode und für jedes anzuzeigende Zeichen eine Katode, welche die Form und Größe des anzuzeigenden Zeichens hat und gegen alle anderen Elektroden isoliert ist. Alle Katoden sind aus der Betrachtungsrichtung hintereinander angeordnet, so dass die jeweils leuchtende Katode gut zu sehen ist. Als Material für die Katoden diente dünnes Blech aus Nickel-Eisen oder Molybdän, aus dem die jeweilige Form heraus geätzt oder gestanzt wurde. Die Anode ist dank ihrer netzartigen Struktur transparent und umschließt das Katodenensemble käfigartig. Als Füllgas wurde Neon mit 3% Argon und geringem Quecksilberzusatz bei einem Druck von 60–100 Torr verwendet. Der Quecksilberzusatz diente durch Reduktion von Sputtereffekten der Verlängerung der Katodenstandzeit [Ape67].

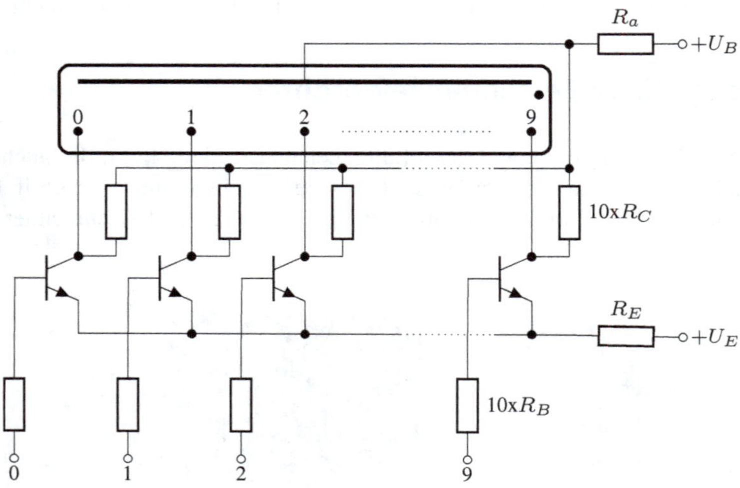

Abb. 10.3.: Ziffernanzeigeröhre, Funktionsschema und Beschaltung nach [Ape67]

Die Abb. 10.3 zeigt die katodenseitige Ansteuerung einer Nixie-Röhre mit Transistoren, wobei jede Katode einen eigenen Treibertransistor hat, der im angesteuerten Fall das Potential der Katode so weit absenkt, dass die Zündspannung für das betreffende Zeichen erreicht wird. Im aktiven Zustand ist jeweils das Katodenglimmlicht des entsprechenden Zeichens zu sehen.

10.1.3. Plasmadisplay

Die jüngste Entwicklung von Gasentladungsanzeigen war der Plasmabildschirm, dessen grundlegendes Prinzip 1964 als ein Erfordernis der aufstrebenden Rechentechnik in Verbindung mit dem Projekt PLATO (Programmed Logic for Automated Teaching Operation) an der Universität von Illinois entwickelt wurde. Die Demonstration des Prinzips erfolgte mit einzelnen Zellen (Pixeln), die noch an einen Glaspumpstand angeschlossen waren. Das erste kommerzielle Grafikdisplay war monochrom, hatte 512 x 512 Pixel und stand 1971 zur Verfügung [Web06].
Dank der flachen Bauweise wurden Plasmabildschirme bis etwa 1990 in Laptops verwendet, wegen des hohen Strombedarfs aber von der LCD-Technik abgelöst. Seit den 1970er Jahren

wurden Farbplasmabildschirme für die Anwendung in Fernsehgeräten entwickelt und ab 1992 in Fernsehempfängern eingesetzt, bevorzugt mit einer Bildschirmdiagonale ab 42 Zoll. Die Produktion von Fernsehgeräten mit einem Plasmabildschirm wurde ab 2014 wieder eingestellt.

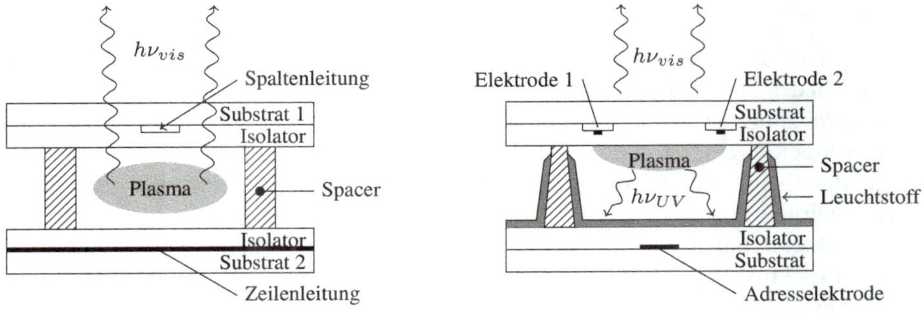

a) Zelle eines monochromen Displays

b) Zelle eines Farbdisplays

Abb. 10.4.: Zum Plasmadisplay, Erklärung im Text

Monochrome Plasmadisplays Monochrome Plasmadisplays bestanden von Anfang an aus einzeln adressierbaren Pixeln, die in Zeilen und Spalten angeordnet und als Matrix organisiert waren. Die beiden Elektroden eines Pixels wurden direkt digital über je eine Spalten- und Zeilenleitung adressiert und mit Spannung versorgt. Die Struktur eines Pixels ist in Abb. 10.4a skizziert. Der Aufbau des ganzen Displays erfolgte als Sandwichstruktur aus drei Glasplatten. Die mittlere Glasplatte hatte zahlreiche, definiert angeordnete Löcher, die die kleinen Entladungsräume eines Pixels seitlich begrenzten und die zugleich als Abstandshalter (Spacer) wirkten. Die vordere und die hintere Begrenzung der Entladungsräume bildeten eine Frontplatte (Substrat 1) und eine Rückplatte (Substrat 2). Auf die Substrate waren die jeweils von einer dielektrischen Schicht (Isolator) abgedeckten Zeilen- und Spaltenleitungen einschließlich der Elektroden aufgebracht. Im Entladungsraum konnte eine Wechselstrom-Glimmentladung (ac-Display) gezündet werden. Monochrome Plasmadisplays nutzten direkt das Leuchten des Plasmas. Die Füllung mit Neon mit einigen Prozent Argonzusatz ergab die orange-rot leuchtenden Bildpunkte (Pixel). Die Isolierschichten über den Elektroden erforderten einerseits die Speisung mit Wechselstrom und sorgten andererseits durch die für jedes Pixel vorhandene Kapazität für eine kapazitive Strombegrenzung jeder einzelnen Entladung, ohne dass Vorwiderstände erforderlich waren. Die Kapazität wirkte zugleich als inhärenter Ladungsspeicher für jedes Pixel und trug zur Steuerung der Entladung bei, indem die Entladung nach Aufladung der Kapazität sich selbstätig löschte. Dadurch ergaben sich kurze Impulsentladungen (wandladungsgesteuerte Impulsentladung [Lan81]).

Farbplasmadisplays Farbplasmadisplays hatten einen komplizierteren Aufbau und arbeiteten anders (siehe Abb. 10.4b). Sie benötigten pro Pixel drei getrennte angesteuerte Entladungskammern mit je einem Leuchtstoff für die Farben Rot, Grün und Blau. Dank der Gasfüllung (Neon und Xenon, 500 Torr) wird zuerst UV-Licht (Peakwellenlänge $\lambda = 147\,\mathrm{nm}$ und

173 nm) erzeugt, welches vom Leuchtstoff in der Kammer in sichtbares rotes, grünes oder blaues Licht umgesetzt wird [Liu12].

Die Entwicklung von Farbplasmadisplays für die Anwendung in Fernsehgeräten aus den ursprünglichen monochromen Displays erforderte u.a. [Liu12]

- die Darstellung von Grautönen, das erreichte man durch wiederholtes Schreiben und Löschen des Pixels in einem Zeitrahmen;
- die Erzeugung von UV-Licht in der Entladung zur Anregung der Leuchtstoffe;
- die Vermeidung der Degradation der Leuchtstoffe durch Sputtereffekte, das erreichte man durch eine neue Elektrodengeometrie, die eine an eine Oberfläche gebundene Entladung ermöglichte;
- die Verkleinerung der wirksamen Kapazitäten durch Vermeidung von Leitungskreuzungen (3 Elektroden pro Pixel);
- eine Verbesserung der Lichtleistung durch Betrieb der Leuchtstoffe in Reflexion;
- Verringerung der Verlustleistung durch Ausnutzung von Resonanzeffekten bei der Ansteuerung;
- ein sicheres Zünden bei jeder Ansteuerung, das wurde durch eine Rampenform der Spannung erreicht, die eine Townsend-Entladung zündete.

Technologie Die Herstellung von Plasmadisplays erforderte grundsätzlich andere Herstellungstechnologien, als sie für klassische Röhren in Gebrauch waren. Zu diesen Technologien zählen die großflächige Abscheidung von leitfähigen Schichten, von transparenten leitfähigen Schichten und von Isolatorschichten sowie deren Strukturierung. Dazu kamen der Auftrag der Fluoreszenzschichten und die Montagetechnik [Liu12].

Die pixelweise Ansteuerung der Plasmadisplays erforderte eine komplexe Digitalelektronik. Diese stand in den 1990er Jahren in Form von Halbleiterschaltkreisen zur Verfügung. Die Stromaufnahme eines Plasmabildschirmes war vom Bildinhalt abhängig. Je heller das Bild war, desto mehr Leistung benötigte ein Display.

10.2. Hochvakuum-Zeichenanzeigeröhren

Hochvakuumanzeigeröhren bzw. Displays nutzten und nutzen die Kathodolumineszenz und sind deshalb selbstleuchtend. Dazu sind eine oder mehrere Anoden als Leuchtschirm ausgebildet und mit einem Leuchtstoff beschichtet, der beim Einfall von Elektronen fluoresziert. Der Leuchtschirm muss von außen uneingeschränkt sichtbar sein.

10.2.1. Dekadische Zählröhre E1T

Die Zählröhre E1T war eine spezielle Elektronenstrahlröhre, die die Zählung von 0 bis 9 erlaubte und gleichzeitig die erreichte Ziffer mittels eines Leuchtflecks unter bzw. über der aufgedruckten Ziffer anzeigte.

Die Funktion der E1T betrachten wir an Hand von Abb. 10.5. Die E1T nutzte einen bandförmigen Elektronenstrahl, der von der Katode k, den Gittern g_1 und g_2 sowie von weiteren, nicht nach außen geführten, auf Katodenpotential liegenden Elektroden erzeugt und geformt wurde. Zur Ablenkung dieses Strahls diente das Ablenkplattenpaar d und d', wobei die Ablenkspannung aus der Differenz der Gleichspannung an d' und der Spannung an Anode a_2 gebildet wurde.

Für die korrekte Funktion musste der Arbeitswiderstand R_{a2} groß gegen den Innenwiderstand der Röhre sein. Für die Widerstände gibt Kretzmann [Kre54] folgende Werte an: $R_{a2} = 1\,\mathrm{M}\Omega$ $\pm 1\%$, $R_{a1} = 39\,\mathrm{k}\Omega$, $R_{g4} = 47\,\mathrm{k}\Omega$, $R_{d'} = 15\,\mathrm{k}\Omega$, $R_{g1} = 330\,\mathrm{k}\Omega$ und $R_k = 5{,}6\,\mathrm{k}\Omega$.

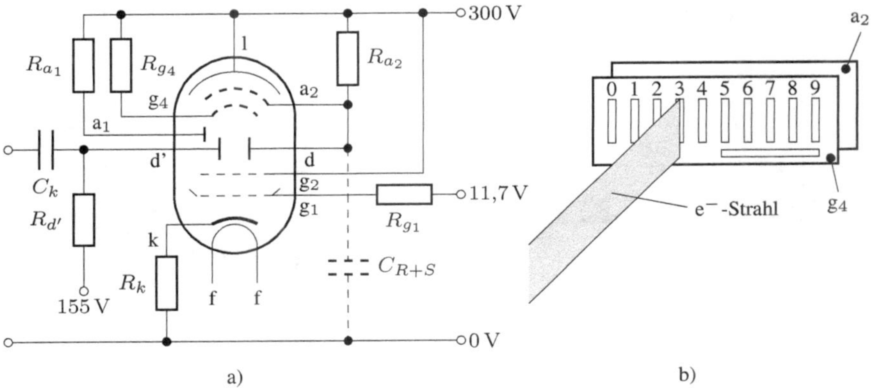

Abb. 10.5.: Zu Aufbau und Funktion der E1T

Zur Weiterschaltung des Elektronenstrahls von einem Zählstand bzw. einer Anzeigeposition zur nächsten und zum Halten der erreichten Position bediente man sich geschickt des Gitters g_4 sowie der Anoden a_2 und a_1 und natürlich der Ablenkplatten. Das Gitter g_4 war als Maske, entsprechend Abb. 10.5b, ausgebildet. Wenn nun der bandförmige Elektronenstrahl, wie skizziert, direkt einen der Schlitze passierte, gelangte er auf die dahinter liegende Anode a_2 und verursachte über R_{a2} ($1\,\mathrm{M}\Omega$) einen Spannungsabfall, der zugleich an der Ablenkplatte d wirksam war. Ein zufälliges Wegwandern des Strahls vom aktuellen Schlitz verringerte den Anodenstrom an a_2 und damit den Spannungsabfall über R_{a2}. Diese Spannungsänderung wurde zugleich an der Ablenkplatte d so wirksam, dass der Strahl zurück in die korrekte Position geführt wurde und selbsttätig die notwendige Position hielt. Unter den Schlitzen 5 bis 9 liegt zusätzlich ein waagerechter Schlitz, der für einen erhöhten Strom an a_2 sorgt.

Ein neu einlaufender Zählimpuls gelangte über C_k auf die Ablenkplatte d' und wurde der Gleichspannung überlagert. Der Impuls schaltete den Strahl zum nächsten Schlitz in Gitter g_4. An jeder der 10 diskreten Positionen gelangte ein Teil des Elektronenstrahls auf den Leuchtschirm l und erzeugte einen Leuchtfleck. Der Leuchtschirm war direkt auf der Innenwand und die Anzeigemaske auf der Außenseite des Glaskolbens der Röhre aufgebracht.

Nach der Position 9 sprang der Strahl beim nächsten Zählimpuls auf die Anode a_1. Der über R $_{a1}$ entstehende Spannungsabfall wurde in Verbindung mit einer nicht dargestellten externen

Schaltung genutzt, um die E1T auf 0 zu stellen und den Impuls zu einer nächsten Zähldekade weiter zu leiten.

Als maximale Zählfrequenz für Impulse wurden $3 \cdot 10^4 \, \frac{1}{\mathrm{s}}$ und für Spezialschaltungen $10^5 \, \frac{1}{\mathrm{s}}$ angegeben.

10.2.2. Vakuumfluoreszenzdisplays (VFD)

Das Vakuumfluoreszenzdisplay kann man als moderne, digital ansteuerbare Variante der in Kapitel 5.1.4 beschriebenen, analog angesteuerten Abstimmanzeigeröhre betrachten. Obwohl ein Vakuumfluoreszenzdisplay wie eine Elektronenröhre arbeitet, ist die Bezeichnung „Röhre“ unüblich.

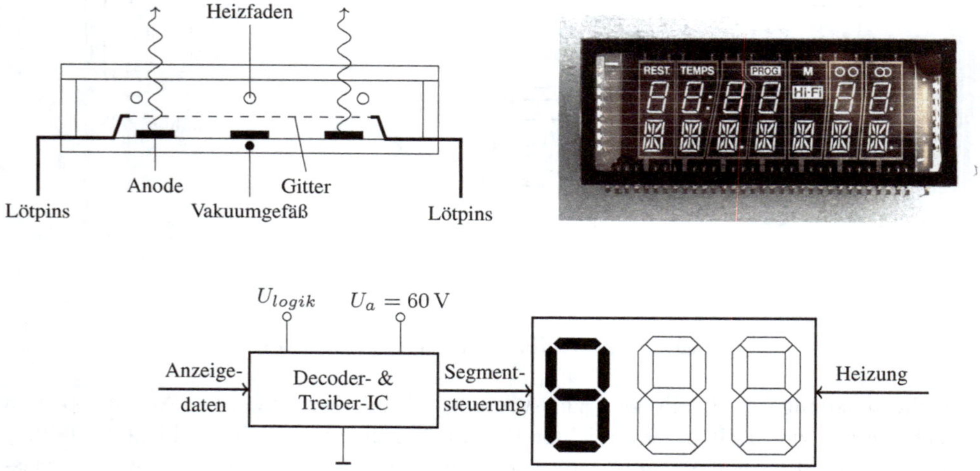

Abb. 10.6.: Vakuumfluoreszenzanzeige

Die Abb. 10.6 zeigt das Prinzip einer modernen Vakuumfluoreszenzanzeige. Das Vakuumgefäß ist, ähnlich wie beim Plasmadisplay, flach und wird aus einer Rückplatte, einer Frontplatte und Randstücken gebildet, die vakuumdicht verbunden sind. Im Vakuumgefäß herrscht Hochvakuum. Alle Elektroden sind als Pin herausgeführt, so dass die Anzeige wie ein integrierter Schaltkreis auf eine Leiterplatte gelötet werden kann. Außerdem werden komplette Module mit verschiedenen digitalen Schnittstellen angeboten.

Das Anzeigesystem besitzt die Struktur einer Triode. Die Elektronen werden von einer direkt geheizten Glühkatode geliefert. Die Anode ist in zahlreiche Segmente geteilt, die mit einem Leuchtstoff beschichtet sind und bei Elektroneneinfall fluoreszieren. Zwischen der Katode und den Anodensegmenten ist das Gitter angeordnet, es bestimmt den Arbeitspunkt für alle Segmente der Anode. Damit ein bestimmtes Anodensegment leuchtet, wird für dieses Segment extern die Anodenspannung zugeschaltet. Anodensegmente, die in einem Anzeigezustand dunkel bleiben müssen, werden auf Massepotential gelegt. Je nach Anzeige werden die darzustellenden Zeichen aus einzeln ansteuerbaren Leuchtpunkten oder Leuchtsegmenten zusammengesetzt, also beispielsweise für eine Sieben-Segment-Anzeige aus sieben balkenförmigen Segmenten. Die Farbe des emittierten Lichtes, meist blau-grün, bestimmt der eingesetzte Leuchtstoff. Gegebenenfalls werden zusätzliche Filterfolien eingesetzt, um die Farbpalette zu erweitern.

Ansteuerung Für die effektive Ansteuerung moderner Vakuum-Fluoreszenzdisplays wurden spezielle Halbleiterschaltkreise mit serieller Logikschnittstelle entwickelt, die die Anodenspannung an die Anodensegmente schalten bzw. diese Segmente auf Masse legen können. Als Beispiel für solch einen Interfaceschaltkreis sei der MAX6921 genannt. Dieser Schaltkreis empfängt über eine serielle 4-Draht-Schnittstelle mit 3–5,5 V-Logikpegel die anzuzeigenden Daten und erlaubt es, bis zu 20 Anodensegmente mit einer separat zugeführten Anodenspannung von maximal 76 V statisch anzusteuern. Um noch weitere Segmente anzusteuern, kann man den MAX6921 kaskadieren [Max10].

Build-in Controller VFD Mit der Anzahl der Leuchtsegmente eines Vakuumfluoreszenzdisplays steigt die Anzahl der notwendigen Glasdurchführungen proportional. Dies setzt der möglichen Segmentanzahl technische Grenzen. Um auch eine große Anzahl von Segmenten in Punkt-Matrix-Anzeigen ansteuern zu können, hat man „Röhren-Halbleiter-Hybride“ geschaffen, die die Ansteuerelektronik direkt in dem flachen Vakuumgefäß der Anzeige enthalten, dies sind sogenannte **Build-in Controller VFD** oder kurz **BC-VFD**. Solche Anzeigen enthalten als Controller beispielsweise den Hitatchi-Controller HD44780 oder kompatible ICs und werden von dem amerikanischen Unternehmen Noritake (https://www.noritake-elec.com/) weltweit angeboten.

Einsatz Das Konzept der VFD-Technik wurde 1967 von Noritake entwickelt und konkurrierte zunächst mit Nixie-Röhren (https://www.noritake-elec.com/about/history). Heute finden Vakuumfluoreszenzdisplays Anwendung in netzbetriebenen Geräten mit großen, lichtstarken Anzeigen, wie elektronischen Kassen, Waagen, Geräten der Unterhaltungselektronik usw. Wegen ihres Leistungsbedarfs finden sie in batteriebetriebenen Geräten kaum Anwendung.

10.2.3. Feldemissionsdisplay (FED)

Feldemissionsdisplays setzen auf einen für Displayanwendungen bisher nicht genutzten physikalischen Effekt, die Feldemission. Die Herstellung solcher Displays erfordert neue Technologien, die der Dünnschicht- und der Halbleitertechnik entlehnt sind. Feldemissionsdisplays sind am Markt noch nicht präsent, ihre Entwicklung ist noch im Fluss, aber einige große Unternehmen haben diesbezügliche Entwicklungsvorhaben abgebrochen.

Ein Feldemissionsdisplay nutzt, wie eine klassische Bildröhre (vergleiche Kapitel 9.2), den Strom freier Elektronen im Hochvakuum und die Kathodolumineszenz von Leuchtstoffen auf einer Anodenfläche bzw. einem Leuchtschirm. Aber anstelle von einem bzw. von drei Elektronenstrahlern, deren Strahlen wie bei einer Bildröhre über den gesamten Bildschirm abgelenkt werden, besitzt ein FED für jedes einzelne Pixel eigene Feldemissionskatoden, von denen einige Millionen pro Display benötigt werden. Das reduziert den Energiebedarf erheblich, weil Katodenheizung und Strahlablenkung entfallen. Andererseits ergeben sich schwer zu beherrschende neuartige technologische Probleme.

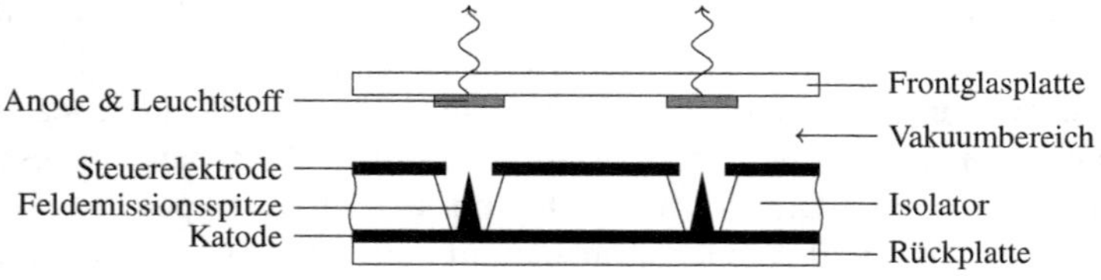

Abb. 10.7.: Zum Feldemissionsdisplay

Ein Feldemissionsdisplay (Abb. 10.7) besteht, wie ein Plasmadisplay, aus einer Vielzahl einzelner Pixel, die in Zeilen und Spalten angeordnet, matrixartig organisiert und einzeln ansteuerbar sind. Jedes Pixel umfasst drei Subpixel für die Farben Rot, Grün und Blau. Die Kammern der Pixel werden durch zwei Glasplatten in Sandwichanordnung mit Abstandshaltern gebildet. Die Anordnung wird wie eine Hochvakuumröhre evakuiert und vakuumdicht verschlossen.
Auf die rückseitige Glasplatte (Rückplatte) ist ein System dünner Schichten aufgebracht, aus denen die Feldemissionsspitzen mit Technologien der Mikroelektronik selektiv erzeugt werden. Die vordere, dem Betrachter zugewandte Frontglasplatte trägt auf der Innenseite die mit einem Leuchtstoff beschichteten Anoden. In mikroskopisch kleinem Abstand von jeder Feldemissionsspitze ist eine Steuerelektrode auf einem flächenhaft ausgebildeten Isolator angeordnet, der nur an den Feldemissionsspitzen durchbrochen ist. Die Steuerelektrode erfüllt die Funktion eines Gitters. Die kegelförmige Feldemissionsspitze, die Steuerelektrode und die Anode mit Leuchtstoff bilden für jedes einzelne Pixel eine Mikrotriodenstruktur [FR12].

Feldemissionskatoden und Mikrotrioden, wie sie im Feldemissionsdisplay genutzt werden, zählt man zum Bereich der Vakuum-Mikroelektronik. Wir kommen darauf in Kapitel 15 zurück.

11. Anwendungsfelder von Röhren

In der 1. Hälfte des 20. Jahrhunderts war die Elektronenröhre das einzige aktive analog steuerbare elektronische Bauelement. Schon aus diesem Grunde sind wesentliche Elektronikanwendungen mit ihr erschlossen worden. In der Breite bekannt und für alle sichtbar, war die Röhre in der Rundfunk-und Fernsehempfangstechnik. Andere Anwendungen in der Industrie, in der Messtechnik oder der Medizin waren weniger Allgemeingut und eher die Domäne von Spezialisten. Aus fast allen diesen Anwendungsgebieten sind Elektronenröhren heute verschwunden und durch Halbleiterbauelemente ersetzt. Eine Ausnahme bilden Messröhren (Kapitel 12) und Röntgenröhren (Kapitel 13). Aus der Vielfalt früherer Anwendungsgebiete, die sich sämtlich mit hoher Dynamik entwickelt haben, skizzieren wir in diesem Kapitel einige Beispiele und betrachten auch die jeweiligen Anfänge, die Zeit vor der Elektronenröhre, kurz.

11.1. Rundfunksende- und Empfangstechnik

Noch bevor Elektronenröhren verfügbar waren, begann die Entwicklung der drahtlosen Telegraphie mittels elektromagnetischer Wellen. Als Sender kamen Knallfunkensender und später Löschfunkensender zum Einsatz, die nur gedämpfte elektromagnetische Schwingungen erzeugen und abstrahlen konnten. Aus Telegraphie und Funkensender leitet sich übrigens der Name „Telefunken“ her, einem in der Röhrentechnik ehemals führendem Unternehmen [Fri99].
Auf der Empfangsseite nutzte man zur Gleichrichtung der Hochfrequenz sogenannte Kohärer, auch Fritter genannt. Kohärer waren isolierende Röhrchen mit zwei Elektroden, zwischen denen fremdschichtbedeckte Metallspäne lose lagen, die unter Hochfrequenzeinfluss ihre Leitfähigkeit ändern (Gleichrichtereffekt). Die ersten Arbeiten sind mit den Namen Marconi und Braun verbunden. Beide Forscher erhielten dafür im Jahre 1909 den Nobelpreis für Physik (siehe Seite 19 und 117).
In den Jahren 1904 bis 1906 wurden die ersten Maschinengeneratoren zur direkten Erzeugung ungedämpfter hochfrequenter elektromagetischer Schwingungen geschaffen und schon 1906 wurden damit Sprachübertragungen realisiert. In den Jahren 1913 bis 1915 installierte man Maschinensender mit Leistungen von 10–200 kW [Bur84, Goe50].

Die drahtlose Telegraphie und die daraus entstehende Rundfunktechnik waren wesentliche Triebkräfte für die schnelle Entwicklung der Elektronenröhren im 1. Drittel des 20. Jahrhunderts.

11.1.1. Rundfunksender

Nach der Erfindung der Rückkopplung und der Entdeckung der Selbsterregung sowie der Verfügbarkeit entsprechender Röhren begann die Entwicklung von Röhrensendern, die die Maschinensender bald verdrängten.

https://doi.org/10.1515/9783110547979-149

Goebel datiert den Beginn der Ära des Röhrensenders auf den 21. Juni 1913. An diesem Tag kam mit einem Sender nach Meissner, der mit einer Lieben-Röhre arbeitete, eine wechselseitige Sprechfunkverbindung zwischen Berlin und Nauen zustande. Schon 1914/15 wurden 10 W-Sender gebaut, 1918 erreichte man Leistungen von 200 W und im Oktober 1923 wurde mit einem 1,5 kW-Sender in Deutschland der offizielle Rundfunksendebetrieb eröffnet und Ende der 1920er Jahre, als man schon über leistungsfähige Senderöhren verfügte, wurden die ersten Mittelwellen-Großsender geplant [Goe50].
Als Modulationsart wurde für Lang-, Mittel- und Kurzwelle die Amplitudenmodulation (AM) und später im UKW-Bereich die Frequenzmodulation (FM) eingesetzt.

Nachdem der Bedarf an einer flächendeckenden Rundfunkversorgung entstanden war, entwarf und baute man Anfang der 1930er Jahre für den Mittelwellenbereich Großsender, die eine Sendeleistung im 100 kW-Bereich hatten. Großsender waren deutlich mehr als ein elektronisches Gerät, es waren beeindruckende Anlagen in eigens dafür errichteten Gebäuden. Für Außenstehende war die Erweiterung des Sendernetzes an der Errichtung weithin sichtbarer Sendeantennenanlagen, die zu Landmarken wurden, erkennbar. In Tabelle 11.1 sind die deutschen Mittelwellen-Großrundfunksender der 1930er Jahre zusammengestellt.

Tabelle 11.1.: Großrundfunksender der 1930er Jahre (Auszug aus [noa40])

Standort	f / kHz	λ / m	P / kW	Literatur / Anmerkung
Mühlacker	574	522,6	100	[Bru80b]
Heilsberg (Königsberg)	1031	291	100	[Kat30]
Langenberg (Rheinland)	658	455,9	100	
Zeesen	mehrere Frequenzen	KW	50	Olympiasender
Breslau	950	315,8	100	
Leipzig	785	382,6	120	
München-Erding	740	405,4	100	
Berlin-Tegel	841	356,7	100	
Hamburg, Billwärder Moor	904	331,9	100	

Mittelwellen-Großsender Die Mittelwelle umfasst den Frequenzbereich 526,5–1606,5 kHz. Den prinzipiellen Aufbau solch eines Senders beschreiben wir an Hand des vereinfachten Blockschaltbildes in Abb. 11.1. Im Blockschaltbild sind die Stromversorgung und die Reserveblöcke nicht erfasst und auch nicht die Unterschiede zwischen einzelnen Sendern, die sich selbstverständlich auf Grund der technischen Weiterentwicklung oder wegen Erweiterungen ergaben.

Die **HF-Stecke** umfasste

- den Steuersender, bei manchen Sendern auch einen Frequenzverdoppler,
- mehrere HF-Verstärkerstufen,
- die HF-Endstufe,
- die Antennenanpassschaltung

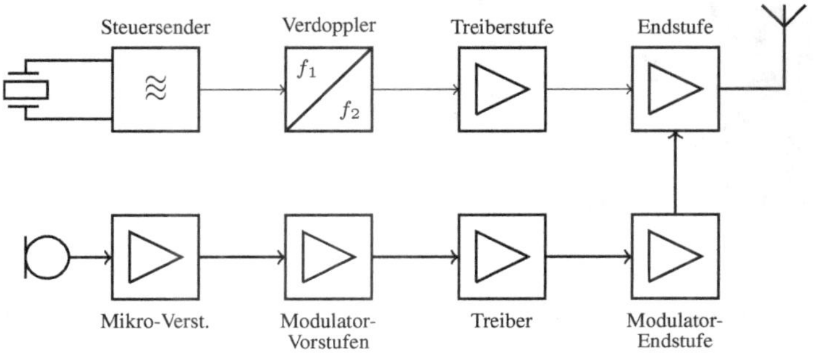

Abb. 11.1.: Blockschaltbild eines Senders, oben: HF-Strecke, unten: NF-Strecke

Eine wesentliche allgemeine Anforderung an jeden Sender war die Konstanz der Trägerfrequenz (Sendefrequenz), die der Steuersender sicherstellen musste. Um Frequenzstabilität zu gewährleisten, wurde dem Steuersender, einer Oszillatorschaltung, praktisch keine Leistung entnommen, denn auf Lastschwankungen reagiert der Oszillator mit Frquenzänderungen. Die Sender besaßen einen über den Mittelwellenbereich durchstimmbaren Oszillator und später auch einen Quarzoszillator.

Die folgenden HF-Verstärkerstufen verstärkten die vom Steuersender gelieferte Trägerfrequenz so weit, dass Amplitude und Leistung schließlich zur Aussteuerung der Endstufe ausreichten. In einigen Sendern wurde zur Entkopplung des Oszillators von den Leistungsstufen eine Frequenzverdopplung vorgenommen.

Die HF-Endstufe erzeugte schließlich die Leistung, die über ein Anpassnetzwerk an die Antenne abgegeben wurde. Die Abb. 11.2a zeigt die Endstufe des ehemaligen Mittelwellen-Großsenders Berlin-Köpenick (Sender SM8/H1). Die Senderendstufe war mit Senderöhren vom Typ SRW357 bestückt und erzeugte mit der Gegentaktendstufe im C-Betrieb eine Trägerleistung von 250 kW bei einer Eingangsleistung von 330 kW (Wirkungsgrad ca. 75%). Die Senderendstufe setzte dabei eine Verlustleistung von 80 kW in Form von Wärme frei, die durch eine Wasserkühlung von den Endstufenröhren abgeführt werden musste.

Die **NF-Strecke** umfasste zur Aufbereitung der Sprach- und Musiksignale

- mehrere NF-Vorverstärkerstufen und
- die Modulatorendstufe.

Auf das HF-Signal musste die zu übertragende Information, also ein Sprach- oder Musiksignal oder ein Zeitzeichen, aufgeprägt (moduliert) werden. Dazu wurde das NF-Signal in

a) HF-Enstufe b) Modulator-Enstufe

Abb. 11.2.: Endstufen eines 250 kW-Mittelwellensenders, ehemals Sender Köpenick, (Bildquelle: Sender- und Funktechnikmuseum Königs Wusterhausen)

mehreren NF-Vorverstärkerstufen soweit verstärkt, dass es die Modulatorendstufe aussteuern konnte. Auf Grund der Modulationsart, Anodenmodulation in der Endstufe, musste die Modulatorendstufe praktisch die gleiche Leistung haben, wie die Senderendstufe. Die Modulatorendstufe war im Großsender Berlin-Köpenick wie die Senderendstufe mit 2 Senderöhren vom Typ SRW357 bestückt (Abb. 11.2b).

Zum Betrieb solch eines Großsenders gehörten zahlreiche Nebenanlagen, wie die Kühlwasserversorgung, eine Notstromversorgung u.a., auf die wir hier nicht eingehen.

11.1.2. Rundfunkempfänger

Auf der Empfängerseite brachte Telefunken 1914 den ersten zweistufigen, mit Trioden bestückten NF-Verstärker für Funkempfang mit Detektor heraus. Die weitere Entwicklung verlief vom Einkreiser über mehrkreisige Geradeausempfänger bis zum Überlagerungsempfänger (Superheterodyne-Empfänger, kurz Superhet oder Super). Rundfunkempfänger wurden nach Anzahl Ihrer (Schwing-) Kreise und Röhren beworben und beurteilt. Dadurch war die Empfängerentwicklung für jedermann erkennbar und Radioröhren erreichten eine hohe Bekanntheit.

Nach dem Detektorempfänger war die Audionschaltung, die auf De Forest zurück geht wohl die einfachste Empfängerschaltung. Die Abb. 2.3 zeigt eine von De Forest in seiner Patentschrift [DF08] angegebene Schaltung. Die Audionschaltung in Verbindung mit einer Rückkopplung war bei Geradeausempfängern in den Anfangsjahren weit verbreitet. Ein Nachteil dieser Schaltung war, dass sie zur Selbsterregung neigte und es dadurch zur Störung anderer Teilnehmer kam.

Die wachsende Senderdichte machte eine Verbesserung der Trennschärfe erforderlich, was zur Entwicklung der Überlagerungsempfänger (Superheterodyne-Empfänger, kurz Superhet oder Super) führte. Ein Überlagerungsempfänger arbeitet mit einer festen Zwischenfrequenz, die niedriger als die Empfangsfrequenz ist und sich leichter rückwirkungsfrei verstärken lässt. Dazu werden in einer Mischstufe das Empfangssignal, welches eine Frequenz f_E habe, und separat erzeugte Oszillatorschwingungen mit der höheren und einstellbaren Frequenz f_O überlagert, so dass sich für jeden eingestellten Sender die feste Zwischenfrequenz $f_{ZF} = f_O - f_E$ ergibt. Die Abb. 11.3 zeigt das Blockschaltbild eines Überlagerungsempfängers. Das von der Antenne gelieferte Hochfrequenzsignal kann, bevor es der Mischstufe zugeführt wird, in einer HF-Verstärkerstufe verstärkt werden. In der Mischstufe (M) entstehen durch Überlagerung die neuen Frequenzen $f_O - f_E$ und $f_O + f_E$ von denen die gewünschte Frequenz heraus gefiltert und in den ZF-Stufen verstärkt wird. In der Demodulationsstufe wird die Niederfrequenz zurück gewonnen und über einen NF-Verstärker dem Lautsprecher zugeführt. Die Schwingkreise von HF-Vorstufe, Mischstufe und Oszillator müssen abstimmbar und im Gleichlauf sein.

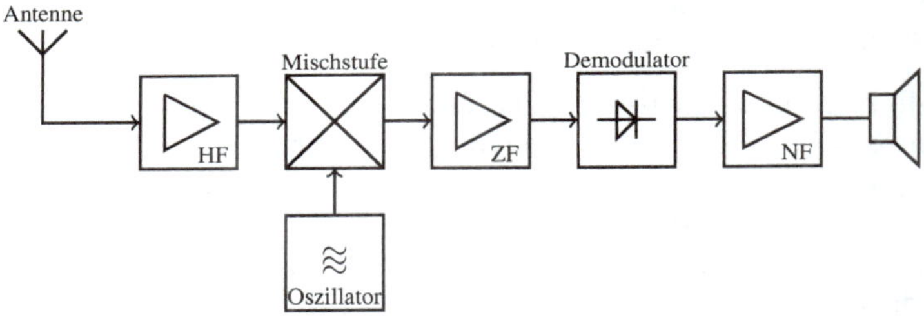

Abb. 11.3.: Blockschaltbild eines Überlagerungsempfängers

Die Abb. 11.4a zeigt die Innenansicht eines Rundfunkempängers aus der Mitte der 1950er Jahre, einen „Gerufon Ultra-Rekord 55W“ mit getrennten ZF-Verstärkern für FM und AM sowie folgender Röhrenbestückung

- UKW-Tuner: EF80, EF85
- FM-ZF-Verstärker: 2x EF80
- FM-Demodulator (Ratiodetektor): EAA91
- AM-Mischstufe ECH81
- ZF-Verstärker und AM-Demodulator: EBF80
- NF-Verstärker: Vorstufe EF80, Endstufe EL84
- Abstimmanzeige: EM11
- Netzgleichrichter: AZ11

Verdrängung der Röhre Nachdem der Transistor 1947 erfunden war, begann im Jahre 1954 die Entwicklung des ersten serientauglichen Transistorradios TR1 in den USA, dessen komplette Schaltung in dem US-Patent 2,892,931 [Koc59] offengelegt wurde. Ein Jahr später, 1955, stieg die japanische Firma Totsuko, die später umbenannt wurde und heute als Sony weltbekannt ist, mit dem TR-55 in das Transistorradio-Geschäft ein (http://www.regencytr1.com).

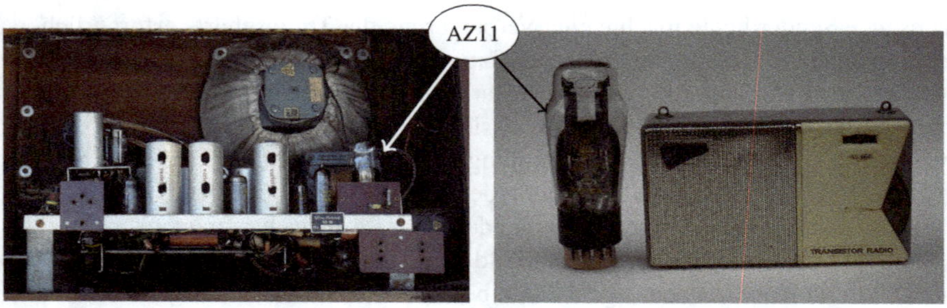

a) Röhrenempfänger „Gerufon Ultra Rekord 55W“, Rückansicht des geöffneten Gerätes

b) Transistorempfänger „Sternchen“ mit AZ11 zum Größenvergleich

Abb. 11.4.: Rundfunkempfänger aus den 1950er Jahren, hergestellt in der DDR

Im Verlaufe von etwa einer Dekade verdrängten die immer besser und billiger werdenden Transistoren die Röhre aus dem Bereich der Rundfunkempfänger.

Die Abb. 11.4b zeigt einen Transistortaschenempfänger vom Typ „Sternchen“ im Vergleich mit einer Zweiweg-Gleichrichterröhre AZ11, die im links abgebildeten „Gerufon Ultra-Rekord 55W“ als Netzgleichrichter eingesetzt war. Das „Sternchen“ war der erste volltransistorisierte Mittelwellenempfänger, der serienmäßig in der ehemaligen DDR, im VEB Stern-Radio Berlin, hergestellt wurde und der Ende der 1950er Jahre auf den Markt kam. Der Empfänger war mit folgenden Germaniumtransistoren und -dioden bestückt

- selbstschwingende Mischstufe: OC44 (später OC169)
- ZF-Verstärker:2x OC45 (später OC169)
- Demodulator und Begrenzer: 2 x OA625
- NF-Vorstufe: OC811
- NF-Endstufe: 2 x OC816

und wurde von einer 9 V-Batterie versorgt. Die NF-Transistoren OC811 und OC816 wurden in der DDR hergestellt; die HF-Transistoren OC44, OC45 bzw. OC169 wurden aus der damaligen BRD importiert.

11.2. Industrieelektronik

Industrieelektronik ist ein Sammelbegriff, zu dem ganz unterschiedliche Bereiche zählen, wie

- Fertigungs- und Prozessautomatisierung, einschließlich elektronischer Test- und Messeinrichtungen,
- Gebäudeautomatisierung, einschließlich Klima- und Beleuchtungssteuerung,
- Stromversorgungen und Generatoren.

Baugruppen der Industrieelektronik müssen den zum Teil rauen Umweltbedingungen in ihrem Einsatzbereich widerstehen und den entsprechenden Schutzarten genügen. Sie zeichnen sich durch entsprechende Gehäuse, Kabelverbindungen, Bedienelemente usw. aus.

Aus dem in der Regel verfügbaren Wechsel- oder Drehstrom muss für den Betrieb elektrischer Geräte und Anlagen oft Gleichstrom oder seltener HF-Energie bereitgestellt werden. Diesen beiden Bereichen wenden wir uns nachfolgend zu.

11.2.1. Gleichrichter

Hochstromgleichrichter Gleichrichter werden in allen elektrischen Anlagen bzw. Geräten benötigt, die am Wechselstrom- oder Drehstromnetz betrieben werden, aber intern Gleichspannungen erfordern. Dabei waren und sind die Anforderungen sehr verschieden. Dazu zwei Beispiele, die extreme Anforderungen widerspiegeln

- für galvanische Bäder benötigt man weniger große Spannungen, aber große Ströme bis in den Bereich von einigen 1000 A,
- die Anodenstromversorgung für Röntgenröhren erfordert dagegen sehr hohe Spannungen bei eher kleinen Strömen, z.B. 25–150 kV bei 1–100 mA.

Abb. 11.5.: Quecksilberdampf-Gleichrichter, Nennspannung 380 V, Nennstrom 250 A (Bildquelle: VDE-Bezirksverein Leipzig/Halle e.V., Elektrotechn. Sammlung)

Zur Gleichrichtung hoher Ströme kamen Quecksilberdampf-Gleichrichter zum Einsatz. Die Abb. 11.5 zeigt solch einen Gleichrichter. Quecksilberdampf-Gleichrichter wurden ohne und auch mit Glühkatode betrieben. Wegen der Giftigkeit des Quecksilbers kommen Quecksilberdampf-Gleichrichter nicht mehr zum Einsatz.

Heute werden für hohe Ströme, beispielsweise für Galvanikanwendungen, Versorgungsgeräte mit einer regelbaren Spannung bis 400 V für Ströme von mehr als 1000 A angeboten [ele18].

Hochspannungsgleichrichter Für die Versorgung von Röntgenröhren und Prüfanlagen werden hohe Gleichspannungen von 150 kV und mehr benötigt. Zur Gleichrichtung so hoher Spannungen wurden spezielle Dioden, sog. Hochspannungsventile, eingesetzt. Hochspannungsventile waren direkt geheizte Elektronenröhren. Wegen der hohen anliegenden Spannung waren die Elektroden und die Anschlüsse glatt und wulstig geformt, um hohe Feldstärken, wie sie an Kanten auftreten würden, zu vermeiden. Außerdem waren Hochspannungsventile langgestreckt gebaut, um zwischen Anode und Katode eine ausreichend große Isolationsstrecke zu erhalten. Dabei konnten die Ventile, die für den Einsatz unter Öl konzipiert waren, deutlich kürzer gehalten werden, als Ventile für die Anwendung in Luft. Die Abb. 11.6 zeigt zwei solcher Hochspannungsventile. Die im linken Bild dargestellte Röhre war Bestandteil einer Kabelprüfanlage für 100 kV.

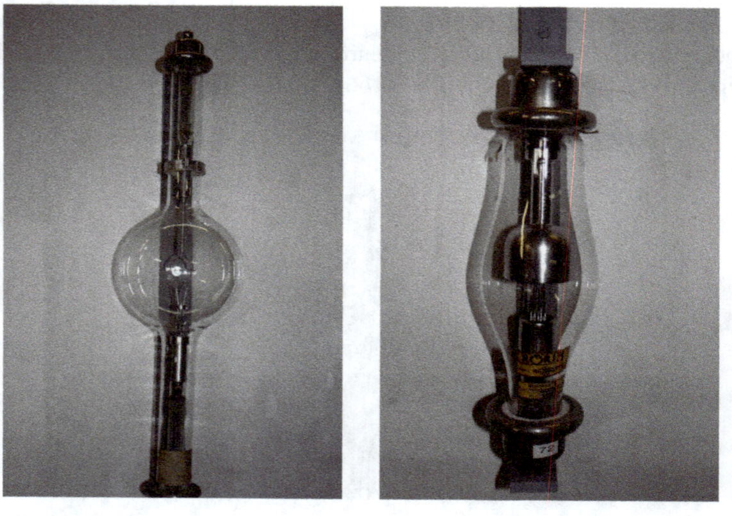

Abb. 11.6.: Hochspannungsventile
(Bildquelle: VDE-Bezirksverein Leipzig/Halle e.V., Elektrotechn. Sammlung)

11.2.2. Hochfrequenz-Industriegeneratoren

Die Erzeugung und Bereitstellung von Hochfrequenzenergie mit Elektronenröhren beschränkte sich nicht auf das Gebiet der Nachrichtentechnik. Hochfrequenzenergie unterschiedlicher Frequenz diente und dient in vielen industriellen Bereichen dem Zweck der lokalen induktiven oder kapazitiven Erwärmung sowie zur Speisung von HF-Plasmen, beispielsweise für das HF-Sputterätzen und HF-Sputterbeschichten. Auf letzteres gehen wir in Kapitel 17.2.4 ein.

Bei der industriellen Anwendung von Hochfrequenz steht ein hoher Wirkungsgrad des Generators im Vordergrund. Frequenzkonstanz und Oberwellenfreiheit, die bei Rundfunksendern wichtige Kriterien waren, sind von untergeordneter Bedeutung. Je nach Anwendung muss eventuell mit einer stark veränderlichen Last gerechnet werden. Des weiteren ist man auf bestimmte Frequenzbänder festgelegt. Durch Schirmung des Applikationsbereiches kann man unerwünschte Abstrahlung unterbinden und so die gesetzlichen Vorschriften einhalten.

Diesen Anforderungen genügten am besten einkreisige selbsterregte Industriegeneratoren im C-Betrieb. Solche Generatoren erzeugten die HF-Schwingung und die HF-Leistung in einer Stufe; sie benötigten keinen separaten Oszillator und entnahmen die erforderliche Steuerleistung für das Gitter dem Anodenkreis der Senderöhre. Es wurden Generatoren mit Leistungen von einigen 100 W bis zu einigen 10 kW industriell hergestellt. Kleinere Generatoren arbeiteten mit einer Röhre, größere auch mit parallelen Röhren oder im Gegentaktbetrieb.

In Abb. 11.7 ist die Prinzipschaltung eines solchen Industriegenerators in induktiver Dreipunktschaltung mit induktiver HF-Auskopplung über L_2 wiedergegeben. Bei solchen Generatoren, die im C-Betrieb arbeiteten, wurde der Gitterableitwiderstand zum Zwecke der Amplitudenstabilisierung partiell als Kaltleiter ausgeführt, dessen Widerstand sich mit wachsendem Gitterstrom erhöhte. Als Kaltleiter dienten z.B. Glühlampen.

Zur Anpassung der im Allgemeinen komplexen Last an den Generator dient ein Anpassnetzwerk. Das Anpassnetzwerk enthält zwei veränderliche Blindwiderstände, in Abb. 11.7 sind das C_4 und C_5, um die komplexe Last nach Betrag und Phase anpassen zu können.

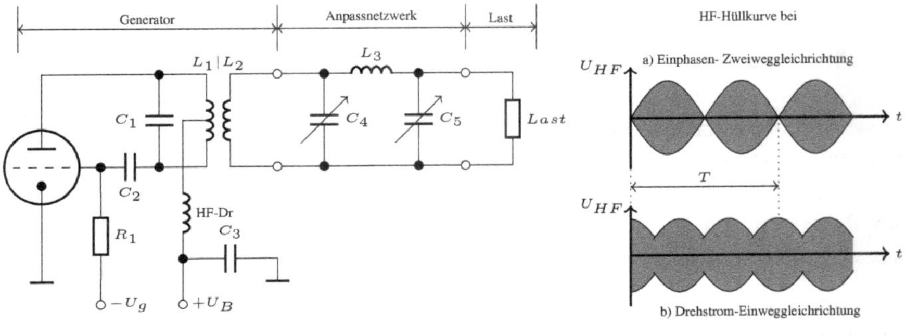

Abb. 11.7.: Prinzipschaltung eines einkreisigen selbsterregten Industriegenerators mit Anpassnetzwerk und Last sowie HF-Hüllkurven bei Speisung mit Gleichspannungen verschiedener Qualität

Bei Industriegeneratoren für induktive oder kapazitive Erwärmung wurde auf eine Siebung der Anodenspannung verzichtet, da für den Zweck der HF-Erwärmung die Welligkeit unerheblich ist. Die Hüllkurve der Hochfrequenz entsprach infolge Anodenmodulation der Kurvenform der direkt vom Gleichrichter gelieferten Spannung. Bei kleinerer Leistung kamen Einphasen-Ein- oder Zweiweggleichrichter zum Einsatz, bei größerer Leistung wurden Drehstromgleichrichter verwendet. Entsprechende HF-Hüllkurven zeigt die Abb. 11.7).

11.3. Elektronenröhren in der Messtechnik

Bevor die Elektronenröhre als Verstärker in der Messtechnik zur Verfügung stand, wurden empfindliche elektrische Messungen mittels geeigneter Galvanometer durchgeführt. Für die Messung zeitabhängiger Vorgänge (Wechselstrom) nutzte man Spiegeloszillographen. Spiegeloszillographen waren elektromechanische Anordnungen, die die Auslenkung stromdurchflossener Leiter in einem starken Magnetfeld auf einen Spiegel übertrugen, welcher wiederum einen Lichtzeiger auslenkte, dessen Endpunkt fotografisch registriert wurde [Hau13].

Ein ganz anderer Weg wurde mit dem Glimmlichtoszillographen nach Gerke beschritten. Glimmlichtoszillographen verwendeten Glimmröhren und nutzten die stromstärkeabhängige Bedeckung der Katode einer Glimmröhre mit dem negativen Glimmlicht. Die Leuchterscheinungen wurden mit einem Drehspiegel abgebildet [NGR39].

Die Elektronenröhre eröffnete in der Messtechnik ganz neue Möglichkeiten, nämlich

- die analoge Signalaufbereitung in Messverstärken und Messgleichrichtern,
- die Darstellung von Signalen mittels Elektronenstrahloszillograph,
- die Erzeugung von Signalen in NF-, HF-, Impuls- oder Rauschgeneratoren,
- die Verarbeitung von Impulsen, speziell deren Zählung sowie
- die Erfassung nichtelektrischer Messgrößen (siehe Kapitel 12).

11.3.1. Messverstärker

Um kleinste Signale zu erfassen und schließlich an die Grenzen des Messbaren vorzudringen, nutzt man Messverstärker. Die Aufgabe von Messverstärkern ist demzufolge, Messsignale unverfälscht oder nach bestimmten Kriterien gefiltert zu verstärken. Dabei werden die Grenzen durch das Rauschen und die Drift gesetzt. Die auftretenden Signale und deren Quellen sind sehr unterschiedlich, wie folgende Aufzählung zeigt

- langsam veränderliche Signale, wie der Temperaturverlauf über einen Tag,
- schnell veränderliche, aperiodische Signale, wie die Beschleunigung bei einem Stoß,
- sehr kleine oder stark verrauschte Signale,
- sehr niederohmige Quellen, wie bei Thermospannungen und
- sehr hochohmige Quellen, wie bei einer pH-Messung.

Den unterschiedlichen Anforderungen entsprechend wurden Messverstärker mit ganz verschiedenen Eigenschaften entwickelt, die sich auf die in Kapitel 7.1 erörterten Grundformen zurückführen lassen. Wir betrachten beispielhaft nachfolgend direkt gekoppelte Verstärker (Gleichstromverstärker) etwas näher.

11.3.1.1. Direkt gekoppelte Verstärker

Direkt gekoppelte Verstärker sind für die Verstärkung langsam veränderlicher Signale erforderlich, um ein unerwünschtes Zeitverhalten, welches sich durch im Signalweg liegende Kapzitäten zwangsläufig ergibt, zu vermeiden.

Für Gleichstromverstärker gelten folgende allgemeine Forderungen [SW67]:

- der Verstärker soll Strom- bzw. Spannungssignale auflösen, die nahe an der prinzipiellen Nachweisgrenze liegen,
- das Ausgangssignal soll dem Eingangssignal proportional sein oder eine eindeutige Funktion desselben,
- die Eingangsimpedanz soll entweder sehr klein oder sehr groß gegen den Innenwiderstand der jeweiligen Quelle sein,
- das Ausgangssignal soll dem Eingangssignal möglichst ohne Zeitverzögerung folgen.

11.3.1.2. Röhrenvoltmeter

Für die Messung elektrischer Größen standen seit dem 19. Jahrhundert elektromechanische Messgeräte zur Verfügung, die in Gestalt von Spiegelgalvanometern mit Lichtzeiger auch eine erstaunliche Empfindlichkeit besaßen. Elektronenröhren erlaubten nun die Schaffung eines neuen Messgerätetyps, die Röhrenvoltmeter. Röhrenvoltmeter waren Spannungsmessgeräte, die sich im Gegensatz zu den elektromechanischen Messgeräten durch einen sehr hohen Eingangswiderstand auszeichneten [Sch43]. Für Gleichspannung und niederfrequente Spannungen konnte der Eingangswiderstand eines Röhrenvoltmeters in der Größenordnung 10–100 MΩ liegen [Lim51].

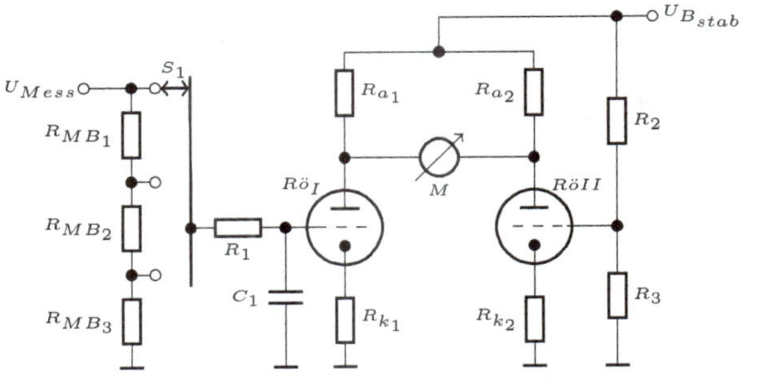

Abb. 11.8.: Prinzipschaltung eines Röhrenvoltmeters)

Die Abb. 11.8 zeigt die Prinzipschaltung eines Röhrenvoltmeters in Brückenschaltung. Das Gitter der Triode im rechten Brückenzweig liegt auf einem Referenzpotential, während an das Gitter der Triode im linken Brückenzweig die zu messende Gleichspannung gelegt wird. Bei einer Messspannung von 0 V sei die Brücke im Gleichgewicht und das Indikatorinstrument zeigt keinen Ausschlag. Eine von 0 V verschiedene Messspannung stört das Brückengleichgewicht und das Instrument schlägt aus. Nach einer Kalibrierung ist die Messspannung am

Instrument ablesbar (Ausschlagmethode).
Ein Röhrenvoltmeter, welches nach diesem Konzept arbeitetet, zeigt die Abb. 11.9.

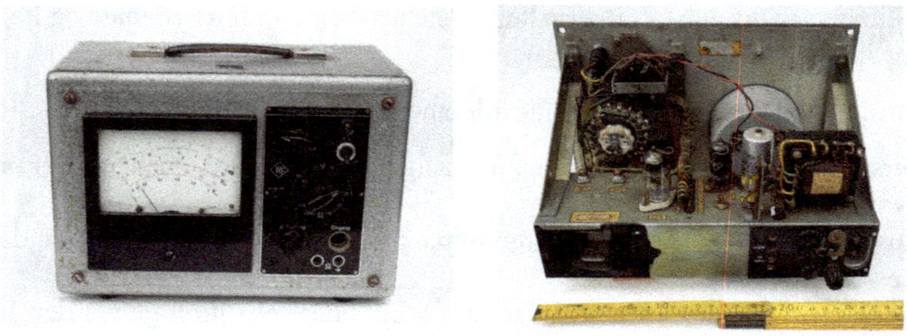

Abb. 11.9.: Universalröhrenvoltmeter URV1

Röhrenvoltmeter sind inzwischen vollständig durch halbleiterbestückte Messgeräte ersetzt worden, die als Eingangsschaltung einen Operationsverstärker mit JFET- oder MOSFET-Eingang verwenden, der als Elektrometerverstärker geschaltet ist.

11.3.1.3. Modulationsverstärker

Während man bei Laboranwendungen den Nullpunkt eines Verstärkers von Zeit zu Zeit nachjustieren konnte, stellte die langsame Veränderung des Nullpunktes, die Nullpunktdrift, beim Einsatz von Gleichstromverstärkern in der industriellen Messtechnik ein Problem dar. Ein Weg, diese Driftpropleme zu beheben, war die Entwicklung von Modulationsverstärkern. Modulationsverstärker setzen eine Messgleichspannung in eine Wechselspannung um, deren Amplitude der Gleichspannung proportional ist, verstärken diese Wechselspannung selektiv und gewinnen anschließend durch Synchrongleichrichtung das verstärkte langsame Messsignal zurück [SW67]. Die Abb. 11.10 gibt das Prinzip solch einer Anordnung wieder.

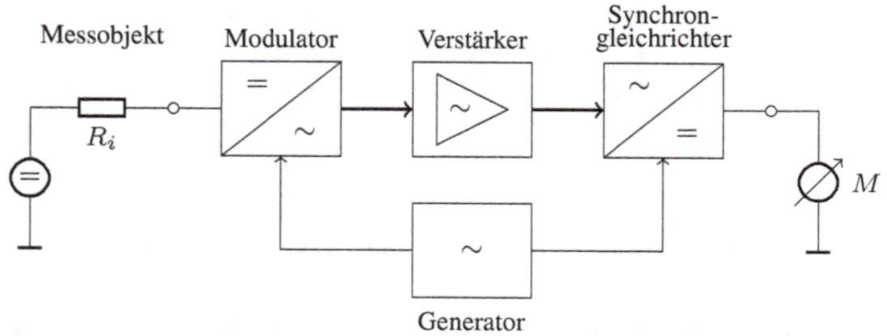

Abb. 11.10.: Modulationsverstärker, Prinzip

Für die Umsetzung der Messspannung dienten zuerst mechanische Zerhacker, wie polarisierte Relais, und später elektronische Modulatoren, wie Schwingkondensatoranordnungen.

11.3.2. Elektronenstrahloszillographen

Ein Oszillograph erlaubt es, die Abhängigkeit eines Signals von einem anderen Signal visuell als Kurve anzuzeigen. Die Darstellung der Signale erfolgte auf dem Schirm einer Katodenstrahlröhre, die in diesem Zusammenhang auch Oszillographenröhre genannt wird.

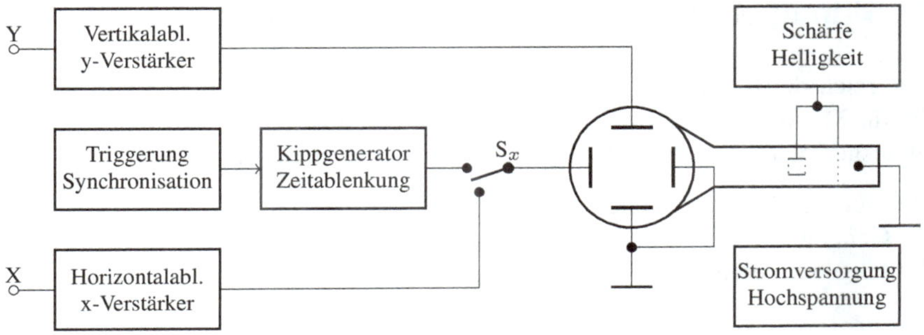

Abb. 11.11.: Oszillograph: Schema mit wesentlichen Funktionsblöcken

Um ein abhängiges Messsignal als Funktion eines anderen, unabhängigen Signals darzustellen, werden das abhängige Signal über den Y-Verstärker und das unabhängige Signal über den X-Verstärker des Oszillographen für die Darstellung mittels Oszillographenröhre aufbereitet. Am häufigsten wird der Zeitverlauf eines Signals dargestellt, d.h., als unabhängiges Signal dient eine der Zeit proportionale Spannung. Zur Abbildung des Zeitverlaufs eines Messsignals besitzt der Oszillograph einen Ablenkgenerator, der ein Sägezahnsignal als Zeitbasis erzeugt und für die Ablenkung des Elektronenstrahls in x-Richtung bereit stellt. Über einen Y-Verstärker wird das Messsignal für die y-Achse aufbereitet und zur Ablenkung in y-Richtung genutzt.

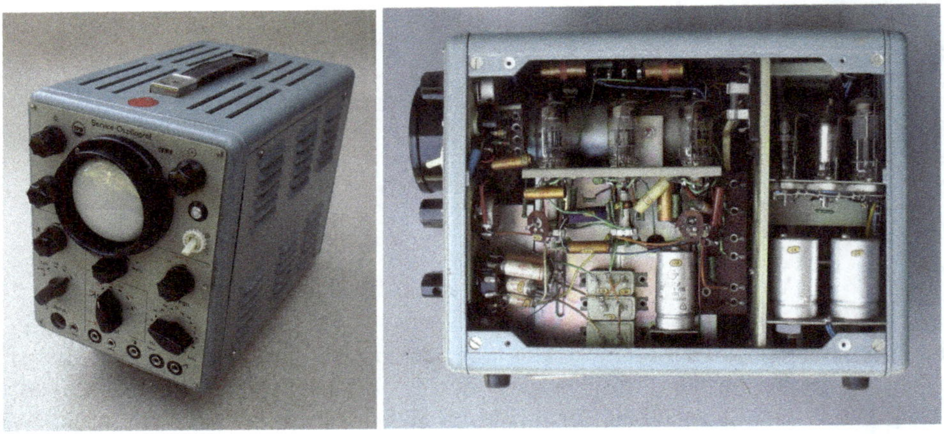

Abb. 11.12.: Service-Oszillograph EO 171, Hersteller: VEB Technisch-Physikalische Werkstätten Thalheim, DDR

Die beschriebenen Schaltungskomponenten sind in Abb. 11.11 in einer Blockschaltung gezeigt. Oszillographen erlaubten zahllose komplexe Messungen, was sich auch in der Literatur, wie zum Beispiel in [Cze59], niederschlug. Einen Service-Oszillographen, wie er um 1960 zur Ausstattung von Rundfunk- und Fernsehwerkstätten gehörte, zeigt die Abb. 11.12.

11.3.3. Signalgeneratoren für Mess- und Servicezwecke

Für den Bereich der Rundfunk- und Fernsehtechnik gab es drei Gruppen von Signalgeneratoren, die für Mess- und Prüfzwecke eingesetzt wurden und die für Reparaturzwecke auch in einer gut ausgerüsteten Rundfunkwerkstatt zur Verfügung standen, nämlich

- Messsender für den HF- und ZF-Bereich,
- NF-Generatoren für den NF-Bereich und
- Rauschgeneratoren.

Messsender Messsender sind HF-Generatoren, die z.B. eine der in Abb. 7.8 skizzierten Oszillatorschaltungen zur HF-Erzeugung nutzten. Sie waren über die damals genutzten Frequenzbereiche abstimmbar und mittels Amplituden- und Frequenzmodulation mit einem Ton-manchmal auch mit einem Bildsignal modulierbar. Sie dienten dem Abgleich des HF- und ZF-Teils von Rundfunk- und Fernsehempfängern.

Die Abb. 11.13a zeigt das vereinfachte Blockschaltbild eines Messsenders. Dem HF-Oszillator folgt eine aperiodische Pufferstufe, die Rückwirkungen vom Ausgang unterbindet. Die letzte Stufe arbeitet als Modulator und bezieht das notwendige NF-Signal aus einem NF-Generator mit fester Frequenz. Abb. 11.14) zeigt einen AM-/FM-Prüfgenerator Typ PG1, wie er um 1960 gebaut wurde.

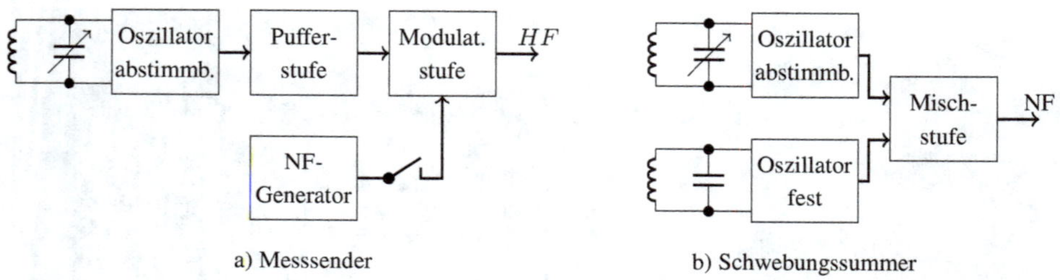

Abb. 11.13.: Blockschaltungen spezieller Signalgeneratoren

Bei der Anwendung wird der Prüfgenerator nach dem in Abb. 11.15b dargestellten Prinzip an den Eingang des Testobjektes, beispielsweise an einen ZF-Verstärker, angeschlossen und am Ausgang des Testobjektes wird die Amplitude des Signals akustisch bewertet oder mit einem Röhrenvoltmeter gemessen.

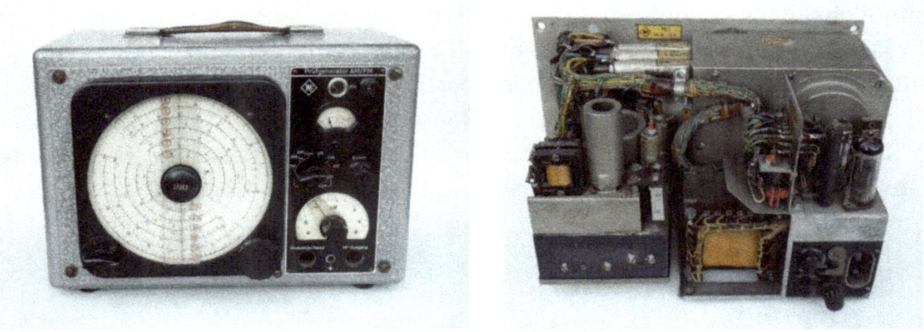

Abb. 11.14.: Prüfgenerator PG1, Hersteller: Werk für Fernmeldewesen, Berlin (DDR)

NF-Generator Im NF-Bereich wären für einen LC-Generator nach Abb. 7.8 zu große Induktivitäten und Kapazitäten notwendig. NF-Generatoren wurden deshalb als RC-Generator (als Wienbrücken-Generator oder als RC-Phasenschiebergenerator) oder als Schwebungssummer gebaut. Im Schwebungssummer (Abb. 11.13) schwingen zwei HF-Oszillatoren auf eng benachbarten Frequenzen. Einer der Oszillatoren arbeitet auf einer Festfrequenz, während der andere abstimmbar ist. Beim Mischen beider HF-Signale erhält man als Differenz die gewünschte Niederfrequenz.

NF-Generatoren wurden im Service von Röhrenempfängern kaum eingesetzt, denn dank des hochohmigen Eingangs des NF-Verstärkers reichte ein Antippen des Gitteranschlusses, um einen Brummton als Testsignal zu generieren.

Rauschgenerator Hauptbestandteil eines Rauschgenerators ist die direkt mit Gleichstrom geheizte Rauschdiode (Abb. 11.15). Die Rauschdiode ist in einem separatem Tastkopf untergebracht, der direkt mit dem Eingang des Messobjektes, z.B. einem UKW- oder Fernsehempfänger, verbunden werden kann. Die Rauschdiode wird im Sättigungsgebiet betrieben. Die Rauschleistung wird durch Verändern des Sättigungsstromes über die Heizung der Rauschdiode eingestellt und ist an einem entsprechend kalibrierten Instrument ablesbar. An dem auf Massepotential liegenden niederohmigen Arbeitswiderstand wird die Rauschspannung abgegriffen.

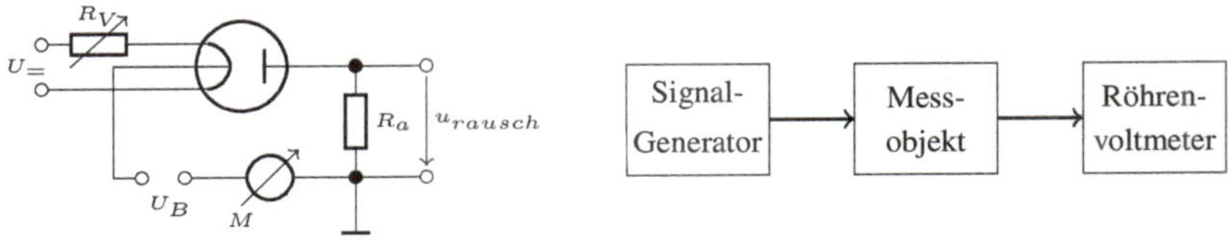

a) Rauschgenerator nach [ZB59]

b) Messanordnung mit Signalgenerator

Abb. 11.15.: Rauschgenerator nach [ZB59] und Messanordnung

Die Empfindlichkeitsmessung erfolgte durch Vergleich des Eigenrauschens des Messobjektes mit dem zusätzlich eingespeisten Rauschsignal. Dazu wurde am Ausgang des Messobjektes zuerst mittels Röhrenvoltmeter die Spannung bestimmt, die dem Eigenrauschen des Messobjektes entspricht. Danach die Amplitude des Rauschgenerators so eingestellt, dass die Spannung am Röhrenvoltmeter $\sqrt{2}$ mal größer war als beim Eigenrauschen. Die entsprechende Rauschzahl konnte dann direkt am Instrument abgelesen werden [Roc56].

11.3.4. Elektronische Zähler

Das Zählen gleichartiger Vorgänge oder Objekte ist Basis vieler Messungen, beispielsweise der Zeitmessung. Zuerst standen mechanische und elektromechanische Zählvorrichtungen zur Verfügung, die aber auf Grund ihrer Trägheit nur eine vergleichsweise geringe Zählgeschwindigkeit erreichen konnten.

Elektronische Zähler arbeiten trägheitslos und dadurch viel schneller als mechanische Zähler. Als Basis elektronischer Zählschaltungen dienten einmal Kaltkatoden-Thyratrons (siehe Kapitel 8.1.2.1) und natürlich auch Elektronenröhren, die zu Flip-Flops zusammengeschaltet waren (siehe Abb. 8.7b). Ein Flip-Flop arbeitet als Binärteiler und indem man vier Flip-Flops hintereinander schaltet, erreicht man Teilungen durch 4, durch 8 und durch 16. Indem man den Zustand jedes Flip-Flops optisch anzeigt, erhält man einen Binärzähler. Durch geeignete Rückführungen kann man eine Zählung von 0...9 erzwingen und erhält so eine Zähldekade.

Sowohl die Kaltkatodenzählröhren (Kapitel 10.1.1) und auch die Elektronenstrahl-Zählröhre E1T (Kapitel 10.2.1) realisierten durch die intern erzwungenen elektronischen Abläufe selbst eine dekadische Zählung. Diese Zählröhren benötigten lediglich eine entsprechende typengerechte Ansteuerung und Impulsaufbereitung.

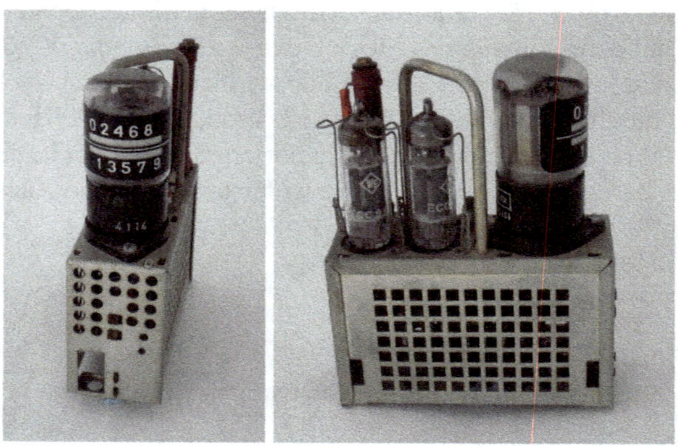

a) Frontalansicht b) Seitenansicht von links

Abb. 11.16.: Zähldekade in Modulbauweise mit E1T und zwei Doppeltrioden ECC960 (Hersteller: VEB Vakutronik)

Die Abb. 11.16 zeigt eine Zähldekade mit der Zählröhre E1T. Die Zähldekade umfasst die Ansteuerelektronik, die hier aus zwei Doppeltrioden ECC960 besteht. Solche Zählbausteine in Modulbauweise waren kaskadierbarer und wurden in den 1960ziger Jahren z.B. in kernphysikalischen Messgeräten verwendet.

11.4. Beispielanwendungen in der Medizin

In der medizinischen Röntgendiagnostik und in der weniger bekannten Röntgentiefentherapie spielen Röntgenröhren eine zentrale Rolle. Wir betrachten Röntgenröhren in Kapitel 13 und gehen deshalb hier nicht darauf ein.

Aus technischer Sicht kann man die Anwendungsgebiete der Elektronenröhre in der Medizin mit dem Begriff Medizinelektronik umschreiben, die die folgenden drei Bereiche beinhaltet

- Messungen am Patienten (Elektrodiagnostik),
- Behandlung des Patienten (Elektrotherapie) und
- Hilfsgeräte für den Patienten.

Wir betrachten nachfolgend einige ausgewählte Beispiele.

11.4.1. Elektrische Messungen am Patienten – Elektrodiagnostik

Zur Erstellung oder Sicherung einer Diagnose nutzen Mediziner heute zahlreiche Biosignale, deren Erfassung und Registrierung komplexe elektronische Geräte erfordern. Dazu zählen die Elektrokardiographie zur Untersuchung der Herzaktion, die Spirometrie zur Lungenfunktionsdiagnostik oder die Elektroenzephalographie zur Untersuchung physiologischer Vorgänge im Gehirn und viele andere. Häufiger werden die Körpertemperatur und der Blutdruck gemessen, dafür sind aber nicht zwingend elektronische Geräte erforderlich.

An der schon seit Anfang des 20. Jahrhunderts praktizierten Elektrokardiographie ist gut zu erkennen, wie mit dem Einsatz von Elektronenröhren die Arbeitsweise grundlegend verändert und verbessert wurde.

Elektrokardiograph und Elektrokardiogramm (EKG) Ursprünglich (seit 1906) erfolgte die Aufzeichnung von Herzaktionsstromkurven ohne Verstärkung des Signals mit strommessenden Instrumenten, wie Saitengalvanometer oder Spulengalvanometer. Dabei lenkte der Herzaktionsstrom einen Lichtzeiger über einen Spiegel aus, dessen Endpunkt fotografisch registriert wurde [Web48].

Nach Erfindung der Verstärkerröhre wurden um 1920 die strommessenden Apparate durch spannungsmessende Geräte ersetzt, die robuster, einfacher in der Handhabung und leistungsmäßig den strommessenden Apparaten überlegen waren. Solche Elektrokardiographen verfügten über einen mehrstufigen NF-Verstärker, der die Herzaktionsspannung einige tausend mal verstärkte und das verstärkte Signal einer photografischen Registriereinrichtung zuführte. Aus

Anwendersicht wurden in [Kah30] strom- und spannungsmessende Anordnungen verglichen. Die spannungsmessenden Geräte waren hochohmig und entzogen dem Körper praktisch keine Energie, wodurch die Forderung nach unverfälschter Ableitung, Verstärkung und Aufzeichnung des Signals immer besser erfüllt werden konnte [Web48].
Siemens-Reiniger stellte 1939 einkanalige Elektrokardiographen her, die mit gleicher Elektronik als ortsfestes, fahrbares oder tragbares Gerät lieferbar waren. Diese Geräte besaßen einen dreistufigen, RC-gekoppelten NF-Verstärker und waren mit drei direkt geheizten Röhren RE034 bestückt; sie wurden von einer Heizbatterie und einer Anodenbatterie versorgt. Wahlweise erfolgte die Anzeige mit dem Lichtzeiger eines Spiegelgalvanometers auf einer Mattscheibe oder die Registrierung auf einem Film. Der Filmtransport erfolgte mechanisch mit einem Uhrwerk [Sie39].
Um medizinischen Anforderungen gerecht zu werden, wurden schon 1933 mehrkanalige Elektrokardiographen mit Elektronenröhren gebaut. Nach Verfügbarkeit geeigneter Transistoren wurden auch EKG-Geräte mit Halbleitern bestückt; in Deutschland gab es 1963 das erste volltransistorisierte Gerät und der erste 3-Kanal-Elektrokardiograph mit computergestützter Echtzeitauswertung war 1984 verfügbar [Man88].
Moderne EKG-Geräte besitzen eine Mikrocontrollersteuerung und Datenspeicherung, sie sind netz- oder batteriebetrieben, werden mit unterschiedlicher Anzahl von Messkanälen angeboten und gehören zur Grundausstattung einer Arztpraxis.

11.4.2. Behandlung des Patienten – Elektrotherapie

In diesen Bereich fallen die Reizstromtherapie sowie die Kurzwellen- und Mikrowellentherapie, die beide u.a. der Schmerzbehandlung dienen.

- Bei der Reizstromtherapie werden niederfrequente impulsförmige Ströme mit einstellbarer Amplitude über die Haut durch aufgelegte oder aufgeklebte Elektroden in ausgewählte Partien des Körpers eines Patienten ein- und ausgekoppelt. Die impulsförmigen Ströme liefert ein spezieller Impulsgenerator, das Reizstromgerät.
- Die Kurzwellen- und Mikrowellentherapie ist eine Behandlung mit Hochfrequenz bzw. Mikrowellen, die die Wärme nutzt, die infolge dielektrischer Verluste direkt im Körperinneren entsteht. Die HF-Energie wird durch Auflegen von HF-Elektroden, die mit einem entsprechenden Generator verbunden sind, in den Körper des Patienten eingekoppelt.

Der experimentelle Ursprung dieser längst etablierten Therapieverfahren reicht bis zum Anfang des 20. Jahrhunderts zurück; wir skizzieren dies am Beispiel der Kurzwellentherapie.

Kurzwellentherapie Schon 1913 beschreibt Kowarschik die HF-Therapie unter Nutzung von Löschfunkensendern [Kow13] und verweist in seinem 1920 erschinenen Buch darauf, dass als HF-Generator auch schon die „Glühkatode“ verwendet wird [Kow20].

1 - Senderöhre SRS360

2 - Si-Hochspannungsgleichrichter

3 - Hochspannungstransformator

4 - Netzverdrosselung

5 - automatische Resonanzabstimmung

6 - Primär-Schwingkreis

7 - Diskriminatorspule für Steuerspannung der automatischen Abstimmung

8 - Sekundär-Schwingkreis

Abb. 11.17.: Kurzwellen-Therapiegerät RECOTHERM 511 - automatic, Hersteller: Fa. Recotherm, Pirna (Bildquelle: W. Rentsch, Kurzwellen- und Mikrowellentherapie [Ren85])

Wie von Rentsch [Ren85] beschrieben, wurden später für die Kurzwellentherapie einkreisige selbsterregte HF-Generaroren kleiner Leistung (200–500 W) verwendet. Die Generatoren arbeiteten auf einer Industriefrequenz (ISM-Band), in Deutschland auf 27,12 MHz.

Bei der Kurzwellenbehandlung bildete ein Teil des Körpers eines Patienten das verlustbehaftete Dielektrikum eines Plattenkondensators und die gewünschte Wärme entsteht in der Tiefe des Körpers durch Wechselwirkung des HF-Feldes mit dem Gewebe selbst. Je nach Frequenz kommen unterschiedliche elementare Mechanismen zum Tragen, jedoch führen immer dielektrische Verluste die Erwärmung herbei.

Die Abb. 11.17 zeigt ein geöffnetes Kurzwellentherapiegerät „RECOTHERM 511 - automatic„ der Firma Recotherm, welches über einen automatischen Abgleich (Anpassung) des Patientenkreises verfügte. Das Gerät arbeitete mit einer Röhre vom Typ SRS360 als HF-Generator, die Hochspannungsgleichrichtung und die Regelschaltung waren mit Halbleitern aufgebaut. Geräte dieses Typs wurden bis 1996 gefertigt (W. Rentsch, pers. Mitteilung, 2018).

11.4.3. Elektronische Hilfsgeräte für den Patienten

Unter elektronischen Hilfsgeräten für den Patienten wollen wir Geräte verstehen, die das Leben unmittelbar beeinflussen bzw. erleichtern. Zu dieser Gerätegruppe zählen Herzschrittmacher,

Insulinpumpen und auch Hörgeräte. Für den Elektroniker sind Hörgeräte gut überschaubar; wir betrachten diese Geräteklasse nachfolgend etwas näher.

Die Entwicklung der Hörhilfen Lange bevor Elektronenröhren existierten, gab es passive Hörhilfen in Gestalt der Hörrohre, die die Form eines Trichters hatten. Hörrohre bündelten die Schallwellen mechanisch und leiteten sie mit erhöhtem Schalldruck ins Ohr.

Die Ära der röhrenbestückten Hörhilfen wurde mit dem amerikanischen Patent Nr. 1,343,717 [Han20] eingeleitet. In der Patentschrift wird ein zweistufiger transformatorgekoppelter Röhrenverstärker beschrieben. Die Schaltung der Hörhilfe ist in Abb. 11.18 dargestellt und umfasst

- ein Kohlemikrophon (1),
- zwei Elektronenröhren (6 und 10),
- zwei Übertrager (3 und 8),
- einen Kopfhörer (11) sowie
- drei Batterien für den Mikrophon- (2), den Heiz- (12) und den Anodenkreis (13).

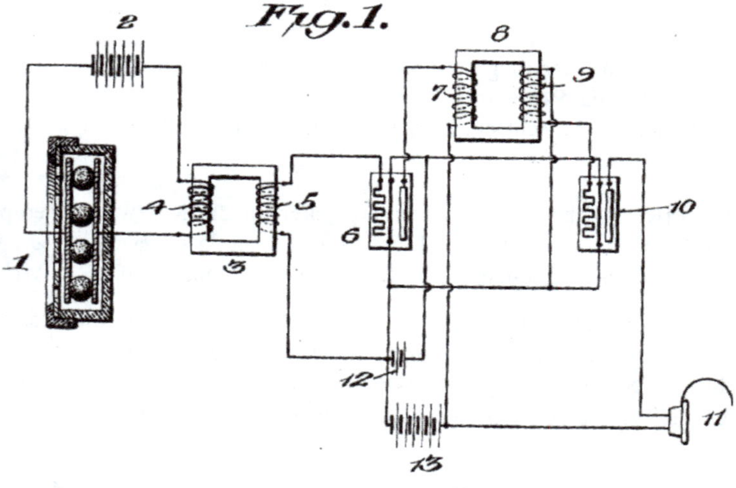

Abb. 11.18.: Hörgerät nach der amerikanischen Patentschrift Nr. 1,343,717 [Han20] (Die Abbildung entspricht Fig. 1 aus der Patentschrift)

Bis auf Mikrophon und Kopfhörer war alles in einem Handköfferchen untergebracht.

Die weitere Entwicklung war durch Verbesserungen der Klangqualität, sowie durch Verkleinerung des Volumens und des Gewichts der Geräte und der Batterien geprägt, so dass die Geräte samt Batterien schließlich am Körper getragen werden konnten. Schon Mitte der 1940er Jahre standen solche Geräte in den USA zur Verfügung. In Deutschland verlief auf Grund des 2. Weltkrieges die Entwicklung gegenüber den USA deutlich verzögert.

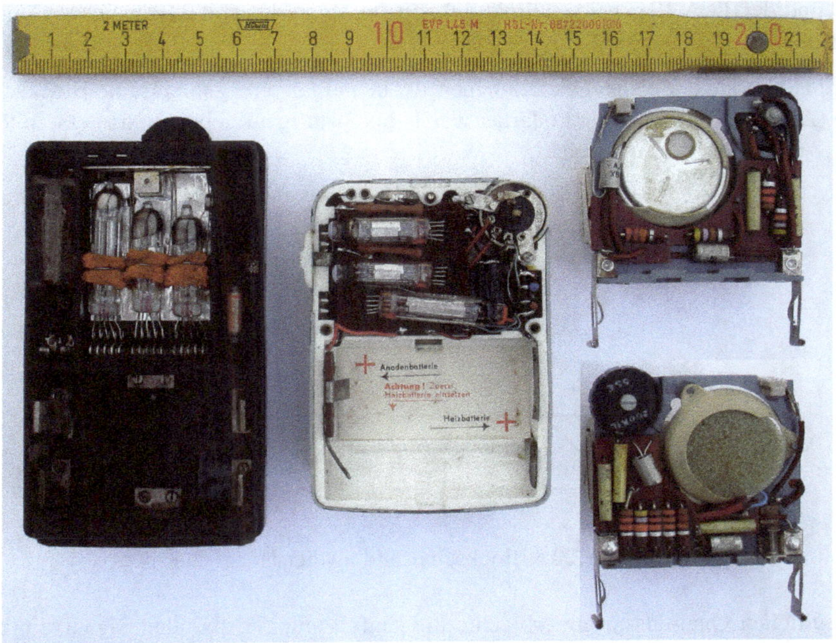

links: Hörgerät mit drei Röhren (Funkwerk Kölleda, K63-1000, 1950er Jahre)
Mitte: Hörgerät mit drei Röhren (Wendton, W259, 1955)
rechts: Hörgerät mit 4 Transistoren auf 2 einseitig bestückten Leiterplatten (omikron-Largo 1965)

Abb. 11.19.: Hörgeräte mit Röhren- und Transistorbestückung

Anfang der 1950er Jahre waren auch in Deutschland Hörgeräte mit eingebautem Mikrophon, eingebauten Batterien und dreistufigem RC-gekoppeltem Röhrenverstärker verfügbar. Als Batterieröhren kamen beispielsweise die DF67 und die DL67 zum Einsatz. Die Anodenspannung dieser Röhren betrug nur 22,5 V und die Heizspannung 0,625 V bzw. 1,25 V; beide Spannungen wurden aus Spezialbatterien geliefert. Die Abb. 11.19a und b zeigen solche röhrenbestückte Hörgeräte. Die Verdrahtung beider Geräte ist frei, ohne Leiterplatte, ausgeführt.

Die Ära der mit Elektronenröhren bestückten Hörgeräte endete, nachdem geeignete Transistoren zum Ersatz der Batterieröhren zur Verfügung standen. Die Hörgeräte waren mindestens mit 3, oder bei Verwendung einer Gegentaktendstufe auch mit mehr Transistoren bestückt, Damit entfielen die Batterien für die Heizung und die Anodenspannung. Statt dessen wurde nur noch eine Spannung von etwa 3 V als Kollektorspannung benötigt. Ein mit 4 Transistoren bestücktes Hörgerät zeigt die Abb. 11.19c, die Schaltung ist auf 2 einseitig bestückte Leiterplatten verteilt.

Mitte der 1960er Jahre kamen die ersten einfachen integrierten Schaltkreise auf, die dank der Platz-, Montage- und Kostenvorteile nun die Transistoren verdrängten. Solche IC waren der

OM 200 und der TAA 131, beides direkt gekoppelte Verstärker mit 3 Transistoren und 2 Widerständen.

Für ältere Hörgeräte der bisher beschriebenen Art kann man eine gemeinsame Blockschaltung angeben (Abb. 11.20a). Der Vorverstärker war 1- bis 3-stufig aufgebaut und zuerst mit Röhren und später mit Transistoren bestückt.

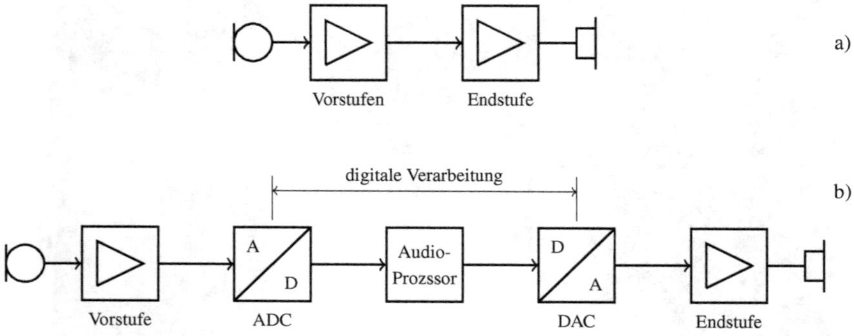

Abb. 11.20.: Blockschaltbild zweier Hörgeräte

Einen deutlichen Qualitätssprung erbrachte die Einführung der digitalen Signalverarbeitung. Bei Geräten dieser Generation wird entsprechend Abb. 11.20b zwischen Vorverstärker und Endstufe ein digitaler Audioprozessor eingefügt, der dank diverser Filterfunktionen Störsignale wirksam unterdrücken und den Frequenzgang in patientengerechter Weise modifizieren kann. Um die digitale Verarbeitung zu ermöglichen, muss das Audiosignal zuerst in einem ADC digitalisiert werden und nach der digitalen Verarbeitung wieder in ein Analogsignal zurück gewandelt werden. Es ist unmittelbar einzusehen, dass dieser Aufwand der digitalen Signalverarbeitung und die Kleinheit der modernen im-Ohr-Geräte weder mit einem Röhrengerät noch mit einem mit diskreten Transistoren bestücktem Gerät zu leisten gewesen wäre. Die digitale Signalverarbeitung ist eine Domäne hochintegrierter Prozessoren und die Miniaturisierung ein Resultat der modernen Halbleiterelektronik.

12. Röhren als Messwertaufnehmer für nichtelektrische Größen

Die nun zu besprechenden „Messröhren“ erlauben das Erfassen nichtelektrischer Messgrößen. Beim elektrischen Messen einer nichtelektrischen Größe wandelt ein **Messwertaufnehmer** das nichtelektrische Messsignal in ein elektrisches Signal, welches dann mit elektronischen Mitteln weiter verarbeitet wird. Den Messwertaufnehmer nennt man heute allgemein einen **Sensor** [RW16]. Kontextabhängig und historisch bedingt, spricht man im Zusammenhang mit Röhren auch von Messröhren, Messkammern oder Detektoren.

Eine Messröhre kann sowohl eine Elektronenröhre als auch eine Gasentladungsröhre sein, deren Ausführung der Messaufgabe angepasst ist.

12.1. Elektronenröhren als Messröhren

Unseren bisherigen Betrachtungen lagen implizit die Tatsachen zugrunde, dass der Elektronenstrom in einer Elektronenröhre durch elektrische Felder gesteuert und ein Elektronenstrahl durch elektrische oder magnetische Felder abgelenkt wird. Natürlich könnte die Intensität auch über die Katodenheizung beeinflusst werden, jedoch werden Röhren mit einer praktisch konstanten mittleren Heizleistung betrieben. Es bedarf nun zusätzlicher Möglichkeiten und Abhängigkeiten, um nichtelektrische Größen in das elektrische System einer Röhre einkoppeln und messen zu können.

Die bekannteste Möglichkeit, eine nichtelektrische Größe in einer Röhre zu verarbeiten, ist die Photoelektronenemission. Diese erlaubt, Lichtstrahlung zu erfassen und deren Intensität im elektrischen Kreis abzubilden. Ferner können unter Nutzung der Sekundärelektronenemission optisch generierte Signale in Photovervielfachern hoch verstärkt werden. Weniger bekannt ist, dass auch die reversible Änderung der Elektrodengeometrie in einer Röhre für die Messung der Beschleunigung vorgeschlagen wurde.

12.1.1. Photozellen, Photovervielfacher und verwandte Anordnungen

Photozellen und Photovervielfacher sind Wandlerbauelemente mit einer Photokatode, die ein einfallendes Lichtsignal in ein elektrisches Signal wandeln. In den meisten Routineanwendungen sind Photozellen längst durch Halbleiterbauelemente (Photowiderstand, Photodiode) abgelöst. Jedoch gibt es Sonderanwendungen, bei denen moderne Photozellen vorteilhaft eingesetzt werden, und Photovervielfacher sind bei zahlreichen Messverfahren unverzichtbar.

https://doi.org/10.1515/9783110547979-171

12.1.1.1. Photozellen

Die Photozelle ist eine Zweielektrodenröhre mit einer kalten, meist großflächigen **Photokatode** und einer Anode [BSE+13]. In Abb. 12.1a sind das Schaltbild einer Hochvakuum-Photozelle mit Beschaltung zur Kennlinienaufnahme und in Teilbild c eine Pressler-Photozelle dargestellt.

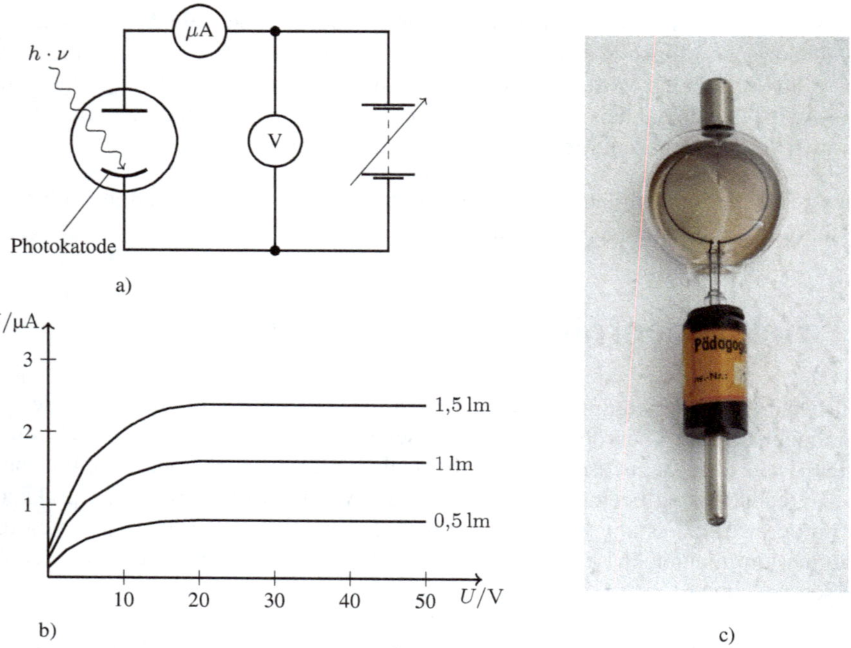

Abb. 12.1.: Hochvakuum-Photozelle:
a) Schaltbild mit Schaltung zur Aufnahme der Strom-Spannungs-Charakteristik
b) Strom-Spannungs-Charakteristik einer Kalium-Vakuum-Photozelle in Abhängigkeit von der Lichtintensität nach [GR33]
c) Pressler-Photozelle Typ 320TU/V/GKV

Zum Stromfluss kommt es nur dann, wenn an der Anode eine positive Spannung anliegt und die Photokatode mit hinreichend kurzwelligem Licht, d.h. kurzwelliger als die Grenzwellenlänge λ_g, bestrahlt wird. Bei Einstrahlung solchen Lichtes emittiert die Photokatode auf Grund des äußeren lichtelektrischen Effektes Elektronen; die Photokathode arbeitet so als Detektor für Photonen. Damit möglichst das gesamte eingestrahlte Licht die Photokatode erreicht, wurde die Anode quasi transparent als ringförmige Drahtanode oder als Netzanode ausgeführt, während die Photokatode großflächig als Schicht auf die Innenwand des Glaskolbens aufgedampft wurde. Um eine hohe Elektronenausbeute zu erreichen, wurden Katodenmaterialien mit geringer Austrittsarbeit verwendet. Geeignete Materialien wurden experimentell gefunden. Es waren zunächst Hydroxidschichten der Alkalimetalle (Natrium, Kalium oder Cäsium), die nach einem Formierprozess oberflächlich eine dünne Schicht des Metalls besaßen, und später halbleitende Oxidschichten. Die einzelnen Materialien haben unterschiedliche spektrale Empfindlichkeiten. Um eine gute Empfindlichkeit über einen größeren Spektralbereich zu erzielen, wurden Mischschichten verwendet. Der Einsatzbereich der Photozelle wird am langwelligen Ende durch die Grenzwellenlänge λ_g und am kurzwelligen Ende durch die Transmission des Glases des Röhrenkolbens begrenzt [GR33].

Die Entwicklung von Photozellen erlaubte vielfältige neuartige technische Anwendungen. Neben der elektronischen Messung der Lichtintensität ist insbesondere die Auswertung solcher Lichtsignale zu nennen, denen eine Information aufgeprägt wurde. Beispiele dafür sind

- der Aufbau von Lichtschranken für Zähl-, Regel- oder Sicherheitsvorrichtungen,
- das Abtasten einer Bildvorlage für die Bildtelegrafie,
- das Abtasten einer Tonspur beim Tonfilm.

Man unterscheidet Hochvakuum-Photozellen und gasgefüllte Photozellen. Die Schaltung zur Aufnahme der Strom-Spannungs-Charakteristik einer Hochvakuum-Photozelle ist in Abb. 12.1a dargestellt, bei gasgefüllten Photozellen ist noch ein Serienwiderstand in der Versorgungsleitung vorzusehen, um das Zünden einer Glimmentladung zu unterbinden.

Hochvakuum-Photozellen Die Strom-Spannungs-Charakteristik einer Hochvakuum-Photozelle ähnelt der einer normalen Röhrendiode, wobei der Anodenstrom in der Größenordnung von einigen µA liegt. Der Sättigungsstrom ist bei gleichbleibender spektraler Zusammensetzung des Lichtes der Lichtintensität proportional (siehe Abb. 12.1b). Damit eignet sich die Photozelle hervorragend zur Messung der Lichtintensität.
Hochvakuum-Photozellen erlauben es, in einer geeigneten Versuchsanordnung das Verhältnis zweier physikalischer Konstanten, nämlich $\frac{h}{e}$, zu bestimmen (siehe Gegenfeldmethode, Kapitel 4.3.2) und sind zu diesem Zweck oft in physikalischen Praktika im Gebrauch.

Photozellen mit Gasverstärkung (gasgefüllte Photozellen) Hochvakuum-Photozellen liefern nur einen geringen Strom. Eine Möglichkeit, den Strom bei gleicher eingestrahlter Lichtintensität direkt in der Zelle zu erhöhen besteht darin, die Zelle mit Gas zu füllen und Gasverstärkung zu nutzen. Für gasgefüllte Photozellen musste als Füllgas ein nicht reaktives Gas verwendet werden, damit die Katode nicht oxidiert oder geschädigt wird. Es kam Argon mit einem Druck im Bereich 0,5–1 Torr (siehe Tabelle 6.1) zum Einsatz. Abb. 12.2 zeigt die Strom-Spannungs-Charakteristik einer gasgefüllten Photozelle nach [GR33]. Man entnimmt der Grafik, dass die Gasverstärkung schon bei einer Anodenspannung von etwa 20 V einsetzt und, dass oberhalb dieses Wertes Photozellen mit Gasverstärkung einen deutlich höheren Strom liefern als Hochvakuumzellen. Gasgefüllte Photozellen erfordern zusätzlich einen Vorwiderstand von 20–50 kΩ, um dem Zünden einer Glimmentladung vorzubeugen.

Dynamische Eigenschaften Die Anoden-Katoden-Kapazität C_{ak} einer gegebenen Photozelle bestimmt in Verbindung mit dem Arbeitswiderstand R_a die dynamischen Eigenschaften der Schaltung. Das Zeitverhalten, welches mit einer Zeitkonstante $\tau = C_{ak} \cdot R_a$ beschreiben

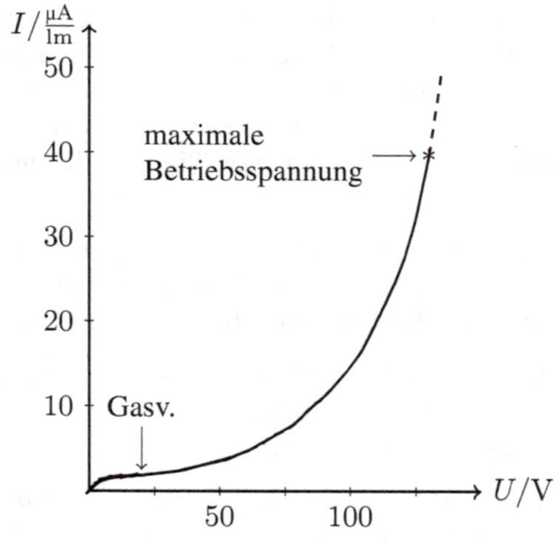

Abb. 12.2.: Strom-Spannungs-Charakteristik einer Kalium-Photozelle mit Gasverstärkung

werden kann, führt bei einem getasteten Lichtsignal zur Verzerrung des elektrischen Signals und beschränkt die maximale Einsatzfrequenz.

Während Vakuumzellen der dreißiger Jahre bis zu einigen MHz arbeiteten, erlaubten gasgefüllte Photozellen, abhängig von Gasfüllung und Betriebsspannung, nur Frequenzen von einigen kHz [GR33].

Moderne Photozellen Vorteile von Photozellen gegenüber konkurrierenden Halbleiterbauelementen sind die Unempfindlichkeit gegenüber der Umgebungstemperatur sowie eine Photokatode, deren Fläche etliche cm^2 betragen kann und deren spektrale Empfindlichkeit über das Katodenmaterial in gewissen Grenzen einstellbar ist.

Aktuell (2018) sind verschiedene Serien moderner Photozellen für unterschiedliche Applikationen am Markt, die man grob in folgende zwei Gruppen einteilen kann

- Standardphotozellen und
- Photozellen mit hoher Zeitauflösung.

Standardphotozellen haben einen Glaskolben und sind für niedrige Betriebsspannung von nur 15 V verfügbar, so dass unmittelbar eine Halbleiterschaltung zur Signalweiterverarbeitung angeschlossen werden kann. Die Abb. 12.3 zeigt einen entsprechenden Schaltungsvorschlag von [Ham16a].

Photozellen mit hoher Zeitauflösung wurden mit der Zielstellung entwickelt, die Intensität kurzer Laserimpulse zeitaufgelöst im ps-Bereich zu erfassen. Eine Analyse der Einflussgrößen in [Klu87] zeigt, dass für das Zeitverhalten bestimmend sind

- die endliche Dauer der Photoemission und deren Streuung,

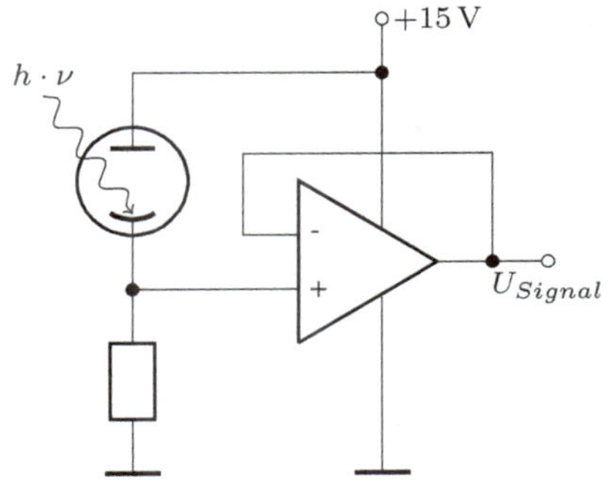

Abb. 12.3.: Photozelle mit Impedanzwandler

- die endliche Dauer der Elektronenlaufzeit zur Anode und deren Streuung sowie
- die Zeitkonstante des Empfängers $\tau = C_{ak} \cdot R_a$

Photozellen mit hoher Zeitauflösung erforderten eine neue Zellengeometrie und neue Herstellungstechnologien. Solche Photozellen werden koaxial aufgebaut und besitzen ein planparalleles Elektrodensystem mit transparenter Katode. In [Klu87] wird die Entwicklung solcher Photozellen ausführlich dargestellt. Im Ergebnis werden Photozellen mit kleinem Elektrodenabstand (1–2 mm) bei hoher Feldstärke (10–50 $\frac{\text{kV}}{\text{cm}}$) betrieben. Die Zeitauflösung von Labormustern ist in dieser Arbeit mit ≤ 100 ps angegeben.
Kommerziell bietet die Firma Hamamatsu „ultraschnelle Photodetektoren" für die Vermessung oder Triggerung kurzer Laserimpulse an. Einige Eigenschaften solcher schnellen Photozellen sind auszugsweise aus dem Datenblatt [Ham12] nachfolgend wiedergegeben

- planare Bauform und koaxialer 50 Ω-Ausgang,
- große aktive Katodenfläche (Durchmesser 10–29 mm),
- Katodenmaterialien (AgOCs, SbCs, NaKSbC, CsTe) für ausgewählte Spektralbereiche ,
- verschiedene Materialien des Eintrittsfensters (MgF_2, Quarz, UV-Glas),
- kurze Antwortzeit (Serie R1328U: Anstiegszeit 60 ps, Abfallzeit 90 ps),
- großflächige Photokatode (Serie R12290U),
- dierekte Messung hoher Lichtenergie (Serie R12290U-55).

12.1.1.2. Photovervielfacher

Beim Photovervielfacher ist der Photokatode ein Sekundärelektronenvervielfacher (SEV) nachgeschaltet, der für eine hohe Verstärkung sorgt.

In Abb. 12.4 sind das Funktionsprinzip sowie die äußere Beschaltung eines Photovervielfachers skizziert. Eine für die Sekundärelektronenemission zuständige Elektrode heißt Dynode. Schaltungstechnisch ist die Photokatode mit dem Minuspol der Betriebsspannung verbunden. Ein Spannungsteiler liefert in gleich großen Stufen an jedem Abgriff die Spannung für eine

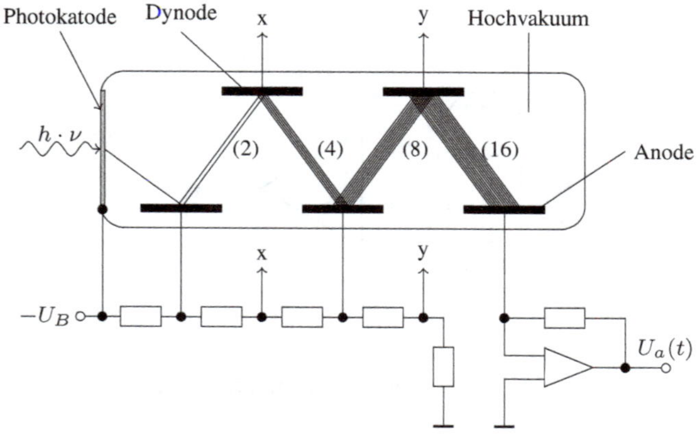

Abb. 12.4.: Photomultiplier, schematisch (Erklärung im Text)

Dynode. Die Anode ist über einen Arbeitswiderstand oder, wie hier dargestellt, über den Eingangswiderstand eines Verstärkers mit dem Pluspol verbunden.

Abb. 12.5.: Photomultiplier

Die Abb. 12.5 zeigt einen Photovervielfacher des ehemaligen VEB Werk für Fernsehelektronik Berlin. Der Typenschlüssel der Photovervielfacher von diesem Hersteller aus der Mitte der 1970er Jahre in Tabelle 12.1 lässt die Breite der Anwendungsmöglichkeiten erahnen [KH77].

Verstärkung und spektrale Empfindlichkeit: Die Verstärkung eines Photomultipliers liegt im Bereich 10^3–$5 \cdot 10^8$. Sie ist abhängig vom Typ und wächst mit der Versorgungsspannung, wobei die Versorgungsspannung zwischen 500 V und 3 kV liegt. Die spektrale Empfindlichkeit eines Photomultipliers hängt, wie bei den Photozellen, vom Katodenmaterial ab. Dabei begrenzt im kurzwelligen Bereich des Lichtes das Material des Eintrittsfensters und im langwelligen Bereich das Material der Photokatode die Empfindlichkeit.

Derzeit werden Photomultiplier in großer Typenvielfalt für unterschiedliche Aufgaben hergestellt und weiterentwickelt. Beispielsweise hatte die Firma Hamamatsu 2016 mehr als 250 verschiedene Typen im Fertigungsprogramm [Ham16b].

Tabelle 12.1.: Typenschlüssel der Photovervielfacher des VEB WF Berlin nach [KH77]

Stelle	Bedeutung	Zeichen	Beschreibung
1	Anwendungsgebiet	**M**	allgemeine Messprobleme
		S	Kerntechnik
		P	Photometrie
2	Dynoden	-	Anzahl
3	Anordnung der Photokatode	**F**	Frontkatode
4	Material des Strahlungs-eintrittsfensters	**Q**	Quarzglas
		V	synthetisches Kieselglas
		-	Normalglas
5	Katodentyp	**S**	SbCs
		C	SbKNaCs
		D	AgCsO
6	äußerer Kolbendurchmesser	-	Wert in mm

12.1.1.3. Kanalelektronenvervielfacher (KEV) und Mikrokanalplatte (micro channel plate, MCP)

Kanalelektronenvervielfacher KEV basieren, wie auch SEV, auf der Sekundärelektronenvervielfachung im Hochvakuum. Im Unterschied zum SEV nutzt ein KEV anstelle diskreter Dynoden ein Röhrchen mit einer leitfähigen, aber hochohmigen Innenbeschichtung zur Elektronenvervielfachung (Abb. 12.6a), wobei das Verhältnis Länge zu Durchmesser bei 50:1 bis 100:1 liegt. An beiden Enden der leitfähigen Innenbeschichtung des Röhrchens wird eine hohe Spannung von bis zu 4 kV angelegt, so dass über die Länge des Röhrchens ein kontinuierlicher Spannungsabfall entsteht. Ein am Anfang des Röhrchens auf die leitfähige Schicht einfallendes Elektron löst mit einer gewissen Wahrscheinlichkeit Sekundärelektronen aus. Die Sekundärelektronen werden zum Ende der Röhre hin beschleunigt und lösen bei Wandkontakt jeweils weitere Sekundärelektronen aus. Beginnend mit einem Startelektron entwickelt sich zum Ausgang hin eine Elektronenlawine mit bis zu 10^8 Elektronen und einer Pulsdauer von etwa 10 ns als verstärktes Abbild des Startereignisses. Je nach Restgasdruck kann die Elektronenlawine auch Restgas ionisieren. Eine dabei entstehende Ionenwolke verschlechtert die Zeitauflösung des KEV. Um dies zu unterdrücken, wird das KEV-Röhrchen gebogen ausgeführt [PG87].

Mikrokanalplatten MCP (Abb. 12.6b) kann man als große Anzahl mikroskopischer Kanalelektronenvervielfacher, die auf engstem Raum parallel ausgerichtet sind, betrachten. Die Dicke der Mikrokanalplatten liegt in der Größenordnung von 1 mm. Die einzelnen Mikrokanäle haben einen Innendurchmesser im Bereich von nur 10–25 µm und ihr Abstand ist an den Durchmesser angepasst. Die Achse der Mikrokanäle ist etwas gegen die Plattennormale geneigt. Die Innenwand jedes Kanals besitzt eine geringe Leitfähigkeit und eine gute Sekun-

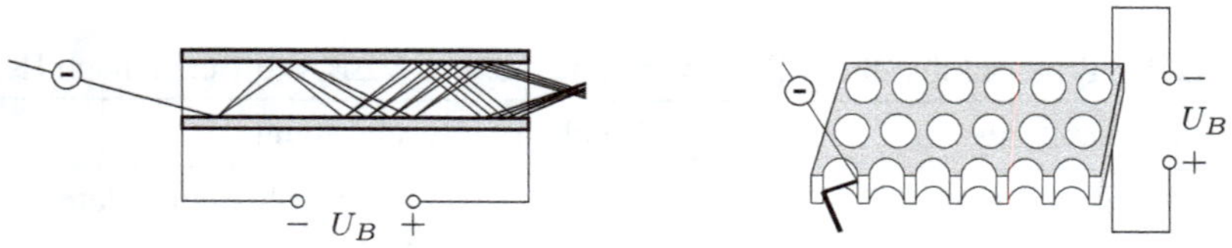

a) Kanalelektronenvervielfacher b) Mikrokanalplatte

Abb. 12.6.: Kanalelektronenvervielfacher und Mikrokanalplatte (Erklärung im Text)

därelektronenemission. Damit hat jeder einzelne Mikrokanal eine Struktur wie ein mikroskopischer Kanalelektronenvervielfacher und bei angelegter Spannung arbeiten alle Mikrokanäle parallel wie eine Vielzahl von Kanalelektronenvervielfachern. Auf Grund der Kleinheit der Kanäle kann man jeden Kanal als Bildpunkt (Pixel) mit eigenem mikroskopischen Kanalelektronenvervielfacher betrachten. Mikrokanalplatten ermöglichen eine bis zu 20.000-fache Restlichtverstärkung und sind unempfindlich gegenüber magnetischen Feldern.

12.1.1.4. Elektonenoptische Bildwandler und Röntgenbildverstärker (RBV)

Der Grundgedanke elektronenoptischer Bildwandler besteht darin, Bilder aus einem für den Menschen nicht sichtbaren Spektralbereich bzw. Röntgenbilder mittels einer Photokatode in ein Elektronenbild umzusetzen, das Elektronenbild mittels eines elektronenoptischen Systems auf einen zweiten fluoreszierenden Leuchtschirm zu fokusieren und als visuell beobachtbares Bild auszugeben. Durch Beschleunigung der Elektronen mit z.B. 25 kV erreicht man entsprechende Helligkeiten.

Ein Röntgenbildverstärker ist ein Bildwandler für Röntgenstrahlen, der in der medizinischen Diagnostik eingesetzt wird. Er erzeugt in Echtzeit ein verkleinertes, kontrastverstärktes optisches Bild des Röntgenbildes. Der prinzipielle Aufbau ist in Abb. 12.7 skizziert. In einem Vakuumgefäß, dem Röhrenkolben, befinden sich ein großflächiger Eingangsleuchtschirm mit Cäsiumjodid als Leuchtstoff für einfallende Röntgenstrahlung, dem eine gleichgroße Photokatode nachgeschaltet ist, sowie eine Elektronenoptik und ein deutlich kleinerer Ausgangsleuchtschirm. Die Elektronenoptik umfasst eine Anzahl von Elektroden, die als elektrostatische Linse wirken. Die Elektronenoptik fokussiert und beschleunigt die an der Photokatode erzeugten Elektronen auf den Ausgangsleuchtschirm. Aus Gründen der elektronenoptischen Abbildung muss der Eingangsleuchtschirm samt Photokatode gekrümmt sein. Der Ausgangsleuchtschirm besitzt einen Leuchtstoff (z.B. ZnCdS:Ag), der Fluoreszenzstrahlung im sichtbaren Bereich liefert.

Wenn Röntgenstrahlen auf den großen Cäsiumjodid-Eingangsleuchtschirm treffen, nachdem sie die zu durchleuchtenden Körperareale durchdrungen haben, emittiert der Eingangsleuchtschirm entsprechend der lokalen Intensität des Röntgenstrahls Fluoreszenzlicht. Die emittierten Photonen lösen an der direkt anliegenden Photokatode Photoelektronen aus, deren lokale Dichte ein Abbild der lokalen Röntgenstrahlintensität ist. Die Photoelektronen werden zum

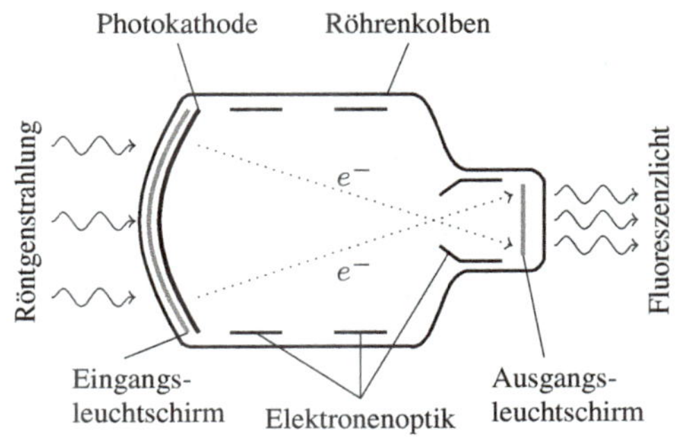

Abb. 12.7.: Röntgenbildverstärker, Prinzip

Ausgangsbildschirm hin beschleunigt und erzeugen dort ein Fluoreszenzbild, welches visuell betrachtet bzw. weiter verarbeitet werden kann.

12.1.2. Beschleunigungsmessung mit Elektronenröhren

Längst sind miniaturisierte 3-achsige Beschleunigungssensoren, oft kombiniert mit 3-achsigen Drehratesensoren, als MEMS-Bauelemente in Siliziumtechnologie Stand der Technik [RW16]. Es überrascht schon, dass die Beschleunigungsmessung auch mit Elektronenröhren versucht wurde. Es gab zumindest eine Röhre, die als 1-achsiger Beschleunigungsaufnehmer konstruiert war und die es erlauben sollte, die mechanische Größe Beschleunigung in das Elektrodensystem der Röhre einzukoppeln.

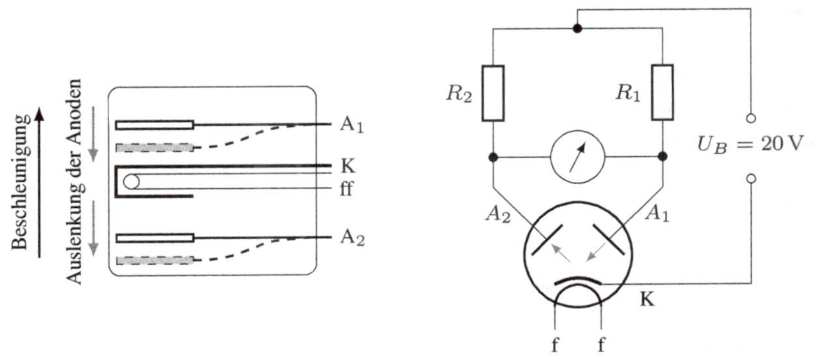

a) Prinzip und Elektrodenanordnung b) Brückenschaltung zur Auswertung

Abb. 12.8.: Accelerometer-Röhre DDR100 nach [Mul]

Die Accelerometer-Röhre DDR100 (Mullard [Mul]) ist als Doppeldiode ausgeführt. Sie besitzt entsprechend Abb. 12.8a zwei elastisch aufgehängte Anoden, die sich gegenüberstehen. Zwischen den beiden Anoden ist die gemeinsame Katode angeordnet. Bei Beschleunigung in

Richtung der Anoden-Normalen werden beide Anoden entgegen der Beschleunigungsrichtung ausgelenkt, wie das die Pfeile andeuten. Dadurch verändern sich die Parameter beider Diodensysteme gegensinnig. Auf dieser gegensinnigen Parameteränderung fußt das vorgeschlagene Messkonzept. Es besteht darin, dass jede Diodenstrecke Teil eines Brückenzweiges ist, und dass die bei Beschleunigung auftretende gegensinnige Abweichung der Impedanz in der Brückenschaltung ausgewertet wird (Abb. 12.8b, die Pfeile in der Röhre symbolisieren wieder die Anodenauslenkung). Über eine praktische Anwendung der DDR100 ist dem Autor nichts bekannt.

12.2. Gasentladungsröhren als Messröhren

In Kapitel 4.5.2 hatten wir gesehen, dass die Entladung in einer gasgefüllten Röhre durch die Eigenschaften der Röhre selbst (Füllgas, Druck, Geometrie) sowie durch die extern angelegte Spannung und den Innenwiderstand der Spannungsquelle bestimmt wird. Eine Dunkelentladung kann stattfinden, wenn ionisierende Strahlung in einem Gasvolumen freie Ladungsträger und damit eine geringe Leitfähigkeit erzeugt.

Der Einfluss ionisierender Strahlung auf eine Entladung wird in Gasionisationsdetektoren zur Strahlungsmessung genutzt, während die Druckabhängigkeit einer Entladung und die Stoßionisation von Restgasmolekülen (siehe Kapitel 5.3.1.1) in Ionisationsvakuummetern zur Druckmessung im Vakuumbereich dient. Beide Gruppen, Gasionisationsdetektoren und Ionisationsvakuummeter sind auch heute (2018) unverzichtbare Messröhren und werden es wohl auch bleiben.

12.2.1. Gasionisationsdetektoren

Gasionisationsdetektoren dienen dem Nachweis ionisierender Strahlung und zur Messung der Strahlungsintensität. Sie nutzen die Ionisation von Gasatomen bzw. Molekülen durch $\alpha-$, $\beta-$, $\gamma-$ oder Röntgen-Strahlung im Volumen ihrer Messkammer. In der Messkammer befinden sich zwei Elektroden, so dass bei anliegender Spannung und einfallender ionisierender Strahlung ein kleiner Strom gemessen oder eine Entladung gezündet werden kann.

Unter dem Einfluss von α- bzw. β-Strahlung konstanter Intensität beobachtet man in einem zylindrischen Entladungsraum mit dünner drahtförmiger Innenelektrode, die als Anode geschaltet ist, bei etwa 10% des Atmosphärendrucks eine Entladungscharakteristik, wie sie schematisch in Abb. 12.9 dargestellt ist. Diese Entladungscharakteristik kann man in mehrere Bereiche gliedern, in denen jeweils charakteristische physikalische Prozesse dominieren. Dies sind

- A - Rekombinationsbereich: nicht alle gebildeten Ladungsträgerpaare werden abgesaugt, es findet Rekombination statt;
- B - Sättigungsbereich: praktisch alle gebildeten Ladungsträgerpaare werden abgesaugt; die schwereren α-Teilchen (Heliumkerne) ionisieren stärker als die β-Teilchen (Elektronen), was sich in einer höheren Trägerzahl bzw. einem höheren Strom ausdrückt;

- C - Proportionalbereich: Elektronen nehmen im elektrischen Feld so viel Energie auf, dass sie durch Elektronenstoß ionisieren können, Gasverstärkung setzt ein und erreicht Werte von 10^2–10^6 , die Impulshöhe ist abhängig von der Primärionisation;
- D - Bereich erhöhter Gasverstärkung: infolge erhöhter Gasverstärkung entstehen Raumladungen und es geht der lineare Zusammenhang zwischen Primärionisation und Impulshöhe verloren;
- E - Auslösebereich: eine Primärionisation löst eine Entladung aus, die unabhängig von der Intensität der Primärionisation ist, und die durch geeignete Maßnahmen gelöscht werden muss, bevor eine nächste Primärionisation registriert werden kann;
- F - selbständige Entladung.

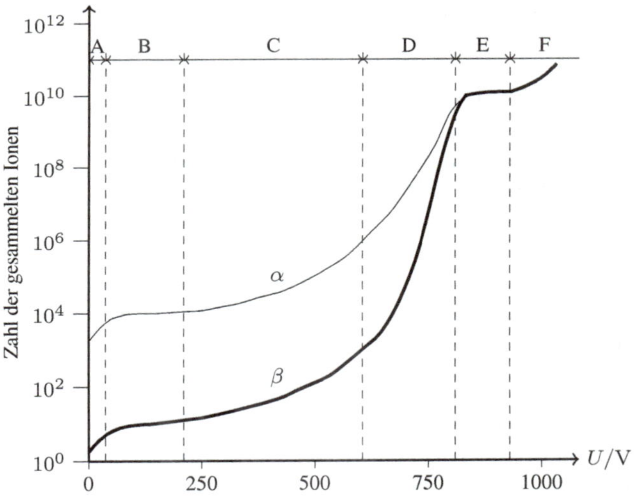

Abb. 12.9.: Gesammelte Ionenpaare für zylindrischen Gasionisationsdetektor als Funktion der angelegten Spannung bei konstanter Primärionisation (nach [Sto85])

Je nachdem, welcher Bereich der Entladungscharakteristik aus Abb. 12.9 genutzt wird, unterscheidet man **Ionisationskammern**, **Proportionalzählrohre** und **Auslösezählrohre**. Diese Gasionisationsdetektoren sowie ihr praktischer Einsatz sind u.a. in [Har57], [Sto89] und [KW16] ausführlicher beschrieben.

12.2.1.1. Ionisationskammern

Eine Ionisationskammer besteht aus einer Messkammer mit zwei Elektroden in zylindrischer oder planparalleler Anordnung. An den Elektroden ist im Betrieb eine hohe Gleichspannung angelegt (Abb. 12.10). Das Kammervolumen kann, je nach Messaufgabe, einige mm^3 bis $100\,dm^3$ betragen und ist mit einem Messgas als Detektormaterial gefüllt. Messgase können u.a. Luft bei Normaldruck, Wasserstoff, Argon oder Stickstoff sein; auch das Messgas wird der Messaufgabe angepasst. Einfallende ionisierende Strahlung wechselwirkt im Kammervolumen mit dem Messgas und ionisiert Gasatome, so dass Ionen und Elektronen als freie Ladungsträger zur Verfügung stehen. Die anliegende Gleichspannung beschleunigt die positiven Ionen zur Katode sowie die Elektronen zur Anode. Als Ergebnis liegt eine stromschwache unselbständige Gasentladung, eine Dunkelentladung, vor. Die Entladungsintensität hängt von der Art der Strahlung und deren Intensität ab.

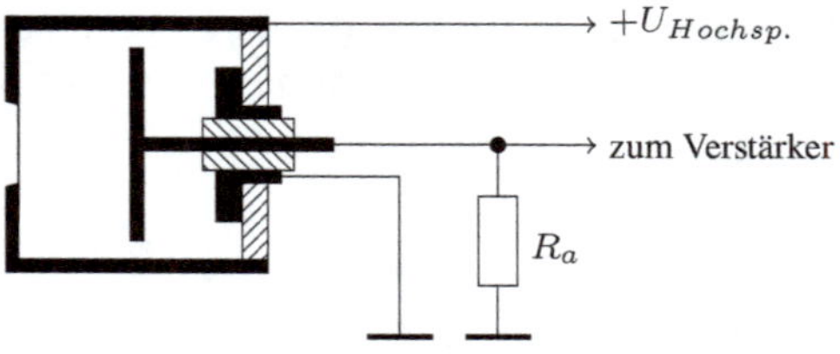

Abb. 12.10.: Einfache Ionisationskammer

Der Strom in einer Ionisationskammer ist extrem klein. Deshalb muss der gesamte Kammeraufbau äußerst hochohmig erfolgen; der Arbeitswiderstand R_a in Abb. 12.10 wird in der Größenordnung 10^{10}–$10^{12}\,\Omega$ gewählt. Bei konstanter Strahlungsintensität ist der fließende Strom entsprechend Abb. 12.9 von der anliegenden Spannung abhängig. Eine Ionisationskammer wird unterhalb des Stoßionisationsbereiches im Sättigungsbereich betrieben, wo praktisch alle primär von der Strahlung generierten Ladungsträger abgesaugt werden und der Entladungsstrom der Intensität der Strahlung proportional ist.

Ein leicht nachvollziehbarer Laboraufbau einer zylindrischen Ionisationskammer ist in [Ryn43] beschrieben. Der Betrieb dieser Ionisationskammer erfolgte dort mit direkt angeschlossenen Elektrometerröhren RH-507 von Westinghouse, die nach Angaben des Autors eine Strommessung bis 10^{-16} A und den Nachweis bis 10^{-18} A gestatteten.

12.2.1.2. Zählrohre

Zählrohre bilden die Intensität der Strahlung auf eine Impulsrate ab. Sie sind zylindersymmetrisch mit einem dünnen Anodendraht in der Zylinderachse und dem Zylindermantel als Katode aufgebaut. Für einen Zylinderkondensator berechnet sich mit der angelegten Spannung U die elektrische Feldstärke E als Funktion des Achsenabstandes r zu

$$E(r) = \frac{1}{r}\frac{U}{ln\frac{r_k}{r_a}}, \tag{12.1}$$

wobei r_a der Anodenradius und r_k der Katodenradius sind. Auf Grund von Gleichung 12.1 erhält man mit dem skizzierten Aufbau in Anodennähe eine hohe elektrische Feldstärke, welche Stoßionisation und somit Gasverstärkung ermöglicht.

Proportionalzählrohr Proportionalzählrohre arbeiten im Proportionalbereich (Bereich C in Abb. 12.9). Sie nutzen die Gasverstärkung so, dass das verstärkte Signal etwa proportional zur primären Ionisation ist [KW16]. Primär generierte Elektronen lösen lokal begrenzte Elektronenlawinen aus, von denen mehrere nebeneinander entstehen können, ohne sich zu beeinflussen. Dadurch werden die Ströme und das Ausgangssignal deutlich höher. Als Füllgase finden Edelgase mit Zusatz von Methan und andere Gase Anwendung.

Die Ausgangsimpulse werden linear verstärkt und können in einem Impulshöhenanalysator selektiert und schließlich gezählt werden. Die Form der Zählimpulse ist durch die schnellen Elektronen (steiler Anstieg) und die langsameren Ionen (flacherer Verlauf) bestimmt und hängt außerdem von der Bemessung der Schaltung ab. Es können Zählraten bis $10^6\ \frac{1}{\mathrm{s}}$ ohne Zählverluste registriert werden [Sto89].

Auslösezählrohr (Geiger-Müller-Zählrohr) Auslösezählrohre werden im Plateau oberhalb der Geigerschwelle betrieben (Bereich E in Abb. 12.9). In diesem Bereich ist die Gasverstärkung höher und es tragen neben primären Elektronen auch Photonen zur Ionisation des Zählgases bei. Dadurch zündet bei einer Primärionisation eine Entladung, welche sich über das ganze Zählrohr ausbreitet und die das Zählrohr für eine gewisse Zeit unempfindlich für eine nächste Primärionisation macht (Totzeit). Um nachfolgende Ionisationsereignisse zu erfassen, muss die Entladung schnellstmöglich wieder gelöscht werden. Auf Grund der Beteiligung des gesamten Zählrohrvolumens liefern solche Zählrohre Impulse gleicher Amplitude, unabhängig von der primären Ionisation, die sich gut weiter verarbeiten lassen [KW16].

Das Löschen der Zählrohrentladung kann extern durch Schaltungsmaßnahmen (ältere Lösung) oder zählrohrintern durch Zusatz einer geringen Menge von organischen Dämpfen, wie Alkohol, erfolgen. Der Alkoholdampf unterdrückt die Sekundäremission an der Katode, so dass die Entladung erlischt. Man spricht dabei von einem selbstlöschenden Zählrohr. Bei jeder Entladung zerfällt ein kleiner Teil der Löschgasmoleküle in nicht löschfähige niederatomare Bruchstücke. Dies begrenzt die Lebensdauer selbstlöschender Zählrohre [Har57].

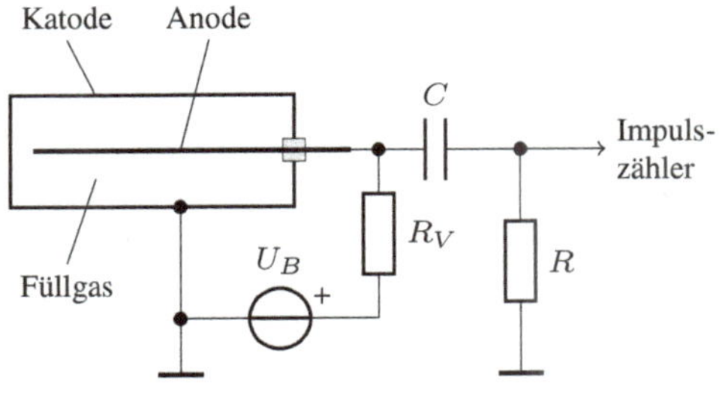

a) Prinzipskizze mit Beschaltung

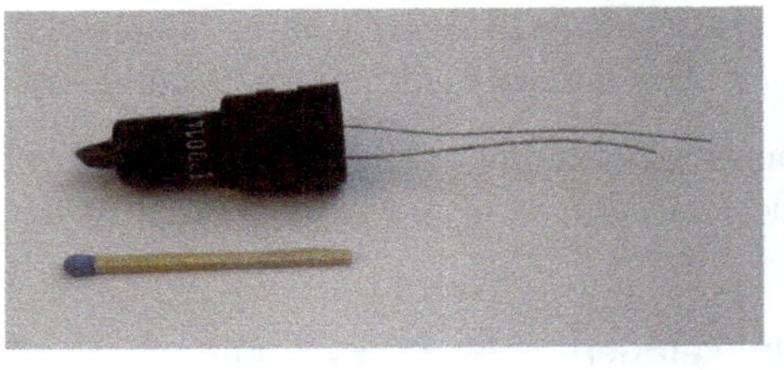

b) Geiger-Müller-Zählrohr Typ VA-Z-114 (Hersteller: Messelektronik Dresden)

Abb. 12.11.: Geiger-Müller-Zählrohr

Die Abb. 12.11 zeigt eine Prinzipskizze eines Geiger-Müller-Zählrohrs mit externer Beschaltung. Das RC-Glied differenziert unmittelbar die Impulse und leitet sie an einen nachgeschalteten Zähler weiter.

12.2.1.3. Anforderungen an die Nachweiselektronik

Die verschiedenen Arten der Gasionisationsdetektoren liefern Ausgangssignale unterschiedlicher Größenordnungen und erfordern eine entsprechend angepasste Nachweiselektronik. Hartmann [Har57] gibt als ganz grobe Orientierung für die Impulsamplitude folgende Werte an

Ionisationskammer:	$10\,\mu\mathrm{V}$,
Proportionalzählrohr:	$10\,\mathrm{mV}$,
Geiger-Müller-Zählrohr:	$10\,\mathrm{V}$.

Zur Verstärkung der sehr kleinen Signale einer Ionisationskammer benutzte man über ganz kurze Leitungen angeschlossene und direkt gekoppelte Elektrometerröhren [Ryn43].
Proportionalzählrohre ermöglichen über die Impulsamplitude eine Aussage über die Art der Strahlung. Daher werden der Impulshöhe entsprechende Rechteckimpulse geformt, die in einem Amplitudenanalysator ausgewertet werden können [Har57].
Die Impulsamplitude eines Geiger-Müller-Zählrohres ist unabhängig von der Strahlungsart. Um die Impulse zu zählen, werden sie, wie in Abb. 12.11 dargestellt, direkt nach dem Zählrohr differenziert und einem Impulszähler zugeführt [KK53].

12.2.2. Ionisationsvakuummeter

Ionisationsvakuummeter, auch Ionisationsmanometer genannt, arbeiten im Hochvakuumbereich und nutzen die Druckabhängigkeit einer elektrischen Entladung, um auf den Druck zurück zu schließen. Es gibt zwei prinzipiell verschiedene Arten, nämlich

- Glühkatoden-Ionisationsvakuummeter und
- Kaltkatoden-Ionisationsvakuummeter.

Ionisationsvakuummeter-Messröhren sind offen und besitzen eine Anschlussmöglichkeit (Rohr oder Flansch), damit sie an ein Vakuumsystem vakuumdicht angeschlossen werden können.

Glühkatoden-Ionisationsvakuummeter Glühkatoden-Ionisationsvakuummeter arbeiten mit einem Dreielektrodensystem. Da diese Messröhren belüftbar sein müssen, verwendet man einen direkt geheizten Wolframdraht als Glühkatode. Die Glühkatode emittiert einen definierten Elektronenstrom I_e, der über eine Reglung konstant gehalten wird. In der Messröhre werden durch Elektronenstöße positive Ionen erzeugt. Der Ionenstrom I_+ ist im Arbeitsbereich der Röhre dem unbekannten Druck p_x und dem Elektronenstrom proportional, es gilt

$$I_+ = C \cdot I_e \cdot p_x. \qquad (12.2)$$

Der Proportionalitätsfaktor C ist die Empfindlichkeit der Röhre.

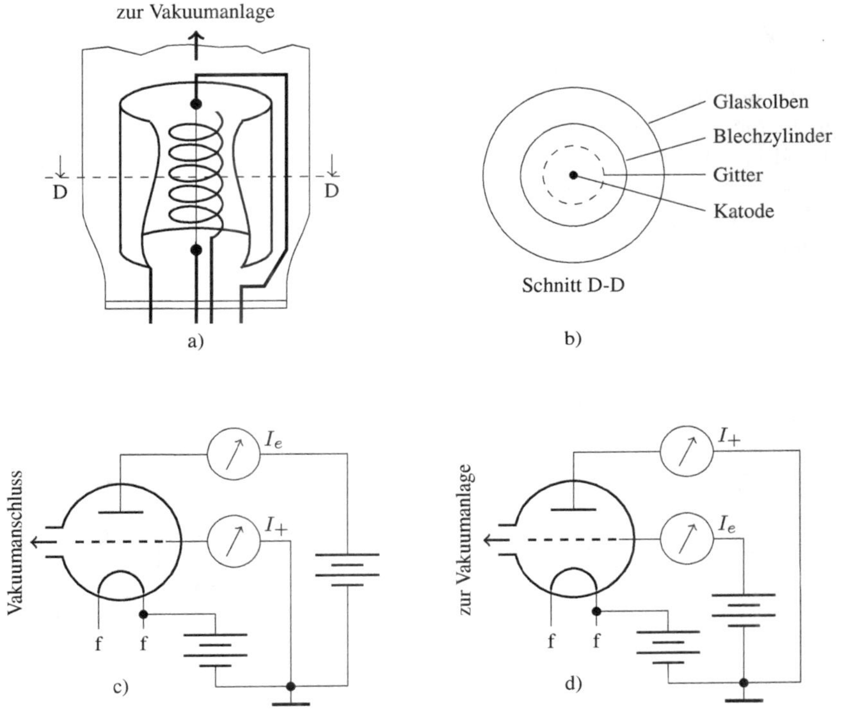

Abb. 12.12.: Klassische Glühkatoden-Vakuummeter nach [Ede98]

Ältere Bauformen ähnelten Röhrentrioden, sie waren rotationssymmetrisch aufgebaut und hatten eine außen liegende zylindrische Elektrode, dazwischen ein Gitter und in der Zylinderachse die langgestreckte Katode (Abb. 12.12a und b). Diese Messröhren werden ausschließlich mit Gleichspannung betrieben. Nichtelektrische Eingangsgröße, also das umzusetzende Signal, ist der Druck. Die Potentialverteilung in der Röhre wird so eingestellt, dass eine Elektrode den gesamten Ionenstrom I_+ und die andere den Elektronenstrom I_e aufnimmt. Der druckabhängige Ionenstrom I_+ fließt auf die Elektrode, die bezogen auf die Katode negativ ist und die man Ionenkollektor nennt. Je nach Schaltung kann sowohl die außen liegende zylindrische Elektrode als auch das dazwischen liegende Gitter als Ionenkollektor arbeiten. Die jeweils andere Elektrode ist positiv gegen die Katode vorgespannt und zieht als Anode den Elektronenstrom. In der Schaltung nach Abb. 12.12d ist das Gitter negativ gegen die Katode und wirkt als Ionenkollektor. Bei der Schaltung mit positivem Gitter und der Zylinderelektrode als Ionenkollektor (Abb. 12.12d) pendeln die Elektronen um die Gitterdrähte, ehe sie die Elektrode erreichen. Dadurch verlängert sich der Weg der Elektronen, was für eine höhere Empfindlichkeit sorgt.

In einer anderen Bauform nach Bayard-Alpert umschließt eine gitterförmige Anode einen zentralen, drahtförmigen Ionenkollektor und die Katode ist außerhalb der Anode angeordnet. Solche Messröhren werden meist mit zwei Katoden ausgestattet, um beim Durchbrennen einer Katode mit der zweiten weiter arbeiten zu können.

Kaltkatoden-Vakuummeter (Penning-Vakuummeter) Messröhren vom Penning-Typ besitzen ein koaxial aufgebautes, unmagnetisches Elektrodensystem. In einer rohrförmigen Katode ist koaxial eine stabförmige Anode angeordnet. Außerhalb des Vakuumgefäßes befinden sich Magnete, die ein axiales Magnetfeld erzeugen (Abb. 12.13). Nach Anlegen einer Hochspannung und bei hinreichend niedrigem Druck zündet eine selbständige Gasentladung. Die Elektronen bewegen sich auf einer Zykloidenbahn zur Anode und ionisieren vorhandene Gasmoleküle. Die Ionen fliegen direkt zur Katode und lösen dort Sekundärelektronen aus, so dass die Entladung aufrecht erhalten wird.

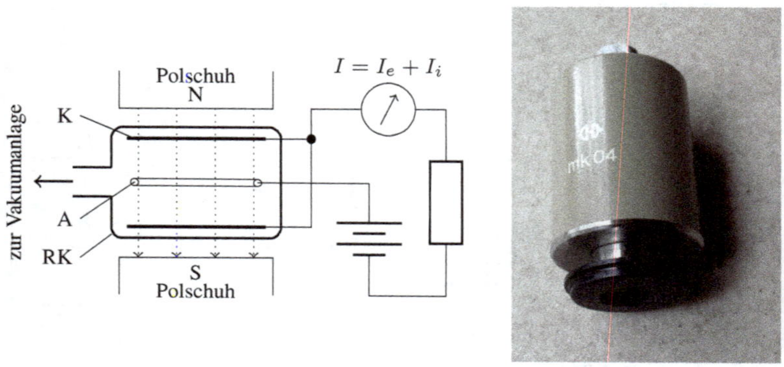

Abb. 12.13.: Penning-Vakuummeter

Die Anzeige ist gasartabhängig, die angezeigten Messwerte gelten für trockene Luft. Betriebsspannung und Magnetfeld variieren mit dem Gerätetyp und dem Druckbereich. Beispielsweise wurden für Messröhren des Picolog-Systems des VEB Hochvakuum Dresden in [Tha69] folgende Werte angegeben:

Messbereich:	10^{-6}–10^{-12} Torr,
Betriebsspannung:	4,5 kV,
Induktion des Magnetfeldes:	$0{,}2\,\frac{\mathrm{V\,s}}{\mathrm{m}^2}$,
ausheizbar bei Drucken:	$\leq 10^{-5}$ Torr.

Solche Messröhren sind anfällig für Verschmutzungen. Deshalb wurde bei hohem Druck, das sind hier 10^{-2} Torr, der Strom begrenzt, z.B. auf 100 µA.

13. Röntgenröhren

Die bisher besprochenen Elektronen- und Gasentladungsröhren dienten entweder der Verarbeitung, Erzeugung, Darstellung oder Wandlung von Signalen oder der Strom- bzw. Spannungsversorgung.

Röntgenröhren dienen dagegen ausschließlich zur Erzeugung von Röntgenstrahlung. Es sind Wandler, die elektrische Energie in Röntgenstrahlung als Endprodukt umsetzen; als Begleitprodukt entsteht in erheblichem Umfang Wärme.

Die erzeugte Röntgenstrahlung selbst wird dann in Medizin, Wissenschaft oder Technik auf ganz unterschiedliche Weise verwendet, was zu sehr verschiedenen, problemangepassten Röhrenkonstruktionen und Anlagentypen führte. Röntgenstrahlung dient heute beispielsweise

- als „intensitätsmodulierbarer Informationsträger" bei bildgebenden Verfahren, wie
  - der medizinischen Röntgendiagnostik,
  - der zerstörungsfreien Werkstoffprüfung und Qualitätssicherung oder
  - der Inspektion unbekannter Fundstücke (Archäologie, Sicherheitstechnik u.a.);
- als ein „Werkzeug" bei Verfahren, wie
  - der Röntgentiefentherapie,
  - der Röntgenlithographie oder
  - der Strahlensterilisation;
- als „Sonde" zur Festkörperanalyse [Bru80a] mittels
  - Röntgenbeugung,
  - Röntgentopographie oder
  - Röntgenfluoreszenzanalyse.

Schon diese knappe Liste heutiger Anwendungsfelder von Röntgenstrahlung verrät, dass es einen hohen Bedarf an modernen Röntgenröhren gibt.

Das Entstehen von Röntgenstrahlung durch die Abbremsung von Elektronen hinreichend hoher Energie beim Auftreffen auf eine Anode haben wir in Kapitel 4.6.2.2 skizziert. Wir betrachten in diesem Kapitel die Entwicklung der Röntgenröhre selbst und erörtern auch deren Stromversorgung und Prüfung kurz.

13.1. Die Anfänge

W.C.Röntgen hat 1896 die nach ihm benannte Strahlung bei Experimenten mit Gasentladungen entdeckt und seine Entdeckung sowie wesentliche Eigenschaften der Strahlung vor der Physikalisch Medizinischen Gesellschaft Würzburg offengelegt [Rö15]. Eine Möglichkeit der

https://doi.org/10.1515/9783110547979-187

neuen Strahlung, die Durchstrahlung von Körpergewebe und Darstellung des Skeletts, belegte Röntgen mit einer Röntgenaufnahme der Hand seiner Ehefrau, wodurch der Nutzen für die Allgemeinheit sofort offenkundig war. Diese erste publizierte Aufnahme war als Demonstration einer medizinischen Anwendung zu verstehen und entfaltete eine ungeahnte Wirkung in der Gesellschaft, was zu einer raschen Verbreitung und Weiterentwicklung dieser Technik führte, zumal Röntgen auf die Anmeldung von Schutzrechten verzichtet hatte. Das historische Umfeld der Entdeckung der Röntgenstrahlen und die ersten Entwicklungen hat Glasser [Gla95] unter Rückgriff auf persönliche Briefe und Fotos Röntgens ausführlich dargestellt.

Schon 1896, kurz nach ihrer Entdeckung, wurden Röntgenstrahlen für Demonstrationsexperimente eingesetzt. Dabei wurden Personen wiedeholt mit langer Expositionsdauer durchstrahlt. Alsbald traten negative Wirkungen in Gestalt von Hautrötungen, ähnlich einem Sonnenbrand, und mit der Zeit auch schwerere Strahlenschäden an der Haut auf. Originalberichte über die frühen Strahlenschäden sind in [Gla95] zusammengestellt. Vor dem Hintergrund der leidvollen Erfahrungen der Röntgenpioniere wurden die für lebendes Gewebe schädlichen Wirkungen der Röntgenstrahlen entdeckt. In der Folge wurden Strahlenschutzmaßnahmen als zwingend notwendig erkannt, entwickelt und eingesetzt, um so Gefahren vom Bedienpersonal und bestrahlten Patienten abzuwenden.

13.1.1. Gasentladungs-Röntgenröhren

Auf den Experimenten und Erfahrungen mit Gasentladungen aufbauend und dem physikalisch-technischen Stand der damaligen Zeit entsprechend waren die ersten technisch brauchbaren und kommerziell gefertigten Röntgenröhren Gasentladungsröhren, sog. **Ionenröhren**. Dabei lag der Schwerpunkt der frühen Entwicklungen bei der medizinischen Anwendung der Röntgenstrahlen für diagnostische und therapeutische Zwecke. Gasgefüllte Röntgenröhren dominierten bis in die 1920er Jahre in diesen medizinischen Einsatzgebieten, obwohl um diese Zeit schon Hochvakuum-Röntgenröhen bekannt waren [Mü21].

Die technischen Weiterentwicklungen der Röntgen-Ionenröhren betrafen konstruktive Fragen einschließlich der Materialauswahl, Lösungen für das Vakuum und die Wärmeabfuhr von der Anode. Über die Entwicklung der Ionenröhren bis 1921 hat Müller [Mü21] zeitnah berichtet; die weiteren Entwicklungen von Röntgenröhren und -anlagen sind in [Feh38] dargestellt und diskutiert.

Konstruktive Fragen Die Weiterentwicklung der ursprünglichen Gasentladungsröhren brachte zahlreiche unterschiedliche, damals neue technische Lösungen hervor. Die ursprünglichen Röntgen-Ionenröhren besaßen nur zwei Elektroden, die Katode und die Anode. Die Abb. 13.1a zeigt solch eine Röhre. Die Katodenstrahlen trafen dabei gegenüber der Katode auf den Glaskolben der Röhre. Vom Auftreffpunkt der Katodenstrahlen gingen ein spezielles Leuchten und die Röntgenstrahlung aus; der Glaskolben erwärmte sich dabei erheblich.

Man erkannte bald, dass die Ausbeute an Röntgenstrahlung von dem Material abhängt, auf das die Katodenstrahlen treffen, und dass der Wirkungsgrad um so höher ist, je größer das

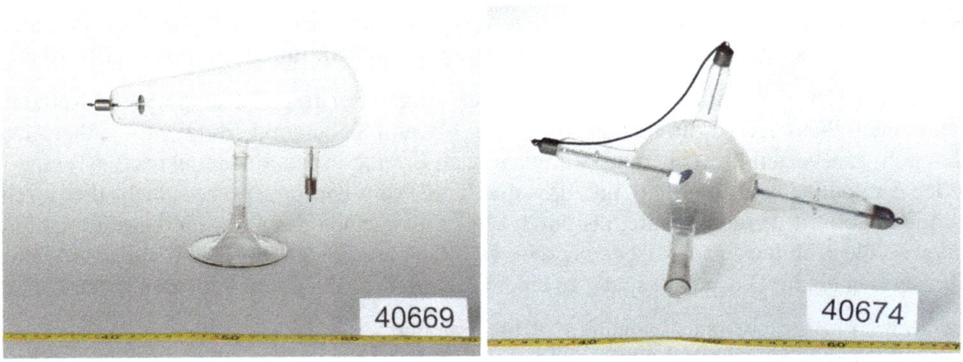

Abb. 13.1.: Historische Röntgenröhren, Erklärung im Text
(Bildquelle: Deutsches Röntgen-Museum, Remscheid)

Atomgewicht des Targetmaterials ist (vgl. Gleichung 4.31). Dementsprechend wurden Platin (Ordnungszahl 78, Schmelztemperatur 1768 °C) und später Wolfram (Ordnungszahl 74, Schmelztemperatur 3422 °C) als Target verwendet.

Zusätzlich zur Anode wurde bald eine dritte Elektrode, die **„Antikatode“**, eingeführt. Die Antikatode war aus einem der oben genannten Metalle gefertigt, zentral im Entladungsgefäß angeordnet und außerhalb der Röhre elektrisch mit der Anode verbunden, wie Abb. 13.1b zeigt. Die Antikatode wurde an dieser exponierten Stelle direkt von den Katodenstrahlen getroffen und war zur Abstrahlung der Röntgenstrahlen im Winkel von 45° schräg ausgerichtet. An der Antikatode wurde der größte Teil der thermischen Energie frei, die durch eine geeignete Kühlung abgeführt werden musste. Um die Fokusierung der Katodenstrahlen auf die Antikatode zu verbessern, wurde die Katode hohlspiegelförmig geformt.

Nach Einführung der Antikatode war die Anode zur Erzeugung der Röntgenstrahlung eigentlich nicht mehr notwendig. Aber der Abstand zwischen Katode und Anode war größer als der Abstand zwischen Katode und Antikatode, wie man Abb. 13.1b und 13.2 entnehmen kann. Deshalb zündete die Gasentladung zur Anode schon bei kleinerer Spannung als zur Antikatode. Dieser Effekt diente insbesondere dem Schutz der Antikatode bei negativen Anodenspannungen, die beim Betrieb mit einem Funkeninduktor periodisch vorkamen [Mar19].

Das Kühlproblem Wir hatten in Kapitel 4.6.2.2 auf den schlechten Wirkungsgrad hingewiesen und gesehen, dass der größte Teil der Elektronenenergie beim Abbremsen der Elektronen im Anodenmaterial in Wärme und nur ein kleiner Teil der elektrischen Eingangsleistung (Grössenordnung 1%) in Röntgenstrahlung umgesetzt wird. Um die Wärme von der Antikatode abzuführen, entwickelte man verschiedene Konzepte, so z.B.

- die Wasserkühlung,
- die Siedekühlung sowie
- Schweranoden- und Trockenkühlung.

Die Wasserkühlung wurde schon 1899 vorgeschlagen. Dabei erwies sich das hohe Potential, auf dem die Antikatode liegen musste, als technisches Problem für den Kühlwasserkreislauf.

Ein nächster Schritt war die Einführung der Siedekühlung. Bei dieser Lösung war die Antikatode mit einem Wasserreservoir, in dem das Wasser bis zum Siedepunkt erhitzt wurde, thermisch gekoppelt. Ein Vorteil dieser Lösung war, dass nach Erreichen des Siedepunktes die Temperatur der Antikatode konstant blieb, und dass durch den Verdampfungsprozess mehr thermische Energie abgeführt werden konnte, als durch bloßes Erwärmen des Wassers. Dies erleichterte einerseits die Kühlung, andererseits ergaben sich Gefahren dadurch, dass kochendes Wasser sich zuerst in einem Glasgefäß, später in einem Metallgefäß über dem Patienten befand.

Eine weitere Lösung waren sogenannte „Schweranoden“. Bei dieser Lösung wurde die Wolframanode in massives Kupfer gefasst, so dass die Wärmekapazität hinreichend groß war. Dies ermöglichte einen kurzzeitigen Betrieb ohne Kühlwasser (Trockenkühlung) und erleichterte die Handhabung solcher Röhren.

Das Vakuum- bzw. Druckproblem Röntgen-Ionenröhren arbeiteten bei einem Druck im Bereich von 10^{-2}–10^{-3} Torr [Sch57]. Ein Problem dieser Röntgenröhren war, dass der Gasdruck in den geschlossenen Entladungsgefäßen sich mit der Zeit änderte. Zuerst stieg der Druck an, weil durch die Entladung Gas von den inneren Oberflächen desorbierte. Später sank der Druck durch Sputtereffekte an der Katode durch einfallende Ionen (siehe 4.6.3). Das von der Katode abgetragene Material schlug sich im Inneren des Röhrenkolbens als dünne Schicht nieder und wirkte als Getter, d.h. von der Schicht wurde Gas aus dem Vakuumraum gebunden. Gekoppelt mit diesen Prozessen änderten sich das Betriebsverhalten der Röhre und die Strahlenqualität. Die Strahlung wurde mit steigender Betriebszeit härter.

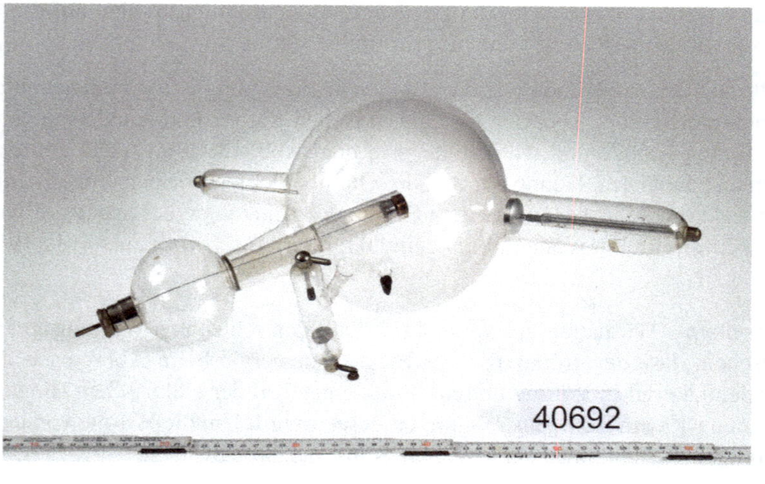

Abb. 13.2.: Historische Röntgenröhre, Erklärung im Text
(Bildquelle: Deutsches Röntgen-Museum, Remscheid)

Dieses Problem wurde auf verschiedene Weise angegangen [Gla95]; wir skizzieren nachfolgend einige dieser Wege.

- Man verwendet Röntgenröhren, die kein geschlossenes Vakuumgefäß, dafür aber einen offenen Saugstutzen hatten. Diese Röhren mussten vor und während des Betriebes evakuiert werden, um den gewünschten Druck zu erreichen und zu erhalten; sie erlaubten so aber, einen gewünschten Arbeitsdruck einzustellen. Die Abb. 13.1b zeigt solch eine Röhre mit offenem Saugstutzen. Derartige Röhren wurden nach [Egg27] noch in den 1920er Jahren in Labors verwendet.
- Ein anderer Weg bestand darin, vor der Evakuierung eine Substanz in einen Ansatz des Glaskolbens einzubringen, die bei Erwärmung Gas abgab (z.B. Kaliumhyroxid). Damit war es möglich, durch Erwärmung dieser Substanz von außen oder durch Zünden einer Hilfsentladung den Druck in der Röhre nachträglich zu erhöhen (Abb. 13.2).
- Eine weitere Lösung nutzte die Tatsache, dass Wasserstoff durch auf Rotglut erhitztes Palladium diffundieren kann. Dazu wurde in den Röhrenkolben ein Palladiumdraht vakuumdicht eingeschmolzen. Um den Druck zu erhöhen, wurde das Palladium mit einer Gasflamme erhitzt, so dass Wasserstoff aus der Flamme von der Normaldruckseite eindiffundieren und den Innendruck erhöhen konnte [BMLDK09].

13.1.2. Der Weg zur Hochvakuum-Röntgenröhre mit Glühkatode

Die Entwicklung von Hochvakuum-Röntgenröhren mit Glühkatode ist eng mit den Namen Julius Edgar Lilienfeld und William David Coolidge verbunden. Beide haben um 1910 wichtige Beiträge zur Entwicklung dieser Röhren geleistet. Die Interpretation der Ergebnisse fußte noch auf von Gasentladungen übernommenen Denkgewohnheiten sowie dem damaligen Kenntnis- und Entwicklungsstand, was auch zu einigen Fehlinterpretationen führte. Die Leistungen beider sowie ihre Streitigkeiten um Schutzrechte hat Dörfel analysiert [Dö06]. In [Blu99] wird der unterschiedliche Zugang beider Persönlichkeiten zu Röntgenröhren beleuchtet: während Lilienfeld aus der Forschung zu Gasentladungen kommend, seine Röhre entwickelte, hatte Coolidge einen materialwissenschaftlichen Zugang über die Anwendung von Wolfram.

Grundlegende Voraussetzung für Hochvakuumröhren, sowohl für Verstärkerröhren als auch für Röntgenröhren, war die Schaffung und Aufrechterhaltung kleinstmöglicher Drucke im Röhrenkolben. In seiner 1910 erschienenen Habilitationsschrift, in welcher er die Entladung bei den kleinsten, damals herstellbaren Drucken untersuchte, beschreibt Lilienfeld die aufwändige Prozedur zur Herstellung kleinster Drucke in Vakuumröhren [Lil10]. Zur Messung des Druckes verwendete man damals Kompressionsmanometer, deren untere Messgrenze bei etwa 10^{-4} Torr lag. Für darunter liegende Drucke war Druckmesstechnik noch nicht verfügbar.

Bei den frühen Versuchen, in einer Hochvakuumröhre mit einer Glühkatode erzeugte Röntgenstrahlung zu nutzen, wurde beobachtet, dass die Strahlenqualität (Härte) gegenüber Röntgenstrahlen aus Ionenröhren deutlich schlechter war. Als Ursache erkannte man die pulsierende Versorgungsspannung, die periodisch zwischen 0 V und einem Spitzenwert pendelte. Während

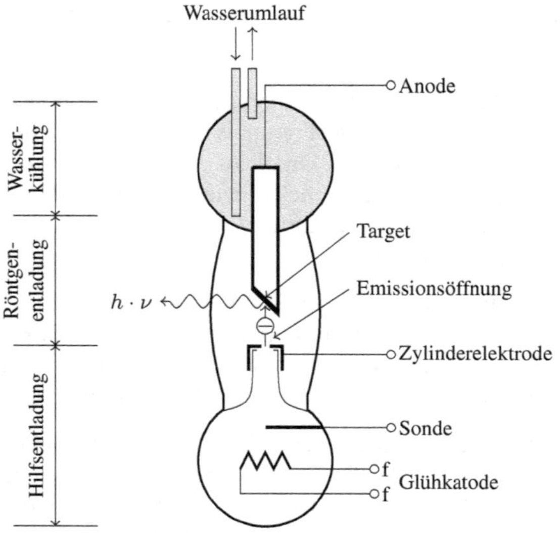

Abb. 13.3.: Lilienfeld-Röhre, schematisch nach [Lil19]

Ionenröhren nur zwischen Zündspannung und Löschspannung Röntgenstrahlen emittieren, liefern Röhren mit Glühkatode auch bei kleinen Anodenspannungen Röntgenstrahlen, welche dann natürlich weicher sind, so dass ein für die Anwendung ungünstiges Strahlengemisch unterschiedlicher Härte entstand [KL17].

Lilienfeld-Röhre Lilienfeld versuchte das skizzierte Problem mit einer speziellen Katodenanordnung und zusätzlichen Elektroden zu lösen. Er beschreibt in [Lil19] verschiedene Ausführungsformen seiner Röhren, die auch zum Patent angemeldet waren. Die Lilienfeld-Röhre (Abb. 13.3) ist gut zu verstehen, wenn man sie in eine Hilfs- oder Zündentladungsstrecke und in eine Röntgenentladungsstrecke unterteilt. Die Hilfsentladungsstrecke verfügte über eine Glühkatode und eine innen weitgehend abgedeckte Hohlzylinderelektrode als Anode sowie eine Sonde; sie entspricht einer Diode. Die Zylinderelektrode hatte im Boden eine Bohrung, so dass dort Katodenstrahlen hindurch in die Röntgenentladungsstrecke treten konnten. In der Röntgenentladungsstrecke bildete die Zylinderelektrode die Katode, die eintretenden Katodenstrahlen wurden mit der anliegenden Hochspannung zur Anode (Antikatode) beschleunigt und zur Erzeugung der Röntgenstrahlen genutzt. Der Katodenstrahlstrom konnte über die Hilfsentladung eingestellt werden, wobei deren Katode nicht in der Sättigung arbeitete. Der Durchgriff der Hochspannung auf die Hilfsentladung war dank der Gestaltung der Zylinderelektrode verschwindend.

Zur Versorgung der Lilienfeld-Röhren diente eine sogenannte „Silexschaltung“. Diese versorgte beide Entladungsstrecken mit phasengleichen Wechselspannungen; jedoch konnte bei hoher Dauerbelastung die Anodenspannung mit einem mechanischen Nadelgleichrichter gleichgerichtet werden. Lilienfeld gibt an, dass bei konstantem Zündstrom der Strahlstrom konstant blieb, wenn die Hochspannung im Bereich 30–100 kV geändert wurde, wobei unter Zündstrom der Strom in der Zündentladungsstrecke zu verstehen war. Die Lilienfeld-Röhre gilt nach [KL17] als erste in der Literatur beschriebene Hochvakuumröntgenröhre.

Die Coolidge-Röhre Von Coolidge beschriebene Röhren waren Dioden mit direkt geheizter Wolframkatode. Die Abb. 13.4 zeigt eine der Patentschrift [Coo] entnommene Abbildung einer Coolidge-Röhre. Die Katode der Coolidge-Röhren war von einem kalten, auf Katodenpotential liegendem zylindrischem oder später hohlspiegelartigem Schirm umgeben. Die Katoden wurden in der Sättigung betrieben und die Einstellung des Röhrenstromes erfolgte über den Heizstrom. Um die Elektronenemission konstant zu halten, musste der Heizstrom konstant sein. Deshalb wurde der Heizstrom entweder Batterien entnommen bzw. bei Versorgung aus dem Stromnetz mit Hilfe von Eisen-Wasserstoff-Widerständen stabilisiert, um Netzspannungsschwankungen auszuregeln.
Ursprünglich war die Wolfram-Antikatode (Masse 100 g) strahlungsgekühlt und erhitzte sich im Betrieb auf helle Weißglut, was die Gleichrichterwirkung der Diode aufhob. Solche Röhren konnten nur intermittierend betrieben werden. Spätere Coolidge-Röhren verfügten auch über eine Wasserkühlung [Lil19].

Fig.1.

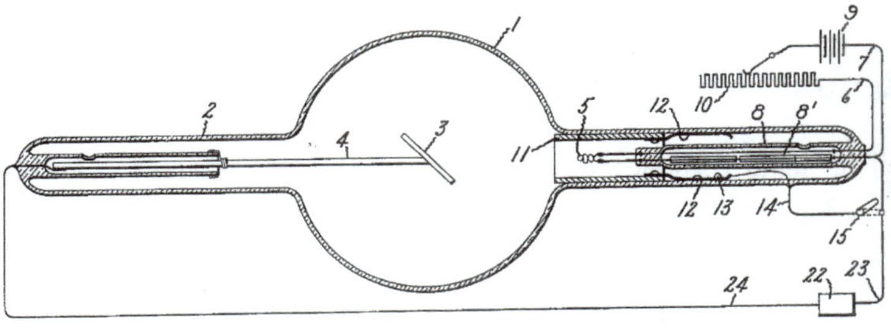

Abb. 13.4.: Coolidge-Röhre

13.2. Hochvakuum-Röntgenröhren

Heute arbeiten Röntgenröhren mit Glühkatoden unter Hochvakuumbedingungen in abgeschlossenen Vakuumgefäßen. Je nach Anwendungszweck werden die Röhren in einem angepassten Röhrengehäuse betrieben. Das Röhrengehäuse dient der Halterung und Isolation der Röhre, gewährleistet den Strahlenschutz, umfasst die Anschlüsse zur Spannungsversorgung und stellt Möglichkeiten zur Kühlung mittels Luft, Öl oder Wasser bereit.

Moderne Röntgenröhren liefern in Verbindung mit einer entsprechenden Stromversorgung, dem Röntgengenerator, eine hohe Strahlenqualität. Der Anodenstrom ist über die Katodenheizung steuerbar und manche Röhrentypen sind mit einer Steuerelektrode (Wehneltzylinder) zur schnellen Austastung des Elektronenstromes und damit des Röntgenstrahls ausgestattet.

Röntgenröhren können aus Gründen der Funktion nicht wie Verstärkerröhren rotationssymmetrisch gebaut werden. Vielmehr sind die Elektroden so hintereinander angeordnet, dass schnelle Elektronen auf eine Anode oder Target treffen können, und dass die dort erzeugte Röntgenstrahlung durch ein Fenster in der Röhrenwandung definiert austreten kann.

Je nach Einsatzzweck werden Röntgenröhren in verschiedenen technischen Ausführungen und Bauformen angeboten, wie z.B.

- mit stationärer Anode oder mit Drehanode,
- mit Flüssigkeits- oder Strahlungskühlung,
- ohne und mit Steuerelektrode (Wehneltzylinder)
- mit einer oder mit mehreren Katoden,
- mit verschiedenen Anodenmaterialien (Targets),
- mit verschiedenen Strahlenaustrittsfenstern (Filterung),
- mit punkt- oder strichförmigem Fokus und Fokusabmessungen bis in den µm-Bereich,
- für verschiedene Leistungsbereiche u.a.

Wir skizzieren nachfolgend aus der Vielfalt verfügbarer technischer Lösungen einige ausgewählte Beispiele.

13.2.1. Röntgenröhren mit stationärer Anode

Röntgenröhren für nicht zu hohe Spitzenleistung werden mit stationärer Anode gebaut. Sie finden sowohl im technischen, wie im medizinischen Bereich Anwendung.

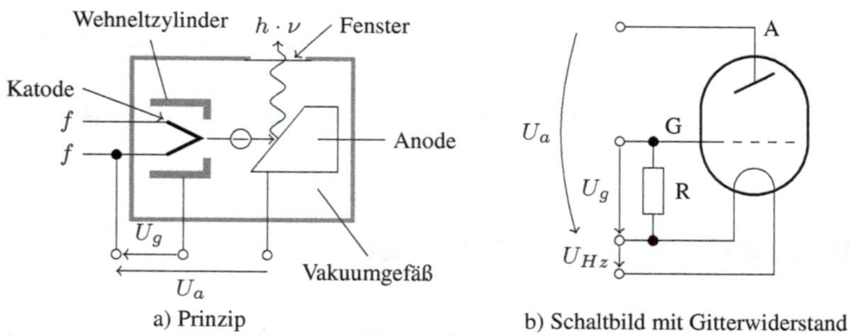

Abb. 13.5.: Hochvakuum-Röntgenröhre mit stationärer Anode und Steuerelektrode

Abb. 13.5 zeigt das Prinzip sowie das Schaltzeichen einer solchen Röhre mit Steuerelektrode. Das Vakuumgefäß enthält die direkt geheizte Katode, die Steuerelektrode (Wehneltzylinder) und die Anode. Der Wehneltzylinder wird außerhalb der Röhre über einen Widerstand mit der

Katode verbunden, damit er ein definiertes Potential hat und sich nicht aufladen kann. An der Anode wird durch den Elektroneneinfall die Energie

$$W = U \cdot I \cdot t$$

eingetragen und fast vollständig in Wärme umgesetzt (siehe Kapitel 4.6.1). Um diese Wärme für eine gewisse Zeit aufnehmen zu können, ohne sich zu überhitzen, benötigt die Anode eine bestimmte Wärmekapazität bzw. sie muss diese Wärme abführen. Zur schnellen Verteilung der Wärme wird die Anode aus einem guten Wärmeleiter (Cu) hergestellt, während die aktive Anodenoberfläche mit einem der gewünschten Strahlung entsprechendem Targetmaterial belegt wird, also z.B. mit Wolfram, Molybdän, Kupfer u.a. Das Target ist schräg, aber in definiertem Winkel zu den einfallenden Elektronen ausgerichtet. Gegenüber dem aktiven Targetbereich befindet sich im Röhrenkolben das Fenster für den Strahlenaustritt. Dieses Fenster muss definierte Filtereigenschaften für die Röntgenstrahlung haben. Es wird deshalb z.B. aus Beryllium oder Glas definierter Qualität und Dicke hergestellt und schwächt insbesondere die weiche Strahlung. Die Zuführung der Anodenspannung, die im kV-Bereich liegt, erfolgt mit größtmöglichem Abstand von allen anderen elektrischen Zuführungen.

Brennfleck und Abbildung: Die Abbildung mit Röntgenstrahlen entspricht auf Grund der geradlinigen Ausbreitung der Strahlen einer Zentralprojektion. Ein Röntgenschatten wird vom Brennfleck auf eine hinter dem Untersuchungsobjekt liegende Bildaufnahmeebene projiziert, wobei über die Abbildungsgeometrie eine Vergrößerung einstellbar ist. Voraussetzung für eine ideale Abbildung ist ein unendlich kleiner Brennfleck; reale, ausgedehnte Brennflecke verursachen Halbschatten. Deshalb sind die Abmessungen des Brennflecks einer Röntgenröhre ein wesentliches Qualitäts- und Einsatzkriterium bei bildgebenden Verfahren. Während mit Rücksicht auf die lokal an der Anode applizierte Leistung 1938 als optimaler Kompromiss ein Brennfleck von 3 mm x 3 mm angegeben wurde [Feh38], geht der Trend längst zu kleineren Brennflecken und höherer Leistungsdichte; ein Entwicklungsziel waren Röhren mit möglichst kleinem Brennfleck, sogenannte Mikrofokus-Röntgenröhren.

Mikrofokus-Röntgenröhren Die Brennfleckabmessungen von Röntgenröhren mit Mikrofokus betragen 200 µm oder weniger. Ein so kleiner Brennfleck bringt thermische Probleme mit sich. Bei konstant gehaltenen Strom wird mit kleiner werdenden Abmessungen die Leistungsdichte im Brennfleck größer und damit auch die Temperatur. Um den Temperaturanstieg zu begrenzen, muss die Leistung, also bei gegebener Spannung der Strom oder die Strahlzeit begrenzt werden.

Bei Mikrofokus-Röntgenröhren unterscheidet man

- Röhren mit Reflexionstarget oder Direktstrahler und
- Röhren mit Transmissionstarget.

Als Target bezeichnet man hier die Elektrode bzw. den Teil der Elektrode, der die Röntgenstahlung emittiert, also eine Elektrode auf Anodenpotential.

Röntgenröhren mit Reflexionstarget: Der prinzipielle Aufbau dieser Röhren entspricht der Darstellung in Abb. 13.5. Die Röntgenstrahlung entsteht im Vakuumgefäß und wird durch ein Fenster nach außen geleitet. Vorteil der Direktstrahler ist, dass die Anode relativ massiv ausgeführt werden kann, so dass sie eine größere Wärmekapazität hat, und dass die Wärme über ein Kühlmittel abgeführt werden kann.

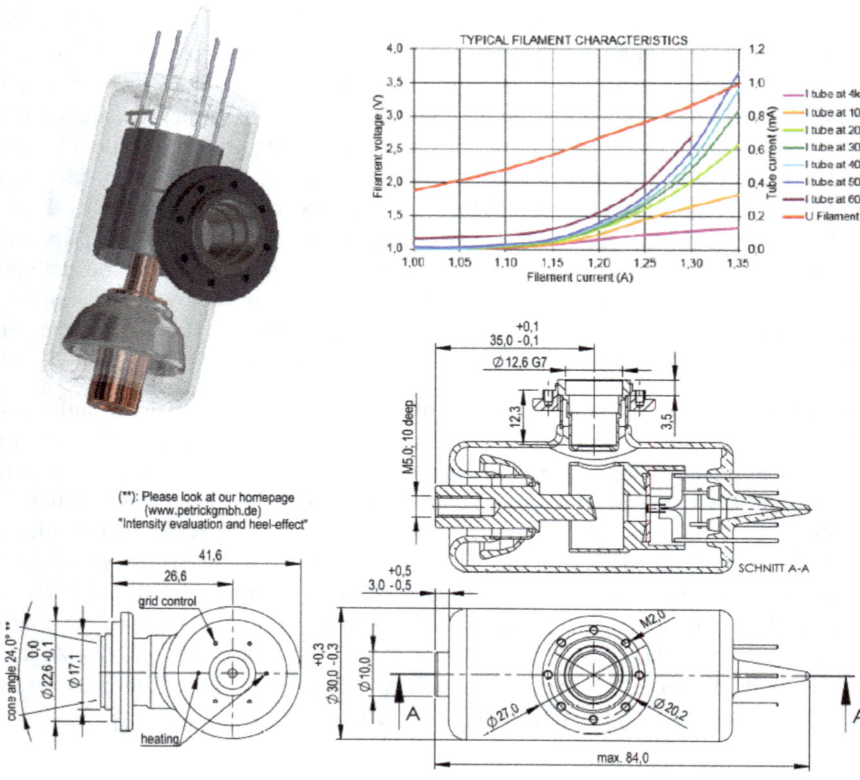

Abb. 13.6.: Technische Mikrofokus-Röntgenröhre, Typ Petrick P030.24.12F100W (Datenblattauszug, Hersteller und Bildquelle: Petrick GmbH, 2018)

Als Beispiel betrachten wir die technische Mikrofokus-Röntgenröhre, Typ P030.24.12F100W der Firma Petrick GmbH, Bad Blankenburg. Die Abb. 13.6) zeigt oben links eine Darstellung der Röhre selbst, rechts die Abhängigkeit des Anodenstromes vom Heizstrom mit der Anodenspannung als Parameter und unten eine Maßzeichnung der Röhre [Gmb18].

Die Petrick GmbH stellt derzeit Mikrofokus-Röntgenröhren für den Leistungsbereich bis 210 W her; es sind Röhren mit Glasfenster bis 80 kV und mit Berylliumfenster bis 60 kV und mehreren Targets verfügbar. Die Brennfleckabmessungen von Röhren mit punktförmigen Brennfleck liegen bei 50–200 µm und mit Strichfokus bei 100 µm x 2000 µm. Für die Evakuierung werden Turbomolekularpumpen eingesetzt und nach der Evakuierung herrscht im Röhrenkolben ein Enddruck von ca. 10^{-6} mbar.

Tabelle 13.1.: Ausgewählte Daten der Mikrofokus-Röhre Petrick P030.24.12F100W [Gmb18]

Brennfleckgröße	30–55 µm bei 50 kV und 1 mA
Fenstercharakteristik	Be-Fenster, Dicke 100 µm
Targetmaterial	W, optional Mo, Ta, Cu, Cr, Ti, Ag mit reduzierter Leistung Rh (≤25 W), Co (≤25 W)
Betriebsspannung	4–60 kV, DC
max. Dauerleistung	50 W, höher auf Anfrage
Einschaltzeit	kontinuierlich
Kühlung der Anode	Konvektion
Isolationsmedium	Öl
Maße und Kennlinien	siehe Abb. 13.6

Mikrofokus-Röntgenröhren mit Transmissionstarget: Bei diesen Röhren geht man einen anderen Weg. Entsprechend Abb. 13.7 wird in der Röntgenröhre ein Elektronenstrahl erzeugt, magnetisch justiert und fokussiert auf ein sehr dünnes Target geschossen. Das Targetmaterial ist auf einem Träger aufgebracht, der zugleich als Austrittsfenster dient. Die in Richtung des Elektronenstrahls auf der anderen Seite des Targets austretende Röntgenstrahlung steht dann als Nutzstrahlung zur Verfügung. Mit solchen Anordnungen erreicht man Brennfleckabmessungen von 1 µm und darunter. Jedoch kann man nur mit kleinen Strömen im µA-Bereich arbeiten, da die Wärmekapazität des Targets äußerst gering und auf Grund des Querschnitts auch die Wärmeleitung beschränkt ist. Röhren dieser Bauart bietet die Firma X-RAY WorX GmbH an.

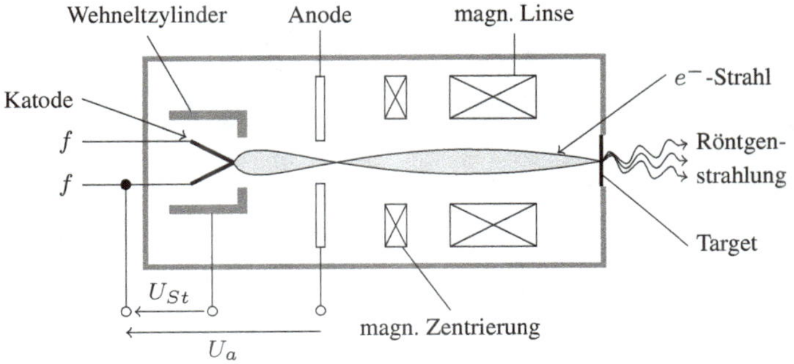

Abb. 13.7.: Mikrofokus-Röntgenröhre mit Transmissionstarget, schematisch

13.2.2. Drehanoden-Röntgenröhren

Um bei Röntgenaufnahmen Bewegungsunschärfen zu vermeiden, sind kurze Belichtungszeiten notwendig. Dies erfordert einen kleinen Brennfleck und eine hohe (Kurzzeit-) Leistungsdichte im Brennfleck. Um die Leistung aus dem Brennfleck rasch abzuführen, wurde das Konzept der Drehanode entwickelt.

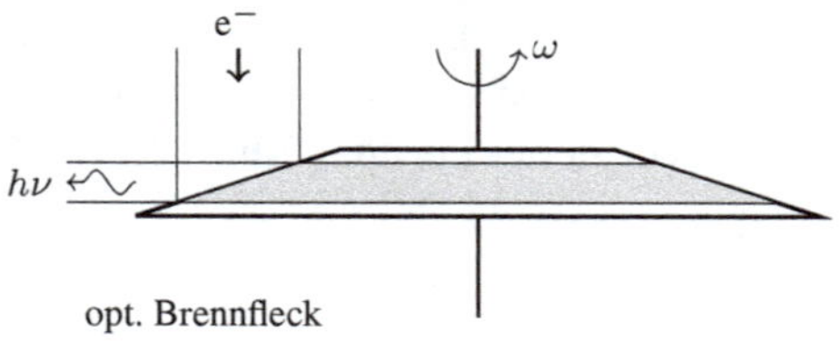

Abb. 13.8.: Projektion des Brennflecks an einer Drehanode

Bei einer Drehanode treffen als Folge der Rotation der Anode die Elektronen immer wieder andere Bereiche auf einer Kreisringfläche. Die Drehanode verteilt so durch ihre Eigenbewegung die lokal im Brennfleck anfallende thermische Energie auf den ganzen Anodenumfang (siehe Abb. 13.8). Dadurch wird eine Schädigung der Anode durch Verdampfung von Anodenmaterial vermieden bzw. reduziert. Die Drehanode selbst kann beim Betrieb glühen und gibt ihre thermische Energie durch Strahlung ab.

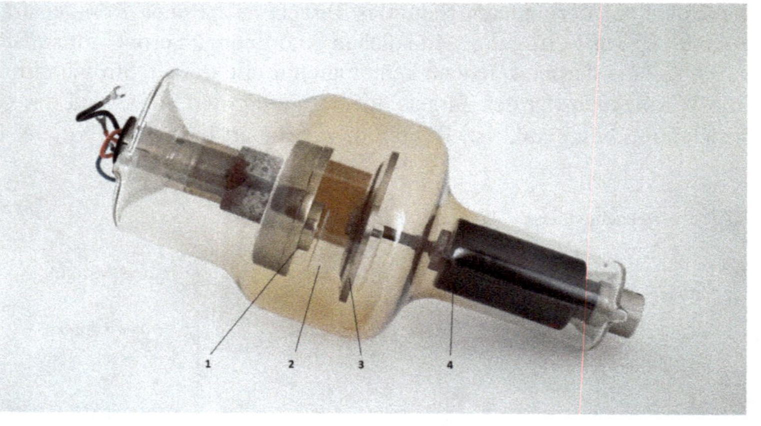

Abb. 13.9.: Drehanoden-Röntgenröhre

Die Abb. 13.9 zeigt eine Drehanoden-Röntgenröhre, wie sie in einem Siemens-Röntgengerät für medizinisch-diagnostische Zwecke in den 1980er Jahren im Einsatz war. Man erkennt links die Doppelfokuskatode (1), in der Mitte die Drehanode (3) mit zwei Brennebenen sowie das Strahlenaustrittsfenster (2) und rechts den Rotor (4). Für die einfallenden Elektronen hat der Brennfleck die Geometrie eines Streifens und verkürzt sich durch Projektion in die Abstrahlrichtung etwa zu einem Quadrat (Abb. 13.8).

Der Rotor der Drehanode wird außerhalb der Röhre von einem Spulensystem umschlossen. Spulensystem und Rotor arbeiten zusammen wie ein Asynchronmotor. Dazu wird das Spulensystem im Betrieb so angesteuert, dass es ein Drehfeld erzeugt, wodurch der Rotor angetrieben wird. Je nach Durchmesser der Drehanode werden Drehzahlen im Bereich von $3 \cdot 10^3$–$17 \cdot 10^3$ U/min angegeben. Für eine leichtgängige Lagerung des Rotors im Vakuum sorgen Speziallager. Drehanoden-Röntgenröhren werden für medizinisch-diagnostische Zwecke eingesetzt; sie haben eine Leistung von 10 kW und mehr.

Im Rahmen der Weiterentwicklung von Drehanoden-Röntgenröhren wird den Drehanoden besondere Aufmerksamkeit gewidmet, denn diese unterliegen hohen thermischen und mechanischen Belastungen. Als ein Entwicklungsziel werden höhere Umfangsgeschwindigkeiten (bis 300–400 $\frac{\mathrm{m}}{\mathrm{s}}$) angestrebt. Dazu wird das Verhalten neuer Werkstoffe, beispielsweise von Kohlenstoff- und Faserverbundwerkstoffen, als Anodenwerkstoff für ultraschnelle Drehanoden untersucht [CLWB12].

13.3. Stromversorgung für Röntgenröhren

Röntgenröhren benötigen für ihren Betrieb eine Anodengleichspannung im mittleren kV-Bereich zur Beschleunigung der Elektronen sowie eine Heizspannung für die Glühkatode. Diese Spannungen liefert eine spezielle Stromversorgung, der **Röntgengenerator**. Ein Röntgengenerator stellt bei Bedarf auch die Steuerspannung für ein Gitter und Komponenten für den Antrieb einer Drehanode bereit. Wir betrachten hier nur die Hochspannungserzeugung für eine Röntgenröhre, die heute folgende Bedingungen erfüllen muss:

- Anodenspannung und Anodenstrom sollen unabhängig voneinander und reproduzierbar auf vorgegebene Werte einstellbar sein,
- die Anodenspannung soll weitgehend frei von überlagerten Wechselspannungsanteilen sein, um eine hohe Strahlenqualität zu erzielen und
- der Anodenstrom soll in kurzen Impulsen (1 ms-Bereich) schaltbar sein, um Bewegungsunschärfen zu vermeiden und Kinobetrieb zu ermöglichen.

Wie die Röntgenröhre selbst, hat sich auch die Hochspannungserzeugung von den Anfängen bis heute ständig weiterentwickelt und dabei grundlegend verändert. Wir skizzieren nachfolgend einige Lösungen und beginnen mit den Anfängen um 1900.

13.3.1. Stromversorgung in den Anfangsjahren

Um 1900 existierte die uns heute geläufige, allerorts verfügbare kommunale Stromversorgung über ein öffentliches Wechselstromnetz noch nicht, so dass die Versorgung elektrischer Experimente auf anderen Wegen erfolgen musste. Als Stromquellen dienten damals Batterien oder lokal betriebene Generatoren. So wurde beispielsweise am physikalischen Institut der Universität Halle eine Röntgenanlage zuerst aufwendig mit einer Umformermaschine betrieben, bevor in den Jahren 1916/17 der Anschluss des Instituts an das 220 V-Wechselstromnetz der Stadt Halle erfolgte [Egg27].

Hochspannungserzeugung mit Funkeninduktor Für Ionen-Röntgenröhren war nur eine Hochspannung, aber keine Heizspannung erforderlich. Um 1900 und bis zur Einführung der Glühkatodenröntgenröhre, etwa 1915, benutzte man Funkeninduktoren zur Hochspannungserzeugung [Pre70]. Die Abb. 13.10 zeigt einen Rühmkorff-Induktor und seine Schaltung, wie er für Gasentladungsexperimente benutzt wurde. Schon Röntgen nutzte für die Versorgung seiner Entladungsröhren damals übliche Rühmkorff-Induktoren.

Abb. 13.10.: a) Rühmkorff-Funkeninduktor (Bild: Deutsches Röntgen-Museum, Remscheid)
b) Schaltung eines Funkeninduktors

Ein Funkeninduktor entspricht einem Transformator mit offenem magnetischem Kreis, woraus ein hohes magnetisches Streufeld resultiert. Er besitzt eine niederohmige Primärwicklung mit wenigen Windungen und eine hochohmige Sekundärwicklung mit sehr vielen Windungen, die gut isoliert über den gemeinsamen Eisenkern gewickelt sind. Der Eisenkern ist geschachtelt, um Wirbelstromverluste zu minimieren. Die Primärspule des Funkeninduktors wird mit Gleichspannung gespeist, die ein mechanischer Kontakt, z.B. ein Wagnerscher Hammer (S in in Abb. 13.10b), periodisch unterbricht, so dass die sprunghafte Stromänderung in der Sekundärspule periodisch eine hohe impulsförmige Spannung induziert. Auf Grund dieser Arbeitsweise liefert ein Funkeninduktor eine Impulsspannung und keine Gleichspannung. Die Folge ist, dass die Gasentladung in der Ionenröhre intermittierend brennt. Die Entladung zündet, wenn der Spannungspuls die Zündspannung überschreitet und verlischt, wenn die Löschspannung unterschritten wird. Röntgenstrahlung entsteht nur in dem Zeitfenster, wenn die Entladung brennt. Es ist klar, dass damit die oben genanten Forderungen bezüglich der Strahlenqualität keinesfalls erfüllt werden konnten.

Betrieb mit Hochspannungstransformator und Wechselspannung Ende des 19. Jahrhunderts standen Transformatoren zur Erzeugung einer hohen Wechselspannung schon zur Verfügung. Wie wir bei der Lilienfeld-Röhre und der Coolidge-Röhre gesehen hatten, kann man diese Röhren prinzipiell mit Wechselspannung betreiben, denn eine Hochvakuum-Röntgenröhre mit Glühkatode ist eine Diode und hat Gleichrichtereigenschaften. Diese Röhren arbeiten dann im Einpulsbetrieb, d.h., sie nutzten nur eine Halbwelle der Netzperiode. Um Rückzündungen bei starker Aufheizung der Anode zu vermeiden, wurde für bestimmte Arbeitsparameter sicherheitshalber trotzdem ein Gleichrichter in Serie zur Röntgenröhre geschaltet.

Mechanische Hochspannungsgleichrichter Röhrendioden als Gleichrichter waren um 1900 weder bekannt noch verfügbar. Zur Gleichrichtung hoher Spannungen nutzte man mechanische Nadelgleichrichter, die mit rotierenden Nadeln arbeiteten, welche von einem Synchronmotor angetrieben wurden. Der synchrone Antrieb stellte die Synchronisation zwischen der Drehbewegung und der Polaritätsänderung der Wechselspannung sicher. Becker [BE25] beschreibt die Gleichrichtung hochtransformierter Wechselspannung für Röntgenanwendungen mittels rotierendem mechanischem Nadelgleichrichter und berichtet, dass der Gleichrichter wegen der Geräusche sowie der Funken- und der Ozonbildung in einem Nebenraum aufgestellt war.

13.3.2. Röntgenventile

Eine Röntgenröhre ist eine Diode und man könnte bei Einpulsbetrieb aus elektronischer Sicht eigentlich auf eine zusätzliche Gleichrichterröhre verzichten. Trotzdem wurde eine Hochspannungsgleichrichterröhre (Röntgenventil) in Serie zur Röntgenröhre geschaltet, um Rückzündungen bei starker Aufheizung der Anode zu vermeiden.

Da Röntgenröhre und Ventil beides Dioden sind, die in Serie geschaltet wurden, erhebt sich die Frage nach dem Unterschied in der Funktion, der sich folgendermaßen darstellt:

- eine Röntgenröhre muss einen sehr hohen Innenwiderstand haben, damit man die notwendige hohe Anodenspannung überhaupt anlegen kann; sie wird deshalb im **Sättigungsgebiet** betrieben;
- eine Gleichrichterröhre (Ventil) muss niederohmig sein, so dass der Spannungsabfall über der Röhre relativ gering bleibt; sie wird dazu im **Raumladungsgebiet** betrieben.

Die Einpulsschaltung mit nur einem Ventil ist zwar die einfachste Schaltung, hat aber den schwerwiegenden Nachteil, dass die Anodenspannung zwischen 0% und 100% schwankt, so dass die Strahlenqualität ungenügend ist.

Zweipuls-Röntgengeneratoren Zweipuls-Röntgengeneratoren haben im Grunde den gleichen Nachteil, denn auch bei Ihnen schwankt die Anodenspannung zwischen 0% und 100%. Andererseits werden beide Halbwellen genutzt und sie erlaubten den Anschluss an ein Einphasen-Wechselstromnetz ohne besonderen Installationsaufwand. Solche Röntgengeneratoren wurden beispielsweise vom VEB Transformatoren- und Röntgenwerk Dresden in den 1960er Jahren hergestellt [TUR67].

Mehrpuls-Röntgengeneratoren Drei- und Mehrpuls-Röntgengeneratoren erforderten den Anschluss an ein Drehstromnetz. In einer Marktübersicht aus dem Jahre 1986 [MKW86] dominierten Sechspuls- und Zwölfpuls-Generatoren, während Zwei- und Dreipulsgeneratoren gar nicht mehr erwähnt werden. Die Welligkeit der verschiedenen Generatorschaltungen ist in Tabelle 13.2 gegenübergestellt (Man beachte, das für die Strahlenqualität der Effektivwert keine Rolle spielt).

Tabelle 13.2.: Welligkeit verschiedener Röntgengeneratoren ([MKW86])

Generator	Welligkeit in %	bei 100 kV Ausgangsspannung Spannungsrückgang auf
Einpuls	100	0 kV
Zweipulspuls	100	0 kV
Dreipulspuls	50	50 kV
Sechspulspuls	13	87 kV
Zwölfpulspuls	3.5	$\sim$ 96 kV
Mittelfrquenz	4 – 10	$\sim$ 90–96 kV
Gleichspannung	$\leq$ 0,1	100 kV

13.3.3. Mittelfrequenz-Röntgengeneratoren

Um Bewegungsunschärfen zu vermeiden bzw. einen Kinobetrieb zu erlauben, müssen moderne Röntgengeräte kürzeste Belichtungszeiten im ms-Bereich, d.h. kürzeste Einschaltzeiten der Röntgenstrahlung bei hohem Röhrenstrom, ermöglichen. Gleichzeitig muss die Röntgenstrahlung konstante Qualität haben, um z.B. die Subtraktion zweier digitaler Röntgenbilder fehlerfrei zu ermöglichen. Dabei darf die Röhre nicht überlastet werden (Vorgabe einer Belastungsfunktion) [Amm74].

Diese Anforderungen lassen sich mit einem Mittelfrequenz-Röntgengenerator erfüllen. Bei einem Mittelfrequenz-Röntgengenerator liegt die Frequenz zur Speisung des Hochspannungstransformators deutlich über der Netzfrequenz und bei modernen Geräten auch oberhalb des Hörbereiches. Dadurch wird es möglich, den Hochspannungstransformator wesentlich kleiner und leichter auszubilden, als einen netzgespeisten Hochspannungstransformator, Siebschaltungen effektiver zu machen und die Reproduzierbarkeit zu verbessern.

Das Blockschaltbild eines Mittelfrequenz-Röntgengenerarators ist in Abb. 13.11 dargestellt. In den 1960er Jahren waren solche Generatoren röhren-bestückt, heute sind sie komplett halbleiterbestückt, Die Netzspannung wird gleichgerichtet und geglättet, um niederfrequente Schwankungen zu eliminieren. Die Gleichspannung speist einen Wechselrichter (3), der die erforderliche Mittelfrequenzleistung erzeugt. Die Mittelfrequenzspannung wird im Hochspannungstransformator (4) auf die notwendige Anodenspannung transformiert und mit Hilfe des Hochspannungsgleichrichters (5) erneut gleichgerichtet. Der Hochspannungskondensator (6) dient zur Glättung und als Energiespeicher für die Anodenspannung der Röntgenröhre.

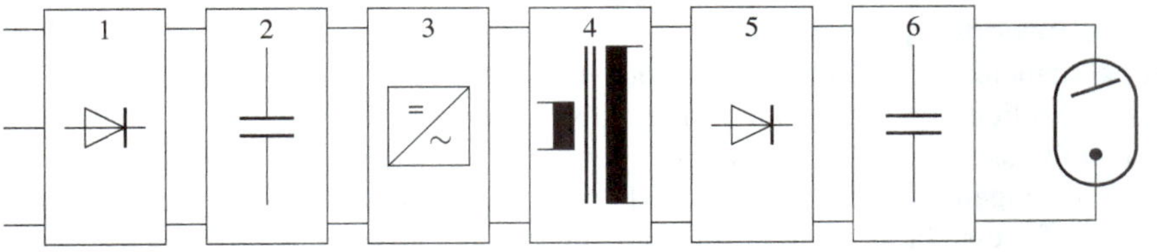

1 - Netzgleichrichter
2 - Zwischenfilter
3 -Wechselrichter
4 - Hochspannungstransformator
5 - Hochspannungsgleichrichter
6 - Hochspannungskondensator

Abb. 13.11.: Mittelfrequenz-Röntgengenerator

In ein solches System sind heute Regelschaltungen integriert, so dass die Anodenspannung konstant gehalten wird und praktisch Gleichspannungsqualität vorliegt. Solche Röntgeneratoren werden heute in unterschliedlichen Leistungsklassen mit hoher Langzeitstabilität und geringer Restwelligkeit ($\leq$ 0,01% vom Effektivwert) angeboten, z.B. von der Firma Spellman (https://www.spellmanhv.com/en/Products).

13.4. Zur Charakterisierung von Röntgenröhren

Zur Charakterisierung und zum Vergleich von Röntgenröhren dienen, wie bei anderen Röhren auch, die Datenblattangaben des Herstellers. In Tabelle 13.1 sind beispielhaft für eine Mikrofokus-Röhre der Fa. Petrick einige solcher Daten angegeben.

Röntgenröhren unterliegen im Gebrauch einem Verschleiß, wodurch sich die Abbildungsgüte verschlechtert. So raut sich als Folge der thermischen Belastung mit zunehmender Betriebszeit die Anodenoberfläche auf, was man an der Drehanode in Abb. 13.9 andeutungsweise erkennen kann.

Bei einer Röntgenanlage gehen neben Eigenschaften der Röntgenröhre selbst auch Eigenschaften des Röntgengenerators und Eigenschaften externer Komponenten in eine Bewertung ein. Bei bildgebenden Systemen wird die Qualität einer Röntgenaufnahme auch durch die Abbildungsgeometrie, die Auflösung des Empfängersystems, die Dauer der Belichtung oder die Härte der Strahlung bestimmt.

Speziell für die Anwendung von Röntgenanlagen im medizinischen Bereich gibt es detaillierte Anweisungen zur Prüfung, die das Auflösungsvermögen, die Konstanz der Dosis, die Lage des Nutzstrahlenfeldes und andere Parameter beinhalten. Die Forderungen sind in Normen zur Qualitätssicherung formuliert, die in [DIN15] zusammengestellt sind. Wir betrachten nachfolgend zwei Beispiele und stellen ein älteres Instrument voran.

Ein älteres Bewertungsverfahren Schon in den ersten Jahren des 20. Jahrhunderts hatte man ein „Skiameter“ genanntes Gerät ersonnen, welches eine Bewertung der Härte der Röntgenstrahlung zuließ. Ein Skiameter verfügte über einen oder mehrere gestuft-keilförmige Absorber, die mit absorbierenden Ziffern aus Blei hinterlegt waren. Durch direkte visuelle Beobachtung im Röntgenstrahl wurde die Sichtbarkeit einzelner Ziffern während der Durchstrahlung als Maß für die Härte der Röntgenstrahlung genutzt. Als Absorber dienten 1 bis 36 Stanniollagen gleicher Dicke oder bis zu 8 Platinstreifen mit geometrisch gestufter Dicke [ano09].

Geometrie des Brennflecks Für die Abbildungseigenschaften ist, wie oben erläutert, die Geometrie des Brennflecks von großer Bedeutung. Die Größe des Brennflecks kann auf Grund der gradlinigen Ausbreitung der Röntgenstrahlung mit einer Lochkamera bzw. einer Spaltkamera bestimmt werden. Für den medizinischen Anwendungsbereich sind das Verfahren, die Konstruktion der Brennfleckkamera und deren Anordnung im Strahlengang in [DIN06] ausführlich beschrieben. Weniger aufwändig und für viele praktische Aufgaben ausreichend sind sog. Auflösungstests.

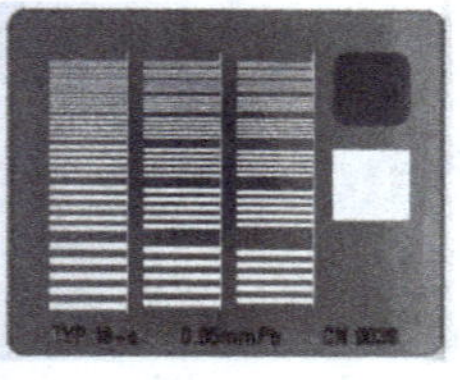

a) Testraster 18a (0,63 .... 7,1 LP$\frac{1}{\mathrm{mm}}$) zur visuellenBestimmung der Auflösung

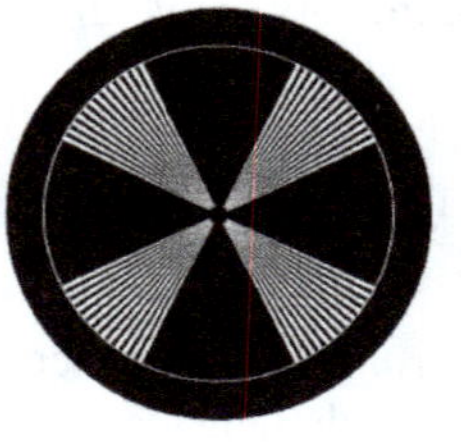

b) Sterntest zur Brennfleckbestimmung

Abb. 13.12.: Röntgentests (Hersteller und Bildquelle: Fa. Hüttner Röntgenteste)

Bestimmung der Abbildungsgüte mit Auflösungstest Für die Bewertung und Kontrolle der Abbildungsgüte einer Röntgenanlage unter Praxisbedingungen sind unterschiedlichste Auflösungstests entwickelt worden. Solche Auflösungstests sind an bestimmte Probleme bzw. Fragestellungen angepasste Phantome mit bekannter Geometrie und bekannter Absorption an definierten Stellen, die in den Strahlengang gebracht werden und deren Abbildung bewertet wird. Zwei Beispiele solcher Röntgentests, ein Strichgruppentest und ein Röntgenstern, sind in Abb. 13.12 dargestellt.

14. Elektronenröhren vs. Halbleiter – eine Gegenüberstellung

In diesem Kapitel stellen wir das Potential, welches Elektronen- und Gasentladungsröhren bieten, den Möglichkeiten, die die Halbleitertechnik eröffnet hat, gegenüber und beleuchten dabei die folgenden Gesichtspunkte:

- Betriebsparameter, Energiebedarf und Raumbedarf (Spannungen, Ströme, Abwärme)
- Vielfalt der nutzbaren Effekte
- Materialien, Technologien und technologische Anforderungen (z.B. Strukturgrößen)
- Integration, Massenfertigung und Kosten

Um die Möglichkeiten der Halbleitertechnik zu verstehen, sind Kenntnisse des Leitungsmechanismus im Halbleiter und der Struktur und Funktion von Halbleiterbauelementen wünschenswert. Wir haben diese Gebiete in [RW13] betrachtet und beschränken uns hier auf eine kurze zusammenfassende Darstellung.

14.1. Halbleiter und Grundstrukturen von Halbleiterbauelementen

Damit ein Festkörper eine elektrische Leitfähigkeit zeigt, müssen in ihm frei bewegliche Ladungsträger verfügbar sein. In Metallen ist das gegeben, es sind freie Ladungsträger in Gestalt der Leitungselektronen stets vorhanden.

14.1.1. Leitfähigkeit im Halbleiter

Ein Halbleiter zeigt am absoluten Nullpunkt keine Leitfähigkeit; hier müssen freie Ladungsträger durch Energiezufuhr generiert werden. Diese Ladungsträger bewegen sich dann unter dem Einfluss einer Überlagerung des inneren, durch Atomrümpfe verursachten, elektrischen Feldes und des durch eine außen angelegte Spannung erzeugten Feldes. Zur Erklärung der entsprechenden Leitungsmechanismen benutzt man das Bändermodell und unterscheidet zwischen Eigenleitung beim reinen Halbleiter und Störstellenleitung beim dotierten Halbleiter. Wir skizzieren hier kurz das Zustandekommen der Leitfähigkeit in den Elementhalbleitern Silizium (Si) und Germanium (Ge), die beide in der 4. Hauptgruppe des Periodensystems stehen. Beide Elemente haben jeweils vier Valenzelektronen und kristallisieren im Diamantgitter. Jedes Atom bildet im Gitterverband mit seinen Nachbaratomen vier Elektronenpaarbindungen und erreicht damit eine stabile Konfiguration (8 Elektronen in der äußeren Schale). In

https://doi.org/10.1515/9783110547979-205

Abb. 14.1a ist diese Bindungssituation für Silizium schematisch dargestellt. In diesem Zustand sind alle Elektronen gebunden, es gibt keine freien Ladungsträger und das Leitungsband ist leer.

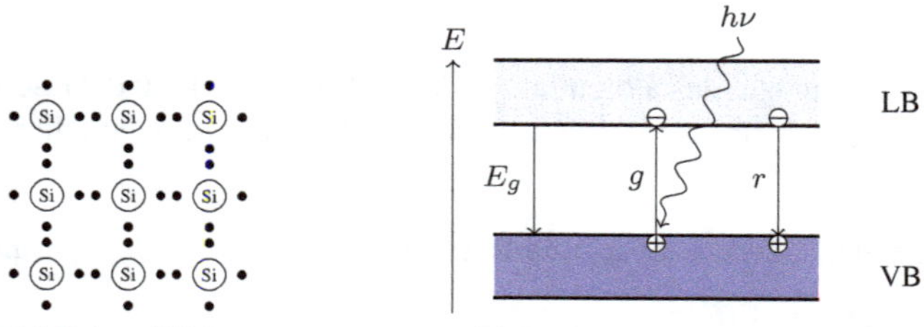

(a) Reines Silizium **(b)** Bändermodell zur Eigenleitung

Abb. 14.1.: Reines Silizium, eigenleitend

14.1.1.1. Reine Halbleiter und Eigenleitung

Auf Grund des vergleichsweise geringeren Bandabstandes von $1{,}12\,\mathrm{eV}$ bei Si bzw. $0{,}65\,\mathrm{eV}$ bei Ge können im reinen Halbleitermaterial oberhalb des absoluten Nullpunktes Elektronen aus dem Valenzband in das Leitungsband thermisch angeregt werden (siehe Abb. 14.1). Die Zahl dieser angeregten Elektronen steigt mit zunehmender Temperatur exponentiell an (Ladungsträgergeneration). Angeregte Ladungsträger gehen vom Leitungsband durch Rekombination auch wieder in das Valenzband über. Insgesamt bildet sich ein dynamisches, nur von der Temperatur und dem Bandabstand abhängiges Gleichgewicht heraus.

Die Elektronen haben im Leitungsband eine Beweglichkeit μ^- und eine von der Temperatur abhängige Dichte n^-. Elektronen, die das Valenzband verlassen, hinterlassen im Valenzband eine Lücke. Aus Gründen der einfacheren Beschreibung wird im Valenzband nun das Verhalten dieser Lücke (anstelle der verbliebenen Elektronen) weiter verfolgt. Man nennt diese Lücke ein Defektelektron oder Loch und ordnet dem Defektelektron eine positive Elementarladung und eine eigene Beweglichkeit μ^+ zu. Die Dichte der Defektelektronen n^+ muss auf Grund des Bildungsmechanismus natürlich gleich der Dichte der Elektronen sein und beide sind gleich der **Inversionsdichte** n_i

$$n^+ = n^- = n_i.$$

n_i hat für Silizium bei Zimmertemperatur den Wert $n_i = 10^{10}\,\frac{1}{\mathrm{cm}^3}$.

Legt man nun eine Spannung an eine solche Halbleiterprobe, dann nehmen die Elektronen im Leitungsband und die Defektelektronen im Valenzband Energie auf und bewegen sich. Wir beobachten einen elektrischen Strom, der sich aus zwei Teilströmen, dem Elektronenstrom im Leitungsband und dem Defektelektronenstrom im Valenzband zusammensetzt. Für die Leitfähigkeit im reinen oder eigenleitenden Halbleiter gilt folgende Beziehung

$$\sigma = e^- \cdot n_i \cdot (\mu^- + \mu^+). \tag{14.1}$$

Man nennt dies die Eigenleitfähigkeit, sie ist stark temperaturabhängig (siehe Abb. 14.3a).

14.1.1.2. Dotierte Halbleiter und Störstellenleitung

Für fast alle praktischen Anwendungen werden die Halbleitermaterialien dotiert, das heißt, es werden definiert Fremdatome eingebaut. Diese Störstellen beeinflussen im dotierten Halbleiter das Ladungsträgergleichgewicht maßgeblich. Die Dichten von Elektronen n^- und Defektelektronen n^+ sind nicht mehr gleich, aber zwischen ihnen gilt die Beziehung

$$n^+ \cdot n^- = n_i^2, \tag{14.2}$$

die als Massenwirkungsgesetz bekannt ist.

n-Leitung Wir nehmen nun an, das 4-wertige Silizium sei geringfügig mit einem Element aus der 5. Hauptgruppe, also einem 5-wertigen Element, wie Arsen (As) oder Phosphor (P), dotiert. Damit können wieder 4 Elektronenpaare pro Atom gebildet werden, und es bleibt ein Elektron pro 5-wertiges Atom übrig (siehe Abb. 14.2a). Zur Freisetzung dieses überzähligen Elektrons bedarf es nur einer sehr geringen Anregungsenergie von der Größenordnung einiger meV. Diese überzähligen Elektronen erzeugen im Bändermodell sog. Störterme, die dicht unter der Leitungsbandunterkante liegen und bei Raumtemperatur ionisiert sind.

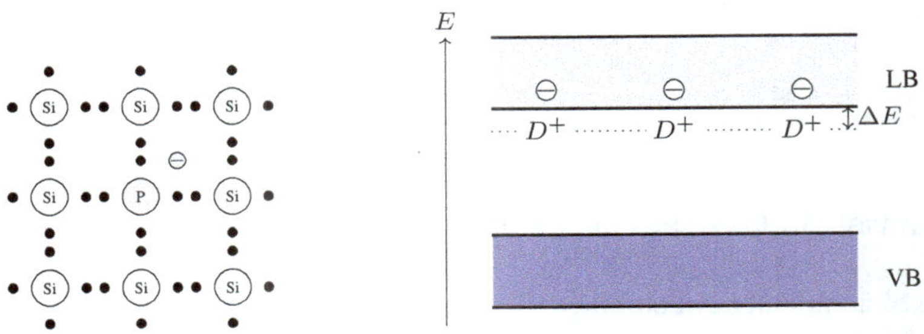

(a) P-dotiertes Silizium

(b) Bändermodell zur n-Leitung

Abb. 14.2.: Phosphor-dotiertes Silizium, n-leitend

Fremdatome, die Elektronen liefern, nennt man Donatoren, ihre Dichte bezeichnen wir mit n_D oder, wenn sie ionisiert sind, mit n_D^+. Bei Zimmertemperatur sind praktisch alle Donatoren ionisiert, haben also je ein Elektron in das Leitungsband abgegeben. Die Donatoren selbst sind dann positiv geladen und liefern einen Beitrag von n_D^+ Elektronen an den Kristall. Weiter soll gelten:

$$n_D^+ \gg n_i.$$

Wegen des Massenwirkungsgesetzes gilt dann $n^+ \ll n_i$ und n^+ kann bei der Berechnung der Leitfähigkeit vernachlässigt werden. Die in der Überzahl vorhandenen Ladungsträger, hier also die Elektronen, nennt man Majoritätsträger. Die in Unterzahl vorhandenen Träger heißen Minoritätsträger.

Für die Leitfähigkeit im Bereich der Zimmertemperatur müssen nun nur die Majoritätsträger berücksichtigt werden und man erhält dann:

$$\sigma_n = e^- \cdot n_D^+ \cdot \mu^-. \tag{14.3}$$

Mit Donatoren dotierte Halbleiter heißen n-Leiter und die Leitungsart n-Leitung.

p-Leitung|seeLeitung im Halbleiter Wenn Atome aus der 3. Hauptgruppe, z.B. Bor (B) oder Aluminium (Al), also 3-wertige Elemente eingebaut werden, fehlt ein Elektron pro 3-wertiges Atom und es können nur noch 3 Elektronenpaare gebildet werden. Das fehlende Elektron entspricht einem Defektelektron; es kann sich bei Zuführung einer sehr geringen Anregungsenergie von einigen meV bewegen und sorgt so für eine Leitfähigkeit. Für Defektelektronen ergeben sich im Bändermodell Störterme, die dicht über der Valenzbandoberkante liegen. Fremdatome, die Defektelektronen generieren, heißen Akzeptoren, ihre Dichte bezeichnen wir mit n_A oder, wenn sie ionisiert sind (also ein Elektron eingefangen haben), mit n_A^-. Bei Zimmertemperatur seien alle Akzeptoren ionisiert und für ihre Dichte soll gelten $n_A^- \gg n_i$. Dann ergibt sich für die Leitfähigkeit analog zu den obigen Überlegungen

$$\sigma_p = e^- \cdot n_A^- \cdot \mu^+. \tag{14.4}$$

Mit Akzeptoren dotierte Halbleiter heißen p-Leiter und die Leitungsart p-Leitung.

14.1.1.3. Umwelteinflüsse auf die Leitfähigkeit

Temperaturabhängigkeit der Leitfähigkeit Die Abb. 14.3 veranschaulicht die Veränderung der Leitfähigkeit für Eigenleitung und Störstellenleitung mit der Temperatur schematisch. Bei Eigenleitung werden mit zunehmender Temperatur immer mehr Ladungsträgerpaare gebildet, so dass die Leitfähigkeit stetig ansteigt.

Beim dotierten Halbleiter unterscheidet man 3 Bereiche:

- den Bereich der **Störstellenreserve**; hier ist die Temperatur so niedrig, dass noch nicht alle Störstellen ionisiert sind und mit steigender Temperatur weitere Störstellen ionisiert werden, so dass die Leitfähigkeit steigt.

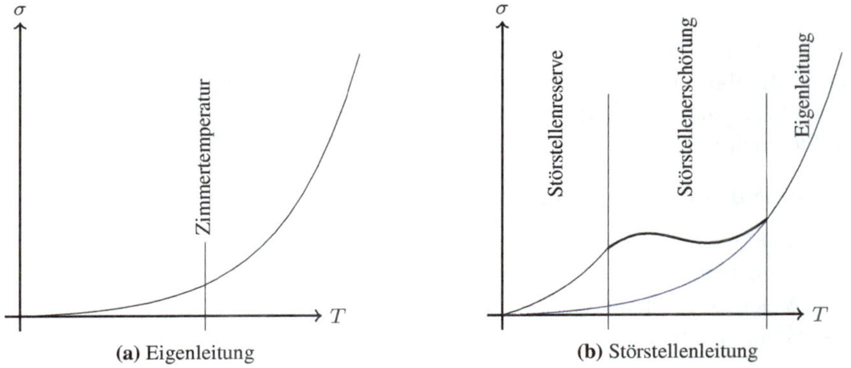

Abb. 14.3.: Temperaturabhängigkeit der Leitfähigkeit für eigenleitende und dotierte Halbleiter, schematisch

- den Bereich der **Störstellenerschöpfung**; in diesem Bereich sind praktisch alle Störstellen ionisiert, aber die Eigenleitung spielt noch keine Rolle; dies ist der Temperaturbereich, in dem Halbleiterbauelemente in der Regel betrieben werden.
- den Bereich der **Eigenleitung**; die Temperatur ist so hoch, dass die Eigenleitung zunehmend eine Rolle spielt und die Störstellenleitung schließlich dominiert; Halbleiterbauelemente sind nicht mehr, wie gewohnt, steuerbar.

Absorption von Licht Die Anregung von Elektronen aus dem Valenzband in das Leitungsband kann auch durch Photonen (Schlangenlinie in Abb. 14.1b) erfolgen. Bedingung ist, dass die Energie des Photons $h \cdot \nu$ mindestens so groß wie die Bandlücke ist. Der Effekt heißt **innerer photoelektrischer Effekt** und als Ergebnis findet man dann eine **Photoleitung**, die solange anhält, wie eine Belichtung des Materials stattfindet und die danach schnell abklingt.

Wie Elektronen durch Licht aus dem Valenzband in das Leitungsband angeregt werden können, so kann unter bestimmten Umständen auch ein Lichtquant emittiert werden, wenn ein Elektron aus dem Leitungsband in das Valenzband rekombiniert. Die Energie der emittierten Lichtstrahlung $h \cdot \nu$ entspricht dabei wieder dem Bandabstand. Lichtemission findet nur bei Halbleitern mit einem sog. direkten Übergang statt; solch einen Übergang besitzen die Elementhalbleiter nicht, wohl aber Verbindungshalbleiter, wie Galiumarsenid [Rai06].

Weitere Einflüsse Die Leitfähigkeit im Halbleitermaterial kann auch durch mechanische Einwirkung (Biegung, Zug oder Druck) beeinflusst werden. Darüber hinaus ist die Stromleitung außer über elektrische auch über magnetische Felder beeinflussbar (Halleffekt).

14.1.2. Grundstrukturen von Halbleiterbauelementen

Integrierte Schaltungen, auch die komplexesten, lassen sich auf einfache aktive Bauelemente, wie Dioden, Bipolartransistoren und Feldeffekttransistoren, sowie passive Bauelemente zurückführen. Diese einfachen Bauelemente wiederum kann man in bestimmte Grundstrukturen mit definierter elektronischer Funktion zerlegen; solche Grundstrukturen sind:

- homogene Bereiche unterschiedlicher Leitfähigkeit
  - Halbleiter-Material (n- oder p-leitend),
  - Leitbahnen,
  - Widerstandsschichten,
  - Isolations- und Passivierungsschichten,
- Grenzflächen
  - Halbleiter-Oberfläche,
  - Halbleiter-Isolator-Grenzfläche,
  - Metall-Halbleiter-Übergang.
  - Metall-Isolator-Halbleiter-Grenzflächen (MIS-Struktur), speziell: Grenzfläche Silizium-Siliziumdioxid (Si/SiO_2, MOS-Struktur),
  - pn-Übergang (Übergang von p- zu n-dotiertem Gebiet desselben Halbleitermaterials),
  - Heteroübergang (Übergang von einem Halbleitermaterial zu einem anderen, III-V- oder II-VI-Übergang).

Diese Strukturen werden in submikroskopisch kleinen Gebieten, d.h. im Sub-µm- bzw. nm-Bereich, auf den Wafern, also z.B. auf Si-Scheiben, in großer Anzahl hergestellt, um die notwendigen einfachen, aktiven oder passiven Bauelemente (Transistoren, Dioden, Kapazitäten, Widerstände) auf dem Halbleiterchip zu realisieren. Die Herstellung solcher Strukturen und ganzer Halbleiterbauelemente ist Gegenstand der verschiedenen Halbleitertechnologien [RM91, WS03]). Aufbau und Funktion der Bauelemente selbst (Halbleiterdioden, Bipolar- und Feldefekttransistoren) sind ausführlich in der umfangreichen Literatur dargestellt, z.B. in [Por79, Ben73], so dass wir dies hier nicht rekapitulieren.

14.2. Stromleitung und nichtelektrische Effekte

Bei der Verarbeitung elektrischer Größen, wie Verstärkung oder Gleichrichtung eines Signals, der Regelung von Strom oder Spannung usw. sind die Eingangsgrößen und die Ausgangsgrößen des jeweiligen Systems elektrischer Natur.

Darüber hinaus kann die Stromleitung im Vakuum und in Halbleitern durch nichtelektrische Eingangsgrößen beeinflusst bzw. gesteuert werden und als Ausgangsgröße kann Strahlung generiert werden.

Einkopplung nichtelektrischer Größen In Tabelle 14.1 sind Möglichkeiten der Beeinflussung des Stromflusses durch nichtelektrische Größen in Elektronenröhren, Gasentladungsröhren bzw. Halbleiterbauelementen aufgelistet.

Tabelle 14.1.: Einwirkung und Nutzung nichtelektrischer Einflüsse auf Ladungsträger in Hochvakuum, Gasentladung bzw. Halbleiter (FK: Festkörper)

Bauelement	Hochvakuum-röhre	Gasentladungs-röhre	Halbleiter-bauelement
Ladungsträger	Elektronen	Elektronen, Ionen	Elektronen, Defektelektronen
nichtel. Einflussgröße			
Magnetfeld	ja	ja	ja
Druck im Entlad.-Raum	–	ja	–
ionisierende Strahlung	–	ja	ja
Temperatur	–	–	ja
FK-Volumeneffekte (z.B. Deformation)	–	–	ja
FK-Grenzflächeneffekte (z.B. Belichtung)	–	–	ja

Im Einzelnen kann man bei den drei Systemen folgende Einflussmöglichkeiten durch nichtelektrische Größen nutzen:

- **Elektronenröhren:**
  - Ablenkung eines Elektronenstrahls durch magnetische Felder (Anwendung bei Bildröhren)
  - Nutzung der Photoemission (Anwendung in Photozellen, Photovervielfachern und Bildwandlern).
- **Gasentladungsröhren:**
  - Einwirkung ionisierender Strahlung (Anwendung in Gasionisationsdetektoren)
  - Druck, Druckänderung (Anwendung in Ionisationsvakuummetern)
- **Halbleiter:** die Leitfähigkeit bzw. Stromleitung im Halbleiter ist auf vielfältige Weise durch nichtelektrische Größen beeinflussbar, je nach Bauelement
  - durch mechanische Deformation (Beispiel Dehnmessstreifen)
  - durch Strahlung (Beispiel Photodiode)
  - durch chemische Größen (Beispiel ISFET zur pH-Wert-Messung)
  - durch Wärme (Beispiel Thermistor)

Die skizzierten Einflussmöglichkeiten werden in großem Umfang zum elektrischen Messen nichtelektrischer Größen mit Hilfe von Sensoren eingesetzt. Dies ist die Domäne der Sensorik [RW16].

Emission von Strahlung Im Betrieb produzieren alle Bauelemente Wärme, diese Wärme ist jedoch in praktisch allen Fällen ein unerwünschtes Nebenprodukt. Dagegen ist die Emission von sichtbarem Licht oder von Röntgenstrahlung oft gerade der einzige Zweck bestimmter Bauelemente. Wir fassen das kurz zusammen:

- **Elektronenröhren:**
  - in Bild- und Oszillographenröhren regt der Elektronenstrahl die Lumineszenz eines Leuchtstoffs an;
  - in Röntgenröhren wird Röntgenstrahlung durch hochenergetische Elektronen an der Anode generiert.
- **Gasentladungsröhren:**
  - erzeugen abhängig von Betriebsbedingungen und Füllgas im Gasvolumen sichtbares Licht und UV-Licht unterschiedlicher Wellenlänge;
  - erzeugen bei entsprechend hoher Betriebsspannung Röntgenstrahlung, die von der Anode emittiert wird.
- **Halbleiter:**
  - in Durchlassrichtung betriebene pn-Übergänge bestimmter Halbleiter (Leuchtdioden) erzeugen im Festkörper schmalbandige Lichtstrahlung, deren Wellenlänge vom Bandabstand des Halbleitermaterials abhängig ist und die vom IR-Bereich über sichtbares Licht bis in den UV-Bereich reicht,
  - Leuchtdioden erzeugen weißes Licht, indem aus blauem Licht einer LED ein breitbandiger Lumineszenzconverter-Leuchtstoff angeregt wird, so dass als Mischfarbe weißes Licht entsteht (Verfahren analog zu Leuchtstoffröhren).

14.3. Vergleich von Energie- und Raumbedarf

Die klassische Elektronenröhre als ältestes Verstärkerbauelement scheidet im Vergleich mit Halbleiterbauelementen schlecht ab.

Elektronenröhren benötigen Leistung für die Heizung der Katode und sind erst nach einer Anheizzeit betriebsbereit. Sie erfordern höhere Spannungen und Ströme und besitzen ein deutlich größeres Volumen. Ferner sind sie mechanisch empfindlich und relativ teuer. Eine Möglichkeit zur Integration, wie wir sie von Halbleitern kennen, gibt es nicht.

Als Vorteile der Elektronenröhre sind ihre Unempfindlichkeit gegenüber Kernstrahlung und gegenüber der Umgebungstemperatur zu nennen; Halbleiterbauelemente besitzen diese Unempfindlichkeiten nicht.

Vorteile von Halbleiterbauelementen kann man der Gegenüberstellung in Tabelle 14.2 entnehmen.

Tabelle 14.2.: Vergleich einstufiger Verstärker (Vorstufe), Orientierungswerte

Bezeichnung	Röhrenverstärker	Transistorverstärker	integrierter low power Operationsverstärker
Heizleistung / W	ca. 2	–	–
Anheizzeit / min	ca. 1	–	–
Betriebsspannung / V	100–300	5–12	1,8–5
Ruhestrom im Arbeitspunkt / mA	1–5	1–5	0,001–0,01
Verlustleistung / W	2–3	0,01–0,05	$2 \cdot 10^{-5}$–$2 \cdot 10^{-4}$
Volumenbedarf / cm^3	10–30	2–5	0,2–1
Integration	Aufbau diskret	möglich	Integrationsgrad hoch

14.4. Materialien und Technologien

Elektronenröhren und Halbleiterbauelemente werden auf grundverschiedene Weise hergestellt. Die Fertigung von Elektronenröhren erfolgte mit mechanischen Technologien und einer Genauigkeit von ca. 10 µm. Für die Herstellung von Halbleiterbauelementen stehen spezielle Halbleitertechnologien zur Verfügung, die heute erreichte Genauigkeit liegt bei einigen nm. Wir umreißen nachfolgend beide Technologien.

14.4.1. Technologien zur Herstellung von Elektronenröhren

Nach Mende, der die Herstellungsschritte von Elektronenröhren in [Men66] ausführlich darstellte, profitierte die Röhrenfertigung von Erfahrungen aus der Glühlampenfertigung und umfasste folgende Arbeitsschritte

- Blasen des Kolbens und Anfertigung anderer Glasteile in einer Glashütte
- Ausstanzen und Formen von Anode, Strahl- und Abschirmblechen
- Herstellen der Wolfram-Heizwendel und Zusammenbau der Katode
- Herstellung von Stützdrähten
- Wickeln der Gitter mit Mo-Draht im Durchmesserbereich 10–60 µm
- Montage des Röhrensystems
- mechanische und optische Prüfungen der Einzelteile und des Röhrensystems
- Verschmelzen des Röhrenkolbens mit dem Röhrenfuß
- Evakuierung der Röhren mit gleichzeitigem Entgasen durch Ausheizen

- Abschmelzen der Röhre und Verdampfen des Getters
- elektrische Schlussprüfung.

Insgesamt konnte eine Röhre aus bis zu 30 verschiedenen Werkstoffen bestehen. Verarbeitet wurden die Metalle W, Mo, Ni, Fe, Cu, zum Teil mit 99,9% Reinheit. Die Montage des Röhrensystems erfolgte in Einzelfertigung von Hand nachdem alle Teile gründlich entfettet waren. Dabei waren Abstände im mm-Bereich genau einzuhalten. Dies erforderte eine präzise mechanische Montage, wobei die Anforderungen um so höher waren, je mehr Elektroden das Röhrensystem hatte.

14.4.2. Technologien zur Herstellung von Si-Halbleitern

Bei Halbleitern ist zuerst das Material von Bedeutung. Neben den Elementhalbleitern Silizium und Germanium gibt es eine Vielzahl von Verbindungshalbleitern, von denen Galliumarsenid (GaAS) aus der Gruppe der III-V-Halbleiter einer der bekanntesten ist. Die einzelnen Halbleitermaterialien unterscheiden sich in ihren Eigenschaften (Bandabstand, Bandstruktur, chemische Eigenschaften) und in ihrer Technologie. Unabhängig von der Art des Halbleitermaterials erfordern moderne Halbleiterbauelemente lokale Änderungen des Leitungstyps in submikroskopischen Bereichen und komplexe Schichtsysteme, die aus leitfähigen, isolierenden und halbleitenden Schichten bestehen können. Für die Abscheidung solcher Schichtsysteme und deren Strukturierung setzt man Niederdruckgasentladungen sowie Elektronen- und Ionenstrahlen ein, also vakuumelektronische Verfahren, die den gleichen Ursprung wie Elektronen- und Gasentladungsröhren haben (siehe Kapitel 17 und folgende).

Halbleitertechnologien sind in [WMF00, WS03, Hil14] und anderen Arbeiten ausführlich dargestellt. Wir skizzieren stellvertretend den Prozess für Si-Halbleiterbauelemente.

Für die Produktion von Halbleiterbauelementen ist reinstes Silizium erforderlich; es wird in einem mehrstufigen Prozess hergestellt, der folgende Schritte umfasst

- Herstellung von Rohsilizium aus Quarzsand (metallurgischer Prozess)
- Reinigung zu hochreinem Silizium z.B. durch
  - Herstellung von Trichlorsilan ($SiHCl_3$)
  - fraktionierte Destillation des Trichlorsilan
  - Abscheidung von polykristallinem Reinstsilizium durch thermische Zersetzung des Trichlorsilan
- Züchtung von Si-Einkristallen (Czochralski-Verfahren oder Zonenschmelzverfahren)
  - Einstellen einer definierten n- oder p-Leitfähigkeit
- Zersägen der Si-Einkristalle in Halbleiterscheiben (Wafer)
- Polieren der Waferoberfläche.

Nach Herstellung der homogen dotierten Si-Wafer als Halbzeug mit definierter Grundleitfähigkeit beginnt die eigentliche Herstellung der Bauelemente, z.B. der Operationsverstärker oder Mikrocontroller, beim Bauelementeproduzenten.

Eine herausragende Eigenschaft des Siliziums ist die Bildung einer dichten amorphen SiO_2-Deckschicht. Diese SiO_2-Schicht wird in der Technologie als Ätzmaske genutzt und dient im Bauelement als Gateisolator und als Passivierungsschicht; sie ist Voraussetzung für den Si-Planarprozess.

Im Si-Planarprozess erfolgt die Herstellung tausender Bauelemente zeitgleich und parallel in sog. Scheibenprozessen, die in Reinräumen durchgeführt werden. Zu den Scheibenprozessen gehören folgende Prozessschritte, die je nach Bedarf des speziellen Bauelementes wiederholt abgearbeitet werden können

- Rückseitenmetallisierung
- Erzeugung von Metall- oder SiO_2-Schicht
- Aufbringen eines Photolackes
- Belichten des Photolackes (Photolithographie)
- Entwicklung des Lackes und entfernen des belichteten Lackes (bei Positivlack)
- Ätzen der Metall- oder SiO_2-Schicht und Entfernen des restlichen Lackes
- Erzeugung lokaler n- oder p-Dotierung durch Diffusion mit SiO_2-Maske
- Epitaktisches Aufwachsen von Silizium
- Wiederholung vorstehender Prozesse zur Fertigstellung der Bauelementestruktur
- abschließende Passivierung.

Nach Durchführung aller Scheibenprozesse sind gleichzeitig tausende Bauelemente fertig, allerdings noch im Scheibenverbund. Die nächsten Schritte sind

- Vermessen und Vereinzeln der Chips
- Bonden
- Einhausen.

Die umrissene Herstellung von Halbleiterbauelementen ist technologisch äußerst anspruchsvoll und das Ergebnis einer inzwischen schon siebzigjährigen Entwicklung. Kostengünstig werden die Bauelemente durch gleichzeitige Herstellung einer großen Zahl gleicher Bauelemente in weitgehend automatisierten Prozessen.

Um die Produktion noch rentabler und die Bauelemente preisgünstiger zu machen, werden einerseits die Scheibendurchmesser vergrößert und andererseits die Strukturbreiten der Bauelementestrukturen verkleinert. Scheibendurchmesser und Strukturbreiten charakterisieren das jeweilige Technologieniveau (Tabelle 14.3, Quelle: Wikipedia).

Der Übergang von einem Technologieniveau zum nächsten, höheren erfordert anlagenseitig immense Investitionen. So wird am Einsatz von 450 mm-Wafer zwar seit einigen Jahren gearbeitet, ihre großtechnische Nutzung ist zur Zeit aber noch nicht belegbar.

Tabelle 14.3.: Entwicklung von Waferdurchmesser und Strukurbreite (Quelle: Wikipedia)

Jahr	Scheibendurchmesser	Jahr	erreichte Strukturbreite
1970	50 mm	1971	10 µm
1980	100 mm	1984	1,5 µm
1990	150 mm	1992	0,8 µm
1995	200 mm	1999	0,25–0,18 µm
2001	300 mm	2010	32–25 nm
20 . .	450 mm	2015	14 nm

14.5. Fazit

Halbleiterbauelemente haben auf Grund ihrer Überlegenheit die Elektronenröhre aus elektronischen Anwendungen längst verdrängt. Die Gründe dafür haben wir in diesem Kapitel erörtert; negativ für die Elektronenröhre schlagen zu Buche

- eine schlechte Energiebilanz,
- eine hohe Betriebsspannung,
- nicht miniaturisierbar,
- nicht integrierbar,
- aufwändige, wenig automatisierbare Fertigung,
- viel teurer als Halbleiterbauelemente.

Dennoch, für die Erzeugung von Röntgenstrahlen, bleibt die Elektronenröhre unverzichtbar. Gleiches gilt für Gasentladungsröhren in Form spezieller Messröhren.

Gasentladungsröhren haben auch in einem hier nicht betrachteten Bereich, in der Lichttechnik, einen festen Platz und werden weiterentwickelt [Kai13].

Im Halbleiter erreicht die Beweglichkeit der Ladungsträger nicht den hohen Wert, den freie Elektronen im Vakuum besitzen. Vor diesem Hintergrund und den inzwischen verfügbaren technologischen Möglichkeiten der Halbleitertechnik sind neuere Untersuchungen zu sehen, die die Verwendung freier Elektronen einerseits und Möglichkeiten der Halbleitertechnologie andererseits zu kombinieren versuchen. Wir gehen darauf im folgenden Kapitel ein.

15. Vakuum-Mikroelektronik

Klassische Elektronenröhren sind makroskopische Systeme. Charakteristische Längen, wie die Elektrodenabstände, liegen hier im Bereich von 0,1–10 mm, wobei Abstände von 0,1 mm etwa die untere Grenze der verwendeten Technologien markieren.

Mikrosysteme auf Siliziumbasis arbeiten inzwischen mit Strukturbreiten in der Größenordnung von 10 nm. Bei einer aktuellen Prozessorgeneration mit dem Codenamen „Coffee Lake“ setzt die Fa. Intel eine 14 nm-Technologie ein und arbeitet an einem 10 nm-FinFET-Prozess[1].

Die grundlegende Idee der „Vakuum-Mikroelektronik“ besteht nun darin, mit freien Elektronen in Mikrosystemen zu arbeiten. Dabei ist man bestrebt, verfügbare Halbleiter- und Mikrotechnologien zur Herstellung solch neuartiger Mikrosysteme einzusetzen.

Schon in den 1960er Jahren, als die Elektronenröhre noch das dominierende Bauelement war, wurde mit der Entwicklung von kalten Feldemissionskatoden in Dünnschichttechnik ein wesentlicher Schritt in Richtung der Vakuum-Mikroelektronik getan [Spi68]. Etwa seit den 1990er Jahren gibt es auf Grund neuer Anforderungen und verbesserter technologischer Möglichkeiten verstärkt Untersuchungen, mittels der Siliziumtechnologie und anderer Mikrotechnologien neue Bauelementestrukturen zu schaffen, die wie Elektronenröhren mit freien Elektronen arbeiten aber gleichzeitig Elektroden mit submikroskopischen Strukturen verwenden. Für solche neuartigen Bauelementestrukturen gibt es in der englischsprachigen Literatur verschiedene Bezeichnungen, wie „Vacuum tubes using field electron emitters“, „CMOS compatible nano scale vacuum tube“ oder „Nanostructure-Based Vacuum Channel Transistors“.

15.1. Mikrosysteme mit freien Elektronen

Bauelemente, die wie Elektronenröhren mit freien Elektronen und dem Vakuum als Leitungsmedium arbeiten, hätten einige klare Vorteile, nämlich

- sie nutzen die höchste Beweglichkeit der Elektronen und
- das Leitungsmedium ist immun gegenüber Umwelteinflüssen, wie
  - Strahlung,
  - Umgebungstemperatur und
  - transienten Spannungsspitzen.

Bei Elektronenröhren stehen diesen Vorteilen die schon zitierten Nachteile gegenüber, also

- großes Volumen und nicht integrierbar,
- hoher Leistungsbedarf und Wärmeentwicklung der Glühkatode,
- hohe Anodenspannung.

---

[1] www.intel.de/content/www/de/de/architecture-and-technology/programmable/next-gen-10nm-technology/overview.html

https://doi.org/10.1515/9783110547979-217

Mikrosysteme, die mit freien Elektronen arbeiten, beheben bzw. umgehen die genannten Nachteile durch Verwendung kalter, submikroskopischer Feldemissionskatoden und weiterer submikroskopischer Elektroden (Anode, Steuerelektroden). Sie entstehen nicht durch Skalierung bekannter Systeme; es sind vielmehr eigenständige neuartige Konzepte bzw. Produkte, die auch von der physikalischen Seite einer Betrachtung bedürfen.

15.2. Technische und physikalische Aspekte

Die Herstellung der gewünschten Elektrodenstrukturen im Submikrometerbereich erfolgt mit erprobten Mikro- bzw. Nanotechnologien, wie sie beispielsweise in [BM92], [Hil14] beschrieben und in der Halbleiterfertigung erprobt sind. Diese Technologien umfassen Prozessschritte, wie die Abscheidung dünner Schichten auf geeigneten Substratmaterialien, beispielsweise Silizium oder Saphir, die Übertragung gewünschter Strukturen mittels Lithographie sowie die Strukturierung durch Ätzung dieser Schichten. Die notwendigen Prozessschritte werden bis zur Fertigstellung der gewünschten Mikrostruktur analog zur Halbleiterfertigung mehrfach durchlaufen. Wenn Silizium als Materialbasis und die Siliziumplanartechnologie gewählt werden, könnten zugleich CMOS-Schaltungen mit integriert werden [Mau09].

Die Funktion eines Mikrosystems mit freien Elektronen hängt u.a. ab von

- den Abmessungen und der Geometrie des Systems,
- den Eigenschaften der Katode,
- dem herrschenden Vakuum und
- den anliegenden Spannungen.

Abmessungen und Geometrie der Systeme Abb. 15.1 zeigt die ursprünglich von Spindt [Spi68] angegebene vertikale Systemgeometrie mit einer Molybdän-Feldemissionskatode und den verwendeten Spannungen. Durch die damalige Technologie bedingt, wurden stets Arrays derartiger Katoden hergestellt, die ca. 50 solcher Kegel verteilt auf 10^{-3} cm^2 umfassten. Die einzelnen Katoden waren elektrisch parallel geschaltet und bei einer Spannung von 200 V wurde ein Strom bis zu 100 µA beobachtet.

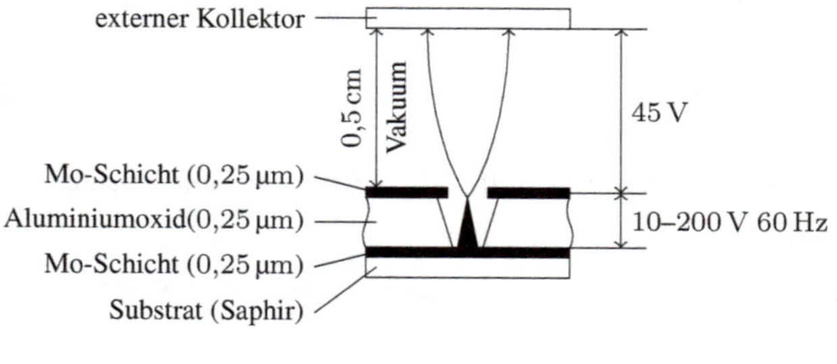

Abb. 15.1.: Dünnschicht-Feldemissionskatode nach Spindt [Spi68]

Während in [Spi68] der Abstand zwischen der Feldemissionskatode und Kollektor (Anode) mit 0,5 cm noch makroskopisch war und Spannungen bis 200 V verwendet wurden, wird in neueren Arbeiten über Abstände von nur noch 100 nm und darunter berichtet, wobei die Anodenspannung auf weniger als 20 V reduziert werden kann. Die beschriebenen Systeme sind lateral aufgebaut und erlauben, wenn sie mit Siliziumemittern arbeiten, weitgehend die Siliziumplanartechnologie zu nutzen [HM14].

Feldemissionskatode In einer Submikrometerstruktur ist Glühemission nicht anwendbar, die notwendige Leistung könnte nicht zu- und die produzierte Wärme nicht abgeführt werden. Freie Elektronen können nur durch Feldemission bereitgestellt werden.

Die Feldemission erfordert eine elektrische Feldstärke von der Größenordnung $10^7 \frac{\mathrm{V}}{\mathrm{cm}}$. Solche Feldstärken erreicht man nur mit spitzen Katoden, deren Spitzen einen Radius von wenigen nm haben. Bei so kleinen Katodenradien und den genannten Abmessungen der Mikrosysteme reichen Spannungen von der Größenordnung 10 V schon aus, um Feldemission auszulösen [VC92].

Als Folge der hohen Feldstärke werden die emittierten Elektronen unmittelbar vom äußeren Feld abgesaugt, eine Raumladungswolke bildet sich nicht aus. Die Emissionsstromdichte wird durch die Fowler-Nordheim-Gleichung (Gleichung 4.11) beschrieben.

In der Literatur wird über zahlreiche Materialien berichtet, die auf ihre Eignung als Feldemissionskatode untersucht werden. Zum Einsatz kommen dabei Metalle (Wolfram, Molybdän), Halbleiter (Silizium, Verbindungshalbleiter) und Kohlenstoff-Nanoröhrchen (CNT), wobei Molybdän-Spitzen die höchste Stromdichte liefern. Der Emissionsstrom einer einzelnen Feldemissionskatode ist für viele Anwendungen zu klein. Deshalb werden Arrays von Feldemissionskatoden hergestellt, die parallel betrieben höhere Elektronenströme ermöglichen als einzelne Feldemissionskatoden. Zu lösende Probleme bestehen dabei in der Stromverteilung auf die einzelnen Katoden, der Gleichmäßigkeit der Emission über cm^2-große Flächen und in der Standzeit der Katoden. In [EHY+16] werden der technische Stand von Feldemissionskatoden und die Theorie der Feldemission ausführlich dargestellt.

Welches Vakuum wird benötigt? In Tabelle 4.1 ist die mittlere freie Weglänge $\bar{l}$ für verschiedene Druckbereiche angegeben, nach Gleichung 4.4 ist $\bar{l}_e$, die mittlere freie Weglänge für Elektronen, rund 5 mal größer. Wenn der Abstand zwischen dem Elektronenemitter (Katode) und dem Elektronenkollektor (Anode), nur noch Bruchteile eines Mikrometer beträgt, dann ist es völlig ausreichend, wenn die mittlere freie Weglänge der Elektronen $\overline{l_e}$ einige 1–10 µm beträgt. Man benötigt dann kein Hochvakuum, sondern es genügt ein Grobvakuum.

Betriebsspannung und Ionisierungsenergie Damit Elektronen Gasatome oder -moleküle ionisieren können, müssen sie die Ionisierungsenergie aufbringen (siehe Tabelle 4.3). Wenn die im Mikrosystem verwendeten Spannungen hinreichend klein sind, z.B.10 V oder kleiner, dann können Elektronen gar nicht genügend Energie aufnehmen, um Gasatome ionisieren zu können. Deshalb ist man bestrebt, Betriebsspannungen zu verwenden, die kleiner sind als die Ionisierungsspannung [HM14].

In Tabelle 15.1 sind einige Kennzeichen konventioneller Elektronenröhren den Entwicklungszielen von Nanoscale-Röhren gegenübergestellt.

Tabelle 15.1.: Vergleich Elektronenröhre – nanotechnologisches Röhrenderivat (Ziele)

	Hochvakuumröhre	Nanoscale-Röhre
Technologie	mechanische Verarbeitung	Waferprozesse
Integrationsgrad	diskretes Bauelement	integrierter Schaltkreis
Betriebsspannung	>100 V	<10 V
Ruhestrom (Größenordnung)	10 mA	1 nA
Emissionsart / Katode	thermische Emission	Feldemission (kalte Katode)
Gehäuse	Glaskolben	Halbleitergehäuse
Lebensdauer	kurz	lang
Vakuum	Hochvakuum	Grobvakuum

15.3. Mikrotrioden

Mikrotrioden enthalten neben Katode und Anode eine Steuerelektrode, die wir in Anlehnung an klassische Röhren auch „Gitter" nennen. Mikrotrioden können vertikal oder lateral aufgebaut sein.

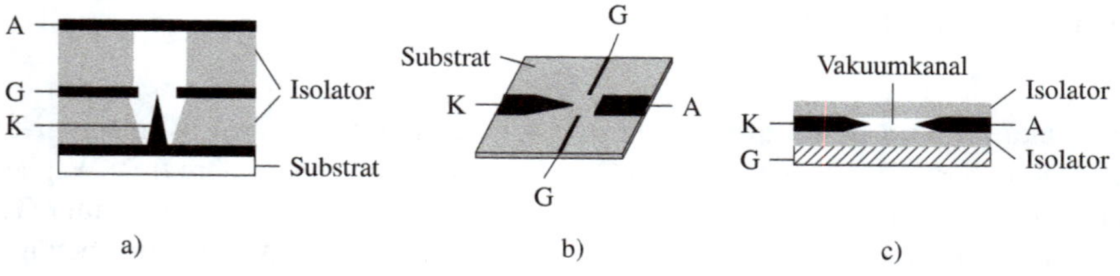

Abb. 15.2.: Mikrotrioden, schematisch, a) vertikaler, b) und c) planarer Aufbau

Das „Gitter" ist bei vertikalem Aufbau geometrisch als Loch ausgebildet (Abb. 15.2a). Bei lateralem Aufbau ist es ein durchbrochener Steg (Abb. 15.2b) oder es liegt durch eine Isolierschicht getrennt unterhalb von Katode und Anode (Abb. 15.2c). Im letzten Fall wird die Steuerelektrode ähnlich wie beim MOSFET bzw. bei einer Außensteuerröhre von den Ladungsträgern nicht passiert, denn sie liegt außerhalb der Elektronenbahnen. Der laterale Aufbau ist für die

Nutzung der Siliziumplanartechnik optimal, wie man aus den Abb. 15.2b und c erkennen kann. Er ermöglicht die kleinsten Strukturen und erlaubt es, CMOS-Kompatibilität zu erreichen.

Von den verschiedenen Vorschlägen und Untersuchungen zum Einsatz von Mikrotrioden in Schaltungen betrachten wir die Arbeit von Zhang at.al. [ZGC91] näher. Diese Gruppe berichtete schon 1991 über die Realisierung von NOR- und NAND-Gattern mit Mikroröhren. Die dort verwendeten Mikroröhren besaßen eine kantenförmige Katode und um sicherzustellen, dass die Elektronenbahnen an der Anode enden, zwei zusätzliche planare Elektroden auf festem Potential (Pentodenstruktur). In den Gatterschaltungen wurden im pull-down-Zweig Mikrotrioden und im pull-up-Zweig verschiedene Elemente, wie ohmsche Widerstände, Mikrodioden und Mikrotrioden verwendet. Eine Beispielschaltung ist in Abb. 15.3 wiedergegeben, wobei für die Mikrotrioden das bekannte Triodenschaltzeichen mit abgewandelter Katode verwendet wurde. Wenn in dieser Schaltung, die an Logikgatter mit Transistoren erinnert, ein Lastwiderstand im pull-up-Zweig verwendet wurde, musste dieser größer als $10^7\,\Omega$ sein. Je nach Last im pull-up-Zweig ergaben sich bei einer Betriebsspannung U_B zwischen 20 V und 180 V Umschaltspannungen zwischen 80 V und 160 V. Die Verlustleistung der Schaltungen wird mit nW bis pW angegeben.

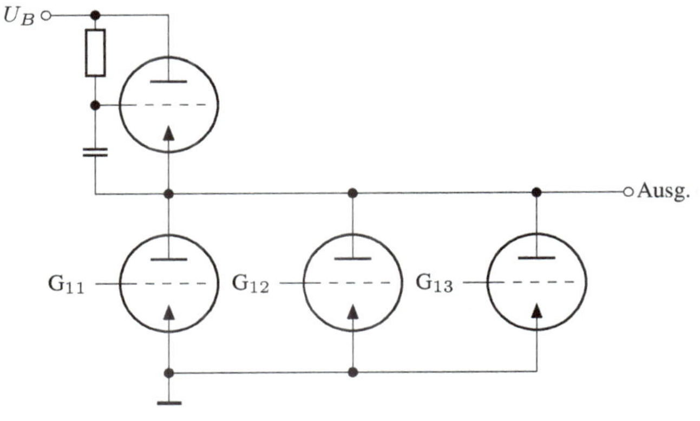

Abb. 15.3.: Logikschaltung mit Mikrotrioden nach [ZGC91]

15.4. Applikationsansätze und Applikationen

Die Anfänge der hier vorgestellten Überlegungen reichen bis in die 1960er Jahre zurück und seit dieser Zeit gibt es zahlreiche Applikationsvorschläge und Applikationen, insbesondere zu Feldemissionskatoden. Wir stellen nachfolgend einige Anwendungsbeispiele vor, wobei manche Anwendungen auch in anderen Kapiteln dieses Buches angesprochen werden.

Eine erste Gruppe von Anwendungen betrifft Elektronengeräte, die eine stabile, steuerbare Elektronenquelle benötigen, deren Emissionsstrom nur einige 100 nA bis µA betragen muss. Hier bietet sich eine Feldemissionskatode bzw. ein Feldemissionsarray als steuerbare Elektronenquelle an, während alle anderen Systemkomponenten makroskopisch sind.

- Feldemissionskatoden haben sich als Elektronenemitter in Elektronenmikroskopen und Elektronenstrahlmikroanalysatoren bewährt und werden dort routinemäßig eingesetzt. Dabei arbeiten sie unter UHV-Bedingungen, um eine Degradation der Katode durch Ionenbeschuss zu vermeiden. Feldemissionskatoden ermöglichen eine bessere elektronenoptische Abbildung als Haarnadel-Glühkatoden (siehe Kapitel 18.2).

- Der Einsatz von Feldemissionskatoden wird auch für Mikroröntgenröhren untersucht. In [HKHC12] sind Aufbau und Funktion solch einer Röntgenröhre dargestellt. Die beschriebene Röhre hat einen Durchmesser von 10 mm, ist 50 mm lang und besitzt ein Keramikgehäuse, in dem Hochvakuum herrscht. Als Katode wird ein Wolframdraht (Durchmesser 0,8 mm) verwendet, dessen Stirnseite mit Kohlenstoff-Nanoröhrchen geordnet beschichtet ist und als Feldemitter arbeitet. Die Röhre arbeitet mit einem Transmissionstarget, welches aus einer 1,5 µm-Wolframschicht auf einem Berylliumträger besteht. Die Autoren geben weiter an, dass die Röhre bis zu einer Beschleunigungsspannung von 70 kV arbeitet und dass der Targetstrom bei dieser Maximalspannung 617 µA erreicht. Dazu muss die Katode innerhalb einer Fokussierelektrode sehr genau positioniert sein. Wegen der Erwärmung des Targets kann die Röhre nur kurz mit den genannten Parametern betrieben werden.

- Höchstfrequenzröhren nutzen Feldemitterarrays, um die Anheizzeit und die Wärmeentwicklung durch eine geheizte Katode zu eliminieren und wegen der längeren Lebensdauer des Feldemitters.

- Feldemitterarrays sind auch für die Anwendung in Ionisationsmanometern vorgeschlagen und untersucht worden [Bie99]. Hier wird als Vorteil das Fehlen einer geheizten Katode gesehen, denn im UHV kann durch Ausgasung einer beheizten Katode das Messergebnis verfälscht werden.

Eine andere Gruppe von Anwendungsvorschlägen betrifft die Signalverarbeitung. Der Einsatz als Schalter oder als Verstärkerbauelement erfordert eine Steuerung des Anodenstromes in der Weise, wie wir es von der klassischen Elektronenröhre kennen und damit mindestens eine Steuerelektrode, also eine Triodenstruktur.

- In Feldemissionsdisplays (FED) arbeitet ein FEA pro Pixel als steuerbare Elektronenquelle in Triodenanordnung (siehe Kapitel 10.2.3). Obwohl die Firma Pixtech schon 1999 monochrome 12,1 Zoll-FE-Flachbildschirme mit 64 Graustufen an die US-Army geliefert hat und die Entwicklung von 12,1 Zoll-FE-Farbdisplays mit einer Auflösung von 1024 x 768 Pixel sowie 30 Zoll-FED im Plan hatte, haben FEDs bisher keine Marktreife erlangt. Von großen Firmen, wie Sony, ist ihre weitere Entwicklung eingestellt worden.

- Vakuum-Mikrotrioden wurden als aktive Bauelemente für das Frequenzgebiet 0,3–10 THz vorgeschlagen und als Schalterbauelemente für Logikfunktionen wie NOR und NAND untersucht.

16. Vakuumelektronik in Technologie und Analytik

In Elektronen- und Gasentladungsröhren kommt es auf den Strom an, der gleichgerichtet, geschaltet oder verstärkt wird, oder der als Signal verstanden und als Träger von Information genutzt wird. Die Vakuumgefäße, die Röhren, sind hermetisch geschlossen und bleibende Veränderungen im inneren der Röhren müssen ausgeschlossen werden, denn sie würden Verschleiß bedeuteten und schließlich zur Unbrauchbarkeit der Röhren führen.

Jedoch kann man das Plasma von Niederdruckgasentladungen, Elektronenstrahlen und Ionenstrahlen auch ganz anders einsetzen, nämlich

- als **Werkzeug**, um stoffliche Veränderungen an Elektroden gezielt herbei zu führen oder
- als **Sonde**, um materialspezifische Informationen vom Elektrodenmaterial zu gewinnen.

Stoffliche Veränderungen an Elektroden in Gasentladungen wurden in Gestalt des Abtrags von Katodenmaterial schon rund 50 Jahre vor der Erfindung der Elektronenröhre entdeckt. Der Materiealabtrag von der Katode und dessen Niederschlag als Schicht auf der Gefäßwand in Nähe der Katode wurde 1852 von Grove [Gro52] und 1858 von Plücker [Plu96] unabhängig voneinander beobachtet und schon ein paar Jahre später beschreibt Wright[1] die Abscheidung von Schichten in Gasentladungen [Wri77]. Eine genaue Untersuchung der dabei ablaufenden Prozesse erfolgte erst viel später und die technische Nutzung in Gestalt der Sputterbeschichtung und -ätzung wurde verstärkt bearbeitet, als für mikroelektronische Anwendungen zuerst dünne metallische Schichten und später Isolator- und Halbleiterschichten benötigt wurden. Einen Abriss der Geschichte dieser Entwicklungen hat Greene kürzlich veröffentlicht [Gre17].

Spezielle materialspezifische Informationen beinhaltet die charakteristische Röntgenstrahlung, die von Elektronen hinreichend hoher Energie an der Anode generiert wird. Wir haben den Effekt in Kapitel 4.6.2.2 vorgestellt, ohne dort die andere Seite, den Sondencharakter von Elektronenstrahlen, zu erörtern.

In diesem und den folgenden Kapiteln betrachten wir eine Auswahl wichtiger technologischer und analytischer Prozesse, die auf der Wechselwirkung von Ladungsträgern mit Festkörpern im Vakuum beruhen. Bezüglich der Röntgenstrahlung sei auf Kapitel 13 verwiesen.

1 Arthur Williams Wright, amerikanischer Physiker, 1836–1915

https://doi.org/10.1515/9783110547979-223

16.1. Nutzung der Wechselwirkung von Ladungsträgern mit Festkörpern im Vakuum

Bei den im Folgenden zu betrachtenden Prozessen und Vorrichtungen kommt es auf die Wechselwirkungen der Ladungsträger mit Oberflächen bzw. oberflächennahen Bereichen von Festkörpern und die damit verknüpften Effekte an. Hier sind Veränderungen der mit Ladungsträgern beschossenen Oberflächen und Sekundäreffekte gewollt oder der Ladungsträgerbeschuss dient der Gewinnung von Informationen über den Festkörper. In Kapitel 4.6 wurden diese Effekte und Prozesse skizziert, die man an den Elektroden beim Beschuss mit Ladungsträgern beobachtet.Wir kommen in diesem und den folgenden Kapiteln auf solche Effekte zurück, die inzwischen Grundlage zahlreicher plasma-, elektronen- bzw. ionengestützter Prozesse sowie technologischer oder analytischer Vakuumverfahren und Vorrichtungen geworden sind und betrachten deren Nutzung.

16.1.1. Begleiteffekte der Wechselwirkung Ionen - Festkörper

Damit positive Ionen auf einen Festkörper einschlagen können, muss dieser auf einem hinreichend negativen Potential, dem Katodenpotential, liegen und die zufließende Ladung muss abgeführt werden.

Die beobachteten Effekte sind von der Art der Ionen, von deren Energie und Einfallswinkel sowie natürlich vom Festkörpermaterial selbst abhängig [BE07]. Beim Einschlag energiereicher positiver Ionen beobachtet man

- die Erwärmung des Festkörpers, den wir hier **Target** nennen;
- die Emission von Sekundärteilchen, Sekundärteilchen sind
  - vom Target abgetragene („gesputterte“) Atome oder Cluster;
  - vom Target emittierte Ionen (Sekundärionen) und
  - Sekundärelektronen
- die Neutralisation der Ionen und Einbau der Atome mit
  - Bildung einer Verbindungsschicht (Deckschicht) bei reaktiven Ionen bzw.
  - Einbau als Störstelle im Gitter bei entsprechend hoher Ionenenergie (Ionenimplantation)
- die Entstehung von Strahlenschäden.

Der Sputtereffekt wird technologisch in großem Umfang zur Abscheidung dünner funktioneller und dekorativer Schichten auf Festkörperoberflächen genutzt. Wenn chemische Reaktionen vermieden werden sollen, finden Edelgasionen Anwendung. In der Regel nutzt man wegen des günstigen Preises Argon-Ionen (Ar^+), obwohl die Sputterausbeute mit schweren Ionen (Krypton-, Xenon-Ionen) größer ist.

Bei Verwendung reaktionsfähiger Ionen, wie z.B. Sauerstoffionen, können zusätzlich chemische Reaktionen auftreten. Abhängig von der Paarung Ionenart - Festkörper können die Reaktionsprodukte entweder in die beschossene Oberfläche eingebaut werden und eine Deckschicht bilden oder sie können eine flüchtige Verbindung bilden und entweichen.

Die Emission von Sekundärionen bildet die Grundlage der Sekundärionenmassenspektrometrie, einem Analyseverfahren für Festkörperoberflächen.

Die Ionenimplantation dient in der Halbleitertechnologie als Dotierverfahren und erfordert Ionen mit hoher Energie.

Die Erwärmung ist nur ein störender Begleiteffekt, die Wärme muss abgeführt werden. Strahlenschäden stören in vielen Fällen nicht, im Bedarfsfall kann man sie durch Tempern ausheilen.

16.1.2. Begleiteffekte der Wechselwirkung Elektronen - Festkörper

Beim Aufschlag energiereicher Elektronen auf einen Festkörper, der auf Anodenpotential liegt, beobachtet man

- die Erwärmung des Festkörpers,
- die Emission von Sekundärelektronen,
- ein Durchdringen des Festkörpers, wenn dieser hinreichend dünn ist sowie
- die Emission von Strahlung.

Zur Nutzung dieser Effekte werden Elektronen analog zur Braunschen Röhre zu einem Strahl geformt. Der Strahl wird auf die gewünschte Energie beschleunigt, elektrisch oder magnetisch fokussiert, abgebildet und abgelenkt.

Der Elektronenstrahl kann als **Werkzeug** zur Bearbeitung, Verschweißung oder zur Verdampfung von Metallen dienen. Dafür muss die Leistungsdichte entsprechend hoch sein.

Auf der anderen Seite kann der Elektronenstrahl als **Sonde** in Messanordnungen, wie dem Elektronenstrahlmikroanalysator oder dem Elektronenmikroskop, dienen. Diese Anwendungen erfordern einen besonders feinen Strahl mit geringer Stromdichte.

16.1.3. Bereitstellung der Ladungsträger

Um die genannten Effekte zur Abscheidung dünner Schichten auf Festkörperoberflächen oder zur Oberflächenmodifizierung oder für die Analyse und Strukturaufklärung von Festkörpern technisch nutzen zu können, ist es notwendig, Ionen bzw. Elektronen mit der gewünschten Energie und Stromdichte bereitzustellen und auf das Target zu schießen. Dafür wurden zahlreiche Verfahren und Vorrichtungen entwickelt, die man grob nach der Anwendung von

- Niederdruckplasmen,
- Elektronenstrahlen bzw.
- Ionenstrahlen

unterscheiden kann und die natürlich alle ein Vakuum erfordern.

Ein Niederdruckplasma erhält man im einfachsten Fall mit einer Glimmentladung. Für die Sputterbeschichtungs- und-ätztechnik wurden großflächige Elektrodensysteme entwickelt, wobei die Entladung mit Gleichspannung oder Hochfrequenz gespeist wird und Magnetfelder zur Erhöhung der Plasmadichte eingesetzt werden (Kapitel 17).

Elektronenstrahlen werden in einer Elektronenquelle (Elektronenkanone) erzeugt, mit Elektronenlinsen fokussiert und mit elektrischen oder magnetischen Feldern abgelenkt (Kapitel 18). Die Strahlerzeugung ist dem Prinzip der Katodenstrahlröhre ähnlich (Kapitel 9.2).

Die Erzeugung von Ionenstrahlen ist aufwändiger und erfolgt in einer separaten Ionenquelle, in der ein Plasma brennt, aus welchem die Ionen extrahiert werden. Ionenstrahlen erlauben definierte Beschussbedingungen des Targets bei einem deutlich niedrigeren Druck im Targetbereich, als es Plasmaverfahren gestatten (Kapitel 19).

16.2. Technische Gesichtspunkte

Die genannten Effekte sind Basis zahlreicher moderner Vakuumverfahren sowie entsprechender Vorrichtungen und Anlagen geworden, die heute in der Mikrotechnologie breite Anwendung finden. Sie sind insbesondere zur Herstellung moderner Halbleiterbauelemente unverzichtbar, denn sie ermöglichen die Präparation funktioneller Strukturen, wie dünner leitfähiger, halbleitender und isolierender Schichtsysteme oder erlauben durch Dotierung den Leitungstyp in submikroskopischen Bereichen eines Wafers lokal zu ändern.

Die technischen Anforderungen an Vakuumverfahren und -anlagen haben sich im Laufe der Zeit verändert, wie man schon am Durchmesser eines Silizium-Wafers als „Werkstück" erkennen kann. Während zu Beginn in den 1960er Jahren mit 1 Zoll-Wafern gearbeitet wurde, ist der Wafer-Durchmesser inzwischen auf 300 mm bis sogar 450 mm (15 Zoll) angewachsen. Darüber hinaus sind für Dünnschichtsolarzellen noch größere Flächen homogen zu beschichten.

Die technischen Anforderungen für die einzelnen technologischen oder analytischen vakuumelektronischen Prozesse und Geräte sind sehr verschieden. Gemeinsam ist den Geräten und Anlagen, dass sie ein belüftbares Vakuumsystem und oft eine Versorgung mit hochreinen technischen Gasen erfordern.

16.2.1. Belüftbare Vakuumsysteme

Technologische oder analytische Prozesse, die im Vakuum ablaufen, erfordern, dass Werkstücke oder Proben ins Vakuum eingebracht und nach dem Prozess bzw. der Messung wieder entnommen werden. Dazu muss mindestens ein Teil des Vakuumsystems belüftbar sein. Alternativ kann der belüftbare Teil als Vakuumschleuse ausgebildet werden.

Belüftbare Vakuumanlagen umfassen eine oder mehrere Vakuumkammern, ein Vorvakuumpumpsystem, ein Hochvakuumpumpsystem, diverse Ventile zur Umschaltung von Vakuumleitungen und -pumpen, mindestens ein Belüftungsventil sowie Messsysteme zur Vakuummessung im Vor- und Hochvakuumbereich. Bei Bedarf können Dosierventile zum Einlass von Gasen sowie Vakuumschleusen zum Be- und Entladen des Rezipienten oder zum kontinuierlichen Schleusen von Behandlungsgut vorhanden sein.

Die Vakuumkammern besitzen je nach Anwendung verschiedene Geometrien und Volumina. Die Leistung der Vakuumpumpen und die Leitungsquerschnitte der Vakuumleitungen sind dem jeweiligen Druckbereich und Saugvermögen sowie dem Verwendungszweck angepasst. Dabei werden für Anwendungen in der Technologie allgemein größere Vakuumkammern und Saugleistungen benötigt als für analytische Anwendungen.

In Abb. 16.1 ist ein einfaches belüftbares Vakuumsystem mit einer Kammer, wie es z.B. für Beschichtungszwecke verwendet werden kann, schematisch dargestellt. Dabei bedeuten

- HV das Hochvakuum-Durchgangsventil (Hauptventil),
- VVR Ventil, welches den Rezipienten mit der Vorpumpe verbindet,
- VVP Ventil, welches die Hochvakuumpumpe mit der Vorpumpe verbindet,
- BV Belüftungsventil,
- NV Nadelventil zum dosierten Einlass eines Arbeitsgases und
- MR Messröhre.

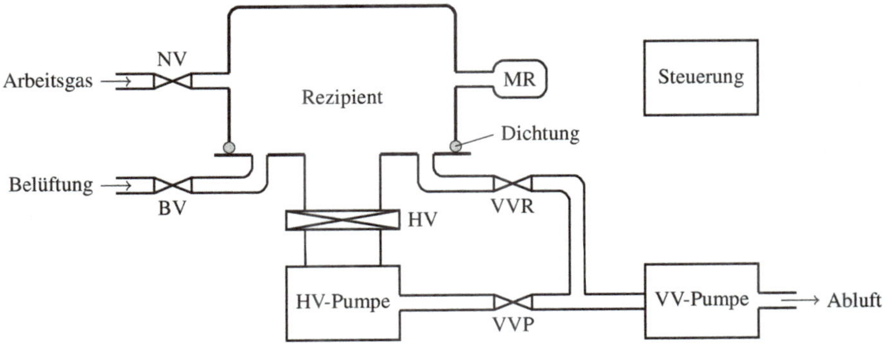

Abb. 16.1.: Schema eines belüftbaren Vakuumsystems

Vorvakuumpumpen und Hochvakuumpumpen unterschieden sich in ihrem Funktionsprinzip und im erreichbaren Endvakuum [Ede98]. Als Vorvakuumpumpe verwendet man oft eine zweistufige Drehschieberpumpe und als Hochvakuumpumpe kommen heute ölfreie Turbomolekularpumpen zum Einsatz, während früher Diffusionspumpen dominierten.

Um solch ein Vakuumsystem technologisch nutzen zu können, wird es nach Bedarf mit prozess- und verfahrensspezifischen Einbauten, wie Elektroden, Abschirmungen, beweglichen Blenden, Substrattransporteinrichtung usw. ausgestattet.

16.2.2. Gasversorgung

Verfahren, die eine Gasentladung verwenden, erfordern, dass ein entsprechendes Arbeitsgas während des Prozesses bereitgestellt und dosiert nachgeliefert wird, so dass während des Prozesses ein konstanter Arbeitsgasdruck im Rezipienten herrscht.

Um Verunreinigungen über die Gasphase auszuschließen, werden Gase hoher Reinheit (Reinstgase) verwendet. Als Arbeitsgase werden Edelgase (Argon), reaktive Gase oder Gasgemische verwendet, die den jeweiligen Prozessanforderungen entsprechen. Die Arbeitsgase oder Gasgemische werden in Druckgasflaschen bereitgestellt, über ein Druckminderventil der Druckgasflasche entnommen und schließlich über ein Dosierventil dem Prozess zugeführt.

Um das Eindringen von Feuchtigkeit beim Belüften des Rezipienten zu vermeiden, wird auch für die Belüftung ein trockenes Gas verwendet, z.B. preisgünstiger Stickstoff.

17. Sputterverfahren in Niederdruckplasmen

Niederdruckgasentladungsplasmen haben in der Dünnschichttechnik ein breites Einsatzfeld gefunden [FK87]. Sie werden eingesetzt für

- die Reinigung von Oberflächen („Abglimmen“),
- die Ablagerung dünner Schichten mittels Sputtertechnik (Sputterbeschichtung),
- das Ionenätzen (Trockenätzen) sowie
- das Ionenplattieren und für andere Verfahren.

All diesen Anwendungen liegen ähnliche physikalische Sachverhalte zugrunde, die wir zunächst betrachten.

17.1. Elementare Prozesse in einer DC-Plasma-Sputteranordnung

In einem Vakuumraum bilden zwei großflächige, planparallele, metallische Elektroden mit einem Abstand von 4–8 cm eine Diodenanordnung. Der Vakuumraum wird zuerst bis auf einen niedrigen Enddruck evakuiert. Danach wird bei reduzierter Saugleistung der Pumpe das Arbeitsgas eingelassen, so dass sich ein konstanter Arbeitsdruck im Bereich von 1–10 Pa einstellt. Als Arbeitsgas werde Argon verwendet. Gleichzeitig liege an den Elektroden eine Gleichspannung von 1–5 kV. Unter diesen Bedingungen zündet eine selbständige Gleichspannungsentladung (DC-Entladung), deren Entladungsstrom begrenzt werden muss. Die Situation ist ohne das Vakuumsystem in Abb. 17.1 schematisch dargestellt.

17.1.1. Sputterprozess und Schichtablagerung

Die großflächige Katode hat gegenüber dem Plasma ein negatives Potential von einigen 100 V und extrahiert positive Ionen, hier Ar^{+}-Ionen, aus dem Plasma. Die Ionen werden über den Katodenfall, über den nach Abb. 4.12 der größte Teil der angelegten Spannung abfällt, beschleunigt und schlagen auf der Katodenoberfläche ein. Jeder Einschlag von Ionen hinreichender Energie auf eine Festkörperoberfläche verursacht vielfältige Sekundäreffekte (siehe Abb. 4.15), von denen wir hier den Abgang gesputterter Teilchen und die Emission von Sekundärelektronen betrachten. Die von der Katode emittierten Sekundärelektronen werden über den

https://doi.org/10.1515/9783110547979-229

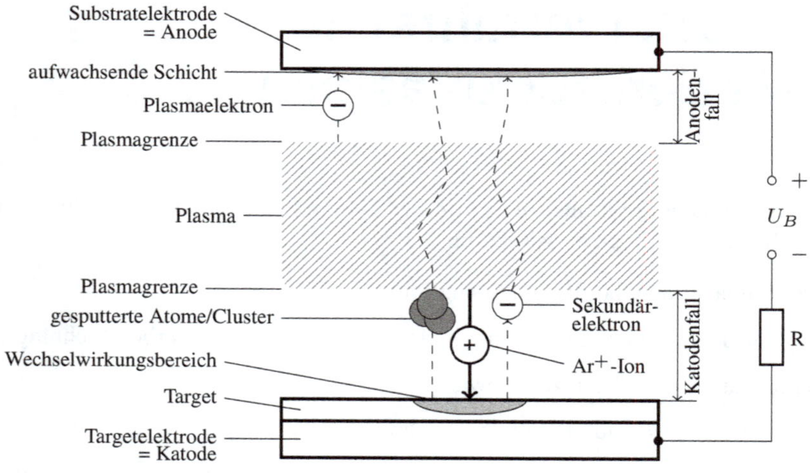

Abb. 17.1.: Elementare Prozesse in einer DC-Plasmasputteranordnung, schematisch

Katodenfall in Richtung Anode beschleunigt; sie werden im Gasraum gestreut, ionisieren neutrale Gasatome, schlagen schließlich mit relativ hoher Energie auf der Anode ein und heizen diese auf.

Die abgesputterten Teilchen werden entsprechend einer Kosinusverteilung emittiert. Sie sind überwiegend ungeladen und haben eine geringe Energie (Größenordnung 1 eV). Die abgesputterten Teilchen diffundieren durch den Gasraum, werden dabei ebenfalls mehrfach gestreut und erreichen entweder die großflächige Anode oder eine Wand des Entladungsgefäßes. Am Auftreffpunkt kondensieren diese Teilchen und bilden dort eine dünne Schicht.

Die großflächige Materialquelle, die das Material für die aufwachsende Schicht liefert, nennt man **Target**. Das Target ist auf eine ebenso große Elektrode, die**Targetelektrode**, aufgebracht. Werkstücke, auf denen man eine Schicht gezielt aufwachsen lässt, heißen **Substrat**, die Anode ist zugleich die **Substratelektrode**. Targetelektrode und Substratelektrode sind wassergekühlt, um die eingetragene Leistung abzuführen.

17.1.2. Zur Charakterisierung des Plasmas

Zum Verständnis der Vorgänge in einer Plasmasputteranordnung ist es hilfreich, das Niederdruckplasma und das Verhalten der Ladungsträger in diesem Plasma näher zu betrachten.

Niederdruchgasentladungsplasmen sind nichtthermische Plasmen, d.h., die enthaltenen Teilchensorten, also Neutralteilchen, Ionen und Elektronen sind im Niederdruckplasma nicht im thermischen Gleichgewicht und man kann ihnen jeweils eine Temperatur zuschreiben (Elektronentemperatur T_e, Ionentemperatur T_i). Während Neutralteilchen etwa Umgebungstemperatur besitzen, ist T_i etwas höher, aber Elektronen haben eine Temperatur T_e von einigen 10^4 K.

Im Niederdruckplasma diffundieren Ladungsträger mit beiderlei Vorzeichen, also Ionen und Elektronen, auf die Wände oder die Ladungsträger werden von vorgespannten Elektroden abgesaugt. Das Plasma besitzt selbst ein elektrisches Potential, welches sich vom Potential der Wand und dem der Elektroden unterscheidet. Dadurch grenzt sich das Plasma von Gefäßwandungen und Elektroden ab, es bildet Randschichten aus. Elektrische Messungen mit einer **Langmuir**[1]**-Sonde** (Abb. 17.2) erlauben, das Verhalten der Ladungsträger im Plasma zu untersuchen und einige Plasmaparameter zu bestimmen.

Die Abb. 17.2a zeigt schematisch den experimentellen Aufbau für eine Sondenmessung. Damit die Sonde das Plasma nicht stört, wird sie sehr klein ausgeführt. Beispielsweise kann ein Drähtchen aus einem hochschmelzendem Metall (Wolfram, Molybdän) mit einem Durchmesser von 100 µm und einer Länge von wenigen mm in einem Keramikröhrchen als Sonde dienen.

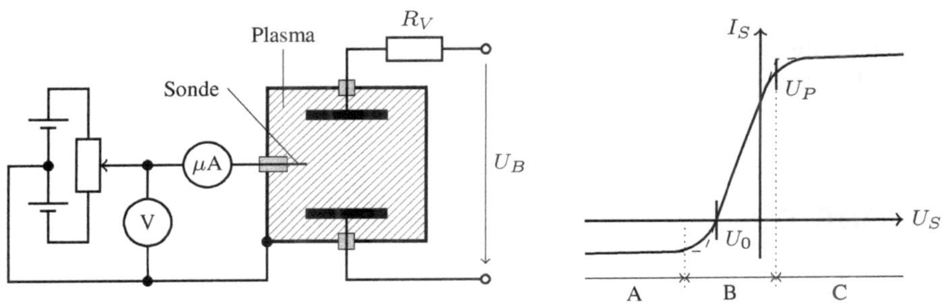

a) Anordnung zur Messung einer Sondencharakteristik b) Sondencharakteristik, schematisch

Abb. 17.2.: Sonde im Plasma

Entsprechend der Abb. 17.2a brennt zwischen zwei Elektroden eine Niederdruckgasentladung in einem metallischen Entladungsgefäß und eine Langmuir-Sonde ragt in das Plasma hinein. Zur Aufnahme der Sondencharakteristik wird die Sonde mit einer gegen die Wand des Entladungsgefäßes stufenlos veränderlichen Sondenspannung U_S beaufschlagt und gleichzeitig wird der auf die Sonde fließende Sondenstrom I_S registriert. Das Ergebnis solch einer Messung ist eine **Sondencharakteristik** $I_S = f(U_S)$, die von der Sondengeometrie und von Plasmaparametern abhängt. Umgekehrt lassen sich aus der Sondencharakteristik bestimmte Plasmaparameter, wie die Elektronentemperatur T_e und die Trägerdichte n_e ermitteln.

Die Sondencharakteristik (Abb. 17.2b) weist drei charakteristische Bereiche und zwei charakteristische Punkte auf. Die charakteristischen Bereiche sind:

- **Ionensättigungsgebiet A:** Elektronen, auch jene mit der höchsten Energie, können nicht mehr gegen das Sondenpotential anlaufen, auf die Sonde fließen nur positive Ionen ($U_S \ll U_0$);

[1] Irving Langmuir, amerikanischer Physiker und Chemiker, 1881 – 1957, Nobelpreis für Chemie 1932

- **Elektronenanlaufgebiet B:** Elektronen mit höherer Energie, laufen gegen das Sondenpotential an und erreichen die Sonde, dem Ionenstrom überlagert sich mit wachsender Sondenspannung U_S zunehmend ein Elektronenstrom, der Gesamtstrom nimmt zunächst ab und kehrt bei U_0 sein Vorzeichen um;
- **Elektronensättigungsgebiet C:** die Sonde beginnt, positive Ionen abzustoßen, bei weiter wachsender Sondenspannung fließt nur noch ein Elektronenstrom ($U_S > U_P$).

Die charakteristischen Punkte der Sondencharakteristik sind:

- **Floatingpotential** U_0 **:** Im Punkt U_0 verschwindet der Gesamtstrom, d.h., Ionenstrom I_i und Elektronenstrom I_e sind betragsmäßig gleich groß. Das Potential U_0 stellt sich selbständig auf einer isolierenden Fläche im Plasma ein, man spricht auch von einem „schwimmenden Potential“.
- **Plasmapotential** U_P**:** die Sonde hat das gleiche Potential wie das Plasma, es existiert keine Randschicht, Elektronen und Ionen strömen nicht gebremst und nicht beschleunigt auf die Sonde.

17.2. Anordnungen zur Plasma-Sputterbeschichtung

In der Folge der frühen Arbeiten von Grove und Plücker wurden zuerst selbständige Gleichspannungsentladungen für Sputterzwecke eingesetzt. Nach grundlegenden Untersuchungen des Sputterprozesses selbst sowie der Mechanismen der Schichtbildung und der Entwicklung verbesserter Verfahren erfolgte verstärkt eine technische Nutzung der Sputterbeschichtung, insbesondere als für mikroelektronische Anwendungen zuerst dünne metallische Schichten und später Isolator- und Halbleiterschichten benötigt wurden. Parallel zu Applikationen in der Mikroelektronik wurden zahlreiche weitere Anwendungsgebiete für gesputterte Schichten erschlossen, beispielsweise in der Optik oder in der Werkzeugbeschichtung. Inzwischen sind Hochratebeschichtungssysteme und Anlagen für die Beschichtung großer Flächen, z.B. für Dünnschichtsolarzellen oder Architekturglas, Stand der Technik.

17.2.1. Allgemeiner Beschichtungsablauf

Der allgemeine Beschichtungsablauf ist weitgehend unabhängig vom Sputterbeschichtungssytem. Bei einem einfachen Vakuumsystem ohne Schleusen umfasst er nach Einbringen der Substrate folgende Schritte

- Evakuieren des Rezipient bis zu einem vorgegebenen Enddruck,
- wenn vorgesehen: Ausheizen der Substrate,
- Einleiten des Arbeitsgases und Einstellen des Arbeitsdrucks, z.B. mittels Drosselklappe und dosiertem Gaseinlass,
- wenn vorgesehen: Abglimmen der Substrate / Sputterreinigung der Targetoberfläche unter Verwendung von Blenden,

- Beschichtung der Substrate,
- Beenden der Beschichtung nach Erreichen der Sollschichtdicke,
- Entladen der Substrate.

Für Vorbereitungsprozesse, wie Sputterreinigung des Targets und Abglimmen, ist ein Blendensystem erforderlich, welches zwischen Target- und Substratelektrode eingefahren wird. Dadurch wird es möglich, eine Entladung zu zünden, ohne dass schon eine Beschichtung der Substrate erfolgt.
Zum Einstellen des Arbeitsdruckes wird die Saugleistung am Pumpstutzen reduziert, z.B. mittels einer Drosselklappe, und das Arbeitsgas wird über ein Nadelventil eingelassen (Abb. 17.3). Das Erreichen der Sollschichtdicke ergibt sich entweder aus einem Zeitplan oder die Schichtdicke wird in-situ gemessen.

Für Zerstäubung von Metallen und die Herstellung von Metallschichten benutzt man als Arbeitsgas ein Edelgas, aus kostengründen Argon. Die Herstellung von Verbindungsschichten erfolgt entweder durch Zerstäubung eines Verbindungstargets oder durch reaktive Zerstäubung. Bei reaktiver Zerstäubung wird als Arbeitsgas ein ausgewogenes Gemisch von Edelgas und reaktivem Gas (O_2, N_2) verwendet. Atome des Reaktivgases werden dabei in die Schicht eingebaut, während der Edelgasanteil für eine ausreichend hohe Sputterrate sorgt.

17.2.2. Diodensysteme

Die prinzipielle Anordnung eines einfachen DC-Diodensystems zeigt die Abb. 17.3. Im Rezipienten sind die Targetelektrode und die Substratelektrode im Abstand von einigen cm einander gegenüber angeordnet. Nach dem Evakuieren wird ein Arbeitsdruck von der Größenordnung 1–10 Pa eingestellt. Nach Anlegen der relativ hohen Betriebsspannung von 1–5 kV zündet eine selbständige DC-Entladung und damit beginnt auch der Sputterprozess.

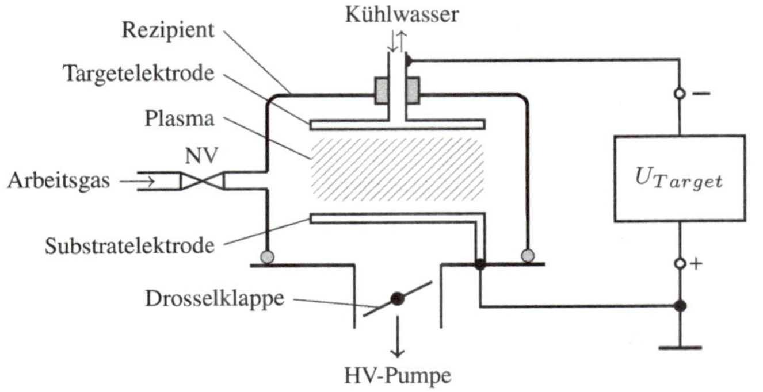

Abb. 17.3.: DC-Diodensystem, schematisch

DC-Diodensysteme hatten zwar den Vorteil der Einfachheit, sie besaßen aber wesentliche Nachteile, wie

- schlechte Schichtqualität wegen des relativ hohen Arbeitsdruckes,
- geringe Schichtwachstumsrate,
- hohe Arbeitsspannung,
- starke Substraterwärmung durch energiereiche Sekundärelektronen,
- kein Sputtern von Isolatormaterial möglich.

Die Nachteile, die der selbständigen DC-Entladung für Sputterzwecke anhafteten, wurden durch Einsatz von unselbständigen DC-Entladungen (Triodensystem), von Hochfrequenzentladungen und schließlich durch magnetfeldgestützte Entladungen eliminiert.

17.2.3. Triodensysteme

Den einfachen Diodensystemen folgten Triodensysteme. Triodensysteme nutzten eine Hilfsentladung mit Glühkatode und eigener Anode und auch ein Magnetfeld zur Verlängerung der Elektronenwege. So konnte die Plasmadichte erhöht und der Arbeitsdruck auf 0,05–0,1 Pa gesenkt werden. Am Target als dritter Elektrode konnte die Targetspannung unabhängig von der Entladung eingestellt werden; sie lag im Bereich von 500–1000 V oder auch darunter. Im Triodensystem reduzierte sich die thermische Belastung der Substrate durch Sekundärelektronen, denn die Substratelektrode hat nicht mehr die Funktion der Anode. Abb. 17.4 zeigt solch ein System, wie es in den 1960er Jahren eingesetzt wurde, schematisch.

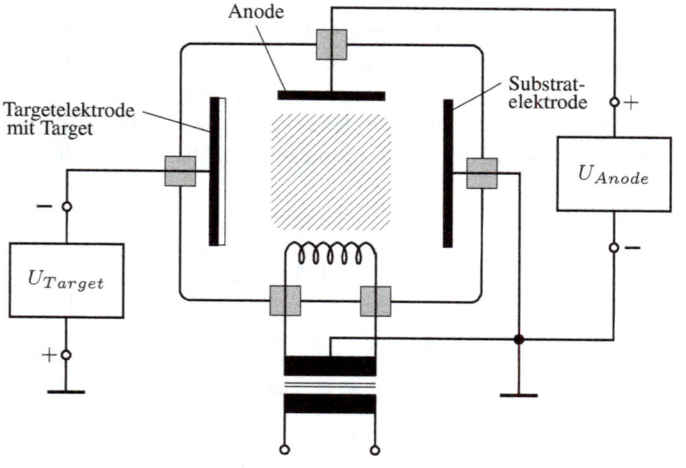

Abb. 17.4.: Trioden-Sputtersystem, Prinzip

Ein Nachteil von Triodensystemen war, dass beim Arbeiten mit reaktiven Arbeitsgasen die Glühkatode angegriffen wurde, so dass deren Lebensdauer sich deutlich verkürzte.

17.2.4. Hochfrequenz-Diodensysteme

Hochfrequenz-Sputtersysteme wurden erforderlich, um auch Isolatoren sputtern zu können. Sie werden als unsymmetrische HF-Dioden aufgebaut. Die Hochfrequenz wird kapazitiv über das Target in die Entladung eingespeist. Dabei sind HF-führende Teile der Targetelektrode bis auf das Target selbst so abgeschirmt, dass unter der Abschirmung keine Entladung brennen kann. Man erreicht das dadurch, dass man den Abstand Elektrode - Abschirmung kleiner als die Dunkelraumdicke macht. Die Targetfläche selbst ist klein gegen die geerdeten Masseflächen, wie in Abb. 17.5 dargestellt. Zwischen HF-Generator und Entladung ist ein Anpassnetzwerk geschaltet, um eine Leistungsanpassung zwischen Generator und Entladung vornehmen zu können.

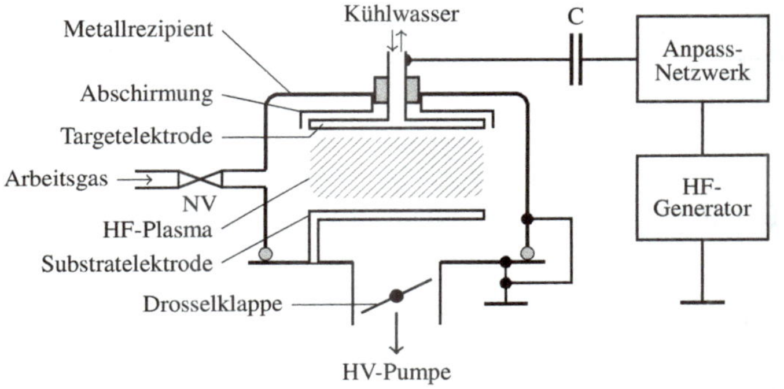

Abb. 17.5.: Aufbau eines HF-Diodensystems mit HF-Versorgung, schematisch

Zur Klärung der Potentialverhältnisse wird das HF-Target als Sonde im Plasma betrachtet und mit einer sinusförmigen HF-Spannung angesteuert. Die Abb. 17.6a zeigt, dass bei leitender Sonde die negative Ladung, die über das Target in der positiven Halbwelle fließt, viel größer ist als die positive Ladung, die in der negativen Halbwelle fließt. Wird ein Kondensator C zum Target in Reihe geschaltet oder ein isolierendes Target verwendet (isolierende Sonde in Abb. 17.6b), dann müssen die negative und die positive Ladung im Zeitmittel gleichgroß sein. Dies bewirkt automatisch eine Potentialverschiebung der Sonde, das Target wird negativ. In der Folge fließt kurze Zeit ein großer Elektronenstrom ($\ll$ 0.5 Perioden) und viel längere Zeit ($\gg$ 0.5 Perioden) der Ionensättigungsstrom. Die Verhältnisse wurden in [Kre72] ausführlich diskutiert.

Die Abb. 17.6c zeigt eine vereinfachte Ersatzschaltung für ein HF-Diodensystem. Dabei bilden die Dioden und die Widerstände die Sondenkennlinie nach, während die Kondensatoren für die Kapazität Elektrode-Grenzschicht stehen. Die Widerstände ergeben sich aus dem Spannungsabfall über dem jeweiligen Dunkelraum und dem fließenden Strom. Die vom Generator gelieferte und zwischen Target und geerdeter Substratelektrode angelegte HF-Spannung ist sinusförmig

$$u(t) = \widehat{U} \cdot \cos(\omega \cdot t),$$

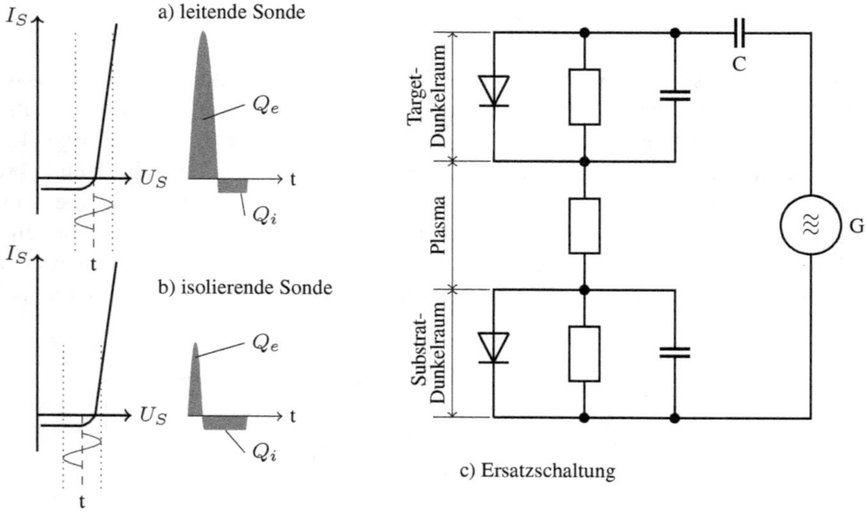

Abb. 17.6.: Ein Hochfrequenz-Diodensystem aus elektronischer Sicht

wobei die Spitzenspannung $\widehat{U}$ etwa 1–3 kV beträgt. Diese Spannung teilt sich auf die beiden Dunkelräume vor dem Target (U_T) und vor dem Substrat (U_S) sowie das Plasma auf. Wäre der elektrisch aktive Teil beider Elektroden gleich groß, dann wären auch die beiden Spannungsabfälle über die Dunkelräume gleich. Man kann zeigen, dass die Spannungsabfälle über den Dunkelräumen sich näherungsweise zu den Elektrodenflächen verhalten wie [FK87]

$$\frac{U_T}{U_S} = \left(\frac{A_S}{A_T}\right)^4 . \tag{17.1}$$

Um einen hohen Spannungsabfall vor dem Target zu erreichen, muss dessen Fläche klein sein gegen die Substratelektrode, was man durch Erdung der Substratelektrode und große Masseflächen mit Plasmakontakt erreicht. Rein elektrisch könnte man solch ein HF-Diodensystem als „Leistungsgleichrichter mit hohem Sperrstrom“ betrachten.

Die Arbeitsfrequenz von HF-Sputtersystemen kann im Bereich von 1–100 MHz liegen, wobei in der Regel die freigegebenen Industriefrequenzen von 13,56 MHz oder von 27,12 MHz verwendet werden. Der Arbeitsdruck liegt, abhängig von Arbeitsgas, Targetmaterial und Geometrie in einem Bereich um 0,5 Pa.

Meist wurde zusätzlich ein axiales Magnetfeld eingesetzt, um die Plasmadichte zu erhöhen und so den Sputtereffekt zu effektivieren, um eine höhere Schichtwachstumsrate zu erhalten.

Die Abb. 17.7 zeigt planparallele HF-Elektrodensysteme zur Sputterbeschichtung, wie sie vom Autor in den 1970er Jahren an der damaligen Technischen Hochschule Karl-Marx-Stadt verwendet wurden. Das Elektrodensystem eines HF-Sputtersystems kann auch koaxial ausgeführt

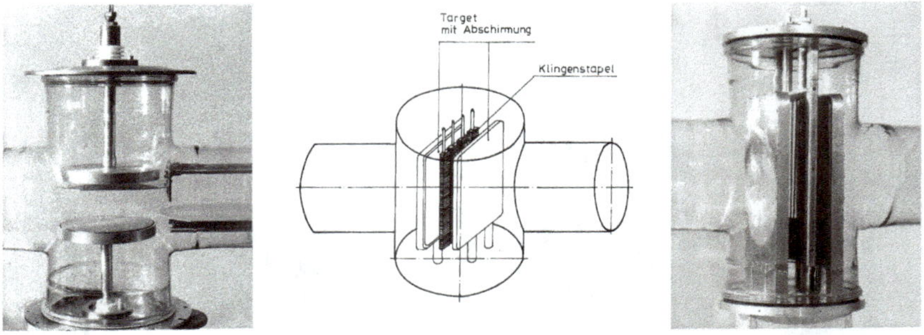

a) b) c)

Abb. 17.7.: HF-Zerstäubungssysteme in Glasrezipienten
(TH Karl-Marx-Stadt, AG O. Fiedler, 1971/72)
a) HF-Doppeldiodensystem mit 2 Blenden,
b) HF-Doppeldiode zur Beschichtung von Rasierklingenschneiden,
c) Laborausführung der HF-Doppeldiode zur Schneidenbeschichtung

sein, um es dem Beschichtungsgut anzupassen oder um die Effektivität des Beschichtungsprozesses für Kleinteile, wie z.B. Feinstschneiden, zu erhöhen [Ros84].

17.2.5. Magnetron-Sputterquellen

Einen wesentlicher Fortschritt wurde mit Magnetron-Sputterquellen, die auch als Plasmatron bezeichnet wurden, erreicht. Die Abb. 17.8 zeigt eine Baureihe von Hochrate-Sputterquellen, wie sie ab Mitte der 1970er Jahre im Forschungsinstitut Manfred von Ardenne entwickelt und hergestellt wurden.

Magnetron-Sputterquellen bieten hohe Schichtwachstumsraten und eine wesentliche Senkung der Substraterwärmung, weil die Substratbelastung durch schnelle Sekundärelektronen entfällt. Verantwortlich dafür ist ein hinter dem Target liegendes Magnetsystem mit geschlossenem Ringspalt, welches vor der Targetoberfläche ein geschlossenes tunnelförmiges Magnetfeld aufbaut (Abb. 17.9). Dank des elektrischen Feldes und des Magnetfeldes wirkt auf die vom Target emittierten Sekundärelektronen die Lorentzkraft (siehe Kapitel 4.4.2). Die Lorentzkraft zwingt die Elektronen auf schraubenlinienförmige Bahnen vor dem Target, so dass sich deren Weg erheblich verlängert. Als Folge werden energiereiche Sekundärelektronen vom Substrat fern gehalten und gleichzeitig ist die Plasmadichte und damit auch die Sputterrate im Bereich des Magnetfeldes viel größer als außerhalb des tunnelförmigen Magnetfeldes. Am größten ist die Plasmadichte dort, wo die Magnetfeldlinien parallel zur Targetoberfläche verlaufen; am Target ist dies auch der Bereich mit der größten Abtragrate.

Die Betriebsparameter hängen natürlich von der speziellen Magnetron-Sputterquelle und deren Betriebseigenschaften ab, der Strom insbesondere von der Targetgröße. Als Richtwerte können

Abb. 17.8.: Baureihe von Hochratesputterquellen, Institut M. von Ardenne 1975 (Bildquelle: Von ARDENNE Corporate Archive)

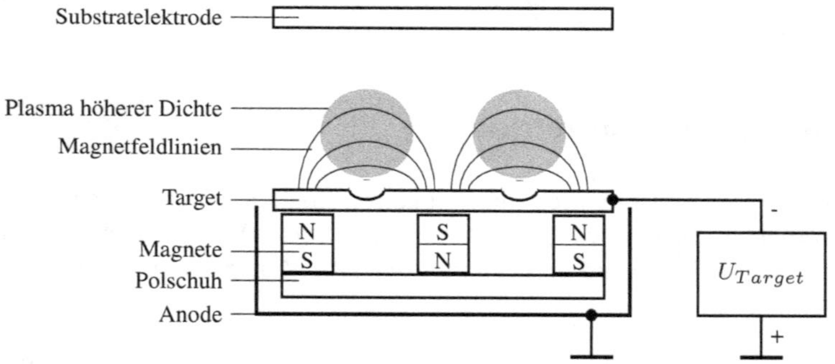

Abb. 17.9.: Magnetron-Hochratesputterquelle, Prinzip

Angaben in [Str91] für eine Sputterquelle vom Typ PPS5 dienen, die in Abb. 17.8 gezeigt ist. Diese betragen

- Entladungsspannung 400 V,
- Entladungsstrom 12 A,
- Ar-Arbeitsdruck 0,3 Pa,
- magnetische Induktion parallel zur Targetoberfläche von 25 mT,
- Target-Substrat-Abstand 50 mm,
- Schichtwachstumsrate 7 $\frac{\text{nm}}{\text{s}}$.

Um Isolatoren mit einer Magnetron-Sputterquelle zerstäuben zu können, muss das Magnetron mit Hochfrequenz betrieben werden, d.h., es muss analog zu Abb. 17.5 von einem HF-

Leistungsgenerator über ein Anpasssystem gespeist werden. Das Magnetron nebst allen Zuführungen muss dazu hochfrequenztauglich aufgebaut sein.

17.3. Ätzen in Gasentladungen

Beim Ätzen interessiert der Abtrag von Atomen von der Festkörperoberfläche durch Ioneneinschlag und als Folge die Ausbildung von Ätzstrukturen.

Grundlegende Untersuchungen dienten der Aufklärung des Ätzprozesses. Insbesondere wurden dabei die Mechanismen, die zur Ausbildung von Ätzstrukturen führen, als Funktion der Beschussparameter (Art und Energie der Ionen) und der Kristallstruktur des Festkörpers analysiert.

Unter technologischen Aspekten ist das Ätzen in Gasentladungen von Interesse für

- die Reinigung von Oberflächen,
- die Modifizierung von Polymeroberflächen (Bildung von Radikalen)
- das Strukturätzen und
- das reaktive Strukturätzen.

Die Arbeitsparameter für solche technologischen Prozesse sind aufgaben- und anlagenspezifisch und müssen in der Regel bei Inbetriebnahme einer solchen Anlage experimentell ermittelt werden.

17.3.1. Reinigung von Oberflächen

Wenn sich ein Festkörper unter atmosphärischen Bedingungen befindet, bedeckt sich seine Oberfläche mit einer Adsorbatschicht. Um eine gute Schichtqualität, insbesondere eine gut haftende Schicht zu erreichen, müssen solche Adsorbatschichten vor der Beschichtung einer Festkörperoberfläche im Vakuum entfernt werden.

Die Entfernung der Adsorbatschicht gelingt, indem man die zu beschichtende Oberfläche dem Einstrom von Argonionen aussetzt. Dazu kann die Festkörperoberfläche floatend in Kontakt mit einem Argonplasma, welches zwischen separaten Glimmelektroden in der Nähe der Substrate brennt, gebracht werden, so dass unter dem Einfluss des Wandpotentials niederenergetische Ionen einströmen („Abglimmen"). Damit die Glimmelektroden selbst nicht zerstäubt werden, verwendet man Aluminiumelektroden und eine möglichst geringe Spannung. Wenn das Beschichtungsgut (Substrat) leitend ist, besteht eine weitere Möglichkeit zur Reinigung der Oberfläche darin, es kurze Zeit als Katode in einer Glimmentladung zu schalten.

17.3.2. Ionenätzen im Plasma mit Edelgasionen

Das Ionenätzen mit Edelgasionen ist ein Sputterprozess, d.h., ein rein physikalischer Prozess. Dazu wird das Ätzgut, also die zu ätzende Festkörperoberfläche, auf Katodenpotential gelegt und mit Edelgasionen beschossen. Der Ätzangriff erfolgt aus Richtung der einfallenden Ionen, so dass das Ätzen dadurch anisotrop ist. Wenn das Behandlungsgut aus einem isolierenden Material besteht, ist es erforderlich, dieses auf einer Hochfrequenzelektrode zu positionieren, so dass die Mechanismen der HF-Zerstäubung wirksam werden. Auf diese Weise ist es möglich, auch Glas oder Kunststoffe zu ätzen.

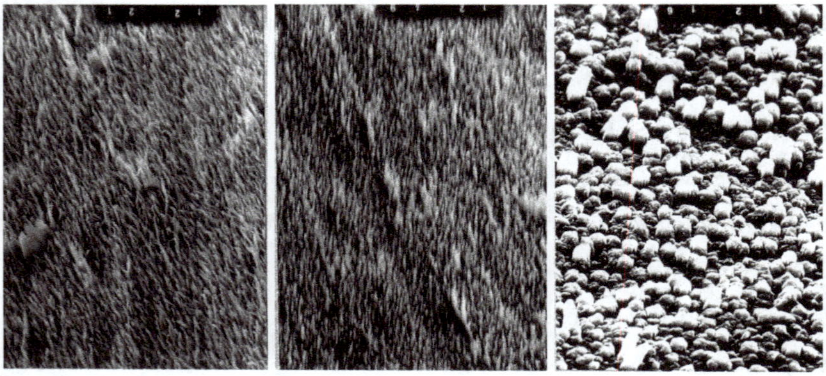

Maßstab: $\overline{10\mu m}$

Arbeitsgas: a) Argon b) Stickstoff c) Sauerstoff

Parameter: $\widehat{U}_{HF} = 1{,}5\,\mathrm{kV}, p = 0{,}5\,\mathrm{Pa}, t = 10\,\mathrm{min}$

Abb. 17.10.: Im HF-Plasma geätzte PTFE-Oberflächen (Quelle: [Ros77])

Sogar PTFE lässt sich im HF-Plasma ätzen. Die Abb. 17.10 zeigt rasterelektronenmikroskopische Aufnahmen von PTFE-Oberflächen, die im HF-Plasma mit verschiedenen Gasen geätzt wurden. Die Unterschiede der Ätzstrukturen zwischen dem Edelgas Argon und dem Reaktivgas Sauerstoff sind offensichtlich und nicht rein physikalisch erklärbar. So geätztes PTFE bildet an der Oberfläche Radikale aus und ist sehr gut klebfähig.

Anwendung in der Mikroelektronik Die mittels Sputtertechnik oder einem anderen Vakuumverfahren auf einem Wafer abgeschiedenen Schichten sind ganzflächig und unstrukturiert. In einem nächsten Prozessschritt müssen die für das Bauelement bzw. den Schaltkreis notwendigen Schichtpartien erhalten und die überflüssigen entfernt, d.h., strukturiert werden. Die Strukturierung der aufgebrachten Schichten erfolgt durch Ätzen. Dazu wird eine entsprechende Maske auf einem Wafer auf photolithographischem Wege präpariert, die die gewünschten Strukturen festlegt (Abb. 17.11a). Nach dem Ätzen soll die geätzte Struktur ein exaktes Abbild der abdeckenden Ätzmaske sein, wie die Abb. 17.11b schematisch zeigt. Die technische Herausforderung dieses Prozessschrittes wird deutlich, wenn man bedenkt, dass derzeit (2018) bei der Herstellung von Prozessoren die Strukturbreite nur noch 14 nm beträgt.

Beim ursprünglich genutzten naßchemischen Ätzen erfolgt der Ätzangriff isotrop, also gleichartig aus allen Raumrichtungen. Dadurch kommt es zum Unterätzen der Maske (undercutting), so dass die Maskengeometrie nicht exakt in der zu strukturierenden Schicht abgebildet wird. Die Abb. 17.11c zeigt das schematisch. Das Problem tritt um so deutlicher hervor, je kleiner die Strukturbreiten und je größer das Aspect-Ratio-Verhältnis werden.

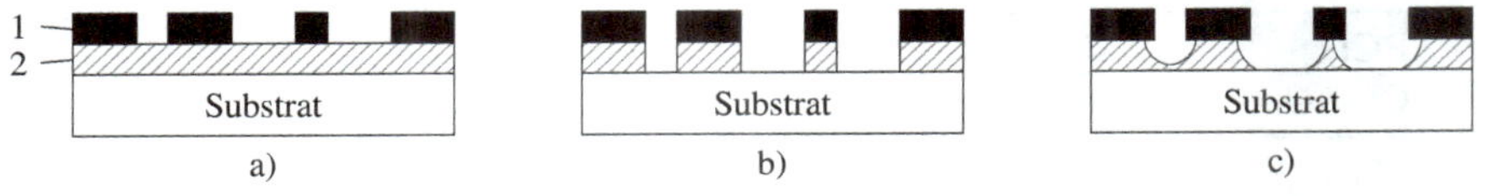

Abb. 17.11.: Gegenüberstellung: idealer Ätzprozess vs. naßchemisches Ätzen
a) Ausgangssituation: Substrat, Ätzmaske (1), zu ätzende Schicht (2)
b) Abbildung der Maske nach idealem Ätzprozess
c) Unterätzen nach chemischem Ätzen

Da beim Ionenätzen der Ätzangriff aus Richtung der einfallenden Ionen erfolgt, tritt ein Unterätzen, wie es beim nasschemischen Ätzen beobachtet wird, nicht auf. Abweichungen von der idealen Abbildung der Ätzmaske, wie in Abb. 17.11b dargestellt, können u.a. durch Streuung in der Gasphase und durch Wiederablagerung gesputterten Materials an den senkrechten Wänden der Ätzstruktur, insbesondere bei hohem Aspect-Ratio-Verhältnis, entstehen. Ein Nachteil des Ionenätzens mit Edelgasionen ist die geringe Selektivität. Dadurch wird auch die Ätzmaske stark abgetragen.

17.3.3. Reaktives Ionenätzen im Plasma

Die Effektivität und die Selektivität des Ionenätzens lässt sich steigern, wenn man als Arbeitsgas chemisch reaktive Gase bzw. Gasgemische verwendet. Bei geeigneter Wahl des reaktiven Gasgemisches bilden die reaktiven Ionen flüchtige Verbindungen mit dem zu ätzenden Material und zusätzlich zum physikalischen Sputtereffekt tritt dominierend ein chemischer Abbau auf. Der chemische Effekt ist selektiv, das heißt, reaktive Ionen greifen chemisch bevorzugt bestimmte Materialien an, während andere, eng benachbarte Materialien nur durch den physikalischen Sputtereffekt und damit weniger angegriffen werden. Das reaktive Ionenätzen im Plasma ist ein in der Halbleitertechnologie seit Jahren etabliertes Verfahren.

Nach [WMF00] werden in der Halbleitertechnologie zum Ätzen von anorganischem Schichtmaterial Verbindungen der Halogene Flur (F), Chlor (Cl) oder Brom (Br) verwendet, während zum Ätzen von organischem Material Sauerstoff Verwendung findet. Einige Beispiele von Ätzgasen für Silizium, poly-Silizium, Siliziumdioxid, Siliziumnitrid, einige Metalle und Silicite sowie Photolack enthält Tabelle 17.1. Der Ätzangriff erfolgt in der Regel anisotrop, bei Photolack isotrop.

Tabelle 17.1.: Prozessgase zum Trockenätzen verschiedener Materialien
Auszug aus einer Zusammenstellung in [WMF00]

Prozessgas	geätztes Material	Ätzprozess selektiv zu
BCl_3 / Cl_2	Si, Poly-Si	SiO_2
Cl_2 / CF_4	Si, Poly-Si	SiO_2
CF_4 / H_2	SiO_2	Si
C_2F_6	Si_3N_4	Si, SiO_2
BCl_3	Al	SiO_2
Cl_2 / O_2 / Ar	Cr	SiO_2
SF_6 / Cl_2	$MoSi_2$	SiO_2
CF_4 / Cl_2	WSi_2	SiO_2
O_2	organischer Photoresist	Si, SiO_2, Si_3N_4, Metalle
O_2 / CF_4	organischer Photoresist	Si, SiO_2, Si_3N_4, Metalle

18. Technische Nutzung von Elektronenstrahlen

Die ursprüngliche technische Anwendung von Elektronenstrahlen war die Wandlung elektronischer Signale in visuell beobachtbare Signale in der Katodenstrahlröhre, die wir in Kapitel 9.2 betrachtet haben. Ausgehend von der Katodenstrahlröhre haben Elektronenstrahlen in zahlreiche analytische und technologische Verfahren sowie die entsprechenden Geräte und Anlagen Eingang gefunden, wobei jeweils spezifische Wechselwirkungen des Elektronenstrahls mit einem Festkörper genutzt werden. Dabei dient der Elektronenstrahl als

- Sonde in der Festkörperanalytik (Elektronenmikroskop, ESMA u.a.),
- Werkzeug bei der Materialbearbeitung oder -modifizierung,
- Energieüberträger beim Elektronenstrahl-Verdampfen, -Schmelzen oder -Härten.

In der Festkörperanalytik nutzt man die Beugung von Elektronen, die Emission von Sekundärelektronen, die Emission von Röntgenstrahlung u.a. und benötigt dafür kleinste Strahldurchmesser, um eine hohe laterale Auflösung zu erreichen, und geringe Leistung am Probenort, um die Probe nicht thermisch zu belasten oder zu schädigen.
Bei thermischen Verfahren, wie dem Verdampfen, Schmelzen oder Härten mit Elektronenstrahlen, ist die Erwärmung des Werkstücks das Ziel. Hierfür werden Strahlleistungen von einigen 100 W bis zu mehreren 100 kW verwendet.

Wir skizzieren in diesem Kapitel eine Auswahl solcher Verfahren und berücksichtigen insbesondere jene, die in der modernen Halbleiter- und Mikrotechnologie eine bedeutende Stellung einnehmen.

Alle genannten Verfahrensgruppen erfordern, Proben oder Werkstücke ins Vakuum einzubringen und nach der Messung bzw. dem Prozess wieder zu entnehmen. Dazu muss das Vakuumsystem belüftbar sein. Um nicht das ganze System belüften zu müssen, wird es in mehrere Kammern geteilt (Strahlerkammer, Prozesskammer) bzw. es werden eine oder mehrere Vakuumschleusen zum Einbringen und Entnehmen der Proben bzw. des Behandlungsgutes genutzt. Die Kammern bzw. Vakuumschleusen verfügen über ein eigenes Pumpsystem. Zwischen Kammern mit unterschiedlichen Betriebsdrucken schaltet man Strömungswiderstände.

18.1. Erzeugung und Führung von Elektronenstrahlen

Die technische Nutzung von Elektronenstrahlen erfordert zuerst die Erzeugung eines Strahls mit einer der Anwendung entsprechenden Qualität. Elektronenenergie und Strahlstrom müssen in bestimmten Grenzen einstellbar sein. Mit technischen Mitteln zur elektrischen oder magnetischen Fokussierung und Ablenkung oder Austastung des Strahls wird der Elektronenstrahl

https://doi.org/10.1515/9783110547979-243

zu einer gut steuerbaren Sonde bzw. zu einem Werkzeug und bei thermischen Anwendungen zu einem Energieüberträger.

Die Beschleunigungsspannungen liegen in einem Bereich von etwa 5–150 kV, bei manchen Anwendungen auch darüber. Strahlströme können zwischen Bruchteilen eines μA bei Sondenanwendungen und vielen A für thermische Prozesse liegen. Dementsprechend unterscheiden sich die Strahlerzeugungssysteme erheblich.

18.1.1. Elektronenstrahlsysteme

Ein Elektronenstrahlsystem, auch als Elektronenkanone bezeichnet, dient der Bereitstellung eines fokussierten Elektronenstrahls mit einstellbarer Energie und einstellbarem Strom.

Solch ein Strahlerzeugungssystem entspricht in der Funktion dem Elektrodensystem einer Katodenstrahlröhre; es unterscheidet sich jedoch grundlegend in den Anforderungen und in seinem mechanischen Aufbau. Das Elektrodensystem einer Katodenstrahlröhre besteht aus nicht austauschbaren Teilen (indirekt geheizte Oxidkatode, aus Blech geformten Elektroden) und wird beim Hersteller komplett justiert in den Röhrenkolben eingeschmolzen. Elektronenkanonen für technische Anwendungen sind belüftbar und Verschleißteile, insbesondere die Katode, sind austauschbar. Das Elektrodensystem ist massiv und stabil aufgebaut, und es erlaubt diverse mechanische Justierungen der Elektroden zueinander und zur elektronenoptischen Achse am geöffneten und geschlossenen System.

Elektronenkanonen sind in zwei Richtungen entwickelt worden, nämlich in die Richtung feiner Elektronensonden für analytische Zwecke und in Richtung von Hochleistungselektronenkanonen für thermische Anwendungen. Die Systeme unterscheiden sich im Aufbau und in der Art und Geometrie der Elektroden, insbesondere der Katoden. Indirekt geheizte Oxidkatoden, wie wir sie von klassischen Elektronenröhren kennen, scheiden wegen der Schädigung bei Belüftung aus und werden nicht angewandt.

Der Elektronenstrahler ist meist in einer separaten Vakuumkammer angeordnet, die von der Prozesskammer bzw. Probenkammer getrennt ist, und die separat evakuiert wird und ein besseres Vakuum hat, als Proben- oder Prozesskammer.

18.1.1.1. Elektronensonden

Für feine Elektronenstrahlen (Elektronensonden), wie sie im Elektronenmikroskop oder für analytische Zwecke angewandt werden, nutzt man Strahlerzeugungssysteme, die einen möglichst punktförmigen Strahl erzeugen. Dabei haben Art und Geometrie der Katode eine besondere Bedeutung. Es kommen thermisch emittierende Katoden oder Feldemissionskatoden zum Einsatz (Abb. 18.1), einige Daten verschiedener Katodenarten sind in Tabelle 18.1 gegenübergestellt.

Thermisch emittierende Katoden Ein Strahlerzeugungssystem mit einer thermisch emittierenden Katode umfasst drei Elektroden. Neben der Katode gehören eine Elektrode zur Steuerung der Intensität (Wehneltzylinder) und eine Anode zur Beschleunigung der Elektronen zum System. Wehneltzylinder und Anode besitzen eine zentrale Bohrung, durch welche der Elektronenstrahl hindurch treten kann (Abb. 18.1a). Die Anode hat Massepotential, so dass der gesamte Strahler auf einem hohen negativen Potential U_A liegt; U_A kann zwischen etwa 5–50 kV liegen. Die Wehneltspannung U_W liegt in der Größenordnung von 100 V und ist negativ gegen die Katode, sie dient der Einstellung der Intensität des Strahls. Wehneltzylinder und Anode bilden zusammen eine elektrostatische Elektronenlinse (Sammellinse) und bündeln den Strahl. Im Crossover hat der Strahl den kleinsten Durchmesser und er wird von dort an mit einer nachfolgenden Elektronenoptik weiter verkleinert. Die Katode kann als Haarnadelkatode oder als Lanthanhexaborid-Katode ausgeführt sein.

Haarnadelkatoden sind U-förmig gebogene, dünne Wolframdrähte, die direkt geheizt werden. Diese Katoden erfordern Hochvakuum ($p < 10^{-3}$ Pa), liefern keinen punktförmigen Strahl und verschleißen relativ schnell. Sie müssen nach einer Betriebszeit von der Größenordnung 100 h ersetzt werden. Deshalb werden solche Katoden gerätespezifisch auf einem Sockel montiert und justiert als Ersatzteil angeboten. Der Verschleiß der Haarnadelkatoden hat folgende Hauptgründe

- bei der hohen Betriebstemperatur von etwa 2700 K sublimiert Wolfram und
- im Restgas erzeugte Ionen werden auf die Katode beschleunigt und schädigen diese (Sputterabtrag).

Bei **Lanthanhexaborid-Katoden** (LaB_6) erfolgt die Elektronenemission aus einer LaB_6-Spitze, die elektrisch beheizt wird. Lanthanhexaborid hat mit 2,7 eV eine geringere Austrittsarbeit als Wolfram (4,5 eV), so dass die Arbeitstemperatur mit etwa 1900 K geringer als bei Wolfram ist. Dies Katoden erlauben eine höhere Stromdichte und haben eine deutlich längere Lebensdauer als Haarnadelkatoden (ca. 3000 h), erfordern dafür aber ein um eine Größenordnung besseres Vakuum (siehe Tabelle 18.1).

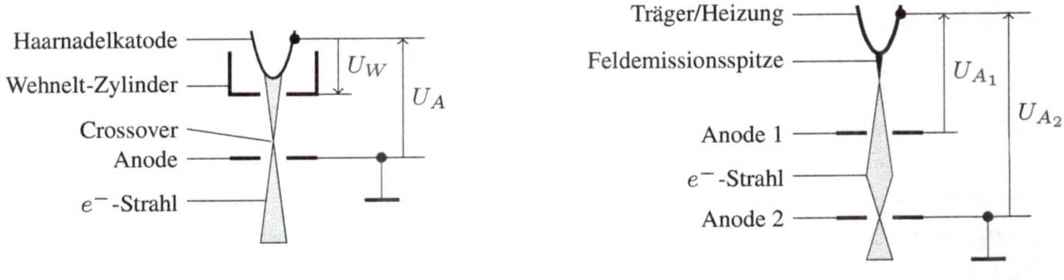

a) Thermischer Emitter b) Feldemissionsemitter

Abb. 18.1.: Elektronenquellen für Elektronensonden

Feldemissionskatoden Die Elektrodenanordnung für Feldemitter ist in (Abb. 18.1b) dargestellt; man unterscheidet kalte Feldemissionskatoden und Schottky-Katoden oder warme Feldemissionskatoden.

Kalte Feldemissionskatoden liefern den am besten fokussierten Elektronenstrahl. Sie arbeiten bei Zimmertemperatur und nutzen die Feldemission aus einer dünnen Wolframspitze mit extrem kleinem Krümmungsradius an der im Betrieb eine elektrische Feldstärke von einigen $10^7 \frac{\mathrm{V}}{\mathrm{cm}}$ herrscht. Diese Katoden erfordern UHV als Betriebsvakuum, um eine Schädigung durch Sputtereffekte weitgehend zu vermeiden. Die erreichbare Stromstärke ist gering.

Warme Feldemissionskatoden (Schottky-Feldemitter) kombinieren Feldemission und thermische Emission, indem durch Heizung des Feldemitters die notwendige Feldstärke reduziert und die Stromstärke erhöht wird. Der Feldemitter ist eine Wolframspitze mit sehr kleinem Radius, der auf einen Wolframheizdraht aufgesetzt und von einem Zirkondioxidreservoir (Austrittsarbeit 3,8 eV) umgeben ist. Solche Katoden erlauben einen höheren Strahlstrom als kalte Feldemissionskatoden (siehe Tabelle 18.1).

Tabelle 18.1.: Eigenschaften verschiedener Elektronenemitter für Analysegeräte (Daten von [Mic18])

Emitterart	thermisch	thermisch	Schottky	Feldeffekt
Katodenmaterial	W	LaB_6	ZrO/W	W
Katodentemperatur	2700 K	1800 K	1800 K	300 K
Katodenradius	60 µm	10 µm	<1 µm	<0,1 µm
maximaler Strahlstrom	1000 nA	1000 nA	10 nA	0,2 nA
Energiestreuung	1,5–2,5 eV	1,3–2,5 eV	0,35–0,7 eV	0,3–0,7 eV
erforderliches Vakuum	10^{-3} Pa	10^{-4} Pa	10^{-6} Pa	10^{-8} Pa
Lebensdauer	100 h	> 1000 h	> 5000 h	> 2000 h

18.1.1.2. Hochleistungselektronenkanonen

Hochleistungselektronenkanonen wurden etwa ab 1960 entwickelt. Sie werden zur Wärmebehandlung und zur Verdampfung von Metallen sowie zum Umschmelzen in Elektronenstrahlöfen eingesetzt [SHP77]. Solche Elektronenkanonen mit einer Leistung im Bereich 60–1200 kW werden in [Ard82] ausführlich untersucht. Der Aufbau solch einer konzentrischen Elektronenquelle ist in Anlehnung an die beiden genannten Arbeiten in Abb. 18.2 schematisch und vereinfacht skizziert.

Um den hohen Strahlstrom zu generieren, findet als Katode eine durch Elektronenstoß beheizte Massivkatode aus Wolfram Anwendung. Die Elektronen zur Elektronenstoßheizung werden durch eine elektrisch beheizte Glühkatode, eine Wolframwendel, bereitgestellt und mit der

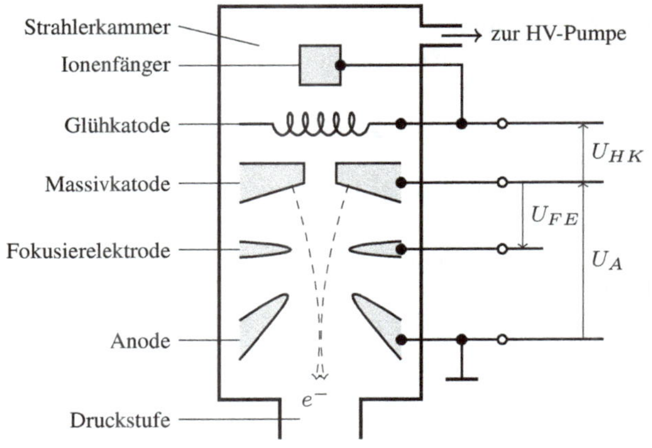

Abb. 18.2.: Hochleistungselektronenkanone, schematisch (Erklärung im Text)

Spannung U_{HK} von 1500 V auf die Massivkatode beschleunigt. Mit der Massivkatode wird eine Emissionsstromdichte von 6–8 $\frac{\text{A}}{\text{cm}^2}$ erreicht. Vor der Massivkatode ist eine Fokusierelektrode angeordnet, die etwa auf Katodenpotential liegt. Zwischen Anode und Katode liegt die Beschleunigungsspannung U_A, die 30 kV oder mehr betragen kann. Die Anode liegt auf Massepotential, so dass auch das Behandlungsgut auf Masse liegen kann.

Um die Divergenz des Strahls hinter der Anode zu reduzieren, wird ein Druck von ca. 10^{-2} Pa aufrecht erhalten. Bei diesem Druck ionisieren nun Elektronen das Restgas. Das führt einerseits zur Kompensation der Raumladung und Bündelung des Elektronenstrahls und andererseits zu einem Ioneneinstrom auf die Massivkatode und damit zu deren Zerstäubung. Die Massivkatode hat deshalb in der Mitte eine Bohrung, so dass ein großer Teil der Ionen hindurch fliegt und auf den Ionenfänger hinter der elektrisch beheizten Katode trifft.

Der Katodenraum wird separat evakuiert und ist durch einen Strömungswiderstand von einer ebenfalls separat evakuierbaren Zwischenkammer getrennt und mittels eines Ventils abschließbar. Zwischenkammer und Prozesskammer sind ebenfalls durch einen Strömungswiderstand getrennt und mit einem Ventil abschließbar. Diese Kaskade von Druckstufen entkoppelt die Vakuumkammern und erlaubt im Katodenraum ein um etwa 2 Größenordnungen besseres Vakuum als in der Prozesskammer, sie dämpft auch den Einfluss von Gasausbrüchen am Behandlungsgut.

18.1.2. Führung von Elektronenstrahlen

Wir wollen zunächst Elektronenstrahlen nach ihrer Stromdichte und dem Einfluss der Raumladung im Strahl unterscheiden.

Elektronenstrahl kleiner Stromdichte (analytische Anwendung) Der Elektronenstrahl habe eine so kleine Stromdichte, dass die Raumladung vernachlässigbar ist. Solch ein Elektronenstrahl breitet sich im feldfreien Hochvakuum geradlinig aus und kann analog zur Lichtoptik mit elektronenoptischen Linsen, deren Wirkungsweise wir in Kapitel 4.4.3 beschrieben haben, fokussiert und mit Blenden begrenzt werden. Die Elektronen sollen möglichst monoenergetisch sein, da die Brechkraft elektronenoptischer Linsen von der Energie der Elektronen im Strahl abhängt (chromatische Aberration). Durch Hintereinanderschaltung von Elektronenlinsen, deren Brennweite mit elektrischen Mitteln steuerbar ist, lassen sich analog zum Lichtmikroskop mehrstufige Abbildungen realisieren, und sehr feine Strahldurchmesser im Brennpunkt erzeugen. Durch Einsatz von elektrischer oder magnetischer Strahlablenkung (siehe Kapitel 4.4.1 und 4.4.2) kann ein so geformter Elektronenstrahl als rasternde Elektronensonde für analytische Aufgaben Anwendung finden.

Elektronenstrahl mit hoher Stromdichte (technologische Anwendung) Bei einem Elektronenstrahl mit hoher Stromdichte, wie er für technologische Zwecke angewandt wird, ist die Raumladung nicht vernachlässigbar und als Folge der Raumladung würde der Strahl auseinander fließen. Zur Kompensation der negativen Raumladung wird bei weniger gutem Vakuum gearbeitet. Dadurch werden Gasmoleküle durch Elektronenstoß ionisiert und Ionen stehen zur Kompensation der Raumladung zur Verfügung. Diese Arbeitsweise zieht die oben beschriebenen Sputtereffekte an der Katode nach sich und auch der Einsatz von Blenden ist nicht geboten. Zur Fokussierung und Ablenkung des Strahls werden magnetische Felder eingesetzt.

18.2. Der Elektronenstrahl als Sonde

Mit Ausnahme der Erwärmung bilden die Wechselwirkungseffekte eines Elektronenstrahls mit einer Festkörperoberfläche die physikalische Grundlage zahlreicher Verfahren der Oberflächen- und Dünnschichtanalytik. Die verschiedenen Verfahren ermöglichen es, die Morphologie, das Gefüge, die Kristallstruktur oder die Elementeverteilung in einer Probe zu untersuchen. Dazu werden absorbierte Elektronen (Probenstrom), rückgestreute Elektronen, Sekundärelektronen, die Elektronenbeugung und die Emission von Photonen (Röntgenstrahlung, Kathodolumineszenz) genutzt und quantitativ ausgewertet [BR41, Bru80a]. Die einzelnen Verfahren unterscheiden sich hinsichtlich ihrer analytischen Aussage, ihrer Informationstiefe, ihrer lateralen Auflösung und ihrer Nachweisgrenze. Allen Verfahren gemeinsam sind hohe Anforderungen an den anregenden Elektronenstrahl bezüglich des Strahldurchmessers und der Energiehomogenität. Der Durchmesser des anregenden Elektronenstrahls begrenzt die laterale Auflösung. Deshalb strebt man sehr kleine Strahldurchmesser an und erreicht Werte bis unter 10 nm.

Um zu dokumentieren, wie durch Einsatz elektronenoptischer Mittel ein kleiner Strahldurchmesser erreicht werden kann, betrachten wir den Präzisionselektronenstrahloszillographen nach M. von Ardenne (Abb. 18.3a). Bei üblichen Oszillographenröhren beträgt der Schreibfleckdurchmesser etwa 1 mm und begrenzt die Genauigkeit der Auswertung. Um die Präzision von analog aufgezeichneten Oszillogrammen deutlich zu steigern und z.B. die Feinstruktur von

Kennlinien auflösen zu können, entwickelte v. Ardenne den Präzisionselektronenstrahloszillographen. Dieser Spezialoszillograph besaß ein belüftbares Strahlerzeugungssystem, verwendete eine LaB_6-Katode und verkleinerte den Brennfleck mit zwei elektromagnetischen Linsen. Er erreichte bei 30 kV Beschleunigungsspannung einen Schreibfleckdurchmesser von 2–3 µm. Mit dem Gerät war es beispielsweise möglich, Barkhausensprünge in Hystereseschleifen aufzulösen [Ard79a].

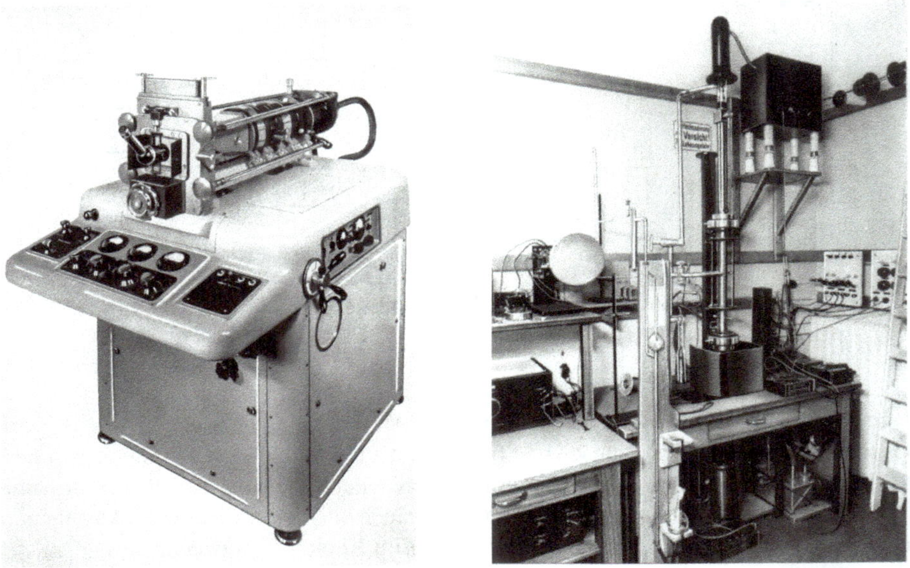

a) b)

Abb. 18.3.: Historische elektronenoptische Geräte
a): Präzisionsoszillograph mit belüftbarer elektronenoptischer Säule [Ard79a]
b): erstes Rasterelektronenmikroskop, M. von Ardenne, 1937
(Bildquelle: Von ARDENNE Corporate Archive)

Aus der Gruppe der Elektronenstrahl-Analyseverfahren beschreiben wir nachfolgend die Abbildung von Oberflächen mit einem Rasterelektronenmikroskop und die Analyse dünner Schichten mittels Elektronenstrahlmikroanalyse, denn beide Verfahren sind für die Qualitätssicherung in der Fertigung elektronischer Bauelemente und Halbleiterbauelemente von Bedeutung.

18.2.1. Prinzip des Rasterelektronenmikroskops

Ein technisches Konzept, wie es dem Rasterelektronenmikroskop zugrunde liegt, wurde zum ersten Mal 1935 im Zusammenhang mit Untersuchungen zur Sekundärelektronenemission von Knoll beschrieben und benutzt [Kno35]. Kurz darauf baute M. v. Ardenne das erste Rasterelektronenmikroskop, welches die Abb. 18.3b zeigt.

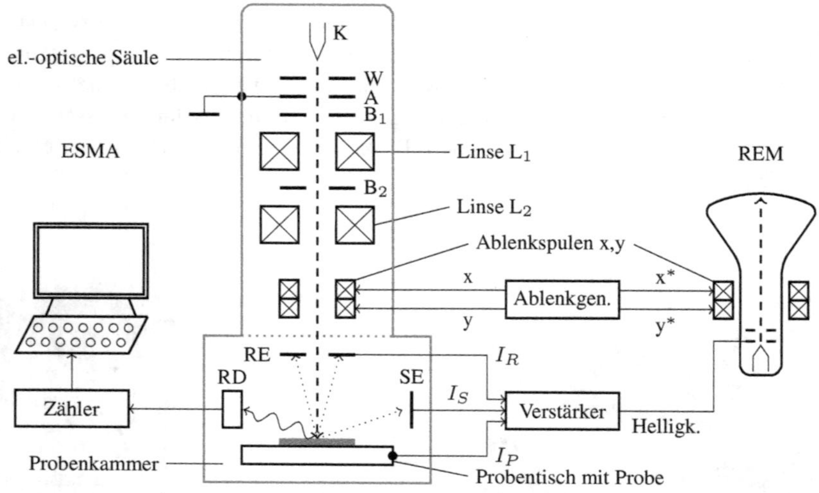

Abb. 18.4.: Rasterelektronenmikroskop und Elektronenstrahl-Mikroanalyse, Prinzip (Erklärung im Text)

Das Prinzip eines Rasterelektronenmikroskops (REM) ist in Abb. 18.4 schematisch dargestellt. Das Gesamtgerät ist vakuumtechnisch und funktionell aufgeteilt in die elektronenoptische Säule und in die Probenkammer. Die Kammern können separat evakuiert werden. Eine ähnliche Aufteilung in mehrere Vakuumkammern findet man auch bei vielen anderen Elektronengeräten und auch der elektronenoptischen Säule werden wir im Kapitel 18.3 wieder begegnen.

Ein möglichst punktförmiger Elektronenemitter (Katode K), der auf einem hohen negativen Potential (etwa 5–50 kV) liegt, erzeugt zusammen mit der geerdeten Anode (A) und dem Wehneltzylinder (W) einen Elektronenstrahl. Mittels eines elektronenoptischen Systems, bestehend aus den beiden Linsen L_1 und L_2 sowie den Blenden B_1 und B_2 wird ein gut fokussierter Elektronenstrahl erzeugt. Mit diesem Elektronenstrahl wird die dem Strahl zugewandte Oberfläche einer zu untersuchenden leitfähigen Probe zeilenweise abgerastert. Das heißt, der Strahl wird mittels der Ablenkspulen in x-Richtung (Zeile) und in y-Richtung (Bild) bewegt, wie bei einem Fernsehbild. Der auf die Probe auftreffende Elektronenstrahl generiert dabei

- einen über den Probentisch abfließenden Probenstrom I_P,
- einen Strom von Sekundärelektronen I_S und
- einen Strom reflektierter Elektronen I_R.

I_P wird direkt vom Probentisch abgeleitet, I_S und I_R werden von speziellen Detektoren erfasst. Die Intensität der Ströme I_P, I_S und I_R hängt von der Beschaffenheit und Mikrogeometrie der Probenoberfläche am Auftreffort des Elektronenstrahls ab und ändert sich von Ort zu Ort. Das heißt, die Sekundärelektronen, die rückgestreuten Elektronen und der Probenstrom enthalten Informationen über das Oberflächenelement, von welchem sie stammen. Rückgestreute Elektronen besitzen eine deutlich höhere Energie als Sekundärelektronen. Deshalb können die Elektronen im Elektronenkollektor über ihre Energie unterschieden werden.

Jeder dieser Ströme kann einzeln als Signal zur Steuerung der Helligkeit eines Monitorsignals genutzt werden. Dazu wird der ausgewählte Strom (I_P, I_S oder I_R) verstärkt und steuert synchron zum scannenden Elektronenstrahl die Helligkeit des Bildes auf dem Monitor. Auf diese Weise wird die im ausgewählten Strom enthaltene Information visualisiert.
Die Vergrößerung ergibt sich aus dem Verhältnis der Länge einer Zeile auf dem Monitorbildschirm zur Länge einer Zeile auf der Probe. Dieses Verhältnis kann elektronisch eingestellt werden und z.B. zwischen 10 und einigen 10^3 liegen.

Damit die eingestrahlte Ladung von der Probenoberfläche abfließen kann, muss die Probe eine gewisse Leitfähigkeit besitzen. Isolierende Proben müssen mit einer dünnen leitfähigen Schicht überzogen werden.

Ein Rasterelektronenmikroskop erlaubt die direkte Abbildung von leitenden Festkörperoberflächen mit hoher Vergrößerung und hoher Auflösung und es gelingt, stark zerklüftete Oberflächen mit hoher Tiefenschärfe abzubilden. Die Abb. 17.10 zeigt Beispiele rasterelektronenmikroskopischer Aufnahmen geätzter PTFE-Oberflächen aus [Ros77].

18.2.2. Prinzip der Elektronenstrahl-Mikroanalyse

Bei der Elektronenstrahl-Mikroanalyse (ESMA) wird, wie im Rasterelektronenmikroskop, ein Elektronenstrahl auf die Probe geschossen und kann diese abrastern. Wir verwenden deshalb weiterhin Abb. 18.2, zumal viele Rasterelektronenmikroskope mit einem Röntgenspektrometer ausgestattet sind. Im linken Teil von Abb. 18.2 ist der Mikroanalyseteil (ESMA), bestehend aus einem Röntgendetektor (RD), einem Zähler und einem PC zur Steuerung des Spektrometers und zur Visualisierung der Messdaten, dargestellt.

Anstelle von sekundären Elektronenströmen wird jetzt die vom primären Elektronenstrahl angeregte charakteristische Röntgenstrahlung im Röntgenspektrometer analysiert. Dabei kommen zwei Detektorarten zum Einsatz, nämlich

- wellenlängendispersive Detektoren, die die Röntgenbeugung an einem Einkristall nutzen und die Impulszahl bzw. Impulsdichte bestimmen sowie
- energiedispersive Detektoren, die die Energie der Röntgenquanten in Verbindung mit einem Impulshöhenanalysator messen.

Die charakteristische Röntgenstrahlung liefert quantitative Aussagen über die am Auftreffpunkt vorhandenen chemischen Elemente. Wellenlängendispersive Detektoren arbeiten ab der Ordnungszahl 4 (Berylium), energiedispersive Detektoren arbeiten ab der Ordnungszahl 12 (Kohlenstoff). In Rasterelektronenmikroskopen werden oft energiedispersive Detektoren integriert.

Für quantitative Analysen nutzt man die Intensität charakteristischer Linien der Probe und vergleicht diese mit einem Standard.

Die Elektronenstrahl-Mikroanalyse erlaubt verschiedene Arbeitsmodi, wie folgende Beispiele zeigen.

- Der Elektronenstrahl wird auf eine ausgewählte Probenstelle gelenkt und mit dem Röntgenspektrometer wird das gesamte Spektrum durchfahren. Dabei können alle am Aufpunkt vorhandenen Elemente ermittelt werden.
- Das Röntgenspektrometer wird auf eine bestimmte charakteristische Wellenlänge (bestimmtes Element) eingestellt und die Probe wird mit dem Elektronenstrahl abgerastert (Linien- oder Flächenscan). Dabei wird die Verteilung des ausgewählten Elementes im gescannten Bereich ermittelt.

18.3. Der Elektronenstrahl als Werkzeug

Ein gut fokussierter Elektronenstrahl, der in einer Elektronenkanone erzeugt und elektrisch oder magnetisch abgelenkt wird, kann als Werkzeug dienen, indem bei hoher Leistungsdichte thermische Wirkungen oder bei geringerer Leistungsdichte strahlenchemische Wirkungen genutzt werden.

Anlagen, die den Elektronenstrahl als Werkzeug nutzen, verfügen über eine ähnliche elektronenoptische Strahlführung, wie wir sie beim Rasterelektronenmikroskop (Abb. 18.4) beschrieben haben. Die Elektronenkanone, die Strahlführung, die Prozesskammer und das Pumpsystem sind den speziellen Anforderungen angepasst. Das Volumen der Prozesskammer kann einige dm^3 bis einige m^3 groß sein und das System kann Vakuumschleusen umfassen.

Technologisch nutzbare Elektronenstrahlanlagen erfordern hohe Investitionskosten und spezialisiertes Fachpersonal. Deshalb wird die Elektronenstrahlbearbeitung auch als Dienstleistung (Lohnbearbeitung) angeboten.

Die Materialbearbeitung mit dem Elektronenstrahl ist, wie auch die Bearbeitung mit Laserstrahlung, ein in der Technologie etabliertes Verfahren; beide Verfahren haben ihre spezifischen Einsatzfelder [KK05].

18.3.1. Thermische Wirkung – Bearbeiten und Schweißen mit einem Elektronenstrahl

Bei Elektronenröhren war die an der Anode eingetragene Energie und die damit verbundene Erwärmung eine unvermeidliche und störende Nebenerscheinung, denn die produzierte Wärme begrenzte die Leistung der Röhre und musste mit zum Teil aufwändigen Verfahren ungenutzt als Verlust abgeführt werden.

Bei der Materialbearbeitung oder beim Schweißen mit Elektronenstrahlen setzt man nun gerade auf die punktuelle Erwärmung eines definierten Bereiches des Werkstücks durch einen gut fokussierten, energiereichen Elektronenstrahl. Dazu wird der Elektronenstrahl auf das Werkstück (beschichtetes Substrat, Folie, Massivmaterial) gelenkt, welches wie die Anode auf Massepotential liegt. Dabei appliziert der Strahl die mitgeführte Energie im Auftreffpunkt, so dass sich ein mikroskopisch kleiner Bereich innerhalb von µs so stark erwärmt, dass lokal das Metall schmilzt und durch Verdampfung lokal abgetragen wird. Zusätzlich kann der Dampfdruck geschmolzenes Material vom Auftreffpunkt des Strahls in Form mikroskopischer Tröpfchen verdrängen.

Vorteile des Werkzeugs Elektronenstrahl sind

- gute elektrische Steuerbarkeit der Strahlparameter (Energie, Stromdichte, Strahldurchmesser in der Bearbeitungsebene),
- hohe Reproduzierbarkeit und Konstanz der Strahlparameter,
- schnelle (trägheitslose) und präzise Ablenkung und Tastung des Strahls,
- Leistungsdichte bis zu $10^8 \frac{\mathrm{W}}{\mathrm{cm}^2}$,
- Umwandlung fast der gesamten Strahlenergie in Wärme,
- gute Reproduzierbarkeit des Gesamtprozesses.

Wir skizzieren nachfolgend einige Anwendungsbeispiele.

18.3.1.1. Elektronenstrahlbearbeitung

Physikalisch gesehen beruhen die mit dem Elektronenstrahl erzielbaren Bearbeitungseffekte an Metallen auf Phasenumwandlungen, nämlich auf [SHP77]

- Phasenänderungen im festen Zustand und
- auf der Umwandlung des festen Zustandes in flüchtige Komponenten.

Phasenänderungen im festen Zustand sind für das Oberflächenhärten und verwandte Prozesse von Interesse. Die Entstehung flüchtiger Komponenten bedeutet Materialabtrag, der je nach Steuerung des Prozesses genutzt werden kann, um spanlos zu trennen, zu bohren, zu fräsen oder zu gravieren.

Die Abb. 18.5 zeigt eine Versuchsanlage zur Elektronenstrahlbearbeitung, wie sie Mitte der 1960er Jahre im Forschungsinstitut M. von Ardenne für universelle Anwendungen entwickelt und in der Forschung eingesetzt wurde.

Bearbeitung dünner Schichten Mitte der 1960er Jahre wurde im o.g. Institut ein Verfahren zum Strukturieren von dünnen, aufgedampften CrNi-Widerstandsschichten auf keramischen Substraten bzw. Glassubstraten zur Herstellung von Chipwiderständen mittels Elektronenstrahl entwickelt. Dazu wurden auf den mit einer CrNi-Schicht vollflächig beschichteten Substraten mit einem programmgesteuerten Elektronenstrahl Bereiche für bis zu 3 Widerstände abgetrennt und zur Widerstandsvergrößerung mäanderförmig strukturiert. Für die Bearbeitung werden folgende Parameter angegeben

- Beschleunugungsspannung 25–50 kV,
- Strahlstrom 50–100 μA,
- kleinste Schnittbreite 10 µm,
- Bearbeitungsgeschwindigkeit 1 $\frac{\mathrm{m}}{\mathrm{s}}$.

Abb. 18.5.: Elektronenstrahlbearbeitungsgerät im Institut M. von Ardenne 1965 (Bildquelle: Von ARDENNE Corporate Archive)

Während des Bearbeitungsprozesses wurden die Widerstandswerte gemessen und die Bearbeitung wurde unterbrochen, sobald der jeweils gewünschte Widerstandswert erreicht war [AHP+66].

Die skizzierte Technik wurde ab 1965 im ehemaligen VEB Keramische Werke Hermsdorf (DDR) in der Serienproduktion von Chipwiderständen eingesetzt. Die Abb. 18.6 zeigt Industrieanlagen, wie sie im genanten Betrieb eingesetzt wurden. Die Anlagen arbeiteten weitgehend automatisch und verfügten über folgende Hilfsvorrichtungen

- eine Vorrichtung zur Entnahme der Rohsubstrate mit Metallbeschichtung aus einem Magazin mit automatischer Zuführung zur Schleuse,
- eine mehrstufige Vakuumschleuse zum Einschleusen der Substrate in die Bearbeitungskammer,
- die elektronenoptische Säule mit Bearbeitungskammer,
- eine Vorrichtung zum elektronischen Widerstandsabgleich,
- eine Vakuumschleuse zum Ausschleusen der Substrate mit abgeglichenen Widerständen,
- eine Vorrichtung zur Entnahme und Lagerung der Substrate in einem zweiten Magazin sowie
- die kompletten Systeme zur Stromversorgung, Steuerung und Vakuumerzeugung.

Bohren Ein gepulster Elektronenstrahl erlaubt es, sehr schnell kleine Bohrungen (Durchmesser 0,1–1 mm) in beliebige Metalle zu bohren. Vorteile des Elektronenstrahls, wie die schnelle

Abb. 18.6.: Elektronenstrahlbearbeitungsanlagen zur Herstellung von Chipwiderständen im ehemaligen VEB Keramische Werke Hermsdorf (DDR) (Bildquelle: Von ARDENNE Corporate Archive)

Neupositionierung, kommen besonders bei einer großen Anzahl gleicher Bohrungen zur Geltung; bei dünnen Blechen gelten 3000 Bohrungen pro Sekunde als Stand der Technik. Man wendet das Verfahren beispielsweise zur Herstellung von Düsen für die Glasfaserproduktion, für Filter und ähnliche Produkte an.

18.3.1.2. Elektronenstrahlschweißen

Nach [KK05] entfällt der überwiegende Anteil industrieller Elektronenstrahlanwendungen auf das Elektronenstrahlschweißen, welches mittlerweile in der Automobilindustrie, im Flugzeug- und Raketenbau, in der Feinwerk- und Medizintechnik und in weiteren Bereichen, in denen spezielle Werkstoffe sicher zu verschweißen sind, eingesetzt wird.

Das Elektronenstrahlschweißen ist eine schonende Verbindungstechnik und erlaubt, bei einem Vakuum um $5 \cdot 10^{-2}$ Pa fast alle Metalle ohne Zusatzmaterial miteinander zu verbinden, auch Materialien, wie z. B. Titan oder Magnesiumlegierungen. Im Vergleich mit anderen Schweißverfahren garantiert das Elektronenstrahlschweißen durch geringen Energieeintrag den geringsten Verzug des Werkstücks, wobei das Werkstück dünn sein kann (Folie) aber auch eine Wandstärke von 200 mm oder mehr besitzen kann. Die Leistungsdichte kann im Fokus des Strahls ca. $10^8 \frac{\mathrm{W}}{\mathrm{cm}^2}$ betragen, wobei der Elektronenstrahl die entstehende Wärme über die gesamte Schweißtiefe einkoppelt. Man spricht von einem Tiefschweißeffekt und erreicht ein Schweißnahttiefe-Breite-Verhältnis $\gg 1$.

Als allgemeiner Vorteil des Elektronenstrahlschweißens gilt die gleichbleibend hohe Qualität durch gute Reproduzierbarkeit des Prozesses, wozu auch die Prozesskontrolle mit Rückstreuelektronen beiträgt. Ein vom Rasterelektronenmikroskop entlehntes Konzept, nämlich die Nutzung von Rückstreuelektronen als Bildinformation, erlaubt die Beobachtung der Schweißstelle während des Schweißprozesses. In [Ard81] werden die physikalischen Bedingungen dieses Verfahrens und seine Leistungsfähigkeit untersucht.

Die physikalischen Aspekte des Elektronenstrahlschweißens sind in [SHP77] umfassend dargestellt; über die vielfältigen technologischen Aspekte und Möglichkeiten des Verfahrens wird in der schweißtechnischen Literatur und auf den Webseiten großer Anbieter ausführlich berichtet (z.B. https://www.sst-ebeam.com/de/).

18.3.2. Chemische Wirkung – Elektronenstrahllithographie

Bestimmte organische Schichten verändern beim Beschuss mit Elektronen technologierelevante Eigenschaften, wie die Löslichkeit oder die Härte, indem sie entweder lokal polymerisieren oder lokal depolymerisieren. Solche Schichten werden als sog. Photolacke oder Photoresists verwendet. Man unterscheidet verschieden arbeitende Lacktypen [KR17]

- Negativlacke: hier polymerisieren mit Elektronen bestrahlte Lackgebiete und die nichtbestrahlten Bereiche lassen sich mit einem geeigneten Verfahren entfernen;
- Positivlacke: hier depolymerisieren mit Elektronen „belichtete“ Lackgebiete und lassen sich dann mit einem geeigneten Verfahren (organische Lösungsmittel) entfernen;
- Umkehrlacke: hier hängt das Verhalten von der Prozessführung ab, sie arbeiten zunächst wie Positivlacke und nach einer Nachbehandlung und Flutbelichtung wie Negativlacke.

Die Elektronenstrahllithographie ist ein hochauflösendes Verfahren zur Herstellung von Masken für die Chipproduktion und auch zur Direktbelichtung von Halbleiterwafern. Sie nutzt solche Photolackschichten und überträgt die gewünschte Struktur durch direktes Schreiben mit einem Elektronenstrahl in die Photolackschicht. Dabei werden Strukturgrößen im nm-Bereich erreicht. Zur Durchführung des Verfahrens wird zuerst eine elektronenempfindliche Lackschicht definierter Dicke auf den zu strukturierenden Maskenrohling, eine Chromschicht auf Glas, oder den vollflächig beschichteten Wafer ganzflächig aufgetragen. Die gewünschte Struktur wird dann mit einem feinen Elektronenstrahl in einem „Elektronenstrahlschreibgerät“ direkt in die Photolackschicht geschrieben (belichtet). Die Elektronenoptik eines Elektronenstrahlschreibgerätes entspricht etwa jener eines Rasterelektronenmikroskops (siehe Abb. 18.4). Solche Schreibgeräte arbeiten mit einer Elektronenenergie im Bereich von 10–30 keV und in der Schreibebene beträgt der Durchmesser des Strahls 0,1–0,5 μm [Hae87], nach neueren Angaben auch eine Größenordnung weniger.

Die elektrische Auslenkung des Strahls würde nur kleine Schreibbereiche (etwa 100–1000 μm) erlauben. Um die viel größeren Schablonen oder Wafer belichten zu können, wird in einer entsprechend großen Prozesskammer außer dem Elektronenstrahl auch der Tisch mit dem Belichtungsgut programmgesteuert in x- und y-Richtung bewegt und die Tischbewegung wird mittels Laserinterferometer kontrolliert [Hae87].

Das Lithograpieergebnis ist außer vom elektronenoptischen Schreibgerät in hohem Maße vom Photolack abhängig. Für die unterschiedlichen Anwendungsfälle wurde eine Vielzahl verschiedener Lacksysteme entwickelt. Wir nennen als Beispiel die PMMA-E-Beamresist-Gruppe von der Firma Allresist (PMMA: Polymethylacrylat). Diese Lacke sind für Strukturierung im nm-Bereich geeignet und ihre Empfindlichkeit liegt in der Größenordnung von $100\,\mu\mathrm{As/cm^2}$ [All14].

18.4. Einsatz von Hochleistungselektronenkanonen

Hochleistungselektronenkanonen dienen der lokalen Erwärmung leitfähiger Materialien im Hochvakuum durch kontrollierte Übertragung von Energie mittels eines Elektronenstrahls. Anwendungsbereiche sind u.a.

- die Hochratebeschichtung durch Elektronenstrahl-Verdampfung
- das Umschmelzen von Metallen in Elektronenstrahlöfen
- das Elektronenstrahl-Härten und -Schweißen

Ein Begleitproblem der Erwärmung des Behandlungsgutes im Hochvakuum können Gasausbrüche sein, die das Vakuum schlagartig verschlechtern. Um negativen Folgen, wie Überschlägen, entgegen zu wirken, trennt man die Strahlerkammer von der Prozesskammer durch eine Zwischenkammer. Jede Kammer wird separat evakuiert und ist über einen Strömungswiderstand mit der folgenden Kammer verbunden, so dass Gasausbrüche gedämpft am Strahler wirksam werden.

Von den verschiedenen genannten Einsatzfeldern betrachten wir nur das Elektronenstrahlbedampfen, denn es ist ein weiteres Verfahren zur Herstellung dünner Schichten im Hochvakuum, welches auch zur Herstellung leitfähiger Schichten für elektronische Bauelemente eingesetzt wird. Insbesondere können damit CrNi-Widerstandschichten mit hoher Langzeitkonstanz und geringem Temperaturkoeffizienten hergestellt werden [AST65].

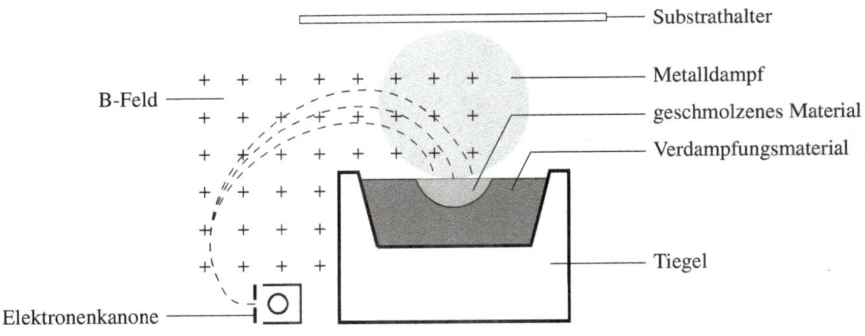

Abb. 18.7.: Elektronenstrahl-Bedampfung, schematisch

Entsprechend Abb. 18.7 befindet sich das leitfähige Material für die Beschichtung in einem Tiegel, der im Betrieb mit Wasser gekühlt wird. Seitlich vom Tiegel ist die Elektronenkanone, bestehend aus thermisch emittierender Katode, Anode und Schirm, so angebracht, dass sie nicht direkt vom Metalldampf getroffen wird. Die Richtung des Elektronenstrahls wird durch das senkrecht zum Strahl stehende Magnetfeld so geändert, dass der Strahl auf das Material im

Tiegel trifft. Im Auftreffbereich des Elektronenstrahls wird das Beschichtungsmaterial lokal so stark erwärmt, dass es schmilzt und verdampft. Der Metalldampf breitet sich im Hochvakuum aus und trifft auf die Subtrate, deren Ort im Bild durch den Substrathalter markiert ist, kondensiert dort und bildet so eine dünne Schicht.

Da das Material im Beispiel nur von einer kleinflächigen Quelle emittiert wird, werden in solchen Anordnungen die Substrate beim Bedampfen mit komplizierten Vorrichtungen so bewegt, dass eine Schicht mit weitgehend homogener Dicke entsteht. Mittels Elektronenstrahlverdampfung sind ca. 10 bis 100-fach höhere Beschichtungsraten gegenüber dem Magnetron-Sputtern mit jeweils einer Quelle erzielbar.

19. Ionenstrahlen und ihre technische Nutzung

Ionenstrahlen erlauben, die Beschussparameter, der auf eine Festkörperoberfläche einfallenden Ionen, genau einzustellen. So kann man Einfallswinkel, Ionenenergie und in gewissen Grenzen die Ionenstromdichte unabhängig voneinander einstellen und außerdem in um etwa zwei Größenordnungen niedrigerem Druck arbeiten als im Plasma. Ionenstrahlen wurden deshalb zuerst für grundlegende Untersuchungen des Sputterprozesses eingesetzt. Inzwischen werden Ionenstrahlen zur Materialmikrobearbeitung, zur Oberflächenmodifizuerung sowie zur Oberflächenanalytik im Vakuum eingesetzt. Beispielsweise finden sie Anwendung

- zum selektiven Materialabtrag beim Ionenstrahlätzen,
- bei der Sputterbeschichtung mit Ionenstrahlverfahren,
- zur selektiven Dotierung von Halbleitermaterial durch Ionenimplantation,
- zur Materialanalyse mittels Sekundärionenmassenspektrometrie (SIMS) und sogar
- als Ionentriebwerk zum Antrieb von Raumsonden.

Dabei werden Ionenstrahlen verschiedener Elemente mit unterschiedlicher Energie und verschiedener Intensität benötigt. Für die Erzeugung von Ionenstrahlen nutzt man **Ionenquellen**.

19.1. Ionenquellen

Ionenquellen erzeugen aus neutralen Atomen oder Molekülen Ionen, formen aus diesen einen Ionenstrahl und beschleunigen den Ionenstrahl in einen Hochvakuumbereich hinein. Je nach Ionenart und Ionenstrahlparametern werden verschiedenartige Ionenquellen eingesetzt; die gewünschte Energie wird durch Wahl der Beschleunigungsspannung eingestellt.

Wir skizzieren nachfolgend die Extraktion von Ionen aus einer Gasentladung. Solche Ionenquellen dienen oft der Erzeugung von Edelgas-Ionenstrahlen, also z.B. Neon^{+}-, Argon^{+}- oder Krypton^{+}-Ionenstrahlen. Bei Ionenquellen der genannten Art brennt eine Gasentladung in einer separaten Kammer mit einem höheren Arbeitsdruck, die durch eine Druckstufe vom eigentlichen Hochvakuumraum getrennt ist. Die Druckstufe und Beschleunigungselektroden bilden oft eine Baueinheit, das Absaugsystem.

Die Ionisierung der gas- oder dampfförmigem Stoffe erfolgt in Niederdruckgasentladungen, wobei folgende Entladungsarten und entsprechende Energiequellen zur Anwendung kamen bzw. kommen

https://doi.org/10.1515/9783110547979-259

- selbständige, mit Gleichspannung betriebene Glimmentladung (Kanalstrahlrohr),
- unselbständige Glimmentladung mit zusätzlicher Verwendung einer Glühkatode,
- unselbständige Entladung mit zusätzlicher Verwendung eines Magnetfeldes zur Elektronenpendelung (Finkelstein- bzw. Kaufmann-Quelle),
- Hochfrequenzentladung (HF-Ionenquelle)
- Mikrowellenentladung (ECR-Ionenquelle)

Die Auflistung spiegelt zugleich den Zeitablauf der Entwicklung wieder. Während ein Kanalstrahlrohr nur eine Gleichspannung für den Betrieb benötigte, erfordern moderne HF- bzw. ECR-Ionenquellen einen Hochfrequenz bzw. Mikrowellengenerator zur Speisung der Entladung.

Eine Vielzahl technischer Lösungen für Ionenquellen hat Ardenne in [Ard79b] zusammengestellt.

19.1.1. Kanalstrahlrohr

Das Kanalstrahlrohr ist die älteste und einfachste Ionenquelle. Nachdem Goldstein die Kanalstrahlen entdeckt hatte, wurden zahlreiche experimentelle Anordnungen geschaffen, die es erlaubten, die Eigenschaften der Kanalstrahlen zu untersuchen. Diese Anordnungen enthielten jeweils Komponenten, die als Kanalstrahlrohr zusammenarbeiteten, ohne dass sie eine kompakte Baugruppe bilden mussten. Eine Übersicht zu den frühen Arbeiten hat Wien[1] in [Wie17] gegeben.

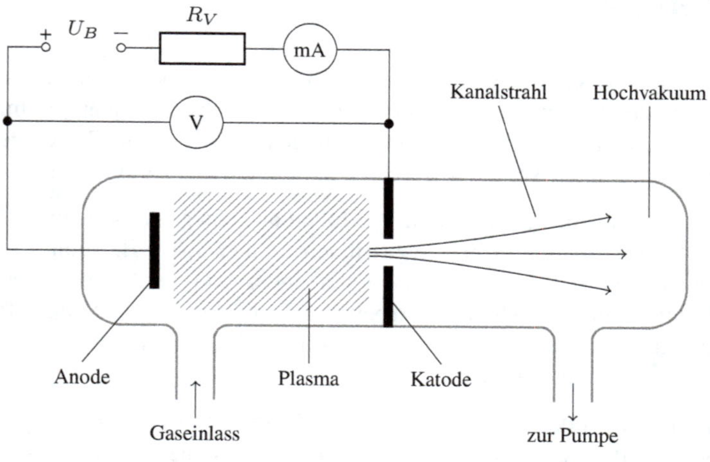

Abb. 19.1.: Kanalstrahlrohr, schematisch

[1] Wilhelm Wien, deutscher Physiker, 1864–1928, 1911 Noelpreis für Physik

Ein Kanalstrahlrohr (Abb. 19.1) besteht aus einem zylindrischen Entladungsraum mit Gaseinlass, dessen Grundfläche und Deckfläche von den Elektroden Anode und Katode begrenzt werden. Die Katode besitzt in der Mitte eine Bohrung, aus welcher der Kanalstrahl austreten kann, wenn im Entladungsraum eine selbständige Gasentladung brennt. Diese Austrittsöffnung ist zugleich als Strömungswiderstand ausgebildet, so dass im Entladungsraum ein höherer Druck herrscht als im dicht abgetrennten Hochvakuumraum, in den der Strahl eintritt.

Ein Kanalstrahl enthält hauptsächlich positive Ionen und Neutralteilchen des Entladungsgases. Der Strahl trägt damit positive Ladung in den Vakuumraum ein, die abgeführt werden muss, und er verbreitert sich infolge seiner Raumladung. Kanalstrahlrohre wurden oft mit Argon aber auch mit vielen anderen Entladungsgasen betrieben, so dass man Ar^+-Ionen bzw. dem Entladungsgas entsprechende positive Ionen erhielt.

Die Betriebsspannung der selbständigen Entladung war zugleich die Beschleunigungsspannung für die Ionen und lag recht hoch (einige kV). Dadurch kam es im Entladungsraum zu unerwünschten Sputtereffekten und in der Folge zur Kontamination des Kanalstrahls. Der entnehmbare Ionenstrom war wegen der geringen Plasmadichte in der Entladung klein (einige 10^{-4} A).

Nachteile des Kanalstrahlrohres waren die direkte Verkopplung von Entladung und Ionenemission sowie die große Streuung der Ionenenergie. Wegen ihrer Einfachheit wurden Kanalstrahlrohre noch bis in die 1980er Jahre für Präparationsaufgaben, wie das Ionendünnen, verwendet.

Eine Entkopplung von Erzeugung und Extraktion der Ionen wurde durch Verwendung eines separaten Absaugsystems möglich und eine deutliche Reduzierung der Betriebsspannung im Entladungsraum erreichte man mit anderen Entladungsformen, wie der unselbständigen Glühkatodenentladung oder Hochfrequenzentladungen.

19.1.2. Ionenextraktion und Absaugsystem

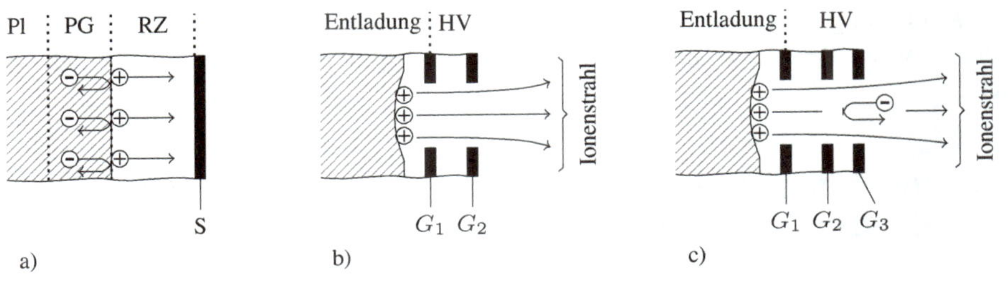

Abb. 19.2.: Plasmagrenze und Ionenextraktion, Erklärung im Text

Wir betrachten zuerst die Situation vor einer negativen Sonde im Plasma einer Niederdruckgasentladung in Abb. 19.2a. Es bedeuten Pl das ungestörte Plasma, PG die Plasmagrenzschicht, RZ die Raumladungsschicht und S die negative Sonde. Die negative Sonde zieht einen Strom positiver Ionen aus dem Niederdruckplasma, während Elektronen, die gegen das negative Sondenpotential anlaufen, in das Plasma zurück reflektiert werden. Zwischen dem ungestörten Plasma und der negativen Sonde bilden sich durch diese Prozesse eine Plasmagrenzschicht und eine von den Ionen verursachte positive Raumladungsschicht aus.

In Abb. 19.2b ist die der Sonde S entsprechende Elektrode G_1 durchbohrt, so dass Ionen und neutrale Gasteilchen durch die Bohrung (Durchmesser 1–2 mm) hindurch in einen Hochvakuumraum (HV) treten können. Die Elektrode G_1 ist noch Teil des Entladunsraumes und schließt diesen gegen den Hochvakuumraum als Strömungswiderstand ab. Die Beschleunigung der Ionen übernimmt nun die zweite Elektrode G_2, an welcher, entsprechend der gewünschten Ionenenergie, die Beschleunigungsspannung von einigen 10^2 V bis einige 10^3 V anliegt. Diese Spannung ist nun unabhängig von der Entladung einstellbar. Die Beschleunigungselektrode G_2 wird wie das Target, auf welches der Ionenstrahl trifft, bevorzugt auf Masse gelegt.

In der Anordnung nach Abb. 19.2b können Sekundärelektronen, die am Target ausgelöst werden, in umgekehrter Richtung zu G_2 und dann durch das vorhandene elektrische Feld in die Quelle gelangen. Um dies zu unterbinden, kann man nach Abb. 19.2c eine dritte Elektrode, die Bremselektrode G_3 einführen. In dieser Anordnung wird die Bremselektrode G_3 auf Masse gelegt und die Beschleunigungselektrode G_2 wird gegenüber G_3 negativ vorgespannt. Bei geeigneter Wahl der Spannungen können durch diese Maßnahme Sekundärelektronen nicht mehr in die Quelle gelangen.

Die Elektroden G_1, G_2 und G_3 bilden das Absaugsystem; G_1 ist dabei zugleich Abschluss des Entladungsraumes und hat gegenüber dem Plasma ein definiertes Potential (Katodenpotential oder Wandpotential).

Für technologische Anwendungen werden oft an den Prozess angepasste Breitstrahl-Ionenquellen benötigt, die einen Strahldurchmesser von 10 cm und mehr für niederenergetische Ionen liefern. Für solche Anwendungen muss der Entladungsraum einen entsprechend großen Durchmesser haben und im Absaugsystem ordnet man eine Vielzahl von Absaugöffnungen nebeneinander an, wie das Abb. 19.3 schematisch zeigt.

Bei der Anordnung der Elektroden im Absaugsystem, speziell bei der Funktion von G_3, kann man eine gewisse Parallelität zum Bremsgitter bei Mehrgitterröhren (siehe Kapitel 5.1.3) erkennen.

19.1.3. Ionenquellen mit Glühkatode und magnetischer Elektronenpendelung

Um die Brennspannung der Entladung deutlich zu reduzieren, ging man zu unselbständigen Entladungen mit thermisch emittierender Katode über und setzte zusätzlich ein Magnetfeld ein, um die Wege der Elektronen zu verlängern und so die Ionisierungswahrscheinlichkeit und die Plasmadichte zu erhöhen. Solche Ionenquellen sind als Niederdruck-Bogen-Ionenquellen bekannt und mit den Namen Finkelstein im deutschen und Kaufmann im englischen Sprachraum verbunden.

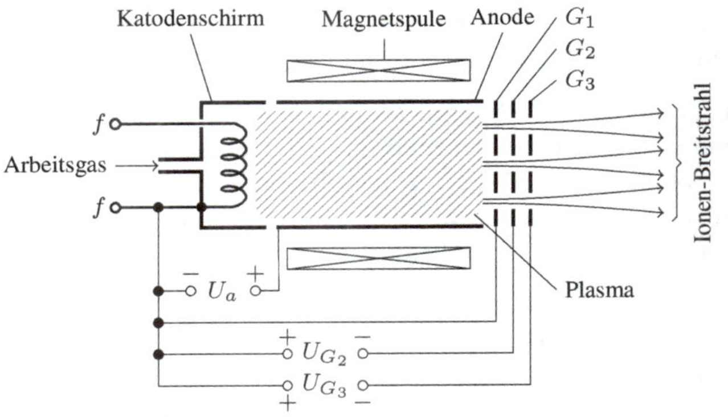

Abb. 19.3.: Niederdruck-Bogen-Ionenquelle nach [Rei82], schematisch

Die Abb. 19.3 zeigt eine Niederdruck-Bogen-Ionenquelle mit magnetisch geführter Elektronenpendelung nach [Rei82], die als kompakte Baugruppe an eine Vakuumanlage angeflanscht werden konnte. Der zylindrische Entladungsraum enthält die Anode, die direkt geheizte Wolframkatode mit Katodenschirm, eine auf Katodenpotential liegende Elektrode G_1 mit mehreren Absaugöffnungen sowie eine Öffnung für den Einlass des Arbeitsgases. Der Entladungsraum ist von einer Magnetspule umgeben, welche ein zur Zylinderachse paralleles magnetisches Gleichfeld erzeugt.

Die Betriebsparameter solcher Quellen hängen vom Arbeitsgas ab. Nach [Fie72] liegt der Arbeitsdruck im Bereich von 0,6 Pa und bei einer Anodenspannung von 30–50 V und einem Magnetfeld von 50 mT brennt ein Niederdruckbogen. Um die Verlustleistung abzuführen, sind solche Ionenquellen wassergekühlt (im Bild nicht dargestellt).

Ionenquellen der beschriebenen Art arbeiten gut mit Edelgasen oder Stickstoff. Sie besitzen in Gestalt der Glühkatode ein Verschleißteil, welches von Zeit zu Zeit aufwändig gewechselt werden muss. Für reaktive Gase sind Ionenquellen dieses Typs wenig geeignet, weil die Katode von reaktiven Ionen angegriffen und zu schnell zerstört werden. Einen Ausweg bieten Hochfrequenz- oder Mikrowellenentladungen, die ohne Glühkatode auskommen.

19.1.4. HF-Ionenquellen

In einer Hochfrequenz-Ionenquelle wird das Plasma im Entladungsraum durch ein hochfrequentes elektromagnetisches Wechselfeld im Frequenzbereich 1–100 MHz gezündet und gespeist. Eine Glühkatode zur Bereitstellung von Elektronen ist nicht erforderlich. Die Einkopplung der Hochfrequenz kann kapazitiv oder induktiv erfolgen.

Die kapazitive Einspeisung der HF-Energie erfolgt über eine Elektrode, die an den HF-Generator angekoppelt ist (Abb. 19.4a). Solche Systeme wurden mit planparalleler und koaxialer Elektrodengeometrie beschrieben. Sie arbeiten mit zusätzlichen Magnetfeldern, um den Elektronenweg zu verlängern. Dabei finden ganz unterschiedliche Magnetfeldgeometrien Anwendung, die mit Magnetspulen oder mit Dauermagneten in Multipolanordnung realisiert werden.

Die induktive Einspeisung der HF-Energie erfolgt über eine HF-Spule, die das Entladungsgefäß umschlingt und die an den HF-Generator angekoppelt ist (Abb. 19.4b). Das Entladungsgefäß darf die Einkopplung des HF-Feldes nicht beeinträchtigen; es kann z.B. aus Glas oder Keramik gefertigt sein. Im Inneren des Entladungsgefäßes induziert der die Spule durchfließende HF-Strom zeitlich veränderliche Felder, ein axiales B-Feld und ein rotierendes E-Feld. Solche Entladungsysteme arbeiten ohne externes Magnetfeld.

Die Extraktion der Ionen erfolgt, wie in Kapitel 19.1.2 beschrieben, durch ein Absaugsystem mit zwei oder bevorzugt drei Elektroden. Die innere Elektrode übernimmt die Funktion eines Plasmaankers und stellt sich auf das Wandpotential ein. Zwischen innerer und äußerer Absaugelektrode liegt die Beschleunigungsspannung.

HF-Ionenquellen eignen sich, um Ionenstrahlen reaktiver Gase zu erzeugen, da sie keine geheizte Katode besitzen, die durch Reaktivgase Schaden nehmen könnte.

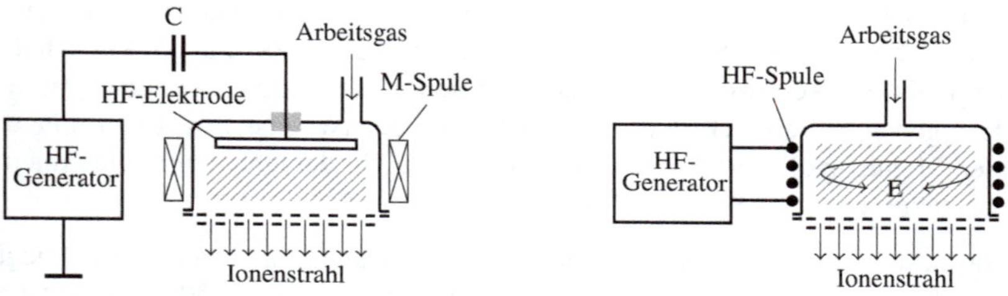

a) kapazitive HF-Einkopplung

b) induktive HF-Einkopplung

Abb. 19.4.: Hochfrequenz-Ionenquellen, schematisch

19.1.5. Mikrowellen-Ionenquellen

Bei Mikrowellen- oder ECR-Ionenquellen (ECR steht für electron cyclotron resonance) wird Plasma im Entladungsraum durch Mikrowellen angeregt. Diese Ionenquellen schließen das Plasma in einer geeigneten Magnetfeldkonfiguration ein und nutzen die Zyklotronresonanz der Elektronen, um das Plasma zu heizen. Sie erfordern keine Glühkatode und erlauben, Ionisationsgrade um 0,1 in Edel- und Reaktivgasen zu erreichen [Ham86].

In [Ham86] ist eine Breitstrahl-Ionenquelle beschrieben, die bei einer Extraktionsspannung von 1 kV Ionenströme bis zu 150 mA liefert. Dabei ist die Ionenstromdichte über einen Strahldurchmesser von 150 mm weitgehend konstant. Damit erfüllt solch eine Mikrowellen-Ionenquelle Anforderungen, wie sie beim Einsatz von Ionenstrahlverfahren in der Mikroelektronik gestellt werden.

19.2. Materialabtrag mit Ionenstrahlen

19.2.1. Untersuchungen zum Sputterprozess

Ionenquellen erlauben es, Ionenstrahlen mit definierten Parametern, wie

- Ionenart,
- Ionenenergie (einige 100 eV bis 10 keV),
- Ionenstromdichte,
- Einfallswinkel Θ des Ionenstrahls gegen die Oberflächennormale

unter Hochvakuumbedingungen auf ein Target bzw. eine Probe zu schießen. Sie ermöglichen damit, für jedes Targetmaterial die Sputterausbeute

$$Y = \frac{gesputterte\ Teilchen}{eingefallene\ Ionen}$$

als Funktion der genannten Parameter zu messen. Sie erlauben auch, Veränderungen der Targetoberfläche und die Bildung von Ätzstrukturen als Funktion derselben Parameter zu untersuchen. Ionenquellen sind damit ein geeignetes Hilfsmittel für experimentelle Grundlagenuntersuchungen zum Sputterprozess. Auf solche Untersuchungen und ihre Ergebnisse gehen wir hier nicht ein, sondern verweisen dazu auf [BE07].

19.2.2. Der Ionenstrahl als Werkzeug

Ionenstrahlen werden in verschiedener Weise als Werkzeug zur Bearbeitung von Festkörpern genutzt, nämlich

- zum großflächigen Ätzen von Festkörperoberflächen,
- zum Bohren feinster Löcher und
- zur Präparation von Proben für die Elektronenmikroskopie.

Je nach Aufgabe werden Ionenquellen mit großflächigem Ionenstrahl (Breitstrahlquellen) oder mit fein fokussiertem Ionenstrahl eingesetzt. Der zu bearbeitende Festkörper muss leitfähig sein, damit die einfallende Ladung abfließen kann. Andernfalls müssen Elektronen eingestrahlt werden, um die Ladung zu kompensieren.

19.2.2.1. Ionenstrahlätzen

Das Ionenstrahlätzen wird zur Abgrenzung von nasschemischen Ätzverfahren als **Trockenätzen** bezeichnet, wie auch das Ätzen im Niederdruckplasma (vergleiche Kapitel 17.3).

Die Abb. 19.5 zeigt schematisch den prinzipiellen Aufbau einer Anordnung für das Ionenstrahlätzen. Die zu ätzende Probe befindet sich im Hochvakuum und ist auf einem Probenhalter gegenüber einer Ionenquelle angeordnet. Die der Ionenquelle zugewandte Oberfläche der Probe wird mit dem Ionenstrahl beschossen, wobei anlagenseitig die oben genannten Parameter vorgegeben und eingestellt werden können. Der Abtrag erfolgt anisotrop und bei Verwendung von Edelgasionen gibt es am Target keine chemischen Reaktionen.

Wenn anstelle von Edelgasen Reaktivgase eingesetzt werden sollen, sind Ionenquellen mit geheizter Katode wenig geeignet, weil das Plasma des Reaktivgases die Katode angreift und zerstört. Man nutzt deshalb für das reaktive Ionenstrahlätzen Hochfrequenz- oder Mikrowellen-Ionenquellen.

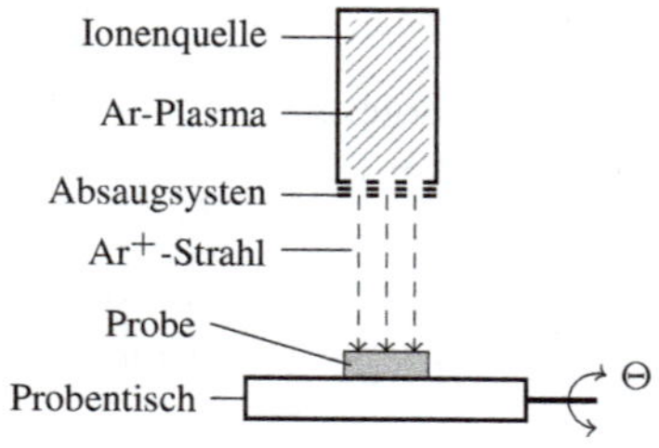

Abb. 19.5.: Der Ionenstrahl als Werkzeug: Ionenstrahlätzen

In der Halbleitertechnologie hat sich das großflächige Ionenstrahlätzen, insbesondere das reaktive Ionenstrahlätzen, für die Strukturierung von Silizium als Technologie etabliert. Beim reaktiven Ionenstrahlätzen werden bevorzugt Ionenarten verwendet, die mit dem Ätzgut gasförmige Reaktionsprodukte bilden, die wegdiffundieren und schließlich abgepumpt werden können.

Ionenquellen für das reaktive Ionenstrahlätzen sind als technologisch wichtige Komponente der Halbleitertechnologie mit den Halbleiterwafern schrittweise mit gewachsen. Es sind Ionenquellen verfügbar, die für das Ätzen der derzeit größten Silizium-Wafer geeignet sind.

19.2.2.2. Ätzen mit fokussiertem Ionenstrahl

Ein gut fokussierter Ionenstrahl eignet sich als Werkzeug zum Materialabtrag im µm-Bereich und wird zur Präparation durchstrahlbarer Proben für die Elektronenmikroskpie eingesetzt.

Bohren feinster Löcher Für das Bohren feinster Löcher mit einem Durchmesser im Bereich von µm zur Herstellung von Blenden für Elektronenmikronenmikroskope schlug Ardenne schon 1940 vor, einen gut fokusierten Ionenstrahl zu verwenden [Ard40]. Inzwischen gelingt es, mit Ionenstrahlen Löcher mit einem Durchmesser im Bereich von 50 nm zu bohren.

Ionendünnung Die Transmissionselektronenmikroskopie erfordert Präparate mit Bereichen, die der Elektronenstrahl durchdringen kann. Die Herstellung so dünner, durchstrahlbarer Probenbereiche gelingt mit dem Ionendünnen.

Beim Ionendünnen wird ein gut fokusierter Ionenstrahl schräg auf die Oberfläche einer langsam rotierenden, vorgedünnten Probe gerichtet. Infolge des Sputterprozesses verliert die Probe im Auftreffbereich des Strahls langsam an Dicke und es entsteht ein kreisrunder Ätzbereich mit keilförmigen Rändern. Dabei wird die Probe oberflächlich amorphisiert; diese amorphe Schicht kann beseitigt werden, indem zum Ende des Dünnprozesses streifender Ioneneinfall und geringe Ionenenergie gewählt werden.

19.3. Sputterbeschichtung mit Ionenstrahlen

Bei Beschichtungsverfahren mit Ionenstrahlen unterscheidet man Einstrahlverfahren und Zweistrahlverfahren.

Einstrahlverfahren Zur Sputterbeschichtung mit Ionenstrahlen wird ein großflächiger Ionenstrahl auf ein Target gerichtet und ein Substrathalter mit den zu beschichtenden Substraten bzw. dem Beschichtungsgut wird in einem Abstand von einigen cm vom Target so angeordnet, dass der Strom gesputterter Teilchen auf die Substrate trifft und dort kondensiert. Die Abb. 19.6a zeigt das Prinzip dieses Beschichtungsverfahrens.

Vorteil des Ionenstrahlverfahrens ist ein um etwa zwei Größenordnungen geringerer Druck, also ein besseres Vakuum, als bei der Plasmasputterbeschichtung. Das Target muss die Ladung des einfallenden Ionenstrahls abführen können, also leitfähig sein, oder es müssen Elektronen zur Ladungskompensation eingestrahlt werden.

Mit diesem Verfahren ist die Herstellung von Verbindungsschichten problematisch. Verbindungen, wie beispielweise Si_3N_4 werden beim Sputterprozess zerlegt und die flüchtige Komponente, im Beispiel Stickstoff, wird abgepumpt und steht für die Schichtbildung nicht mehr in der erforderlichen Menge zur Verfügung. Das Problem kann mit dem Zweistrahlverfahren gelöst werden.

Zweistrahlverfahren Beim Zweistrahlverfahren wird eine zweite Ionenquelle benutzt, deren Strahl auf das Substrat und die dort aufwachsende Schicht gerichtet ist. In Abb. 19.6b ist das Konzept dieses Beschichtungsverfahrens skizziert.

Wenn der zweite Ionenstrahl ein Edelgasionenstrahl ist, kann vor der Beschichtung die Substratoberfläche vorbehandelt und gereinigt werden. Während der Beschichtung sorgt der zweite Ionenstrahl dafür, dass locker in der Schicht gebundene Teilchen wieder reemittiert und die Qualität und Haftung der Schicht verbessert werden.

Schießt man dagegen mit dem zweiten Strahl reaktive Ionen auf das Substrat, so kommt es zu chemischen Reaktionen und zur Bildung von Verbindungsschichten [Wei76]. Im Beispiel von

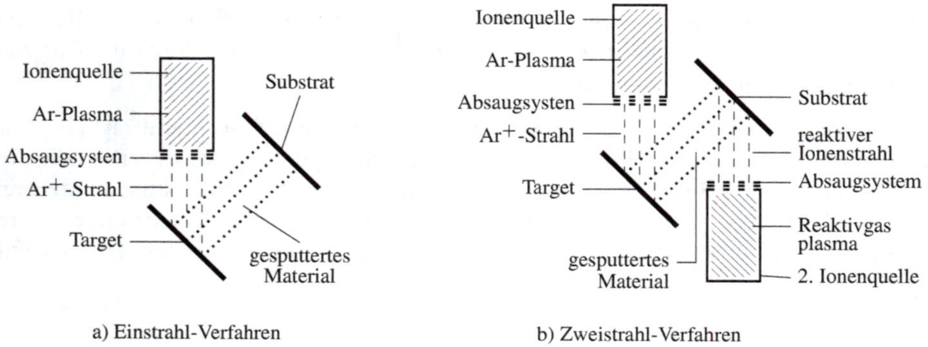

Abb. 19.6.: Anordnungen zur Beschichtung mit Ionenstrahlen, schematisch

Si_3N_4 wäre die flüchtige reaktive Komponente, also Stickstoff, nachzuliefern, indem man mit dem zweiten Ionenstrahl N^+-Ionen auf das Substrat schießt. Bei geeigneter Prozessführung erhält man die Verbindung [Erl76].

19.4. Ionenimplantation

Wenn Ionen mit einer Energie von einigen 100 keV bis einige MeV auf eine Festkörperoberfläche geschossen werden, dringen diese Ionen in den Festkörper ein und lagern sich in einem oberflächennahen Bereich des Festkörpers ab und verändern dort dessen Eigenschaften. Die mittlere Eindringtiefe der Ionen kann je nach beschossenem Material, Ionenart und Ionenenergie einige 10 nm bis über 1 µm betragen.

Das Verfahren der Ionenimplantation ist als Dotierverfahren in der Halbleitertechnologie etabliert und hat andere Dotierverfahren, wie die Diffusion, partiell verdrängt. Beispielsweise können in Silizium p-leitende Gebiete durch Bor-Implantation und n-leitende Gebiete durch Phosphor- oder Arsen-Implantation erzeugt werden [WMF00].

Die notwendige Qualität und Reinheit des Ionenstrahls wird durch eine mehrstufige Aufbereitung des Strahls in der Implantationsanlage sichergestellt. Die Ionen werden mit einer Anfangsenergie aus der Ionenquelle extrahiert. Danach durchlaufen sie ein magnetisches Sektorfeld, um die gewünschte Ionenart (Masse oder Energie) von anderen Ionen zu trennen. Schließlich werden die Ionen, die den Massefilter passiert haben, auf die benötigte Energie nachbeschleunigt, in x- und y-Richtung abgelenkt und auf den Wafer geschossen.

Als unvermeidbare Begleiterscheinung der Ionenimplantation entsteht ein Vielzahl von Defekten im Kristall, die nach Abschluss der Implantationsprozesse durch eine Temperaturbehandlung des Wafers ausgeheilt werden müssen.

19.5. Sekundärionen-Massenspektrometrie

Bei der Sekundärionen-Massenspektrometrie (SIMS) werden die während des Sputterprozesses emittierten Ionen des zerstäubten Festkörpermaterials bezüglich ihrer Masse analysiert. SIMS ist damit ein Verfahren zur Analyse der Zusammensetzung oberflächennaher Bereiche eines Festkörpers oder dünner Schichten.

In einem Sekundärionen-Massenspektrometer wird im UHV ($p \leq 10^{-8}$ Pa) ein feiner, gut fokussierter Ionenstrahl mit einem Strahldurchmesser im µm bis nm-Bereich mit einer Ionenenergie von einigen keV auf den zu analysierenden Probenbereich geschossen, so dass dort Material durch den Sputterprozess abgetragen wird. Die Sekundärionen, das sind die stets im abgestäubten Material enthaltenen Ionen des Probenmaterials, werden mit einer Ionenoptik abgesaugt, beschleunigt und fokussiert und nach Durchlaufen eines Energiefilters in einem nachgeschalteten Massenspektrometer analysiert.

Für die einzelnen Baugruppen eines Sekundärionen-Massenspektrometers, wie

- Primärionenquelle,
- Primärionenseparation,
- Ionenoptik zum Absaugen und Fokussieren der Sekundärionen,
- Massenspektrometer und
- Sekundärionennachweis

gibt es unterschiedliche technische Lösungen. Es existieren verschiedene Trennprinzipien, die sich hinsichtlich Massenbereich und Auflösung unterscheiden. Beispielsweise kann das Massenspektrometer selbst als Magnetsektor-, Quadrupol- oder Flugzeitspektometer ausgeführt sein.

Die Sekundärionen-Massenspektrometrie erlaubt es,

- die in einer Probe enthaltenen Elemente und Isotope über ihre Masse zu detektieren und als Massenspektrum zu registrieren,
- das Tiefenprofil eines Elements zu registrieren, indem das Signal als Funktion der Sputterzeit aufgenommen wird oder
- die laterale Elementverteilung durch Abrastern der Probe zu registrieren.

Bei Untersuchung an Halbleitern und dünnen Schichten lassen sich alle Stoffe des Periodensystems bis in den Spurenbereich bestimmen.

Die Sekundärionen-Massenspektrometrie wird in Richtung höherer Ortsauflösungen weiter entwickelt, wobei Anforderungen aus der Halbleiterindustrie eine treibende Kraft sind. Für den Sputterprozess werden Edelgas- und Sauerstoffionen, aber auch Metallionen (Cs^+-, Ga^+- oder In^+- Ionen) eingesetzt. Ga^+- oder In^+- Ionen werden mittels Flüssigmetall-Ionenquellen (LMIG: liquid metal ion gun) erzeugt. Dabei erreicht man für Ga^+- Ionen die feinsten Ionenstrahlen (Strahldurchmesser <10 nm). Die Ga^+-Ionen werden von einer mit Gallium beschichteten Feldemissionsspitze bei hoher Absaugspannung abgegeben [Gro13].

19.6. Ionentriebwerke

Zum Schluss betrachten wir noch eine ganz andere Anwendung von Ionenquellen, abseits der Elektronik: die Ionenquelle als Raketentriebwerk [LF67].

Bekanntlich erzeugt eine Rakete ihre Schubkraft dadurch, dass der feste oder flüssige Raketentreibstoff verbrennt und die Verbrennungsgase mit hoher Geschwindigkeit durch eine Düse ausströmen. Infolge der Impulserhaltung bekommt die Rakete den gewünschten Schub in der umgekehrten Richtung (Rückstoß).

In einem Ionentriebwerk bilden Ionen den Treibstoff, die notwendige Energie wird den Ionen durch Beschleunigung in einem elektrischen Feld zugeführt. Die erforderliche elektrische Energie kann bei einem Satelliten im Orbit von Solarzellen kontinuierlich gewonnen und nachgeliefert werden.

Indem Ionen aus dem Entladungsraum einer Ionenquelle durch das Absaugsystem extrahiert und von der Ionenquelle weg beschleunigt werden, erhalten sie einen Impuls. Der gleiche Impuls wirkt mit umgekehrtem Vorzeichen (Richtung) auf die Ionenquelle und wächst mit der Beschleunigungsspannung, der Ladung und der Masse der Ionen.

Voraussetzung für den Einsatz einer Ionenquelle als Triebwerk ist, dass die Quelle lange störungsfrei arbeitet (Größenordnung Jahre), da sie im Einsatz nicht gewartet werden kann. Als Ionentriebwerk werden Niederdruck-Bogenionenquellen (Abb. 19.3) und Hochfrequenz-Ionenquellen (Abb. 19.4) unterschiedlicher Größe und Leistung eingesetzt.

Um eine negative Aufladung des angetriebenen Raumflugkörpers als Folge der wegfliegenden positiven Ladung zu verhindern, muss dafür gesorgt werden, dass die Ladung durch einen Elektronenemitter (beheizte Wolframwendel) nach dem Absaugsystem kompensiert wird.

Wegen des geringen Schubes und des zum Betrieb erforderlichen Vakuums können Ionenquellen nicht für Raketenstarts oder Landungen genutzt werden. Im Weltraum ist das notwendige Vakuum ohne zutun vorhanden und Ionenquellen werden trotz des nur geringen Schubs, der im µN bis mN-Bereich liegt, für Bahnkorrekturen und zur Stabilisierung der Position erfolgreich eingesetzt [Lö08].

Für ein spezielles HF-Ionentriebwerk, das RIT15, welches für Bahnkorrekturen entworfen wurde, wird in [Lei00] ein Schub von 50 mN bei einer Strahlspannung von 1700 V und Xenon als Entladungsgas angegeben.

A. Anhang

A.1. Abkürzungsverzeichnis

Abk.	Bedeutung englisch	Bedeutung deutsch
AC	alternating current	Wechselstom
AM	amplitude modulation	Amplitudenmodulation
CCD	charge-coupled device	ladungsgekoppeltes Bauelement
CMOS	complementary metal-oxide-semiconductor	komplementäre Metall-Oxid-Halbleiter (-Struktur)
CNT	carbon nanotube	Kohlenstoff-Nanoröhrchen
DC	direct current	Gleichstrom
DLP	digital light processing	digitale Lichtverarbeitung
ECR	electron cyclotron resonance	Elektron-Zyklotron-Resonanz
ESMA	electron probe microanalysis	Elektronenstrahlmikroanalyse
FEA	field emission array	Feldemissionsarray
FED	field emission display	Feldemissionsdisplay
FM	frequency modulation	Frequenzmodulation
HF	high frequency	Hochfrequenz
HV	high vacuum	Hochvakuum
IC	integrated circuit	integrierte Schaltung
LCD	liquid crystal display	Flüssigkristalldisplay
LMIG	liquid metal ion gun	Flüssigmetall-Ionenquelle
MEMS	micro-electromechanical system	mikroelektromechanisches System
MOSFET	metal-oxide-semiconductor field-effect transistor	Metall-Oxid-Halbleiter-Feldeffekt-transistor
NF	low frequency	Niederfrequenz
PMMA	polymethyl acrylate	Polymethylacrylat
PTFE	polytetrafluorethylene	Polytetrafluorethylen
REM	scanning electron microscope	Rasterelektronenmikroskop
SIMS	secondary ion mass spectrometry	Sekundärionenmassenspektrometrie
TWT	travelling wave tube	Wanderfeldröhre
UHV	ultra high vacuum	Ultrahochvakuum
UKW	metric wave	Ultrakurzwelle
VFD	vacuum fluorescent display	Vakuumfluoreszenzdisplay
ZF	intermediate frequency	Zwischenfrequenz

https://doi.org/10.1515/9783110547979-271

A.2. Verwendete Formelzeichen

Für die Formelzeichen nutzen wir weitgehend die Symbolik nach DIN 1313:1998-12 [Nor09], denn eine einheitliche Symbolik verbessert die Wiedererkennung einer Größe. Griechische Buchstaben sind in einer eigenen Tabelle erfasst.

Tabelle A.2.: Häufig verwendete Formelzeichen

Symbol	Bedeutung	Einheit
A	Fläche	m^2
$\vec{a}$	Beschleunigung	$\frac{\mathrm{m}}{\mathrm{s}^2}$
$\vec{B}$	magnetische Flussdichte (magn. Induktion)	$\frac{\mathrm{V\,s}}{\mathrm{m}^2}$
C	Kapazität	F
c	**Lichtgeschwindigkeit**	$\frac{\mathrm{m}}{\mathrm{s}}$
D	Durchgriff	–
d	Abstand	m
$\vec{E}$	elektrische Feldstärke	$\frac{\mathrm{V}}{\mathrm{m}}$
e, e^-, e^+	**Elementarladung** (allg., negativ, positiv)	$\mathrm{A\,s}$
$\vec{F}$	Kraft	N
f	Frequenz	Hz
h	**Plancksches Wirkungsquantum**	$\mathrm{J\,s}$
I	elektrische Stromstärke	A
$\underline{I}$	elektrische Stromstärke, komplex	A
k	**Boltzmann-Konstante**	$\frac{\mathrm{J}}{\mathrm{K}}$
l	Länge	m
$\bar{l}$	mittlere freie Weglänge	m
m	Masse	kg
n^+, n^-	Ladungsträgerdichte	cm^{-3}
n_i	Inversionsdichte	cm^{-3}
P	Leistung	W
p	Druck	$\frac{\mathrm{N}}{\mathrm{m}^2}$
Q, q	Ladung, Probeladung	$\mathrm{A\,s}$
R	ohmscher Widerstand	Ω

Fortsetzung auf der nächsten Seite

Häufig verwendete Formelzeichen – Fortsetzung

Symbol	Bedeutung	Einheit
R	universelle Gaskonstante	$\frac{\mathrm{kg\,m^2}}{\mathrm{s^2\,mol\,K}}$
S	Steilheit	$\frac{\mathrm{mA}}{\mathrm{V}}$
T	absolute Temperatur	K
t	Zeit	s
U	elektrische Spannung	V
$\underline{U}$	elektrischen Spannung, komplex	V
$\widehat{U}$	Amplitude bei Wechselspannung	V
$u(t)$	Momentanwert der elektrischen Spannung	V
V	Verstärkung	–
V	Volumen	$\mathrm{m^3}$
$\overline{v}$	Geschwindigkeit	$\frac{\mathrm{m}}{\mathrm{s}}$
W	Arbeit, Energie	J, W s, N m
W_A	Austrittsarbeit	eV
$\underline{Z}$	komplexer Widerstand, Impedanz	Ω

Tabelle A.3.: Häufig verwendete Formelzeichen – Griechische Buchstaben

Symbol	Bedeutung	Einheit
α, β, φ	Winkel	$^\circ$
λ	Wellenlänge	m
μ^+, μ^-	Ladungsträger-Beweglichkeit	$\frac{\mathrm{m^2}}{\mathrm{V\,s}}$
ν	Frequenz des Lichtes	Hz
σ	spezifische elektrische Leitfähigkeit	$\frac{1}{\Omega\,\mathrm{m}}$
τ	Zeitkonstante	s
ω	Kreisfrequenz	$\mathrm{s^{-1}}$

A.3. Europäische Nomenklatur für Rundfunkröhren

Im Laufe der Entwicklung entstand eine große Vielfalt verschiedenster Elektronenröhrentypen, so dass sich eine Standardisierung erforderlich machte. Parallel dazu wurde in den 1930er Jahren in Europa ein System zur Typenbezeichnung (Schlüssel) für Rundfunkröhren eingeführt, welches es ermöglicht, die Heizungsart, den Röhrentyp, bevorzugte Verwendungen und die Sockelbauform zu erkennen.

Diese Typenbezeichnung besteht aus einer 2- bis 4-stelligen Buchstabenkombination und einer 1- bis 3-stelligen Zahl und ermöglicht es, die Heizungsart, das Elektrodensystem und den Röhrensockeltyp zu erkennen.

Tabelle A.4.: Europäischer Code für Elektronenröhren

Erster Buchstabe	Heizungsart
A	Parallelheizung, Heizspannung 4 V
B	Serienheizung, Heizstrom 180 mA
C	Serienheizung, Heizstrom 200 mA
D	Parallelheizung, Heizspannung 1,4 V
E	Parallelheizung, Heizspannung 6,3 V
K	Parallelheizung, Heizspannung 2 V
P	Serienheizung, Heizstrom 300 mA
U	Serienheizung, Heizstrom 100 mA
V	Serienheizung, Heizstrom 50 mA

Tabelle A.5.: Europäischer Code für Elektronenröhren

2. - 4. Buchstabe	Röhrensystem
A	Diode
B	Doppeldiode
C	Triode
D	Leistungstriode
F	Pentode
H	Hexode oder Heptode
L	Leistungspentode oder -tetrode
M	Abstimmanzeigeröhre („Magisches Auge„)
Q	Tetrode
Y	Gleichrichterröhre
Z	Doppelgleichrichterröhre

A.4. Bildquellennachweis

Dankenswerterweise haben folgende Institutionen die in den Kammern angegebenen Bilder für diese Buch bereitgestellt:

- Deutsches Röntgenmuseum, D-42897 Remscheid (Abb. 2.2, 13.1, 13.2, 13.10a)
- Förderverein „Sender Königs Wusterhausen“ e.V., 15711 Königs Wusterhausen (Abb. 11.2a und b)
- Hüttner Röntgenteste, D-91077 Hetzles (Abb. 13.12a und b)
- Petrick GmbH, 07422 Bad Blankenburg (Abb. 13.6)
- RECO Medizintechnik, Wolfgang Rentsch, D-01796 Pirna (Abb. 11.17)
- VDE-Bezirksverein Leipzig/Halle e.V., 04416 Markkleeberg (Abb. 11.5, 11.6)
- Von Ardenne Corporate Archiv in Von Ardenne GmbH 01328 Dresden (Abb. 17.9, 18.3a und b, 18.5, 18.6)

Literaturverzeichnis

[AH25] ARDENNE, Manfred v. ; HEINERT, H.: Über Widerstandsverstärker. In: *Jahrbuch der drahtlosen Telegraphie u. Telephonie* 26 (1925), S. 52 – 54

[AHP+66] ARDENNE, M. v. ; HEISING, U. ; PANZER, S. ; THIEME, O. ; HENNERBERGER, J.: Automatisiertes Elektronenstrahl-Abgleichen von Dünnschichtwiderständen mit kontinuierlichem Durchlauf der Bauelemente durch die Bearbeitungskammer. In: *Microminiaturization in automatic control equipment and in digital computers*. München : Oldenbourg, 1966, S. 531–546

[AK33] ARDENNE, Manfred v. ; KNOBLAUCH, Henning: *Die Kathodenstrahlröhre und ihre Anwendung in der Schwachstromtechnik*. Berlin : J. Springer, 1933

[All14] ALLRESIST: *Positiv-PMMA E-Beamresists AR-P 630-670er*. 2014

[Amm74] AMMANN, Ernst: *Ein neuer Röntgengenerator für hohe Leistung bei sehr kurzer Belichtungszeit*. Stuttgart, Univ. Stuttgart, Diss., 1974

[ano09] ANONYM: *Meyers Grosses Konversations-Lexikon, "Röntgenapparate"*. Bd. 17. 6. Leipzig, Wien : Bibliographisches Institut, 1909

[ano59] ANONYM: *Spezialröhren : Taschenbuch*. Berlin, Erfurt, Rudolstadt : VEB Werk f. Fernsehelektronik Berlin, VEB Funkwerk Erfurt, VEB Phönix-Röntgenröhrenwerk Rudolstadt, 1959

[ano61] ANONYM: *Empfängerröhren*. Berlin : Berlin : VEB Werk f. Fernmeldewesen - Erfurt : VEB Funkwerk - Neuhaus a. R. : VEB Röhrenwerk Anna Seghers - Mühlhausen : VEB Röhrenwerk, 1961

[ano72] ANONYM: *Spezialröhren : Taschenbuch*. Berlin, Erfurt, Rudolstadt : VEB Werk f. Fernsehelektronik Berlin, VEB Funkwerk Erfurt, VEB Phönix-Röntgenröhrenwerk Rudolstadt, 1972

[Ape67] APEL, Konstantin: *Elektronische Zählschaltungen : Eine Einf. in ihre Wirkungsweise u. Technik*. 2. Stuttgart : Franckh, 1967

[Ard40] ARDENNE, Manfred v.: *Elektronen-Übermikroskopie : Physik, Technik, Ergebnisse*. Berlin : Springer, 1940

[Ard79a] ARDENNE, Manfred v.: *Tabellen zur angewandten Physik Bd. 1, Elektronenphysik, Übermikroskopie, Ionenphysik*. 4. Berlin : Deutscher Verlag der Wissenschaften, 1979

[Ard79b] ARDENNE, Manfred v.: *Tabellen zur angewandten Physik Bd. 2., Physik und Technik des Vakuums, Plasmaphysik*. Berlin : Deutscher Verlag der Wissenschaften, 1979

https://doi.org/10.1515/9783110547979-277

[Ard81] ARDENNE, Thomas v.: *Untersuchungen zur Prozesskontrolle durch Rückstreuelektronen beim Elektronenstrahlschweissen.* Dresden, Techn. Univ., Diss., 1981

[Ard82] ARDENNE, Alexander v.: *Erzeugung und Führung von Elektronenstrahlen in Hochleistungs-Elektronenkanonen.* Karl-Marx-Stadt, TH, Diss., 1982

[Ard05] ARDENNE, Manfred v. (Hrsg.): *Effekte der Physik und ihre Anwendungen.* 3., überarb., neu strukturierte und wesentl. erw. Aufl. Frankfurt am Main : Deutsch, 2005. – OCLC: 76544395

[AST65] ARDENNE, M. v. ; SCHILLER, S. ; THIEME, O.: Elektronenstrahl-Aufdampfen von Dünnschichtwiderständen mit kontinuierlichem Durchlauf durch die Prozeßkammern. In: *Microminiaturization in automatic control equipment and in digital computers.* München : Oldenbourg, 1965, S. 523 – 530

[Bac26] BACHMANN, M.: *Vier-Röhren-Empfänger für alle Wellen : Bachmann-Bauplan Nr 30.* 1926

[Bar23] BARKHAUSEN, Heinrich: *Elektronen-Röhren.* Leipzig : S. Hirzel, 1923

[Bar65] BARKHAUSEN, Heinrich: *Barkhausen, Heinrich: Lehrbuch der Elektronen-Röhren und ihrer technischen Anwendungen, Gleichrichter und Empfänger.* Bd. 4. 9. Leipzig : Hirzel, 1965

[Bar68] BARKHAUSEN, Heinrich: *Lehrbuch der Elektronen-Röhren und ihrer technischen Anwendungen, Verstärker.* Bd. 2. 10. Leipzig : Hirzel, 1968

[Bar69a] BARKHAUSEN, Heinrich:: *Lehrbuch der Elektronen-Röhren und ihrer technischen Anwendungen, Allgemeine Grundlagen.* Bd. 1. 12. Leipzig : Hirzel, 1969

[Bar69b] BARKHAUSEN, Heinrich: *Lehrbuch der Elektronen-Röhren und ihrer technischen Anwendungen, Rückkopplung.* Bd. 3. 10. Leipzig : Hirzel, 1969

[BE25] BECKER, Karl ; EBERT, Fritz: *Sammlung Vieweg.* Bd. 75: *Metallröntgenröhren : (Wirkungsweise, Anlage, Betriebe).* Braunschweig : F. Vieweg & Sohn, 1925

[BE07] BEHRISCH, Rainer (Hrsg.) ; ECKSTEIN, Wolfgang (Hrsg.): *Sputtering by particle bombardment: experiments and computer calculations from threshold to MeV energies.* Berlin ; New York : Springer, 2007 (Topics in applied physics 110)

[Ben73] BENEKING, H.: *Feldeffekttransistoren.* Berlin, New York : Springer-Verlag, 1973 (Halbleiter-Elektronik Bd. 7)

[Bie99] BIEHL, Steffen: *Experimentelle Untersuchungen an neuartigen Feldemissionskatoden auf der Basis von Doppelbarrierensystemen.* Magdeburg, Univ. Magdeburg, Diss., 1999

[BK60] BRÜCK, L. ; KLEIN, W.: Systematik und technischer Stand der Mikrowellenröhren. In: *Frequenz* 14 (1960), Nr. 6, S. 198 – 210

[Blu99] BLUM, Martina: *Vom launischen Apparat zur präzisen Black Box : die Einführung der Glühkathodenröhren in die Röntgentechnik, 1895 - 1930.* München, Techn. Univ., Diss., 1999

[BM92] BRODIE, Ivor (Hrsg.) ; MURAY, Julius J. (Hrsg.): *The Physics of Micro/Nano-Fabrication.* Boston, MA : Springer US, 1992 `http://nbn-resolving.de/urn:nbn:de:1111-201304262923`. – OCLC: 864076570

[BMLDK09] BORUTTAU, H. (Hrsg.) ; MANN, L. (Hrsg.) ; LEVY-DORN, M. (Hrsg.) ; KRAUSE, P. (Hrsg.): *Handbuch der gesamten medizinischen Anwendungen der Elektrizität, einschließlich der Röntgenlehre.* Bd. 1. Leipzig : Thieme, 1909

[Boh25] BOHR, Niels: *Über den Bau der Atome.* 3. Berlin : Springer, 1925

[BR41] BRÜCHE, Ernst ; RECKNAGEL, A: *Elektronengeräte, Prinzipien und Systematik.* Berlin : Springerverlag, 1941

[Bra97] BRAUN, Ferdinand: Ueber ein Verfahren zur Demonstration und zum Studium des zeitlichen Verlaufs variabler Ströme. In: *Ann. d. Physik u. Chemie* 60 (1897), S. 552–559

[Bru80a] BRUEMMER, O. (Hrsg.): *Handbuch Festkörperanalyse mit Elektronen, Ionen und Röntgenstrahlen.* Braunschweig ; Wiesbaden : Vieweg, 1980

[Bru80b] BRUNSWIG, Heinrich: Zur Technikgeschichte: 50 Jahre Großsender Mühlacker. In: *Grosssender Mühlacker: zur Technik- u. Rundfunkgeschichte.* Stuttgart : Süddt. Rundfunk, 1980 (Südfunk-Hefte)

[Bru15] BRUDERER, Herbert E.: *Meilensteine der Rechentechnik: zur Geschichte der Mathematik und der Informatik.* Berlin ; Boston : Walter de Gruyter GmbH & Co. KG, 2015

[BS71] BITTEL, Heinz ; STORM, Leo: *Rauschen: Eine Einf. z. Verständnis elektr. Schwankungserscheinungen.* Berlin, New York : Heidelberg, Springer, 1971

[BSE+13] BÖER, K.W ; SIMON, Helmut ; ECKART, F ; SUHRMANN, Rudolf ; LEO, W: *Der lichtelektrische Effekt und seine Anwendungen.* Berlin : Springer Berlin, 2013. – OCLC: 864585157

[Bur47] BURKS, Arthur W.: Electronic Compution Circuits of the ENIAC. In: *Proceedings of the Institute of Radio Ingineers* Vol.35 (1947), Nr. 8, S. 756 – 767

[Bur84] BURKHARDTSMAIER, Wolfgang: *75 Jahre Sendertechnik bei AEG-Telefunken.* Ulm : AEG-Telefunken, Nachrichten- u. Verkehrstechnik, 1984

[CGW81] CARTER, George ; GRANT, William A. ; WAGEMANN, Hans G.: *Ionenimplantation in der Halbleitertechnik.* München : Hanser, 1981. – OCLC: 163447342

[CLWB12] CHROST, Wolfgang ; LEYENS, Mirja ; WIBUS, Ruth ; BATHE, Christoph: Neuartige ultraschnell rotierende Anoden für Hochleistungsröntgenröhren / Philips Medical Systems DMC GmbH. Version: 2012. http://edok01.tib.uni-hannover.de/edoks/e01fb14/791674436.pdf. 2012. – Forschungsbericht

[C.M48] C.M.: Halbleiter als Verstärker - Transistor. In: *Funk-Technik* 1948 (1948), Nr. 24, S. 616 – 617

[Con60] CONRAD, Walter: *Grundschaltungen der Funk- und Fernsehtechnik.* Leipzig : Fachbuchverl., 1960

[Coo] COOLIDGE, William D.: *Vacuum Tube*

[Cze59] CZECH, Josef: *Oszillografen-Messtechnik : Grundlagen u. Anwendungen moderner Elektronenstrahl-Oszillografen.* Berlin-Borsigwalde : Verl. f. Radio-Foto-Kinotechnik, 1959

[Dö06] DÖRFEL, Günter: *Julius Edgar Lilienfeld und William David Coolidge - ihre Röntgenröhren und ihre Konflikte.* Berlin : Max-Planck-Inst. für Wissenschaftsgeschichte, 2006

[DF08] DE FOREST, Lee: *Space telegraphy.* 1908

[Die40] DIEFENBACH, Werner W. (Hrsg.): *Fortschritte in der Fernsehtechnik und der Elektronenoptik, in: Handbuch der Funktechnik und ihrer Grenzgebiete Bd. 8.* Bd. 8. Stuttgart : Franckh, 1940

[DIN97a] DIN: *Graphische Symbole für Schaltpläne - Teil 5: Schaltzeichen für Halbleiter und Elektronenröhren (IEC 60617-5:1996); Deutsche Fassung EN 60617-5:1996.* 1997

[DIN97b] DIN, Teil 4.: *Graphische Symbole für Schaltpläne - Teil 4: Schaltzeichen für passive Bauelemente (IEC 60617-4:1996); Deutsche Fassung EN 60617-4:1996.* 1997

[DIN06] DIN: *Medizinische elektrische Geräte - Röntgenstrahler für medizinische Diagnostik - Kennwerte von Brennflecken (DIN EN 60336:2006-09).* 2006

[DIN15] DIN E.V: *Qualitätssicherung an Röntgeneinrichtungen Richtlinien, Erläuterungen, Normen.* Berlin : Beuth Verlag GmbH, 2015 http://nbn-resolving.de/urn:nbn:de:101:1-2014120719123. – OCLC: 899164524

[DK57] DIEFENBACH, Werner W. (Hrsg.) ; KRETZER, Kurt (Hrsg.): *Handbuch für Hochfrequenz- und Elektro-Techniker.* Bd. V. Berlin-Borsigwalde : Verlag für Radio-Foto-Kinotechnik, 1957

[DK14] DITTMANN, Frank (Hrsg.) ; KAHMANN, Martin (Hrsg.): *Geschichte der elektrischen Messtechnik: Messen mit und von Elektrizität: Beiträge der Veranstaltung des VDE-Ausschusses "Geschichte der Elektrotechnik"vom 02.11. bis 03.11.2009 im Technischen Museum Wien.* Berlin : VDE Verlag GmbH, 2014 (Geschichte der Elektrotechnik 25). – OCLC: ocn880840718

[DM45] DOSSE, Joachim ; MIERDEL, Georg: *Der elektrische Strom im Hochvakuum und in Gasen : Einf. in d. physik. Grundlagen.* 2. Leipzig : Hirzel, 1945

[Dur65] DURAND, Michel: *Philips technische Bibliothek.* Bd. 17: *Kaltkatoden-Thyratrons : Industrielle Anwendungen.* Eindhoven : Philips, 1965

[Ede98] EDELMANN, Christian: *Vakuumphysik: Grundlagen, Vakuumerzeugung und -messung, Anwendungen.* Heidelberg : Spektrum Akad. Verl, 1998. – OCLC: 247624808

[Egg27] EGGERS, Werner: *Ueber eine neue Metall-Porzellan-Röntgenröhre und ihre Verwend. z. Nachweis d. Strukturänderungen v. warm- u. kaltbearbeiteten Materialen.* Halle, Uni Halle, Diss., 1927

[EHY+16] EVTUKH, Anatoliy ; HARTNAGEL, Hans ; YILMAZOGLU, Oktay ; MIMURA, Hidenori ; PAVLIDIS, Dimitris: *Vacuum Nanoelectronic Devices Novel Electron Sources and Applications.* 2016 `http://nbn-resolving.de/urn:nbn:de:101:1-20160504861`. – OCLC: 951119356

[Eis12] EISENBARTH, Gerhard: *Außensteuerröhren: ein historisches Röhren-Funktionsprinzip.* Dessau-Roßlau : Funk-Verl. Hein, 2012

[EJ20] ECCLES, William H. ; JORDAN, Frank W.: *Improvements in Ionic Relays.* August 1920

[ele18] ELECTRONIC, ET-System: *LAB/IGBT Hochleistungsquellen bis 100kW.* 2018

[Erl76] ERLER, Hans-Jörg: *Untersuchungen zur reaktiven Ionenstrahlzerstäubung.* Karl-Marx-Stadt, Techn. Hochsch., Diss., 1976

[Erv38] ERVEN, P.: Produktion und Absatz des Volksempfängers VE301. In: *Rundfunk-Grosshändler* 6 (1938)

[Eul83] EULER, Gerhard: *Hochleistungs-Senderöhren für Rundfunk und Forschung.* 1. Aufl. Hamburg : Boysen + Maasch, 1983. – OCLC: 74607436

[Feh38] FEHR, Werner: *Von der ersten Röntgenröhre zur neuzeitlichen Röntgen-Großanlage.* Hamburg, Berlin : C. H. F. Müller, 1938

[Fie72] FIEDLER, Otto: *Beitrag zur Entwicklung und Anwendung von Verfahren der Ionenzerstäubung.* Karl-Marx-Stadt, Techn. Hochsch., Diss., 1972

[FK87] FREY, Hartmut (Hrsg.) ; KIENEL, Gerhard (Hrsg.): *Dünnschichttechnologie.* Düsseldorf : VDI-Verlag, 1987. – OCLC: 17203693

[Fle04] FLEMING, John A.: *Improvements in Instruments for detecting and measuring alternating electric currents, Britisches Paten Nr. 24,850.* 1904

[FR12] FAN, Yongchang ; ROSE, Mervyn: Field Emission Displays (FEDs). In: CHEN, Janglin (Hrsg.): *Handbook of visual display technology* Bd. 2. Berlin; Heidelberg : Springer, 2012

[Fre84] FREITAG, Horst: *Einführung in die Zweitortheorie: mit 34 Beispielen und 12 Tafeln*. 3., neubearb. u. erw. Aufl. Stuttgart : Teubner, 1984 (Teubner-Studienskripten Elektrotechnik 64)

[Fri99] FRIEDEWALD, Michael: *Die "Tönenden Funken": Geschichte eines frühen drahtlosen Kommunikationssystems, 1905-1914*. Berlin : Verlag für Geschichte der Naturwissenschaften und der Technik, 1999 (Aachener Beiträge zur Wissenschafts- und Technikgeschichte des 20. Jahrhunderts Bd. 2)

[Geh16] GEHRCKE, Ernst: *Handbuch der Radiologie*. Bd. 3: *Glimmentladung*. Leipzig : Akad. Verl.-Gesellsch., 1916

[Geh27] GEHRTS, A: Elektronenröhren. In: *Taschenbuch der drahtlosen Telegraphie und Telephonie*. Berlin, Heidelberg : Springer, 1927, S. 438 – 521

[Ger67] GERLACH, Walther: *Das Vakuum in Geistesgeschichte, Naturwissenschaft u. Technik*. München, 1967

[Gla95] GLASSER, Otto: *Wilhelm Conrad Röntgen und die Geschichte der Röntgenstrahlen*. 3., erw. Aufl. Berlin Heidelberg New York : Springer, 1995. – OCLC: 246739821

[Gmb89] GMBH, Philips (Hrsg.): *Datenbuch Farbbildröhren- Farbmonitorröhren-Systeme*. Heidelberg : Hüthig, 1989. – OCLC: 830877681

[Gmb18] GMBH, Petrick: *Datenblatt Röntgenröhre P030.24.12F100W*. 2018

[Goe22] GOETZ, Alexander: *Physik und Technik des Hochvakuums*. Braunschweig : Vieweg & Sohn, 1922 (Sammlung Vieweg 64)

[Goe50] GOEBEL, Gerhard: Der Deutsche Rundfunk bis zum Inkrafttreten des Kopenhagener Wellenplans. In: *Archiv für das Post- und Fernmeldewesen*. Frankfurt am Main : Bundesministerium für Post- und Fernmeldewesen, 1950, S. 353– 443

[GR33] GEFFCKEN, Heinrich ; RICHTER, Hans: *Die Photozelle in der Technik*. Berlin : Deutschliterar. Inst. Schneider, 1933

[Gre17] GREENE, J. E.: Review Article: Tracing the recorded history of thin-film sputter deposition: From the 1800s to 2017. In: *J. Vac. Sci. Technol. A* 35 (2017), Nr. 5. https://doi.org/10.1116/1.4998940

[Gro52] GROVE, William R.: On the electro-chemical polarity of gases. In: *Phil. Trans. R. Soc. Lond.* 142 (1852), S. 87–101

[Gro13] GROSS, Jürgen H.: *Massenspektrometrie: ein Lehrbuch*. Berlin Heidelberg : Springer Spektrum, 2013. – OCLC: 813765733

[GS24] GÜNTHER-SCHULZE, Adolf: *Elektrische Gleichrichter und Ventile*. München, kempten : J. Kössek & F. Pustet, 1924 (Lebende Bücher)

[Haa61] HAAS, Gerhard: *Grundlagen und Bauelemente elektronischer Ziffern-Rechenmaschinen*. Eindhoven : Philips, 1961 (Philips technische Bibliothek)

[Hae87] HAEFER, René A.: *Oberflächen- und Dünnschicht-Technologie*. Berlin ; New York : Springer, 1987 (Werkstoff-Forschung und -Technik Bd. 5-6)

[Ham86] HAMMER, Klaus: *Plasma-Ionenquellen für die Dünnschichttechnik*. Karl-Marx-Stadt, Techn. Univ., Diss., 1986

[Ham12] HAMAMATSU: *Datenblatt: Ultra-fast Photodetector Biplanar Phototubes R12290U-Series, R1328U-Series*. `http://www.hamamatsu.com/resources/pdf/etd/R12290U_R1328U_TPT1028E.pdf`. Version: 2012

[Ham16a] HAMAMATSU: *Datenblatt Phototubes*. 2016

[Ham16b] HAMAMATSU: *Photomultipier Tubes and Related Products*. `https://www.hamamatsu.com/eu/en/product/category/3100/3001/index.html`. Version: 2016

[Han20] HANSON, Earl C.: *Telephone apparatus for the deaf*. 1920

[Har57] HARTMANN, Werner: *Kernphysikalische Meßgeräte*. Dresden, Techn. Hochschule, Diss., 1957

[Hau13] HAUSRATH, Hans: *Apparate und Verfahren zur Aufnahme und Darstellung von Wechselstromkurven und elektrischen Schwingungen*. Leipzig : Hachmeister & Thal, 1913

[HH78] HEIMANN, Bernd ; HEIMANN, Walter: Fernsehkameraröhren - Eigenschaften und Anwendungen. In: *Fernseh- und Kinotechnik* 32 (1978), Nr. 9 und 10, S. 341 ff und 395 ff

[Hil14] HILLERINGMANN, Ulrich: *Silizium-Halbleitertechnologie: Grundlagen mikroelektronischer Integrationstechnik*. 6., korr. und verb. Aufl. Wiesbaden : Springer Vieweg, 2014. – OCLC: 894721238

[HKHC12] HEO, Sung H. ; KIM, Hyun J. ; HA, Jun M. ; CHO, Sung O.: A vacuum-sealed miniature X-ray tube based on carbon nanotube field emitters. In: *Nanoscale Res Lett* 7 (2012), Mai, S. 258

[HM14] HAN, Jin-Woo ; MAYYAPPAN, M.: Nanoscale Vacuum Channel Transistor. Toronto : IEEE, 2014 (Proceedings of the 14th IEEE International Conference on Nanotechnology)

[Hol98] HOLZINGER, Andreas: *Von der Wachskerze zur Glühlampe: fächerübergreifende Einführung und historische Entwicklung der Lichttechnik ; mit 8 Tabellen und aktuellen Internetadressen*. Thun : Deutsch, 1998 (Deutsch-Taschenbücher 95). – OCLC: 75916960

[Hoo17] HOOIJMANS, Pieter: *EQ40 and EQ80*. `https://www.maximus-randd.com/eq40-and-eq80.html#other`. Version: 2017

[HW50] HERRMANN, Günther ; WAGENER, Siegfried: *Die Oxydkathode, 2.Teil: Technik und Physik*. 2. Leipzig : J. A. Barth, 1950

[Jä94] JÄGER, Kurt (Hrsg.): *Gespeicherte Energie: Geschichte der elektrochemischen Energiespeicher*. Berlin : VDE-Verlag, 1994 (Geschichte der Elektrotechnik 13)

[Jae32] JAEGER, Wilhelm: *Geschichtliche Einzeldarstellungen aus der Elektrotechnik*. Bd. 4: *Die Entstehung der internationalen Masse der Elektrotechnik*. Berlin : J. Springer, 1932

[JW06] JOUSTEN, Karl (Hrsg.) ; WUTZ, Max (Hrsg.): *Wutz Handbuch Vakuumtechnik: Theorie und Praxis ; mit 109 Tabellen*. 9., überarb. und erw. Aufl. Wiesbaden : Vieweg, 2006. – OCLC: 179999145

[Kah30] KAHLSON, Georg: *Elektrokardiographie mit Röhrenvoltmeter, Sonderdruck aus Handbuch d. biolog. Arbeitsmethoden*. München, Uni München, Diss., 1930

[Kai13] KAISER, Christoph: *Mikrowellenangeregte quecksilberfreie Hochdruckgasentladungslampen*. Karlsruhe, Karlsruher Institut für Technologie, Diss., 2013

[Kap55] KAPZOW, N. A.: *Elektrische Vorgänge in Gasen und im Vakuum*. Berlin : Deutscher Verlag der Wissenschaften, 1955

[Kas05] KASSING, Rainer (Hrsg.): *Lehrbuch der Experimentalphysik Bd. 6., Festkörper*. Berlin : de Gruyter, 2005

[Kat30] KATZ, H.: Der technische Aufbau des Großrundfunksenders Heilsberg. In: *Der ostpreussische Großsender Heilsberg*. Königsberg : Ostmarken-Rundfunk A. G., 1930

[Kes44] KESSLER, Gerhart: *Temperaturbedingte Stromschwankungen in der Glühkathodenverstärkerröhre und ihre Auswirkung insbesondere beim Gleichspannungsverstärker*. Stuttgart, Techn. Hochsch., Diss., 1944

[KH77] KULLMANN, Joachim ; HARTIG, Horst: Anwendung von Fotovervielfachern, Teil 1 - 3. In: *Radio Fernsehen Elektron.* 26 (1977), Nr. 19/20, 21/22, 23/24

[KK53] KMENT, Vítězslav ; KUHN, Arno: *Technisch-physikalische Monographien*. Bd. 6: *Das Geiger-Müller-Zählrohr : Aufbau, Schaltung u. Handhabung*. Leipzig : Geest & Portig, 1953

[KK05] KLOCKE, Fritz ; KÖNIG, Wilfried: *Fertigungsverfahren*. Berlin ; New York : Springer, 2005

[KL17] KÜPFERLE, Leopold ; LILIENFELD, Julius E.: *Grundlagen therapeutischer Anwendung von Röntgenstrahlen*. Freiburg i. B. ; Leipzig : Speyer & Kaerner, 1917

[Kle61] KLEINT, Christian: *Theoretische Betrachtungen und Experimente zum Funkelrauschen bei Feldemission*. Leipzig, Univ. Leipzig, Diss., 1961

[Klu87] KLUENDER, Katrin: *Konzeption, Herstellung und Erprobung von Kurzzeit-Fotozellen mit verbesserter Zeitauflösung*. Berlin, Humboldt-Univ., Diss., 1987

[Kno35] KNOLL, M: Aufladepotential und Sekundäremission elektronenbestrahlter Körper. In: *Z. tech. Phys* 16 (1935) (1935), S. 467 – 475

[Koc59] KOCH, Richard C.: *Transistor Radio Apparatus*. Indianapolis, 1959

[KOR35] KNOLL, M ; OLLENDORFF, F ; ROMPE, R: *Gasentladungs- Tabellen: Tabellen, Formeln und Kurven zur Physik und Technik der Elektronen und Ionen*. 1935 `http://link.springer.com/openurl?genre=book&isbn=978-3-642-89188-5`. – OCLC: 913637224

[Kow13] KOWARSCHIK, Josef: *Die Diathermie*. Berlin, 1913

[Kow20] KOWARSCHIK, Josef: *Elektrotherapie : Ein Lehrbuch*. Berlin : Springer, 1920

[KP58] KLEEN, Wernerr ; PÖSCHL, Klaus: *Einführung in die Mikrowellen-Elektronik, Teil 2 Lauffeldröhren*. Stuttgart : S. Hirzel, 1958

[KR17] KOCH, Christian ; RINKE, Titus J.: *Fotolithografie : Grundlagen der Mikrostrukturierung*. 1. Ulm : MicroChemicals GmbH, 2017

[Kre54] KRETZMANN, Reinhard: *Handbuch der industriellen Elektronik*. Berlin-Borsigwalde : Verlag für Radio-Foto-Kinotechnik, 1954

[Kre72] KREISELMEIER, Hans-Gert: *Untersuchungen zur Hochfrequenzzerstäubung*. Karl-Marx-Stadt, Techn. Hochsch., Diss., 1972

[Kum89] KUMMER, Manfred: *Grundlagen der Mikrowellentechnik*. 2., durchges. Aufl. Berlin : Verl. Technik, 1989. – OCLC: 75034452

[KW16] KOLANOSKI, Hermann ; WERMES, Norbert: *Teilchendetektoren: Grundlagen und Anwendungen*. Berlin Heidelberg : Springer Spektrum, 2016. – OCLC: 932681661

[Lö08] LÖB, Horst: Die Gießener Ionen-Raketentriebwerke. In: *Giessener Universitätsblätter* 41 (2008), S. 37–45

[Lan81] LANGE, Hartmut: *Untersuchungen zur optischen Raum-Zeit-Struktur von ac-Plasmadisplaymodellentladungen*. Greifswald, Uni Greifswald, Diss., 1981

[LC94] LILJEQUIST, Gösta H. ; CEHAK, Konrad: *Allgemeine Meteorologie: mit 24 Tab.* 3., überarb. und erw. Aufl., 3. Nachdr. Braunschweig : Vieweg, 1994. – OCLC: 180593713

[Lei00] LEITER, Hans J.: *Entwicklung und physikalische Untersuchung eines Hochfrequenz-Ionentriebwerks unter besonderer Berücksichtigung des Extraktionsgittersystem*. Gießen, Univ. Gießen, Diss., 2000

[LF67] LÖB, Horst ; FREISINGER, Josef: *Sammlung Vieweg*. Bd. Bd. 126: *Ionenraketen*. Braunschweig : Vieweg, 1967

[Lie06] LIEBEN, Robert v.: *Kathodenstrahlrelais*. 1906

[Lie73] LIEBE, Wolfgang: *Probleme der Optimierung des Wickelvorganges unter Berücksichtigung der wesentlichsten mathematisch-physikalischen Zusammenhänge zur Stabilisierung und Verbesserung der Qualität des Erzeugnisses, dargestellt am Beispiel der Herstellung von Spanngittern für Elektronenröhren*. Ilmenau, TH, Diss., 1973

[Lil10] LILIENFELD, Julius E.: *Die Elektrizitätsleitung im extremen Vakuum, in: Analen der Physik, No 9, 1910, S. 673 - 738*. Leipzig, Univ. Leipzig, Habilitationsschrift, 1910

[Lil19] LILIENFELD, Julius E.: Die Hochvakuum-Röntgenröhren. In: *Jahrbuch der Radioaktivität und Elektronik* Bd. 16. Leipzig : Hirzel, 1919, S. 105 – 189

[Lim51] LIMANN, Otto: *Radio-Praktiker-Bücherei*. Bd. 33: *Röhrenvoltmeter*. München : Franzis, 1951

[Liu12] LIU, David N.: Plasma Display Panels. In: CHEN, Janglin (Hrsg.): *Handbook of visual display technology* Bd. 2. Berlin Heidelberg : Springer, 2012

[LRS10] LIEBEN, Robert v. ; REISZ, Eugen ; STRAUSS, Siegmund: *Relais für undulierende Ströme, bei welchem durch die zu verstärkenden Stromschwankungen ein Ionisator beeinflusst wird*. 1910

[LRS12] LIEBEN, Robert v. ; REISZ, Eugen ; STRAUSS, Siegmund: *Relais für undulierende Ströme (Zusatz zum Patent 236716)*. 1912

[LST28] LENARD, Philip ; SCHMIDT, Ferd. ; TOMASCHEK, R.: *Phosphoreszenz und Fluoreszenz, in Handbuch der Experimentalphysik*. Bd. 23, Teil 1 u. 2. Leipzig : Akademische Verlagsgesellschaft, 1928

[Mü21] MÜLLER, C.H.F.: *Die Entwicklung der Röntgenröhre von 1914 bis 1920*. Hamburg, 1921

[Man88] MANNEBACH, Hermann: *Hundert Jahre Herzgeschichte: Entwicklung der Kardiologie 1887 - 1987*. Berlin : Springer, 1988. – OCLC: 20895245

[Mar19] MARX, Erich: Röntgenstrahlen. In: *Handbuch der Radiologie* Bd. 5. Leipzig : Akad. Verl. Ges., 1919

[Mau09] MAUL, Thomas: *CMOS-integrierte Feldemissionsspitzen*. München, Techn. Univ., Diss., 2009

[Max10] MAXIM: *Serial-Interfaced VFD Tube Driver MAX6921*. 2010

[Men52] MENDE, Herbert G.: *Radio-Röhren: Wie sie wurden, was sie leisten und anderes, was nicht im Barkhausen steht*. 2. München : Franzis Verlag, 1952 (Radio-Praktiker-Bücherei)

[Men66] MENDE, Herbert G.: *Radio-Röhren: Wie sie wurden, was sie leisten und anderes, was nicht im Barkhausen steht*. 3. München : Franzis Verlag, 1966 (Radio-Praktiker-Bücherei)

[MGL92] MEINKE, Hans H. (Hrsg.) ; GUNDLACH, Friedrich W. (Hrsg.) ; LANGE, Klaus (Hrsg.): *Taschenbuch der Hochfrequenztechnik. Bd. 2: Komponenten.* 5., überarb. Aufl. Berlin : Springer, 1992. – OCLC: 311625796

[Mic18] MICROTONANO: *Electron-Source-Performance-Tabelle.* `https://www.microtonano.com`. Version: Juli 2018

[MKW86] MASSWIG, Ingrid ; KRAUSE, Rolf A. ; WOLF, Manfred: *Medizintechnik in Krankenhaus und Praxis.* Bd. 4: *Röntgen-Generatoren.* Berlin ; New York : de Gruyter, 1986

[Mul] MULLARD: *Mullard-Datenblatt DDR100, Accelerometer Double Diode*

[Nü52] NÜSSLEIN, Günter: *Schriftenreihe des Verlages Technik.* Bd. 56: *Gleichspannungsverstärker.* Berlin : Technik, 1952

[NGR39] NENTWIG, Kurt ; GEFFCKEN, Heinrich ; RICHTER, H.: *Die Glimmröhre in der Technik.* 3. Berlin-Tempelhof : Deutschliterar. Inst. Schneider, 1939

[noa40] *Verzeichnis der Rundfunksender in Europa und den Nachbarländern im Bereich von 150 kHz (2000 m) bis 1560 kHz.* 1940

[Nor09] NORMUNG, Deutsches I. (Hrsg.): *Formelzeichen, Formelsatz, mathematische Zeichen und Begriffe: Normen.* 3. Aufl., Stand der abgedr. Normen: Januar 2009. Berlin : Beuth, 2009 (DIN-Taschenbuch Normung, Konstruktion, Messwesen 202). – OCLC: 370751448

[Oll61] OLLENDORFF, Franz: *Technische Elektrodynamik, Bd. 2. Innere Elektronik / Schwankungserscheinungen in Elektronenröhren.* Wien : Springerverlag, 1961

[Pfe62] PFEIFER, Harry: *Elektronisches Rauschen, Teil : Rauschquellen.* Aachen : Verl. J.A.Mayer, 1962

[PG87] PHILIPS GMBH, Valvo Unternehmensbereich B. (Hrsg.): *Fotovervielfacher, Elektronenvervielfacher, -Einzelkanäle, -Vielkanalplatten: Datenbuch.* Heidelberg : Hüthig, 1987 (Elektronik. Valvo). – OCLC: 74972797

[Pic06] PICHLER, Franz: *Robert von Lieben: 100 Jahre Patent Kathodenstrahlenrelais.* Linz : Trauner, 2006 (Schriftenreihe Geschichte der Naturwissenschaften und der Technik Bd. 7)

[Pit59] PITSCH, Helmut: *Lehrbuch der Funkempfangstechnik, insbesondere der Rundfunkempfangstechnik.* Bd. 1. Leipzig : Akadem. Verl.-Ges. Geest & Portig, 1959

[Pit60] PITSCH, Helmut: *Lehrbuch der Funkempfangstechnik, insbesondere der Rundfunkempfangstechnik.* Bd. 2. Leipzig : Akadem. Verl.-Ges. Geest & Portig, 1960

[Plu96] PLUECKER, Julius: Fortgesetzte Beobachtungen über elektrische Entladungen. In: POCKELS, Friedrich (Hrsg.): *Gesammelte physikalische Abhandlungen.* Leipzig : Teubner, 1896, S. 516 f

[Por79] PORST, Alfred: *Bipolare Halbleiter*. 2., überarb. Aufl. d. Buches Halbleiter. München, Heidelberg Hüthig & Pflaum, 1979. – OCLC: 251315283

[Pre70] PRELLWITZ, F.: Die Entwicklung der Röntgentechnik im Hause Siemens. In: *Electromedica / Deutsche Ausgabe* 6 (1970), Nr. 1970, S. 337 ff

[Pro06] PROESE, Michael: *Chiffriermaschinen und Entzifferungsgeräte im Zweiten Weltkrieg: Technikgeschichte und informatikhistorische Aspekte*. München : M Press ; Meidenbauer, 2006 (Forum Wissenschaftsgeschichte 2). – OCLC: ocm64626295

[PTB07] PTB: *Das internationale Einheitensystem (SI), PTB Mitteilungen*. 2007

[Rö15] RÖNTGEN, Wilhelm C.: *W. C. Röntgens Grundlegende Abhandlungen über die X-Strahlen: Zum 70. Geburtstag d. Verf. / hrsg. von d. Physik.-Medizin. Gesellschaft in Würzburg*. Würzburg : Kabitzsch, 1915

[Rai03] RAITH, Wilhelm (Hrsg.): *Lehrbuch der Experimentalphysik Bd. 4., Bestandteile der Materie : Atome, Moleküle, Atomkerne, Elementarteilchen*. 2. Berlin ; New York : de Gruyter, 2003

[Rai06] RAITH, Wilhelm: *Elektromagnetismus*. 9., Aufl. Berlin : de Gruyter, 2006 (Lehrbuch der Experimentalphysik 2). – OCLC: 605692068

[Rat55] RATHEISER, Ludwig: *Röhren-Handbuch*. München : Franzis, 1955

[RBL56] ROTTGARDT, Karl Heinrich J. ; BERTHOLD, Wolfgang ; LUTZ, Helmut: *Fernsehbildröhren für Schwarz-Weiss-Fernsehen*. Berlin-Charlottenburg : Lang, 1956

[Rei82] REISSE, Günter: *Beiträge zur ionengestützten Abscheidung dünner Schichten und Modifizierung von Festkörperoberflächen*. Karl-Marx-Stadt, Techn. Univ., Diss., 1982

[Ren85] RENTSCH, Wolfgang: *Kurzwellen- und Mikrowellentherapie*. Jena : Fischer, 1985

[rin53] Elektronenröhren. In: RINT, Curt (Hrsg.): *Handbuch für Hochfrequenz- und Elektro-Techniker* Bd. 2. Berlin-Borsigwalde : Verl. f. Radio-Foto-Kinotechnik, 1953

[RM91] RUGE, Ingolf ; MADER, Hermann: *Halbleiter-Technologie*. 3., völlig neubearb. und erw. Aufl. Berlin : Springer, 1991 (Halbleiter-Elektronik 4). – OCLC: 75194910

[Roc56] ROCHLITZ, Sternradio: Rauschgenerator RG1. (1956), Nr. 20, S. 616–617

[Ros77] ROST, Manfred: *Untersuchungen zur Ionenzerstäubung von Polymeren unter besonderer Berücksichtigung von PTFE*. Karl-Marx-Stadt, TH, Diss., 1977

[Ros84] ROST, Manfred: *Untersuchungen zur Ionenzerstäubung und die Zerstäubungstechnik als Veredlungsverfahren für Schneidzeuge*. Karl-Marx-Stadt, Technische Hochschule, Diss., 1984

[Rum61] RUMPF, Karl-Heinz: *Elektronik in der Fernsprech-Vermittlungstechnik.* Berlin : Technik, 1961

[RW13] ROST, Manfred ; WEFEL, Sandro: *Elektronik für Informatiker: von den Grundlagen bis zur Mikrocontroller-Applikation.* München : Oldenbourg Verlag, 2013

[RW16] ROST, Manfred ; WEFEL, Sandro: *Sensorik für Informatiker: Erfassung und rechnergestützte Verarbeitung nichtelektrischer Messgrößen.* Berlin : De Gruyter Oldenbourg, 2016. – OCLC: 953720956

[Ryn43] RYNDYK, Myroslaw: *Ionisationskammer in Verbindung mit einer Elektrometerröhre.* Prag, Karls-Univ., Diss., 1943

[Sag68] SAGGAU, Boye: *Die positive Edelgasdiffusionssäule und ihre periodischen Schwankungserscheinungen.* Stuttgart, Univ. Stuttgart, Diss., 1968

[Sch26] SCHWANDT, Erich: Die neuen Mehrfachröhren. In: *Funkbastler : Fachblatt des Deutschen Funktechnischen Verbandes e.V.* (1926), Nr. 44, S. 537–539

[Sch32] SCHRÖTER, Fritz (Hrsg.): *Handbuch der Bildtelegraphie und des Fernsehens : Grundlagen, Entwicklgsziele u. Grenzen d. elektr. Bildfernübertragung.* Berlin : J. Springer, 1932

[Sch41] SCHREYER, Helmut: *Das Röhrenrelais und seine Schaltungstechnik.* Berlin, Techn. Hochschule, Diss., 1941

[Sch43] SCHINTLMEISTER, Josef: *Die Elektronenröhre als physikalisches Meßgerät : Röhrenvoltmeter, Röhrengalvanometer, Röhrenelektrometer.* Wien : Springerverlag, 1943

[Sch55] SCHREYER, Helmut: *Schaltungsanordnung eines elektrischen Kombinationsspeicherwerkes.* Dezember 1955

[Sch57] SCHAAFFS, W. ; FLÜGGE, S. (Hrsg.): *Erzeugung von Röntgenstrahlen, in: Handbuch der Physik.* Bd. 30. Berlin u.a. : Springer, 1957

[See16] SEELIGER, Rudolf: *Handbuch der Radiologie.* Bd. 3: *Die positive Säule.* Leipzig : Akad. Verl.-Gesellsch., 1916

[SG21] SCHULZE, Günther ; GERMERSHAUSEN, Werner: *Übersicht über den heutigen Stand der Gleichrichter.* Leipzig : v. Hachmeister & Thal, 1921

[SHP77] SCHILLER, Siegfried ; HEISIG, Ullrich ; PANZER, Siegfried: *Elektronenstrahltechnologie.* Stuttgart : Wiss. Verl.-Ges, 1977. – OCLC: 4252346

[Sie39] SIEMENS: *Verstärker-Elektrokardiograph.* 1939

[Sko30] SKOWRONEK, Karl: *Zur Entwicklung der Elektronenverstärker-Röhre (Lieben-Röhre).* Greifswald, Diss., 1930

[SM16] SCHARF, Rainer ; MIDDELMANN, Thomas: Paradigmenwechsel im Internationalen Einheitensystem (SI). In: *PTB-Mitteilungen* 126 (2016), Nr. Heft 2

[Spe63] SPEISER, Ambros P.: *Impulsschaltungen : Erzeugung u. Verarbeitung von Impulsen mit Röhren u. Transistoren.* Berlin ; Göttingen ; Heidelberg : Springer, 1963

[Spi68] SPINDT, C. A.: A Thin Film Field Emission Cathode. In: *Journal of Applied Physics* 39 (1968), S. 3504 – 3505

[Spr36] SPREITHER, Franz: Rundfunkröhren von vorgestern bis heute. In: *Rundfunk-Grosshändler* 5 (1936), Nr. 5, S. 204 – 214

[Ste98] STEYER, Martin: Eine Legende - der Loewe-Ortsempfänger. In: *Funkamateur* 47 (1998), Nr. 12, S. 1376–1377

[Sto53] STOCK, Otto: *Schriftenreihe des Verlages Technik.* Bd. 130: *Gasgefüllte Glühkatodenröhren und ihre Anwendung.* Berlin : Technik, 1953

[Sto85] STOLZ, Werner: *Wissenschaftliche Taschenbücher.* Bd. 297: *Messung ionisierender Strahlung : Grundlagen u. Methoden.* Berlin : Akademie-Verlag, 1985

[Sto89] STOLZ, Werner: *Messung ionisierender Strahlung: Grundlagen und Methoden.* 2., berichtigte Aufl. Berlin : Akad.-Verl, 1989 (Wissenschaftliche Taschenbücher Reihe Mathematik und Physik 297). – OCLC: 75063535

[Str40] STRUTT, Maximilian J. O.: *Moderne Mehrgitter-Elektronenröhren: Bau, Arbeitsweise, Eigenschaften, elektrophysikal. Grundlagen.* Berlin : Springer, 1940

[Str85] STRESOW, Gerhard: Hochvakuum-Pumpstände im Wandel der Zeiten. In: *Vakuuminformation* (1985), Nr. 14

[Str91] STRÜMPFEL, Johannes: *Prozessstabilisierung beim reaktiven Hochratezerstäuben mittels optischer Emissionsspektroskopie zur industriellen Herstellung von Indium-Zinn-Oxidschichten und Titandioxidschichten.* Chemnitz, Techn. Univ., Diss., 1991

[SW67] STEUDEL, Eberhard ; WUNDERER, Peter: *Technischphysikalische Sammlung.* Bd. 6: *Gleichstromverstärker kleiner Signale.* Frankfurt a.M. : Akademische Verlagsges., 1967

[Tei74] TEICHMANN, Jürgen: *Zur Entwicklung von Grundbegriffen der Elektrizitätslehre, insbesondere des elektrischen Stromes bis 1820.* Hildesheim : Gerstenberg, 1974 (Arbor scientiarum : Reihe A, Abhandlungen Bd. 4)

[Tha69] THARANT, Herbert: Totaldruckmeßgeräte für den Druckbereich von 760 Torr bis 10^(-12)Torr aus dem VEB Hochvakuum Dresden. In: *Vakuuminformation* (1969), Nr. 2

[Thu34] THUN, Rudolph: *Fernsehen und Bildfunk : Die allg. Grundlagen ; Der gegenwärtige Stand.* Stuttgart : Franckh, 1934

[TSG16] TIETZE, Ulrich ; SCHENK, Christoph ; GAMM, Eberhard: *Halbleiter-Schaltungstechnik.* 15., überarbeitete und erweiterte Auflage. Berlin Heidelberg : Springer Vieweg, 2016. – OCLC: 932683749

[TUR67] TUR: *Diagnostik-Zweipuls-Röntgengenerator TuR D 350.* 1967

[Ung94] UNGER, Hans-Georg: *Hochfrequenztechnik in Funk und Radar.* 4., überarb. und erw. Aufl. Stuttgart : Teubner, 1994 (Teubner-Studienskripten Elektrotechnik 18). – OCLC: 75392849

[VC92] VASQUEZ, Babara ; CHANDLER, Ariz: *Method for Forming a Field Emission Device.* August 1992

[Vog11] VOGEL, Burkhard: *The sound of silence: lowest-noise RIAA phono-amps: designer's guide.* Berlin ; New York : Springer, 2011

[Wal] WALZ, Rüdiger: *Home-made Electron Tube Replica (Valve Workshop).* `www.ruediger-walz.homepage.t-online.de/`

[Web48] WEBER, Arthur: *Die Elektrokardiographie und andere graphische Methoden in der Kreislaufdiagnostik Weber, Arthur. - Berlin [usw.] : Springer, 1948, 4. Aufl.* 4. Berlin : Springer, 1948

[Web06] WEBER, Larry F.: History of the Plasma Display Panel. In: *IEEE Transactions on Plasma Science* 34 (2006), Nr. 2, S. 268 – 278

[Wei76] WEISSMANTEL, Christian: Reactive film preparation. In: *Thin Solid Films* 32 (1976), Nr. 1, S. 11–18

[Wie17] WIEN, Wilhem: Kanalstrahlen und Ionisation bei hohen Temperaturen. In: *Handbuch der Radiologie* Bd. 4. Leipzig : Akad. Verlagsgesellsch., 1917

[Wil06] WILLI, Eduard: *Schweizer Elektronenröhren 1917 - 2003 : Entwicklung - Herstellung - Einsatz.* Russikon, Schweiz : Eigenverlag, 2006

[WM04] WESSEL, Horst A. (Hrsg.) ; MAGYAR ELEKTROTECHNIKAI EGYESÜLET (Hrsg.): *Jahrhunderte der Hochspannung: gemeinsame Tagung des Ungarischen Elektrotechnischen Vereins und des VDE-Ausschusses "Geschichte der Elektrotechnik".* Berlin : VDE, 2004 (Geschichte der Elektrotechnik 21)

[WMF00] WIDMANN, D. ; MADER, Hermann ; FRIEDRICH, H.: *Technology of integrated circuits.* Berlin ; New York : Springer, 2000 (Springer series in advanced microelectronics)

[Wri77] WRIGHT, Arthur W.: On the production of transparent metallic film by the electrical discharge in exhausted tubes. In: *Am J Sci* 13 (1877), S. 49–55

[WS03] WAGEMANN, Hans-Günther ; SCHÖNAUER, Tim: *Silizium-Planartechnologie: Grundprozesse, Physik und Bauelemente.* 1. Aufl. Stuttgart : Teubner, 2003 (Teubner Studienbücher Physik). – OCLC: 76564785

[ZB59] ZINKE, Otto ; BRUNSWIG, Heinrich: *Monographien der elektrischen Nachrichtentechnik.* Bd. 3a: *Hochfrequenz-Messtechnik.* 3. Stuttgart : Hirzel, 1959

[ZB65] ZINKE, Otto ; BRUNSWIG, Heinrich: *Lehrbuch der Hochfrequenztechnik.* Berlin Heidelberg : Springer, 1965

[ZGC91] ZHANG, Lei ; GUI, Ann Q. ; CARR, W. N.: Lateral vacuum microelectronic logic gate design. In: *J. Micromech. Microeng.* (1991), Nr. 1, S. 126 – 134

[Zus70] ZUSE, Konrad: *Der Computer, mein Lebenswerk.* München : Moderne Industrie, 1970

Stichwortverzeichnis

https://doi.org/10.1515/9783110547979-293

www.ingramcontent.com/pod-product-compliance
Lightning Source LLC
LaVergne TN
LVHW080849300926
849162LV00003B/380